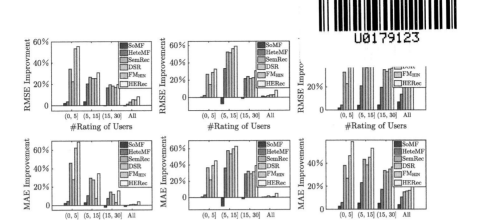

图 3-3 不同方法的冷启动实验结果

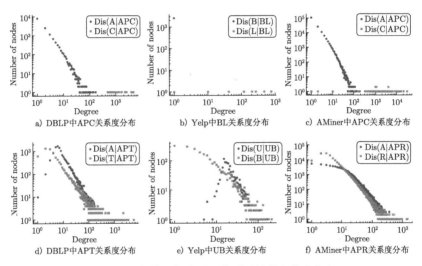

图 3-9 三个数据集中不同关系两端节点的度分布

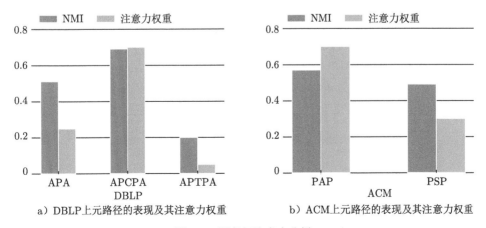

图 4-5 语义级注意力分析

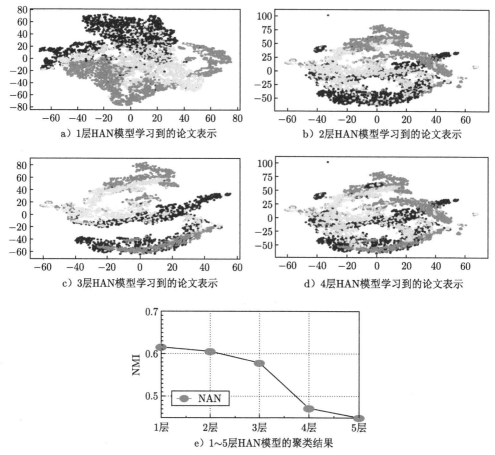

a) 1层HAN模型学习到的论文表示

b) 2层HAN模型学习到的论文表示

c) 3层HAN模型学习到的论文表示

d) 4层HAN模型学习到的论文表示

e) 1~5层HAN模型的聚类结果

图 4-6 不同层数 HAN 的聚类结果及所学到的论文表示。每个点代表一篇论文，其颜色代表研究领域。随着模型层数的增加，语义混淆现象逐渐出现，即：节点表示变的不可区分。例如，1层 HAN 所学习到的不同领域的论文表示分散在不同位置，4 层 HAN 却将其混淆在一起

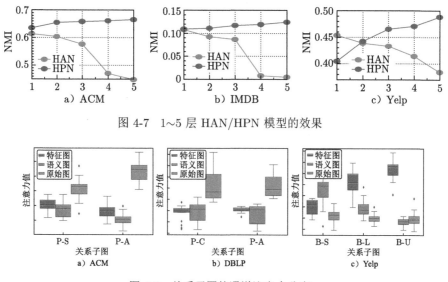

a) ACM

b) IMDB

c) Yelp

图 4-7 1~5 层 HAN/HPN 模型的效果

a) ACM

b) DBLP

c) Yelp

图 4-9 关系子图的通道注意力分布

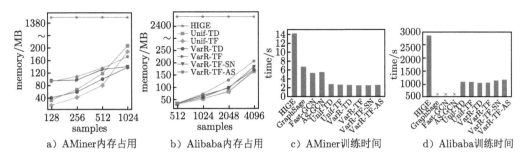

图 6-3 训练块中平均占用内存和模型每轮迭代训练时间

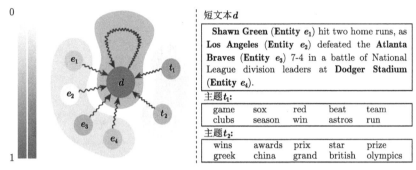

图 8-3 双层注意力机制的可视化：包括节点级注意力（以红色显示）和类型级注意力（以蓝色显示）。每个主题 t 由具有最高概率的前 10 个单词表示

图 8-8 用户点击新闻的可视化，这些新闻属于不同的解耦空间（不同的偏好因素）。每条新闻将通过 6 个关键词来说明

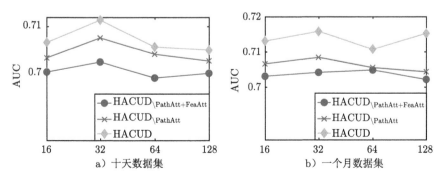

图 9-3 层次注意力的性能比较（d 为节点表示的维度）

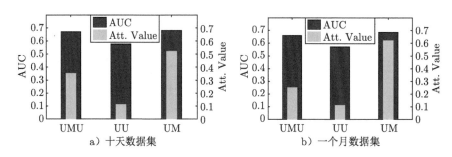

图 9-4　不同元路径的性能比较及对应的注意力权重

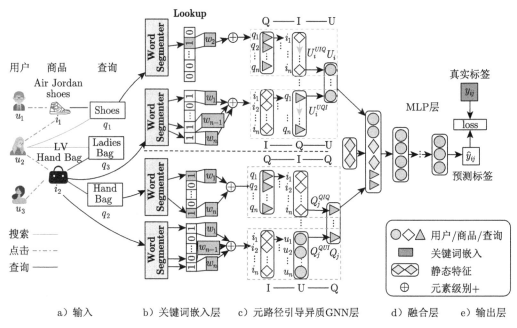

图 9-6　MEIRec 架构

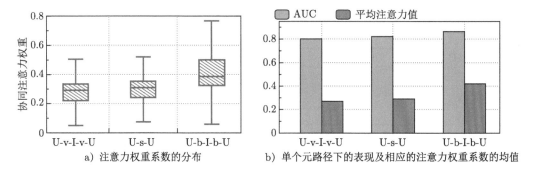

图 9-11　注意力权重分析

智能科学与技术丛书

异质图表示学习 与应用

石川　王啸　[美]俄士纶 (Philip S. Yu)　著

HETEROGENEOUS GRAPH
REPRESENTATION LEARNING
AND APPLICATIONS

机械工业出版社
China Machine Press

图书在版编目（CIP）数据

异质图表示学习与应用 / 石川著 . -- 北京：机械工业出版社，2022.8（2024.2 重印）
（智能科学与技术丛书）
ISBN 978-7-111-71138-4

I. ①异…　II. ①石…　III. ①机器学习－数据采掘　IV. ① TP181 ② TP311.131

中国版本图书馆 CIP 数据核字（2022）第 113973 号

北京市版权局著作权合同登记　图字：01-2022-3143 号。

First published in English under the title
Heterogeneous Graph Representation Learning and Applications
by Chuan Shi, Xiao Wang and Philip S. Yu
Copyright © Chuan Shi, Xiao Wang and Philip S. Yu, 2022
This edition has been translated and published under license from
Springer Nature Singapore Pte Ltd.

　　本书旨在全面回顾异质图表示学习的发展，并介绍其最新研究进展。书中首先从方法和技术两个角
度总结了现有的工作，介绍了该领域的一些公开资源，然后分类详细介绍了最新模型与应用，最后讨论
了异质图表示学习未来的研究方向，并总结了本书的内容。全书分为四个部分，第一部分简要介绍整个
领域，第二、三部分深入研究相关技术和应用，第四部分介绍异质图神经网络算法平台，并讨论未来研
究方向。本书不仅可以作为异质图表示学习领域学术界和工业界的研究指南，还可以作为相关专业学生
的参考资料。

出版发行：机械工业出版社（北京市西城区百万庄大街 22 号　邮政编码：100037）

责任编辑：刘　锋		责任校对：殷　虹	
印　　刷：北京建宏印刷有限公司		版　　次：2024 年 2 月第 1 版第 3 次印刷	
开　　本：185mm×260mm　1/16		印　　张：17　　插　　页：2	
书　　号：ISBN 978-7-111-71138-4		定　　价：129.00 元	

客服电话：(010) 88361066　68326294

在当今的互联世界中，图和网络无处不在。在复杂网络模型中，**异质网络（异质图）**将现实世界的系统建模为大量多模态和多类型对象之间的交互。由于异质网络对复杂网络固有结构的显式建模有助于进行强大、深入的网络分析，因此异质网络显得尤为重要。近年来，表示学习（嵌入学习）通过各种深度学习或嵌入方法来用低维分布表示高维数据，获得迅速发展，已成为高维数据分析的有力工具。与此同时，**图表示学习（网络嵌入）**在低维空间中学习节点/边的表示，也已经证明了它在各种图挖掘和图分析任务中的有效性。

本书是第一本专注于**异质图表示学习**的书。异质图表示学习是指在低维空间中学习异质图中的节点/边表示，同时为下游任务（例如，节点/图分类和链接预测）保留异质结构和语义，近年来已成为一种功能强大、逼真且通用的网络建模工具，并越来越受到学术界和工业界的关注。

本书对异质图表示学习及其应用进行了全面而广泛的介绍，包括对该领域代表性工作的研究。本书不仅广泛介绍了主流的技术和模型，包括结构保持、属性辅助技术和动态图技术，而且介绍了其在推荐、文本挖掘和工业领域的广泛应用。此外，本书还提供了异质图表示学习的平台以及实践。作为该领域的第一本书，本书总结了异质图表示学习的最新发展，并介绍了该领域的前沿研究。总体而言，本书具有以下两个特点：1）为研究人员阐述该领域的基本问题，以及现阶段该领域的研究热点；2）展示关于异质图在真实系统建模和学习交互系统结构特征上的最新应用研究。

本书作者在异质图表示学习和相关领域有大量研究经验。Philip S. Yu 是数据挖掘和异质信息网络领域的权威专家之一。石川是 Philip 在异质信息网络研究领域的长期合作者，他系统地研究了基于异质图的推荐和表示学习，将异质信息网络建模应用于电子商务和文本挖掘领域，近年来在异质图表示学习领域做了大量领先的工作。王啸是网络嵌入研究领域的一位新星学者。本书系统地总结了他们在异质图表示学习方面的贡献，不仅可以作为学术界和工业界的指南，也可以作为本科生和研究生的教科书。希望大家可以享受本书愉快的阅读之旅。

韩家炜（Jiawei Han）
Michael Aiken 讲席教授
伊利诺伊大学厄巴纳–香槟分校

异质图是在真实世界中普遍存在的包含不同类型的节点和边的图。从书目网络和社交网络到推荐系统数据，里面都存在着异质图。异质图表示学习是指在低维空间中学习节点/边表示，同时为下游任务（例如，节点/图的分类和链接预测）保留异质结构和语义，目前这个方向吸引了相当多的关注，我们已经见证了异质图表示学习方法在各种实际应用（如推荐系统）上的惊人表现。越来越多的关于异质图表示学习的工作出现，也预示着这个方向是学术界和工业界的一个全球性研究趋势。因此，全面总结和讨论异质图表示学习方法可谓迫在眉睫。

相比于同质图表示学习，异质图中的异质性使异质图表示学习存在着特有的挑战。例如，异质图中存在着多种类型的边，这使得它存在更复杂的结构，而且节点属性也是异质的。同时，异质图表示学习与现实世界的应用高度相关，从异质图构建到学习，可能需要更多的领域知识。以上这些因素都会严重影响异质图表示学习的性能，因此需要仔细考虑。总之，对异质图表示学习的研究具有重要的科学和应用价值。

本书面向的是对异质图感兴趣的读者，总体来说，本书是为那些希望了解异质图表示学习的基本问题、技术和应用的读者准备的。具体来说，我们希望相关领域的学生、研究人员和工程师都能从本书中得到启发。

本书分为四个部分，第一部分简要介绍整个领域，第二、三部分深入研究相关技术和应用，第四部分介绍一个异质图神经网络算法平台，并探索未来方向。

在第一部分中，我们首先从不同方面概述最近的异质图表示学习方法，同时总结一些公开资料，可以为这一领域的未来研究和应用提供便利。这一部分将帮助读者迅速了解这个领域的整体发展。具体来说，在第 1 章，我们将介绍基本概念和定义，以及同质和异质图表示学习的背景，第 2 章介绍方法分类和公开资料。

在第二部分中，我们将对有代表性的异质图表示学习技术进行深入而详细的介绍。这一部分将帮助读者了解这个领域的基本问题，并阐明如何为这些问题设计最优的异质图表示学习方法。在第 3 章中，我们将讨论结构保持的异质图表示学习方法，包括元路径结构和网络模式结构。第 4 章介绍带属性的异质图表示学习方法，集中介绍异质图神经网络。之后，我们将在第 5 章中介绍动态异质图表示学习方法，这些方法考虑了增量学习、时序信息和时序交互。在第 6 章中，我们将讨论异质图表示学习的一些新兴话题，包括对抗学习、重要性采样和双曲空间表示学习。

在第三部分中，我们将总结异质图表示学习在现实中的应用。读者在这一部分可以了解异质图表示学习的成功应用，以及将先进的技术应用于现实场景的方法。在第 7 章中，我们会展示异质图表示学习是如何改进不同推荐系统的，例如 Top-N 推荐、冷启动推荐和作者集识别。第 8 章介绍文本挖掘的应用，重点是短文本分类和新闻推荐场景。在第 9 章中，我们将介绍异质图表示学习在工业界的应用，例如套现用户检测、意向推荐、分享推荐和好友增强推荐。

在第四部分中，我们将介绍一个异质图表示学习的计算平台，并对本书进行总结。考虑到深度学习平台的重要性，在第 10 章中，我们将介绍图机器学习的基础平台，特别是我们研发的异质图神经网络算法开源平台 OpenHGNN。同时，我们以三个代表性的异质图神经网络为例，展示如何使用该平台。最后，我们在第 11 章讨论未来的研究方向和尚未解决的问题。

在本书的撰写过程中，除作者外，还有其他一些人也做出了很大的贡献，我们向所有为撰写本书做出贡献的人表示衷心的感谢。这些人包括薄德瑜、刘佳玮、王睿嘉、吉余岗、纪厚业、张依丁、张梦玫、杨天持、范少华、王春辰、韩辉、崔琪、张琦、刘念、庄远鑫、王贞仪、楚贯一、刘洪瑞、李晨、赵天宇、翟新龙、夏东林、梁峰绮。我们也要感谢 Philip S. Yu 教授的许多学生的精心校对，他们是曹雨微、窦英通、范子炜、黄鹤、李霄寒、刘志伟、夏聪颖。此外，本书得到了国家重点基础研究发展计划（2013CB 329606）和国家自然科学基金 (No. U20B2045, U1936220, 61772082, 61702296, 62002029, 62172052) 的支持，还得到了美国国家科学基金会 III-1763325、III-1909323、III-2106758 和 SaTC-1930941 赠款的部分支持。我们也一并表示感谢。最后，感谢我们的家人在本书写作过程中给予我们的全心全意的支持。

目录

序
前言

第一部分 概况

第 1 章 引言   2
1.1 基本概念和定义   2
1.2 图表示学习   5
1.3 异质图表示学习及其挑战   5
1.4 本书的组织结构   6
参考文献   6
第 2 章 异质图表示方法的最新进展   9
2.1 方法分类   9
    2.1.1 结构保持的异质图表示   9
    2.1.2 属性辅助的异质图表示   11
    2.1.3 动态异质图表示   12
    2.1.4 面向应用的异质图表示   12
2.2 技术总结   14
    2.2.1 浅层模型   14
    2.2.2 深度模型   14
2.3 开源资料   15
    2.3.1 基准数据集   15
    2.3.2 开源代码   16

2.3.3 可用工具 16

参考文献 18

第二部分　技术篇

第 3 章　结构保持的异质图表示学习 26
3.1 简介 26
3.2 基于元路径的随机游走 27
　3.2.1 概述 27
　3.2.2 HERec 模型 27
　3.2.3 实验 31
3.3 基于元路径的分解 34
　3.3.1 概述 34
　3.3.2 NeuACF 模型 35
　3.3.3 实验 38
3.4 关系结构感知的异质图表示学习算法 43
　3.4.1 概述 43
　3.4.2 异质图中的关系结构特征分析 44
　3.4.3 RHINE 模型 47
　3.4.4 实验 48
3.5 网络模式保持的异质图表示学习算法 51
　3.5.1 概述 51
　3.5.2 NSHE 模型 52
　3.5.3 实验 55
3.6 本章小结 56
参考文献 57
第 4 章　属性辅助的异质图表示学习 61
4.1 简介 61
4.2 基于层次注意力机制的异质图神经网络 62
　4.2.1 概述 62
　4.2.2 HAN 模型 63
　4.2.3 实验 66
4.3 异质图传播网络 70
　4.3.1 概述 70
　4.3.2 语义混淆分析 71

	4.3.3 HPN 模型	73
	4.3.4 实验	76
4.4	异质图结构学习	77
	4.4.1 概述	77
	4.4.2 HGSL 模型	78
	4.4.3 实验	82
4.5	本章小结	84
	参考文献	84
第 5 章	动态异质图表示学习	88
5.1	简介	88
5.2	增量学习	89
	5.2.1 概述	89
	5.2.2 DyHNE 模型	89
	5.2.3 实验	95
5.3	时序信息	99
	5.3.1 概述	99
	5.3.2 SHCF 模型	100
	5.3.3 实验	103
5.4	时序交互	105
	5.4.1 概述	105
	5.4.2 THIGE 模型	106
	5.4.3 实验	110
5.5	本章小结	111
	参考文献	112
第 6 章	异质图表示学习的新兴主题	116
6.1	简介	116
6.2	对抗学习	117
	6.2.1 概述	117
	6.2.2 HeGAN 模型	118
	6.2.3 实验	121
6.3	重要性采样	122
	6.3.1 概述	122
	6.3.2 HeteSamp 模型	123
	6.3.3 实验	127
6.4	双曲空间表示	130
	6.4.1 概述	130

6.4.2 HHNE 模型   130

6.4.3 实验   132

6.5 本章小结   135

参考文献   135

第三部分　应用篇

第 7 章　基于异质图表示学习的推荐   140

7.1 简介   140

7.2 Top-N 推荐   141

7.2.1 概述   141

7.2.2 MCRec 模型   142

7.2.3 实验   145

7.3 冷启动推荐   148

7.3.1 概述   148

7.3.2 MetaHIN 模型   149

7.3.3 实验   153

7.4 作者集识别   156

7.4.1 概述   156

7.4.2 ASI 模型   157

7.4.3 实验   162

7.5 本章小结   164

参考文献   164

第 8 章　基于异质图表示学习的文本挖掘   168

8.1 简介   168

8.2 短文本分类   169

8.2.1 概述   169

8.2.2 短文本异质图建模   169

8.2.3 HGAT 模型   171

8.2.4 实验   173

8.3 融合长短期兴趣建模的新闻推荐   176

8.3.1 概述   176

8.3.2 问题形式化   177

8.3.3 GNewsRec 模型   177

8.3.4 实验   182

8.4　偏好解耦的新闻推荐系统　　184

　　8.4.1　概述　　184

　　8.4.2　GNUD 模型　　185

　　8.4.3　实验　　188

8.5　本章小结　　190

参考文献　　191

第 9 章　基于异质图表示学习的工业应用　　195

9.1　简介　　195

9.2　套现用户检测　　196

　　9.2.1　概述　　196

　　9.2.2　预备知识　　196

　　9.2.3　HACUD 模型　　197

　　9.2.4　实验　　200

9.3　意图推荐　　202

　　9.3.1　概述　　202

　　9.3.2　问题形式化　　203

　　9.3.3　MEIRec 模型　　204

　　9.3.4　实验　　207

9.4　分享推荐　　209

　　9.4.1　概述　　209

　　9.4.2　问题形式化　　210

　　9.4.3　HGSRec 模型　　210

　　9.4.4　实验　　214

9.5　好友增强推荐　　217

　　9.5.1　概述　　217

　　9.5.2　预备知识　　218

　　9.5.3　SIAN 模型　　219

　　9.5.4　实验　　222

9.6　本章小结　　226

参考文献　　226

第四部分　平台篇

第 10 章　异质图表示学习平台与实践　　230

10.1　简介　　230

10.2　基础平台　　231

10.2.1　深度学习平台　231

10.2.2　图机器学习平台　234

10.2.3　异质图表示学习平台　236

10.3　异质图表示学习实践　237

10.3.1　构建数据集　237

10.3.2　构建 Trainerflow　241

10.3.3　HAN 实践　243

10.3.4　RGCN 实践　246

10.3.5　HERec 实践　248

10.4　本章小结　250

参考文献　250

第 11 章　未来研究方向　252

11.1　简介　252

11.2　保持异质图结构　253

11.3　捕获异质图特性　253

11.4　异质图上的图深度学习　254

11.5　异质图表示方法的可靠性　254

11.6　更多的现实应用　255

11.7　其他　255

参考文献　256

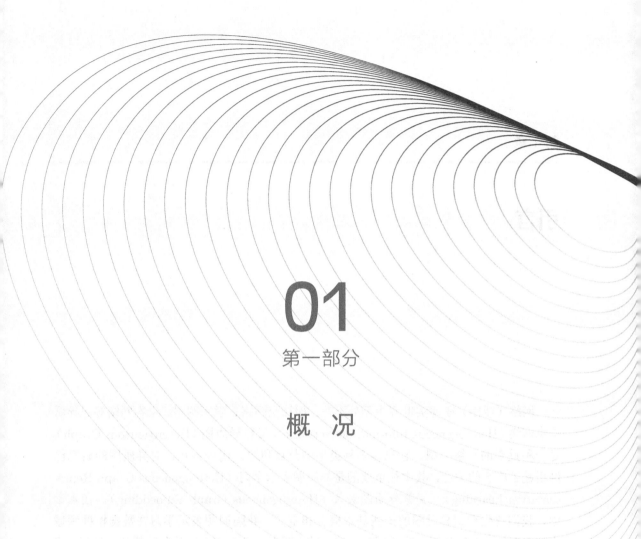

01

第一部分

概　况

第 1 章

引言

网络（或图）在现实世界中无处不在，如社交网络、学术网络、生物网络等。异质信息网络（Heterogeneous Information Network），又称异质图（Heterogeneous Graph），是一种重要的网络类型。它包含多种类型的节点和边。迄今为止，对异质图的研究已经引起了广泛的关注，其中最重要的是异质图表示学习（Heterogeneous Graph Representation Learning），又称异质图嵌入（Heterogeneous Graph Embedding）。在本章中，我们首先介绍异质图的一些基本概念和定义，并强调图表示学习在数据挖掘领域中的重要性；然后分析与同质网络相比，异质图表示学习所面临的独特挑战；最后，我们会简要介绍本书的结构。

1.1 基本概念和定义

在介绍异质图表示学习之前，我们首先给出异质图中的一些基本定义。第一个是信息网络，它是现实世界中网络的模板。特别地，同质网络和异质网络都可以看作信息网络的特例。我们形式化地将它们定义为：

定义 1.1（信息网络[14]） 信息网络被定义成一个图 $\mathcal{G} = \{\mathcal{V}, \mathcal{E}\}$，其中 $\mathcal{V}$ 和 $\mathcal{E}$ 分别表示节点集合和边集合。每个节点 $v \in \mathcal{V}$ 和边 $e \in \mathcal{E}$ 分别关联着它们的映射函数 $\phi(v) : \mathcal{V} \to \mathcal{A}$ 和 $\varphi(e) : \mathcal{E} \to \mathcal{R}$。其中 $\mathcal{A}$ 和 $\mathcal{R}$ 分别代表节点类型和边类型。**同质网络（或者同质图）** 是信息网络的一个特例，其中 $|\mathcal{A}| = |\mathcal{R}| = 1$。**异质网络（或者异质图）** 则要求 $|\mathcal{A}| + |\mathcal{R}| > 2$，也就是说，它包含多种类型的节点和边。

与同质图相比，异质图有更强的表达能力，但是也更复杂。一个异质学术图的示例如图 1-1 a 所示，它包含四种类型的节点（作者、论文、会议、术语）和三种类型的边（作者–写–论文、论文–包含–术语和会议–发表–论文）。接下来，我们将会介绍一些异质图中独有的定义，包括网络模式（图 1-1b）、元路径（图 1-1c）和元图（图 1-1d）。最后，我们将给出图表示学习的定义。

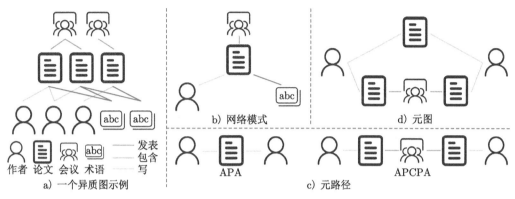

图 1-1　一个包含 (a) 四种节点类型（作者、论文、会议、术语）和三种边类型（作者–写–论文、论文–包含–术语和会议–发表–论文）的异质学术图，及其 (b) 网络模式、(c) 元路径（作者–论文–作者和论文–术语–论文）和 (d) 元图

　　由于一个异质图包含多种节点类型和边类型，为了更好地理解它的整个结构，给图提供一个元级别（或者模式级别）的描述是很有必要的。因此，网络模式被提出作为图的一个概括：

　　定义 1.2（网络模式）　图 $\mathcal{G}$ 的网络模式是一个有向图 $\mathcal{S} = (\mathcal{A}, \mathcal{R})$，可以将它看作一个异质图的元模板，包括节点类型映射 $\phi(v) : \mathcal{V} \to \mathcal{A}$ 和边类型映射 $\varphi(e) : \mathcal{E} \to \mathcal{R}$。图 1-1b 展示了一个学术异质图的网络模式。

　　网络模式描述了不同类型节点之间的联系。基于网络模式，我们可以进一步挖掘数据的高层次语义。因此，元路径[15] 被提出用于捕获异质图中节点的高阶关系，即语义。元路径的定义如下：

　　定义 1.3（元路径[15]）　一个元路径 m 是基于一个网络模式 $\mathcal{S}$ 的。它可以被写成 $m = A_1 \xrightarrow{R_1} A_2 \xrightarrow{R_2} \cdots \xrightarrow{R_l} A_{l+1}$（简化为 $A_1 A_2 \cdots A_{l+1}$），其中节点类型 $A_1, A_2, \cdots, A_{l+1} \in \mathcal{A}$，边类型 $R_1, R_2, \cdots R_l \in \mathcal{R}$。

　　不同的元路径可以从不同的角度捕获语义关系。比如，元路径 "APA" 指示了作者的合作关系，而元路径 "APCPA" 代表了两个作者发表的论文出现在同一会议上这一关系。它们都可以用于衡量作者之间的相似性。在实际应用中，我们通常还会使用一些带条件的元路径来学习异质图中更加精细的语义信息。下面我们将介绍两种使用较多的带条件元路径：受限元路径和加权元路径。

　　定义 1.4（受限元路径）　受限元路径 m^c 是对节点或关系的类型有特殊约束的元路径，通常可以表示为 $m^c = m|\delta(\mathcal{A}, \mathcal{R})$，其中 $\delta(\mathcal{A}, \mathcal{R})$ 代表对节点或关系的类型的约束。

这里我们给出一个受限元路径的例子，对于图 1-1 中的元路径 APCPA，我们可以限制会议类型为 KDD，此时有受限元路径 $m^c = $ APCPA $| \delta(\phi(v)=$KDD$)$，该受限元路径表示在 KDD 会议上发表过论文的两个作者之间的相似性。

定义 1.5（加权元路径）　加权元路径 m^w 是对关系的属性值有特殊约束的元路径，通常可以表示为 $m^w = m|\delta(R)$，其中 $\delta(R)$ 代表对关系的属性值的约束。

一个加权元路径的例子是，在推荐网络中，我们考虑元路径 UIU，其中 U-I 代表用户对于物品的评价关系。加权元路径 $m^w = $ UIU $| \delta(\varphi(e)=5)$ 表示两个用户对同一个物品都有 5 分的评价。

尽管元路径可以用于描述节点之间的关系，但是它不能表现更复杂的节点之间的依赖（比如三角关系）。为了解决这个问题，元图 [6] 被提出，使用一个包含节点和边类型的有向无环图来捕捉异质图中复杂的语义关系。

定义 1.6（元图[6]）　一个元图 $\mathcal{T}$ 可以看作由多个具有公共节点的元路径组成的有向无环图。形式化地，元图被定义为 $\mathcal{T} = (V_{\mathcal{T}}, E_{\mathcal{T}})$，其中 $V_{\mathcal{T}}$ 是节点集合，而 $E_{\mathcal{T}}$ 是边集合。对于任意一个节点 $v \in V_{\mathcal{T}}, \phi(v) \in \mathcal{A}$；对于任意一条边 $e \in E_{\mathcal{T}}, \varphi(e) \in \mathcal{R}$。

如图 1-1d 所示是一个元图的示例，它可以看成元路径 "APA" 和 "APCPA" 的组合。元图反映了两个节点之间的高阶相似性。请注意，元图可以是对称的也可以是不对称的 [27]。

对于图的研究一直是机器学习中的一个重要课题。然而，由于其非欧几里得的性质，传统的启发式方法计算量大，并行性差 [2]，无法实际应用。因此，该领域的一个关键挑战是找到有效的数据表示。通过图表示学习，我们可以将节点投影成向量，并与先进的机器学习技术、任务相结合。我们将图表示学习问题形式化如下。

定义 1.7（图表示学习[2]）　图表示学习（也称网络嵌入）的目的是学习一个函数 $\Phi : \mathcal{V} \to \mathbb{R}^d$ 将图中的节点 $v \in \mathcal{V}$ 嵌入到一个低维的欧几里得空间中，其中 $d \ll |\mathcal{V}|$。

一个图表示学习的简单示例如图 1-2 所示。通过图表示学习，非欧几里得空间中的复杂网络会被投影到低维的欧几里得空间中。这样，高计算量和低并行性问题可以得到很好的解决。接下来，我们将简要回顾图表示学习的最新发展。

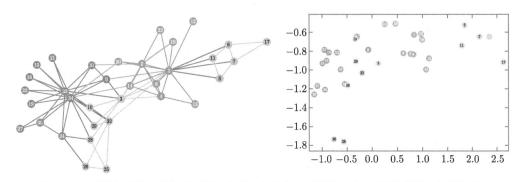

图 1-2　一个图表示学习的简单示例。**左图**为输入的空手道俱乐部人员关系图。**右图**为输出的节点表示。图片源自文献 [10]

1.2　图表示学习

前面我们提到了图的分析面临着高计算复杂度和低并行性的问题。为了解决这些问题，图表示学习被提出，并迅速成为网络分析的主要工具 [2, 22]。

以往的图表示学习方法主要关注保持图的结构信息。例如，DeepWalk [10] 使用随机游走生成节点序列，然后使用 skip-gram 模型来学习窗口内节点的共现信息，从而捕获局部结构。此外，LINE [16] 保留了一阶和二阶结构的相似性，node2vec [5] 通过深度优先采样和广度优先采样将 DeepWalk 扩展到全局结构，M-NMF [18] 保持了社区结构，而 AROPE [28] 通过奇异值分解保持任意阶图结构的结构信息。特别地，邱等人 [11] 证明了大多数现有的图表示学习方法可以统一到一个矩阵分解框架中。

还有一些方法开始将丰富的节点/边属性结合到节点表示中。TADW [23] 联合分解邻接矩阵和文本矩阵，以融合结构和属性信息。DANE [4] 强制结构表示和属性表示保持一致，以便学习的表示可以同时捕获这两种信息。ANRL [29] 设计了一个邻居增强的自动编码器。其目的是重建目标节点的邻居和属性，以对结构和属性信息进行建模。

随着深度学习的发展，新兴的图神经网络（Graph Neural Network）在结合网络结构和节点属性方面表现出强大的能力。图卷积网络（Graph Convolutional Network[7]）是最具代表性的工作之一，它在空间域设计卷积算子，根据网络结构对节点属性进行过滤。图注意力网络（Graph Attention Network[17]）使用自注意力机制来学习邻居的重要性。此外，Klicpera 等人提出了预测后传播模型（Predict then Propagate[8]），它将个性化 PageRank 合并到图神经网络中，并缓解了过度平滑问题。简化图卷积网络（Simplifying Graph Convolutional Network[21]）通过解耦转换步骤和聚合步骤简化了图卷积网络的设计，这不仅减少了图神经网络的参数，还加快了训练过程。

除了结构和属性信息外，最近一些研究人员倾向于从图的多个节点/边类型中探索语义信息 [13]，带来了对异质图表示学习的研究。

1.3　异质图表示学习及其挑战

与同质图表示学习主要需要保留结构信息不同，异质图表示学习的目的是同时保留结构信息和语义信息。然而，由于异质图的异质性，异质图表示学习面临了更多的挑战，如下所示。

❑ **复杂结构**（多种类型的节点和边导致的复杂异质图结构）。在同质图中，其基本结构可以视为所谓的一阶、二阶甚至更高阶结构 [10, 16, 18]。所有这些结构都有很好的定义且比较直观。然而，异质图中的结构将根据所选关系发生显著变化。让我们以图 1-1a 中的学术网络为例，一篇论文的邻居可能是具有"写"关系的作者，或者是具有"包含"关系的术语。此外，这些关系的组合可以视为异质图的高阶结构，这将导致不同的、更复杂的结构。因此，如何高效、有效地保持这些复杂结构是迫切需要解决的问题，并且仍然是异质图表示学习中的一个重大挑战，目前已经在元路径结构 [3] 和元图结构 [26] 上取得了一些进展。

❑ **异质属性**（属性异质性引起的融合问题）。由于同质图中的节点和边都具有相同的类型，所以不同节点和边的属性的每一维具有相同的含义。在这种情况下，节点可以直接聚合其邻居的属性。但是，在异质图中，不同类型的节点和边的属性可能有不同的含义 [25, 19]。比如，作者的属性可能是他的研究领域，而论文可能会用关键字作为其属性。因此，如何克服属性的异质性并有效地融合邻居的属性是异质图表示学习面临的一个重要挑战。

❑ **任务依赖**（隐藏在异质图结构和属性中的领域知识）。异质图与实际应用密切相关，但是依然有许多问题没有解决。例如，在实际应用中，构建适当的异质图可能需要足够多的领域知识。虽然元路径或元图被广泛用于捕捉异质图的结构，然而，不同于同质图中结构（例如，一阶和二阶结构）已被很好的定义，元路径或元图的选择也可能需要先验知识。此外，为了更好地促进现实世界的应用，我们通常需要精心地将辅助信息编码到异质图表示学习的过程中，例如节点属性 [19, 25, 20, 24] 或更高级的领域知识 [12, 1, 9]。

1.4 本书的组织结构

本书旨在全面回顾异质图表示学习的发展，并介绍最新研究进展。我们会首先从方法和技术两个角度总结现有的工作，并介绍该领域的一些公开资源。然后，我们会分类详细介绍最新模型与应用。全书主体内容分为两部分：第一部分重点介绍四种主要的异质图表示学习模型；第二部分介绍异质图表示学习在现实工业场景中的应用。最后，我们会讨论异质图表示学习未来的研究方向，并总结本书的内容。

具体来说，本书的其余部分组织如下。在第 2 章中，我们将总结异质图表示学习的最新进展，包括分类、技术和公开资源。在第 3~6 章中，我们将现有的异质图表示学习方法分为四类，包括结构保持的异质图表示学习、属性辅助的异质图表示学习、动态异质图表示学习和其他一些新兴主题。在每一章中，我们将详细介绍其独特的设计和挑战。在第 7~9 章中，我们会进一步探讨已成功应用于实际问题的异质图表示方法，如推荐、文本挖掘、套现用户检测等。在第 10 章中，我们将具体介绍异质图表示学习的平台，并以实际例子展示如何操作。在第 11 章中，我们将指出异质图表示学习领域的未来研究方向。

参考文献

[1] Chen, T., Sun, Y.: Task-guided and path-augmented heterogeneous network embedding for author identification. In: Proceedings of the Tenth ACM International Conference on Web Search and Data Mining, pp. 295-304. ACM, New York (2017)

[2] Cui, P.,Wang, X., Pei, J., Zhu, W.: A survey on network embedding. IEEE Trans. Knowl.

Data Eng. **31**(5), 833-852 (2018)

[3]　Dong, Y., Chawla, N.V., Swami, A.: metapath2vec: scalable representation learning for heterogeneous networks. In: Proceedings of the 23rd ACM SIGKDD International Conference on Knowledge Discovery and Data Mining, pp. 135-144. ACM, New York (2017)

[4]　Gao, H., Huang, H.: Deep attributed network embedding. In: Proceedings of the Twenty-Seventh International Joint Conference on Artificial Intelligence, pp. 3364 - 3370. ijcai.org (2018)

[5]　Grover, A., Leskovec, J.: node2vec: scalable feature learning for networks. In: Proceedings of the 22nd ACM SIGKDD International Conference on Knowledge Discovery and Data Mining, pp. 855-864. ACM, New York (2016)

[6]　Huang, Z., Zheng, Y., Cheng, R., Sun, Y., Mamoulis, N., Li, X.: Meta structure: computing relevance in large heterogeneous information networks. In: Proceedings of the 22nd ACM SIGKDD International Conference on Knowledge Discovery and DataMining, pp. 1595-1604. ACM, New York (2016)

[7]　Kipf, T.N.,Welling, M.: Semi-supervised classification with graph convolutional networks. In: Published as a Conference Paper at ICLR (2017)

[8]　Klicpera, J., Bojchevski, A., Günnemann, S.: Predict then propagate: graph neural networks meet personalized pagerank. In: Published as a Conference Paper at ICLR 2019 (Poster). OpenReview.net (2019)

[9]　Liu, Z., Zheng, V.W., Zhao, Z., Li, Z., Yang, H.,Wu, M., Ying, J.: Interactive paths embedding for semantic proximity search on heterogeneous graphs. In: Proceedings of the 24th ACM SIGKDD International Conference on Knowledge Discovery & Data Mining, pp. 1860-1869. ACM, New York (2018)

[10]　Perozzi, B., Al-Rfou, R., Skiena, S.: Deepwalk: Online learning of social representations. In: Proceedings of the 20th ACM SIGKDD International Conference on Knowledge Discovery and Data Mining, pp. 701-710 (2014)

[11]　Qiu, J., Dong, Y., Ma, H., Li, J., Wang, K., Tang, J.: Network embedding as matrix factorization: unifying deepwalk, LINE, PTE, and node2vec. In: WSDM '18: Proceedings of the Eleventh ACM International Conference on Web Search and Data Mining, pp. 459-467. ACM, New York (2018)

[12]　Shi, C., Hu, B., Zhao, W.X., Yu, P.S.: Heterogeneous information network embedding for recommendation. IEEE Trans. Knowl. Data Eng. **31**(2), 357-370 (2018)

[13]　Shi, C., Li, Y., Zhang, J., Sun, Y., Yu, P.S.: A survey of heterogeneous information network analysis. IEEE Trans. Knowl. Data Eng. **29**(1), 17-37 (2017)

[14]　Sun, Y., Han, J.: Mining heterogeneous information networks: a structural analysis approach. SIGKDD Explorat. **14**(2), 20-28 (2012)

[15]　Sun, Y., Han, J., Yan, X., Yu, P.S., Wu, T.: Pathsim: meta path-based top-k similarity search in heterogeneous information networks. Proc. VLDB Endowment **4**(11), 992 - 1003 (2011)

[16]　Tang, J., Qu,M.,Wang,M., Zhang,M., Yan, J.,Mei, Q.: Line: Large-scale information network embedding. In: WWW '15: Proceedings of the 24th International Conference on World Wide Web, pp. 1067-1077 (2015)

[17]　Veličković, P., Cucurull, G., Casanova, A., Romero, A., Lio, P., Bengio, Y.: Graph attention networks. ICLR 2018 Conference (2018)

[18] Wang, X., Cui, P., Wang, J., Pei, J., Zhu, W., Yang, S.: Community preserving network embedding. In: AAAI'17: Proceedings of the Thirty-First AAAI Conference on Artificial Intelligence (2017)

[19] Wang, X., Ji, H., Shi, C., Wang, B., Ye, Y., Cui, P., Yu, P.S.: Heterogeneous graph attention network. In: The World Wide Web Conference, pp. 2022-2032. ACM, New York (2019)

[20] Wang, X., Lu, Y., Shi, C., Wang, R., Cui, P., Mou, S.: Dynamic heterogeneous information network embedding with meta-path based proximity. IEEE Trans. Knowl. Data Eng. (2020)

[21] Wu, F., Jr., A.H.S., Zhang, T., Fifty, C., Yu, T., Weinberger, K.Q.: Simplifying graph convolutional networks. In: ICML, Proceedings of Machine Learning Research, vol. 97, pp. 6861-6871. PMLR (2019)

[22] Wu, Z., Pan, S., Chen, F., Long, G., Zhang, C., Yu, P.S.: A comprehensive survey on graph neural networks. IEEE Trans. Neural Netw. Learn. Syst. **32**(1), 4-24 (2021)

[23] Yang, C., Liu, Z., Zhao, D., Sun, M., Chang, E.Y.: Network representation learning with rich text information. In: IJCAI'15: Proceedings of the 24th International Conference on Artificial Intelligence, pp. 2111-2117. AAAI Press, Palo Alto (2015)

[24] Yang, L., Xiao, Z., Jiang, W., Wei, Y., Hu, Y., Wang, H.: Dynamic heterogeneous graph embedding using hierarchical attentions. In: ECIR, Lecture Notes in Computer Science, vol. 12036, pp. 425-432. Springer, Berlin (2020)

[25] Zhang, C., Song, D., Huang, C., Swami, A., Chawla, N.V.: Heterogeneous graph neural network. In: KDD '19: Proceedings of the 25th ACM SIGKDD International Conference on Knowledge Discovery & Data Mining, pp. 793-803. ACM, New York (2019)

[26] Zhang, D., Yin, J., Zhu, X., Zhang, C.: Metagraph2vec: complex semantic path augmented heterogeneous network embedding. In: Pacific-Asia Conference on Knowledge Discovery and Data Mining 2018, pp. 196-208. Springer, Berlin (2018)

[27] Zhang, W., Fang, Y., Liu, Z., Wu, M., Zhang, X.: mg2vec: learning relationship-preserving heterogeneous graph representations via metagraph embedding. IEEE Trans. Knowl. Data Eng. (2020)

[28] Zhang, Z., Cui, P., Wang, X., Pei, J., Yao, X., Zhu, W.: Arbitrary-order proximity preserved network embedding. In: KDD '18: Proceedings of the 24th ACM SIGKDD International Conference on Knowledge Discovery & DataMining, pp. 2778-2786. ACM, New York (2018)

[29] Zhang, Z., Yang, H., Bu, J., Zhou, S., Yu, P., Zhang, J., Ester, M.,Wang, C.: ANRL: attributed network representation learning via deep neural networks. In: International Joint Conferences on Artificial Intelligence Organization, pp. 3155-3161. ijcai.org (2018)

第 2 章

异质图表示方法的最新进展

在本章中，我们将全面回顾异质图表示方法和技术的最新进展。在异质图表示方法方面，我们根据异质图表示中使用的信息将现有的工作分为四类，分别是结构保持的异质图表示、属性辅助的异质图表示、动态异质图表示和面向应用的异质图表示。在技术方面，我们会总结异质图表示中常用的五种技术，并将这些技术划分为浅层模型和深度模型。除此之外，我们还会提供开源资料，包括基准数据集、开源代码和可用工具。

2.1　方法分类

异质图中不同类型的节点和边表达了复杂的图结构和丰富的属性，这就是异质图的异质性。为了使图中的节点表示能够学习到异质性，我们需要考虑图的结构、属性和特定的领域知识等多方面信息。在本章中，我们根据异质图表示的现有方法所使用的信息类型，将其分为四类。现有的异质图表示方法的概述如图 2-1 所示。

2.1.1　结构保持的异质图表示

图表示的一个基本要求是合理地保持图结构[7]。例如，在同质图表示中，现有的工作考虑了很多图结构，包括一阶结构[37]、二阶结构[47, 50]、高阶结构[1, 71]和社区结构[53]。由于异质图的异质性，异质图结构变得更加复杂，甚至包含语义信息，如合著者关系，因此异质图表示学习的一个重要方向是同时学习结构信息和语义信息。在本章中，我们将回顾经典的结构保持的异质图表示方法。这些方法会考虑异质图中的不同结构，包括边、元路径和子图。

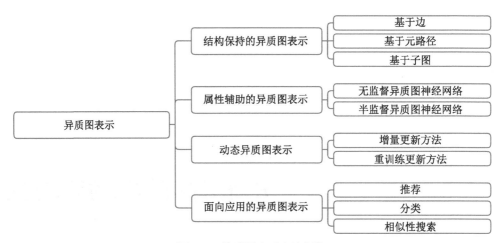

图 2-1　异质图表示方法概览

异质图表示的一个基本要求是在节点表示中保留多种语义关系。与同质图不同，异质图中的边包含不同的类型和语义。为了区分不同类型的边，一个经典的求解思路是将它们映射到不同的度量空间而非一个统一的表示空间中。这种思想的一个代表性工作是 PME [4]，该方法将每种边类型视为一个关系，并使用一个特定的关系矩阵将节点表示转换到不同的度量空间。由不同类型的边连接的节点可以在不同的度量空间中彼此接近，从而捕获图的异质性。EOE [59] 和 HeGAN [21] 则与 PME 不同，它们使用特定的关系矩阵来计算两个节点之间的相似性。AspEM [43] 和 HEER [44] 的目标是最大化已有边的概率。一般来说，找到一个合适的异质相似函数来保持节点之间的相似性是设计基于边的方法的关键。

基于边的方法只能捕获异质图的局部结构（例如，一阶结构）。事实上，高阶结构关系可以描述更复杂的信息（例如，合著者关系），这对于异质图表示学习也至关重要。元路径是建模异质图高阶关系的常用工具，一个具有代表性的工作是 metapath2vec [8]。该方法使用元路径引导的随机游走生成具有丰富语义的异质节点序列，然后设计了一种异质 skip-gram 技术来保持节点与其游走邻居之间的相似性。此外，还有一些其他的基于元路径的异质图表示学习方法。Spacey [17] 设计了一种异质空间随机游走方法，将不同的元路径统一成一个二阶超矩阵。JUST [26] 提出了一种具有跳跃和停留策略的随机游走方法，可以灵活地选择改变或维持下一个节点的类型。BHIN2vec [29] 设计了一种可扩展的 skip-gram 技术来平衡不同类型的节点的关系。HHNE [57] 在双曲空间 [18] 中对元路径引导随机游走进行嵌入。除此之外，HEAD [52] 将节点表示划分为共有表示和基于元路径的特定表示，从而将高度耦合的节点表示更好地解耦，使得模型更加鲁棒。

子图是一种更复杂的异质图结构。将子图结构引入图表示学习中可以显著地提高模型捕获复杂结构关系的能力。Zhang 等人提出的 metagraph2vec [67] 通过元图引导的随机游走生成异质节点序列，然后采用 skip-gram [8] 技术来学习节点表示。通过以上策略，metagraph2vec 能够捕获节点之间的高阶相似性和丰富的语义信息。DHNE [49] 是一种基于超边的异质图表示学习方法。具体来说，它设计了一个包含非线性元组相似函数的深度模型，能够同时捕获给定异质图的局部和全局结构。

与边和元路径相比，子图往往包含更多的高阶结构和语义信息。然而，子图的高复杂度对异质图表示学习方法提出了新的挑战。因此，如何平衡有效性和效率仍是一个需要深入研究的问题。

2.1.2　属性辅助的异质图表示

除了图结构以外，异质图表示的另一个重要组成部分是丰富的属性。属性辅助的异质图表示方法（例如，异质图神经网络），旨在对复杂的结构和丰富的属性进行编码，从而学习节点表示。与一般的图神经网络可以直接聚合邻居的属性来更新节点表示不同，异质图神经网络需要克服节点/边属性的异质性，同时设计有效的融合机制来利用邻域信息，这更具有挑战性。在本章中，我们将现有的异质图神经网络方法划分为无监督和半监督两类，并分别讨论这些方法的优缺点。

无监督异质图神经网络的目标是以无监督的方式学习有利于下游任务的节点表示。这些方法往往利用不同类型的节点/边之间的交互作用捕获潜在的相似性，使得学习到的表示有很好的泛化能力。

HetGNN [65] 是无监督异质图神经网络的代表工作，该方法由内容聚合、邻居聚合和类型聚合三部分构成。内容聚合是融合一个节点的多个属性（例如，一个电影可以同时具有图像和文本两种属性）；邻居聚合的目的是聚合相同类型的节点的属性；类型聚合使用注意力机制来融合不同类型的表示。由这三个组成部分构成的 HetGNN 可以保持图结构和节点属性的异质性。一些其他的无监督方法可以视作 HetGNN 的特殊情况，这些方法要么捕获节点属性的异质性，要么捕获图结构的异质性。HNE [3] 可以学习异质图中跨模态数据的表示，但它忽略了不同的边的类型。SHNE [66] 设计了一个带有门控循环单元（Gated Recurrent Unit）[6] 的深度语义编码器来捕获节点的语义信息。虽然 SHNE 使用 skip-gram 方法保持图的异质性，但它仅是为文本数据设计的方法。

此外，GATNE [2] 的目标是学习多关系图的节点表示。因此，该方法更要注意区分不同的边类型。HeCo [55] 使用自监督学习（即对比学习）生成监督信号。该方法设计了一种全新的互对比机制，可以同时捕获元路径信息和网络模式信息。

不难发现，无监督异质图神经网络的目的是保存尽可能多的信息。例如，HetGNN 使用三种类型的聚合函数学习内容、邻居和节点类型的信息。HeCo 捕获元路径和网络模式的信息。这是因为无监督异质图神经网络学习到的表示需要涵盖不同方面的信息，作为下游任务的输入。

不同于无监督异质图神经网络，半监督异质图神经网络的目的是学习特定任务的节点表示。因此，这些方法更倾向于使用注意力机制捕获最相关的结构信息和属性信息。异质图注意力网络（Heterogeneous Graph Attention Network [54]）使用层级注意力机制来捕获节点和语义的重要性。基于此，又有一系列基于注意力的异质图神经网络被提出 [12, 19, 25, 13]。MAGNN [12] 设计了元路径内聚合和元路径间聚合机制。HetSANN [19] 和 HGT [25] 使用自注意力机制计算某一种类型节点和其周围其他类型节点重要性。文献 [13] 使用元路径作为虚拟边来提高图注意算子的性能。

与结构保持的异质图表示学习方法相比，异质图神经网络的一个明显优势是具有归纳学习的能力（即学习训练样本外节点的表示 [20]）。此外，异质图神经网络只需要存储模型参数，这就意味着需要的内存空间更小。这两个因素对于实际应用很重要，但是在推理和重训练阶段仍然要面临巨大的时间成本。

2.1.3   动态异质图表示

真实世界中的图是随时间的推移不断变化的。例如，在社交平台上，人们几乎每天都在关注和取关他人。因此，如何捕获异质图中的时序信息是一个重要的研究方向。在本节中，我们将介绍一些典型的动态异质图表示方法，并将其分为增量更新方法和重训练更新方法两类。前者利用现有的节点表示来学习下一个时间戳下新节点的表示，而后者在每个时间戳都重新训练模型。

DyHNE [56] 是一种基于矩阵扰动理论的增量更新方法，在学习节点表示的同时考虑了异质图的异质特性和演化特性。DyHNE 首先保持了基于元路径的一阶和二阶节点相似性，然后利用元路径增强的邻接矩阵的扰动来捕获异质图的变化。除此之外，还有一些工作尝试使用图神经网络来学习每个时间戳中的节点或边表示，然后设计一些先进的神经网络（例如循环图神经网络或注意力机制）来捕获异质图的时序信息。DyHATR [61] 通过更改不同时间戳中的节点表示来捕获时序信息。为此，该方法首先设计了一个包含节点级别和边级别的注意力的层次注意力机制，然后通过融合邻居的属性学习节点表示。

不难发现，增量更新方法是比较高效的，但是这种方法只能捕获短时的时序信息，即一个时间戳的变化 [61]。此外，增量更新方法倾向于使用线性模型，缺乏表达能力。重训练更新方法则使用神经网络来捕获长时的时序信息，但是计算成本很高。因此，如何结合这两种模型的优势是一个重要的问题。

2.1.4   面向应用的异质图表示

异质图表示可以与一些特定场景下的应用相结合。我们通常需要考虑两个因素：第一，如何为特定应用构造异质图；第二，异质图表示应该包含什么信息（即，领域知识）。在这里，我们将讨论三种常见的应用场景：推荐、分类和相似性搜索。

推荐可以很自然地被建模为异质图上的链路预测任务，这个异质图中至少有两种类型的节点，分别表示用户和商品，而链路则表示它们之间的交互作用。因此，异质图表示学习在推荐场景 [41] 中被广泛应用。此外，其他类型的信息（例如，社会关系）也可以很容易地被应用到异质图 [42] 中，因此将异质图表示学习应用于推荐场景是一个重要的研究领域。

　　HERec [39] 旨在学习不同元路径下的用户和商品的表示，进而融合这两种节点的表示以用于推荐。在用户–商品的异质图上，首先基于元路径引导的随机游走发现用户和商品的共现关系，然后使用 node2vec [14] 从用户和商品的节点序列中学习初始表示。由于不同元路径下的表示包含的语义信息不同，为了获得更好的推荐性能，HERec 设计了一个融合函数来统一多种表示。除了随机游走外，一些方法还尝试使用矩阵分解来学习用户和商品的表示。HeteRec [62] 考虑了异质图中的隐式用户反馈；HeteroMF [27] 设计了一种异质矩阵分解技术来考虑不同类型节点的上下文依赖性；FMG [72] 将元图集成到异质图表示学习中，可以捕获用户和商品之间的一些特殊模式。

　　以往的方法主要使用线性模型来学习用户和商品的表示，但这不能完全捕获用户的偏好。因此，有些文章提出了基于神经网络的方法，其中，注意力机制是最重要的技术之一。MCRec [22] 设计了一种神经互注意力机制来捕捉用户、商品和元路径之间的关系。NeuACF [16] 和 HueRec [58] 首先计算多个基于元路径的用户–商品相似性矩阵，然后设计一种注意力机制学习不同相似性矩阵的重要性，从而学习到用户不同方面的偏好。

　　另一种方法是将异质图神经网络应用于推荐场景。PGCN [60] 将用户–商品交互序列转换为商品–商品图、用户–商品图和用户序列图，然后设计了一个异质图神经网络，将用户和商品的信息聚合，从而捕获协同过滤信号；SHCF [30] 使用异质图神经网络同时捕获高阶异质协同信号和顺序信息；GNewsRec [23] 和 GNUD [24] 是为新闻推荐设计的方法，这两者同时考虑新闻的内容信息以及用户和新闻之间的协同信息。

　　分类是机器学习中的一项基本任务。在这里，我们主要介绍两种类型的分类任务，这两者都需要通过模型来捕获异质图的异质性，分别是作者识别 [5, 64, 36] 和用户识别 [70, 10, 69]。

　　作者识别旨在从学术网络中找到某篇匿名论文的潜在作者。Camel [64] 旨在同时考虑内容信息（例如，论文的文本和上下文信息）和结构信息（例如，论文、作者和会议的共现关系）；PAHNE [5] 使用元路径来增强论文和作者之间的成对关系；TaPEm [36] 进一步提高了论文作者对与其周围的上下文路径之间的近似性。

　　用户识别要求模型可以利用异质图的异质性来学习具有弱监督信息的可区分用户表示。Player2vec [70]、AHIN2vec [10] 和 Vendor2vec [69] 是主要的三种方法，可以将它们归纳到一个统一的框架：首先，使用一些先进的神经网络从输入特征中学习初始的节点表示；然后，在构造好的异质图上传播这些节点表示，以捕获异质图的异质性；最后，使用半监督损失函数让节点表示包含适应特定应用场景的信息。在部分标记节点的引导下，节点表示可以区分图中的特殊用户和普通用户，从而可以用于用户识别。

　　相似性搜索旨在利用异质图的结构和语义信息找到最接近目标节点的节点。一些早期的研究已经解决了同质图中的这个问题，例如，web 搜索 [28]。近年来，一些方法试图利用异质图进行相似性搜索 [45, 40]。然而，这些方法只使用一些统计信息（例如，连通元路径数量）来衡量异质图中两个节点的相似性，缺乏灵活性。随着深度学习技术的发展，一些异质图表示学习的方法不断涌现。IPE [31] 考虑了不同元路径实例之间的交互作用，并提出了一种交互式路径结构来提高异质图表示学习的性能。SPE [32] 提出了一种子图增强的异质图表示学习方法，该方法使用堆叠的自动编码器来学习子图的表示，从而增强语义相似性搜索的效果。D2AGE [33] 探索了有向无环图 (DAG) 结构，旨在更好地衡量两个节点之间的相似性，并设计了一个 DAG-LSTM 方法学习节点表示。

总之，将异质图表示和特定的应用场景结合通常需要考虑领域知识。例如，在推荐中，可以使用元路径"用户–商品–用户"来捕获基于用户的协同过滤，而"商品–用户–商品"表示基于商品的协同过滤；在相似性搜索中，使用元路径来捕获节点之间的语义关系，从而提高性能。因此，对于面向应用的异质图表示学习，利用异质图来捕获特定应用场景的领域知识是必要的。

2.2   技术总结

本节会从技术层面出发，总结异质图表示学习中广泛使用的技术（或模型）。一般可以将其划分为浅层模型和深度模型两类。

2.2.1   浅层模型

早期的异质图表示学习方法侧重于采用浅层模型。首先随机初始化节点表示，然后通过优化一些精心设计的目标函数学习节点表示。我们将浅层模型分为两类：基于随机游走的模型和基于分解的模型。

基于随机游走的模型。在同质图中，利用随机游走在图中生成节点序列来捕获图的局部结构。而在异质图中，节点序列不仅要包含结构信息，还应该包含语义信息。因此，文献 [68, 8, 17, 26, 29, 57, 39] 提出了一系列具有语义感知能力的随机游走技术。例如，metapath2vec [8] 使用元路径引导的随机游走来捕获两个节点的语义信息（例如，学术图中的合著者关系）。Spacey [17] 和 metagraph2vec [67] 设计了元图引导的随机游走，这保持了两个节点之间更复杂的相似性。

基于分解的模型。基于分解的技术旨在将异质图分解为几个子图，并保持每个子图 [4,59,43–44,35,46,15] 中节点的近似性。PME [4] 根据链路的类型将异质图分解为多个二部图，并将每个二部图投影到一个特定关系的语义空间中。PTE [46] 将文档分为单词–单词图、单词–文档图和单词–标签图，使用 LINE [47] 来学习每个子图的共享节点表示。HEBE [15] 从一个异质图中采样一系列子图，并保持中心节点与其子图之间的近似性。

2.2.2   深度模型

深度模型旨在利用先进的神经网络从节点属性或节点之间的交互中学习表示，大致可以分为三类：基于消息传递的模型、基于编码器–解码器的模型和基于对抗的模型。

基于消息传递的模型。消息传递指的是将节点表示发送给它的邻居，经常在图神经网络中使用。基于消息传递的技术的关键是设计一个合适的聚合函数，它可以捕获异质图 [54, 12, 19, 65, 2, 74, 63, 77, 38] 的语义信息。例如，HAN [54] 设计了一种层次注意力机制来学习不同节点和元路径的重要性，它同时捕获了异质图的结构信息和语义信息；Het-GNN [65] 使用 bi-LSTM 来聚合邻居的表示，从而学习异质节点间的深度交互；GTN [63] 设计了一个聚合函数，它可以自动在消息传递过程中找到合适的元路径。

基于编码器–解码器的模型。基于编码器–解码器的技术 [49, 3, 66, 5, 64, 36] 旨在使用一些神经网络作为编码器从节点属性中学习表示，并设计了一个解码器来保持图中的属性。例如，HNE [3] 用于多模态异质图嵌入，它分别使用 CNN 和自动编码器学习图像和文本中的表示，然后使用以上表示来预测图像和文本之间是否存在链接；Camel [64] 使用 GRU 作为编码器，从摘要中学习论文的表示，然后用一个 skip-gram 的目标函数来保持图的局部结构；DHNE [49] 使用自动编码器来学习超边中的节点表示，然后设计了一个二进制的分类损失来维护超图的不可分解性。

基于对抗的模型。基于对抗的技术利用生成器和判别器之间的博弈来学习鲁棒的节点表示。在同质图中，基于对抗的技术只考虑结构信息，例如，GraphGAN [51] 在生成虚拟节点时使用广度优先搜索。在异质图中，判别器和生成器是基于关系感知的，它捕获了图的丰富的语义。HeGAN [22] 是第一个在异质图表示学习中使用生成对抗网络的方法，它将多重关系合并到生成器和判别器中，并考虑了图的异质性。MV-ACM [76] 使用生成对抗网络计算不同视图中的节点相似性，从而生成互补视图。

2.3　开源资料

在本节中，我们会概述异质图表示学习的常用数据集。此外，我们还将介绍一些关于异质图表示学习的可用资源和开源工具。

2.3.1　基准数据集

高质量的数据集对于学术研究至关重要。这里我们介绍一些流行的真实世界的异质图数据集，可以将其可分为三类：学术网络、商业网络和电影网络。

- ❏ **DBLP**⊖ 这是一个反映作者和论文之间关系的网络，有四种类型的节点：作者、论文、主题和会议。
- ❏ **AMiner**⊖ 这个学术网络类似于 DBLP，但有两种额外类型的节点：关键词和领域。
- ❏ **Yelp**⊜ 这是一个社交媒体网络，包括五种类型的节点：用户、商务、评价、城市和类别。

⊖ http://dblp.uni-trier.de。

⊖ https://www.aminer.cn。

⊜ http://www.yelp.com/dataset challenge/。

❑ **Amazon**⊖ 这是一个电子商务网络，用来记录用户和产品之间的交互式信息，包括共同查看、共同购买等。

❑ **IMDB**⊖ 这是一个电影评分网络，记录了不同用户对电影的偏好。每部电影都包含导演、演员和类型。

❑ **Douban**⊜ 这个网络类似于 IMDB，但它包含了更多的用户信息，如用户的群体和位置。

2.3.2　开源代码

源代码对于研究人员复现相应方法很重要。我们收集了相关论文的源代码，并列在表 2-1中。此外，我们还提供了一些关于异质图表示学习的常用网站。

❑ Stanford Network Analysis Project (SNAP)。这是一个网络分析和图挖掘库，包含不同类型的网络和多种网络分析工具。网址是 http://snap.stanford.edu/。

❑ ArnetMiner (AMiner) [48]。在早期，这是一个用于数据挖掘的学术网络。现在，它变成了一个提供各种学术资源的综合学术系统。网址为 https://www.aminer.cn/。

❑ Open Academic Society (OAS)。一个由 Microsoft Research 和 AMiner 贡献的开放并且可扩展的研究和教育知识图，公布了开放的学术图表 (OAG)，统一了 20 亿个规模的学术图表。网址是 https://www.openacademic.ai/。

❑ HG Resources。这是一个专注于异质图的网站，收集了一系列关于异质图的论文，并将其分为不同的类别，其中包括分类、聚类和嵌入。它还提供了这些流行方法的代码和数据集。网址为 http://shichuan.org/。

2.3.3　可用工具

开源平台和工具包可以帮助研究人员快速、轻松地构建图表示学习的工作流程，已经有许多为同质图设计的工具包，例如 OpenNE⑭ 和 CogDL⑮。然而，异质图工具包和平台很少被提及。为了填补这一空缺，我们总结了适用于异质图的流行工具包和平台。

❑ AliGraph。一个工业级的图数据机器学习平台，支持数亿个节点和边的计算。此外，它还考虑了真实工业图数据的大规模、异质属性和动态等特性，并进行了特殊的优化。可以在 https://www.aliyun.com/product/bigdata/product 找到实例。

❑ Deep Graph Library (DGL)。一个开源的图数据深度学习平台，设计了自己的数据结构，实现了许多流行的方法。特别是，它为同质图、异质图和知识图提

⊖　http://jmcauley.ucsd.edu/data/amazon。

⊖　https://grouplens.org/datasets/movielens/100k/。

⊜　http://movie.douban.com/。

⑭　https://github.com/thunlp/OpenNE。

⑮　https://github.com/THUDM/cogdl。

供了独立的应用程序编程接口（API）。可以在 https://www.dgl.ai/ 找到实例。

- PyTorch Geometric。一个面向 PyTorch 的几何深度学习扩展库，用于图和其他不规则结构的深度学习方法。与 DGL 相同，它也有自己的数据结构和操作符。具体的实例展示在 https://pytorch-geometric.readthedocs.io/en/latest/。
- OpenHINE。一个异质图表示学习的开源工具包，通过统一的数据接口实现了许多流行的异质图表示学习方法。具体实例参见 https://github.com/BUPT-GAMMA/OpenHINE。

表 2-1　相关论文的源代码

方法	源代码	程序平台
metapath2vec [8]	https://github.com/apple2373/metapath2vec	TensorFlow
metagraph2vec [67]	https://github.com/daokunzhang/MetaGraph2Vec	C++
AspEM [43]	https://github.com/ysyushi/aspem	Python
HEER [44]	https://github.com/GentleZhu/HEER	Python
HEBE [15]	https://github.com/olittle/Hebe	C++
JUST [26]	https://github.com/eXascaleInfolab/JUST	Python
HIN2vec [11]	https://github.com/csiesheep/hin2vec	Python & C++
BHIN2vec [29]	https://github.com/sh0416/BHIN2VEC	PyTorch
HHNE [57]	https://github.com/ydzhang-stormstout/HHNE	C++
HeRec [39]	https://github.com/librahu/HERec	Python
MNE [68]	https://github.com/HKUST-KnowComp/MNE	Python
PTE [46]	https://github.com/mnqu/PTE	C++
RHINE [34]	https://github.com/rootlu/RHINE	PyTorch
HAN [54]	https://github.com/Jhy1993/HAN	TensorFlow
MAGNN [12]	https://github.com/cynricfu/MAGNN	PyTorch
HetSANN [19]	https://github.com/didi/hetsann	TensorFlow
HGT [25]	https://github.com/acbull/pyHGT	PyTorch
HetGNN [65]	https://github.com/chuxuzhang/KDD2019_HetGNN	PyTorch
GATNE [2]	https://github.com/THUDM/GATNE	PyTorch
RSHN [77]	https://github.com/CheriseZhu/RSHN	PyTorch
RGCN [38]	https://github.com/tkipf/relational-gcn	TensorFlow
IntentGC [75]	https://github.com/peter14121/intentgc-models	Python
MEIRec [9]	https://github.com/googlebaba/KDD2019-MEIRec	TensorFlow
GNUD [24]	https://github.com/siyongxu/GNUD	TensorFlow
FMG [73]	https://github.com/HKUST-KnowComp/FMG	Python & C++
HeteRec [62]	https://github.com/mukulg17/HeteRec	R
DHNE [49]	https://github.com/tadpole/DHNE	TensorFlow
SHNE [66]	https://github.com/chuxuzhang/WSDM2019SHNE	PyTorch
NSHE [74]	https://github.com/Andy-Border/NSHE	PyTorch
PAHNE [5]	https://github.com/chentingpc/GuidedHeteEmbedding	C++
Camel [64]	https://github.com/chuxuzhang/WWW2018Camel	TensorFlow
TaPEm [36]	https://github.com/pcy1302/TapEM	Python
HeGAN [21]	https://github.com/librahu/HeGAN	TensorFlow
DyHNE [56]	https://github.com/rootlu/DyHNE	Python & MATLAB

参考文献

[1] Cao, S., Lu, W., Xu, Q.: Grarep: Learning graph representations with global structural information. In: CIKM '15: Proceedings of the 24th ACM International on Conference on Information and Knowledge Management, pp. 891-900. ACM, New York (2015)

[2] Cen, Y., Zou, X., Zhang, J., Yang, H., Zhou, J., Tang, J.: Representation learning for attributed multiplex heterogeneous network. In: The 25th ACM SIGKDD Conference on Knowledge Discovery and Data Mining (KDD '19). ACM, New York (2019)

[3] Chang, S., Han, W., Tang, J., Qi, G.J., Aggarwal, C.C., Huang, T.S.: Heterogeneous network embedding via deep architectures. In: KDD '15: Proceedings of the 21th ACM SIGKDD International Conference on Knowledge Discovery and Data Mining, pp. 119‐128. ACM, New York (2015)

[4] Chen, H., Yin, H., Wang, W., Wang, H., Nguyen, Q.V.H., Li, X.: Pme: projected metric embedding on heterogeneous networks for link prediction. In: ACM International Conference on Knowledge Discovery and Data Mining 2018, pp. 1177-1186. ACM, New York (2018)

[5] Chen, T., Sun, Y.: Task-guided and path-augmented heterogeneous network embedding for author identification. In: WSDM'17: Proceedings of the Tenth ACM International Conference on Web Search and Data Mining, pp. 295-304. ACM, New York (2017)

[6] Chung, J., Gulcehre, C., Cho, K., Bengio, Y.: Empirical evaluation of gated recurrent neural networks on sequence modeling. arXiv preprint arXiv:1412.3555 (2014)

[7] Cui, P.,Wang, X., Pei, J., Zhu, W.: A survey on network embedding. IEEE Trans. Knowl. Data Eng. **31**(5), 833-852 (2018)

[8] Dong, Y., Chawla, N.V., Swami, A.: metapath2vec: scalable representation learning for heterogeneous networks. In: Proceedings of the 23rd ACM SIGKDD International Conference on Knowledge Discovery and Data Mining, pp. 135‐144. ACM, New York (2017)

[9] Fan, S., Zhu, J., Han, X., Shi, C., Hu, L., Ma, B., Li, Y.: Metapath-guided heterogeneous graph neural network for intent recommendation. In: KDD '19: Proceedings of the 25th ACM SIGKDD International Conference on Knowledge Discovery & Data Mining, pp. 2478-2486 (2019)

[10] Fan, Y., Zhang, Y., Hou, S., Chen, L., Ye, Y., Shi, C., Zhao, L., Xu, S.: iDev: enhancing social coding security by cross-platform user identification between github and stack overflow. In: Proceedings of the Twenty-Eighth International Joint Conference on Artificial Intelligence, pp. 2272-2278 (2019)

[11] Fu, T.Y., Lee, W.C., Lei, Z.: Hin2vec: explore meta-paths in heterogeneous information networks for representation learning. In: CIKM '17: Proceedings of the 2017 ACM on Conference on Information and Knowledge Management, pp. 1797-1806. ACM, New York (2017)

[12] Fu, X., Zhang, J., Meng, Z., King, I.: MAGNN: Metapath aggregated graph neural network forheterogeneous graph embedding. In:WWW'20: Proceedings of TheWeb Conference 2020 (2020)

[13] Fu, Y., Xiong, Y., Yu, P.S., Tao, T., Zhu, Y.: Metapath enhanced graph attention encoder for hins representation learning. In: BigData, pp. 1103-1110. IEEE, Piscataway (2019)

[14]　Grover, A., Leskovec, J.: node2vec: Scalable feature learning for networks. In: KDD, pp. 855–864. ACM, New York (2016)

[15]　Gui, H., Liu, J., Tao, F., Jiang, M., Norick, B., Han, J.: Large-scale embedding learning in heterogeneous event data. In: ICDM, pp. 907–912. IEEE, Piscataway (2016)

[16]　Han, X., Shi, C., Wang, S., Yu, P.S., Song, L.: Aspect-level deep collaborative filtering via heterogeneous information networks. In: Proceedings of the Twenty-Seventh International Joint Conference on Artificial Intelligence, pp. 3393–3399 (2018)

[17]　He, Y., Song, Y., Li, J., Ji, C., Peng, J., Peng, H.: Hetespaceywalk: a heterogeneous spacey random walk for heterogeneous information network embedding. In: 28th ACM International Conference on Information and Knowledge Management, CIKM, pp. 639–648. ACM, New York (2019)

[18]　Helgason, S.: Differential Geometry, Lie Groups, and Symmetric Spaces. Academic Press, Cambridge (1979)

[19]　Hong, H., Guo, H., Lin, Y., Yang, X., Li, Z., Ye, J.: An attention-based graph neural network for heterogeneous structural learning. In: Proceedings of AAAI Conference (AAAI'20) (2020)

[20]　Hou, S., Fan, Y., Zhang, Y., Ye, Y., Lei, J., Wan, W., Wang, J., Xiong, Q., Shao, F.: αcyber: enhancing robustness of android malware detection system against adversarial attacks on heterogeneous graph based model. In: CIKM '19: Proceedings of the 28th ACM International Conference on Information and Knowledge Management, pp. 609–618 (2019)

[21]　Hu, B., Fang, Y., Shi, C.: Adversarial learning on heterogeneous information networks. In: KDD '19: Proceedings of the 25th ACM SIGKDD Conference On Knowledge Discovery and Data Mining, pp. 120–129. ACM, New York (2019)

[22]　Hu, B., Shi, C., Zhao,W.X., Yu, P.S.: Leveraging meta-path based context for top-n recommendation with a neural co-attention model. In: KDD '18: Proceedings of the 24th ACM SIGKDD International Conference on Knowledge Discovery & Data Mining, pp. 1531–1540. ACM, New York (2018)

[23]　Hu, L., Li, C., Shi, C., Yang, C., Shao, C.: Graph neural news recommendation with long-term and short-term interest modeling. Inf. Process. Manag. **57**(2), 102,142 (2020)

[24]　Hu, L., Xu, S., Li, C., Yang, C., Shi, C., Duan, N., Xie, X., Zhou, M.: Graph neural news recommendation with unsupervised preference disentanglement. In: Proceedings of the 58th Annual Meeting of the Association for Computational Linguistics (2020)

[25]　Hu, Z., Dong, Y.,Wang, K., Sun, Y.: Heterogeneous graph transformer. In: Proceedings of The Web Conference 2020 (2020)

[26]　Hussein, R., Yang, D., Cudré-Mauroux, P.: Are meta-paths necessary?: revisiting heterogeneous graph embeddings. In: Proceedings of the 27th ACM International Conference on Information and Knowledge Management, pp. 437–446 (2018)

[27]　Jamali, M., Lakshmanan, L.V.S.: Heteromf: recommendation in heterogeneous information networks using context dependent factor models. In: International World Wide Web Conferences Steering Committee, pp. 643–654. ACM, New York (2013)

[28]　Jeh, G., Widom, J.: Scaling personalized web search. In: WWW '03: Proceedings of the 12th International Conference on World Wide Web, pp. 271–279 (2003)

[29] Lee, S., Park, C., Yu, H.: Bhin2vec: balancing the type of relation in heterogeneous information network. In: CIKM'19: Proceedings of the 28th ACMInternational Conference on Information and Knowledge Management, pp. 619–628 (2019)

[30] Li, C., Hu, L., Shi, C., Song, G., Lu, Y.: Sequence-aware heterogeneous graph neural collaborative filtering. In: Proceedings of the 2021 SIAM International Conference on Data Mining (SDM) (2021)

[31] Liu, Z., Zheng, V.W., Zhao, Z., Li, Z., Yang, H.,Wu, M., Ying, J.: Interactive paths embedding for semantic proximity search on heterogeneous graphs. In: Proceedings of the 24th ACM SIGKDD International Conference on Knowledge Discovery & Data Mining, pp. 1860–1869. ACM, New York (2018)

[32] Liu, Z., Zheng, V.W., Zhao, Z., Yang, H., Chang, K.C., Wu, M., Ying, J.: Subgraphaugmented path embedding for semantic user search on heterogeneous social network. In: 27th International World Wide Web, WWW2018, pp. 1613–1622. ACM, New York (2018)

[33] Liu, Z., Zheng, V.W., Zhao, Z., Zhu, F., Chang, K.C.C., Wu, M., Ying, J.: Distance-aware dag embedding for proximity search on heterogeneous graphs. In: 32nd AAAI Conference on Artificial Intelligence, AAAI 2018 (2018)

[34] Lu, Y., Shi, C., Hu, L., Liu, Z.: Relation structure-aware heterogeneous information network embedding. In: Proceedings of the AAAI Conference on Artificial Intelligence (2019)

[35] Matsuno, R., Murata, T.: MELL: effective embedding method for multiplex networks. In: WWW '18: Proceedings of The Web Conference 2018, pp. 1261–1268. ACM, New York (2018)

[36] Park, C., Kim, D., Zhu, Q., Han, J., Yu, H.: Task-guided pair embedding in heterogeneous network. In: Proceedings of the 28th ACM International Conference on Information and Knowledge Management, pp. 489–498 (2019)

[37] Perozzi, B., Al-Rfou, R., Skiena, S.: Deepwalk: online learning of social representations. In: Proceedings of the 20th ACM SIGKDD International Conference on Knowledge Discovery and Data Mining, pp. 701–710 (2014)

[38] Schlichtkrull, M., Kipf, T.N., Bloem, P., Van Den Berg, R., Titov, I., Welling, M.: Modeling relational data with graph convolutional networks. In: European Semantic Web Conference, pp. 593–607. Springer, Berlin (2018)

[39] Shi, C., Hu, B., Zhao, W.X., Yu, P.S.: Heterogeneous information network embedding for recommendation. IEEE Trans. Knowl. Data Eng. **31**(2), 357–370 (2018)

[40] Shi, C., Kong, X., Huang, Y., Yu, P.S., Wu, B.: Hetesim: a general framework for relevance measure in heterogeneous networks. IEEE Trans. Knowl. Data Eng. **26**(10), 2479–2492 (2014)

[41] Shi, C., Li, Y., Zhang, J., Sun, Y., Yu, P.S.: A survey of heterogeneous information network analysis. IEEE Trans. Knowl. Data Eng. **29**(1), 17–37 (2017)

[42] Shi, C., Zhang, Z., Luo, P., Yu, P.S., Yue, Y., Wu, B.: Semantic path based personalized recommendation on weighted heterogeneous information networks. In: CIKM '15: Proceedings of the 24th ACM International on Conference on Information and Knowledge Management, pp. 453–462. ACM, New York (2015)

[43] Shi, Y., Gui, H., Zhu, Q., Kaplan, L., Han, J.: Aspem: Embedding learning by aspects in heterogeneous information networks. In: 2018 SIAM International Conference on Data Mining, SDM 2018, pp. 144-152. SIAM, Philadelphia (2018)

[44] Shi, Y., Zhu, Q., Guo, F., Zhang, C., Han, J.: Easing embedding learning by comprehensive transcription of heterogeneous information networks. In: Proceedings of the 24th ACM SIGKDD International Conference on Knowledge Discovery and DataMining, pp. 2190-2199. ACM, New York (2018)

[45] Sun, Y., Han, J., Yan, X., Yu, P.S., Wu, T.: Pathsim: Meta path-based top-k similarity search in heterogeneous information networks. Proc. VLDB Endow. **4**(11), 992-1003 (2011)

[46] Tang, J., Qu, M., Mei, Q.: PTE: predictive text embedding through large-scale heterogeneous text networks. In: Proceedings of the 21th ACM SIGKDD International Conference on Knowledge Discovery and Data Mining, pp. 1165-1174. ACM, New York (2015)

[47] Tang, J., Qu, M., Wang, M., Zhang, M., Yan, J., Mei, Q.: Line: large-scale information network embedding. In: Proceedings of the 24th International Conference onWorldWideWeb, pp. 1067-1077 (2015)

[48] Tang, J., Zhang, J., Yao, L., Li, J., Zhang, L., Su, Z.: Arnetminer: extraction and mining of academic social networks. In: Proceedings of the 14th ACM SIGKDD International Conference on Knowledge Discovery and Data Mining, pp. 990-998. ACM, New York (2008)

[49] Tu, K., Cui, P., Wang, X., Wang, F., Zhu, W.: Structural deep embedding for hypernetworks. In: Thirty-Second AAAI Conference on Artificial Intelligence (2018)

[50] Wang, D., Cui, P., Zhu, W.: Structural deep network embedding. In: Proceedings of the 22nd ACM SIGKDD International Conference on Knowledge Discovery and Data Mining, pp. 1225-1234 (2016)

[51] Wang, H., Wang, J., Wang, J., Zhao, M., Zhang, W., Zhang, F., Xie, X., Guo, M.: Graphgan: graph representation learning with generative adversarial nets. In: Proceedings of the AAAI Conference on Artificial Intelligence (2018)

[52] Wang, R., Shi, C., Zhao, T., Wang, X., Ye, F.Y.: Heterogeneous information network embedding with adversarial disentangler. IEEE Trans. Knowl. Data Eng. (2021)

[53] Wang, X., Cui, P., Wang, J., Pei, J., Zhu, W., Yang, S.: Community preserving network embedding. In: Thirty-First AAAI Conference on Artificial Intelligence (2017)

[54] Wang, X., Ji, H., Shi, C., Wang, B., Ye, Y., Cui, P., Yu, P.S.: Heterogeneous graph attention network. In: The World Wide Web Conference, pp. 2022-2032. ACM, New York (2019)

[55] Wang, X., Liu, N., Han, H., Shi, C.: Self-supervised heterogeneous graph neural network with co-contrastive learning. In: Proceedings of the 27th ACM SIGKDD Conference on Knowledge Discovery & Data Mining (2021)

[56] Wang, X., Lu, Y., Shi, C., Wang, R., Cui, P., Mou, S.: Dynamic heterogeneous information network embedding with meta-path based proximity. IEEE Trans. Knowl. Data Eng. (2020)

[57] Wang, X., Zhang, Y., Shi, C.: Hyperbolic heterogeneous information network embedding. In: Proceedings of the AAAI Conference on Artificial Intelligence (2019)

[58] Wang, Z., Liu, H., Du, Y., Wu, Z., Zhang, X.: Unified embedding model over heterogeneous information network for personalized recommendation. In: Proceedings of the 28th Inter-

national Joint Conference on Artificial Intelligence, pp. 3813–3819. AAAI Press, Palo Alto (2019)

[59] Xu, L., Wei, X., Cao, J., Yu, P.S.: Embedding of embedding (EOE): joint embedding for coupled heterogeneous networks. In:WSDM'17: Proceedings of the Tenth ACMInternational Conference on Web Search and Data Mining, pp. 741–749. ACM, New York (2017)

[60] Xu, Y., Zhu, Y., Shen, Y., Yu, J.: Learning shared vertex representation in heterogeneous graphs with convolutional networks for recommendation. In: Proceedings of the Twenty-Eighth International Joint Conference on Artificial Intelligence, pp. 4620–4626 (2019)

[61] Xue, H., Yang, L., Jiang, W., Wei, Y., Hu, Y., Lin, Y.: Modeling dynamic heterogeneous network for link prediction using hierarchical attention with temporal RNN. Preprint. arXiv:2004.01024 (2020)

[62] Yu, X., Ren, X., Sun, Y., Sturt, B., Khandelwal, U., Gu, Q., Norick, B., Han, J.: Recommendation in heterogeneous information networks with implicit user feedback. In: RecSys, pp. 347–350. ACM, New York (2013)

[63] Yun, S., Jeong, M., Kim, R., Kang, J., Kim, H.J.: Graph transformer networks. In: Advances in Neural Information Processing Systems, pp. 11960–11970 (2019)

[64] Zhang, C., Huang, C., Yu, L., Zhang, X., Chawla, N.V.: Camel: Content-aware and meta-path augmented metric learning for author identification. In: Proceedings of the 2018 World Wide Web Conference, pp. 709–718 (2018)

[65] Zhang, C., Song, D., Huang, C., Swami, A., Chawla, N.V.: Heterogeneous graph neural network. In: Proceedings of the 25th ACM SIGKDD International Conference on Knowledge Discovery & Data Mining, pp. 793–803. ACM, New York (2019)

[66] Zhang, C., Swami, A., Chawla, N.V.: Shne: Representation learning for semantic-associated heterogeneous networks. In: Proceedings of the Twelfth ACM International Conference on Web Search and Data Mining, pp. 690–698 (2019)

[67] Zhang, D., Yin, J., Zhu, X., Zhang, C.: MetaGraph2Vec: complex semantic path augmented heterogeneous network embedding. In: Pacific-Asia Conference on Knowledge Discovery and Data Mining 2018, pp. 196–208. Springer, Berlin (2018)

[68] Zhang, H., Qiu, L., Yi, L., Song, Y.: Scalable multiplex network embedding. In: Proceedings of the Twenty-Seventh International Joint Conference on Artificial Intelligence, vol. 18, pp. 3082–3088 (2018)

[69] Zhang, Y., Fan, Y., Song,W.,Hou, S., Ye, Y., Li, X., Zhao, L., Shi, C.,Wang, J., Xiong, Q.: Your style your identity: Leveraging writing and photography styles for drug trafficker identification in darknet markets over attributed heterogeneous information network. In: WWW '19: The World Wide Web Conference, pp. 3448–3454 (2019)

[70] Zhang, Y., Fan, Y., Ye, Y., Zhao, L., Shi, C.: Key player identification in underground forums over attributed heterogeneous information network embedding framework. In: CIKM '19: Proceedings of the 28th ACM International Conference on Information and Knowledge Management, pp. 549–558 (2019)

[71] Zhang, Z., Cui, P., Wang, X., Pei, J., Yao, X., Zhu, W.: Arbitrary-order proximity preserved network embedding. In: Proceedings of the 24th ACM SIGKDD International Conference on Knowledge Discovery & Data Mining, pp. 2778–2786. ACM, New York (2018)

[72]　Zhao, H., Yao, Q., Li, J., Song, Y., Lee, D.L.: Meta-graph based recommendation fusion over heterogeneous information networks. In: Proceedings of the 23rd ACM SIGKDD International Conference on Knowledge Discovery and Data Mining, pp. 635–644. ACM, New York (2017)

[73]　Zhao, H., Zhou, Y., Song, Y., Lee, D.L.: Motif enhanced recommendation over heterogeneous information network. In: Proceedings of the 28th ACM International Conference on Information and Knowledge Management, pp. 2189–2192 (2019)

[74]　Zhao, J., Wang, X., Shi, C., Liu, Z., Ye, Y.: Network schema preserving heterogeneous information network embedding. In: 29th International Joint Conference on Artificial Intelligence (2020)

[75]　Zhao, J., Zhou, Z., Guan, Z., Zhao, W., Ning, W., Qiu, G., He, X.: IntentGC: a scalable graph convolution framework fusing heterogeneous information for recommendation. In: Proceedings of the 25th ACM SIGKDD International Conference on Knowledge Discovery & Data Mining, pp. 2347–2357 (2019)

[76]　Zhao, K., Bai, T., Wu, B., Wang, B., Zhang, Y., Yang, Y., Nie, J.: Deep adversarial completion for sparse heterogeneous information network embedding. In: Proceedings of the Web Conference 2020, pp. 508–518. ACM/IW3C2, New York (2020)

[77]　Zhu, S., Zhou, C., Pan, S., Zhu, X., Wang, B.: Relation structure-aware heterogeneous graph neural network. In: IEEE International Conference On Data Mining (2019)

02
第二部分

技术篇

第 3 章

结构保持的异质图表示学习

异质图包含多种类型的节点和链接，这些节点高度相关并且由于不同的链接而呈现复杂的结构，这些结构反映了拓扑的关键因素。因此，对有意义的结构进行编码是获得高质量节点表示的基本要求。到目前为止，研究者们已经研究了异质图中一些有代表性的结构，从一阶结构到高阶局部结构，例如元路径和网络模式。在本章中，我们将介绍四个专门用于结构保持的工作。通过捕捉各自的结构，它们成功地刻画了丰富的语义和复杂的异质性，并有效地支持了下游任务。

3.1 简介

图表示学习的一项基本要求是正确地维持图结构。早期的很多工作都集中在同质图表示学习的结构保持上，重点是如何在同质图中保持二阶 [41]、高阶 [2] 和社区结构 [44]，从而在节点分类和链路预测等下游任务中取得良好的效果。与同质图相比，异质图在保持结构信息方面存在更多挑战，因为后者包含多种类型的节点和节点之间的多种关系。

传统的异质图建模通常使用元路径 [36] 来衡量节点的结构相似性。然而，这些基于元路径的方法无法计算没有元路径连接的节点的相似度，这极大地限制了这些方法的应用场景。受同质图表示学习方法的启发，最近提出了许多异质图表示学习方法，并且异质图嵌入已经被进一步应用于各种网络挖掘任务，如节点分类 [16]、聚类 [38-39]，以及相似性搜索 [37, 52]。与传统的基于元路径的方法相比 [36]，异质图表示学习的优势在于它能够在没有元路径连接的情况下对节点之间的结构相似性进行建模。

在本章中，我们将介绍四个在节点表示中保持结构信息的代表性工作。在 3.2 和

3.3 节中，我们将首先介绍一个基于异质图嵌入的推荐模型（命名为 HERec[33]）和一个基于神经网络的方面级协同过滤模型（命名为 NeuACF[8]），它们分别将元路径与两种经典的同质图表示学习方法结合起来，即 skip-gram 算法和基于注意力的深度神经网络。在 3.4 节中，我们将介绍一个关系结构保持的异质信息网络嵌入模型（命名为 RHINE[21]），它基于结构特性将异质图中的关系分为两类，从而更精细地对异质图中的结构信息进行建模。在 3.5 节中，我们将介绍一种新颖的网络模式保持的异质图嵌入方法（命名为 NSHE[55]），该方法使用网络模式（即异质图的元模板）对结构信息进行更完整的建模，摆脱对手工设计元路径的依赖。

3.2 基于元路径的随机游走

3.2.1 概述

在网络中，相互连接的节点间往往存在相似的模式，因此可以从这些邻居节点入手，对目标节点进行挖掘。如何精准刻画邻居结构，是学好节点表示的一个基本要素。通常，一种经典的做法是进行图上的随机游走，即从一个中心节点出发，每一次随机选择当前节点的一个邻居节点，作为下一轮游走的中心节点 [7, 26]。多次重复上述过程，就可以得到多条基于随机游走的节点序列，每条节点序列都描述了原始图的一种结构。有了这些节点序列，我们就可以利用自然语言处理（NLP）领域中基于 word2vec 框架的方法来学习节点表示，从而能够捕捉特定窗口宽度下相邻节点间的相似性。

然而，绝大多数的工作都关注的是同质图上的表示学习，即只考虑单一类型的节点和边的关系。在异质图领域，则需要考虑如何将随机游走机制和复杂的异质性有效地融合在一起，从而捕捉局部的语义结构。为了解决这一问题，HERec 模型 [33] 利用元路径能捕捉语义信息的能力，设计了一种全新机制，即沿着元路径进行随机游走，或称为基于元路径的随机游走。

有别于同质图中的随机游走方法，HERec 根据预先定义的元路径限制节点序列的生成。例如，对于元路径作者–论文–作者（APA）而言，如果当前的游走中心是作者（A）类型节点，那么 HERec 下一步会选择论文（P）类型的邻居。HERec 的优化目标是同时学得多种类型节点的表示，并保持给定异质图中的语义结构。此外，HERec 与传统的矩阵分解相结合，成功地应用在了推荐系统中。一个基础的推荐系统通常包含用户和商品，其目的在于帮助用户发现其潜在的感兴趣的商品。基于设计的框架，HERec 能有效地从用户和商品的交互中抽取局部语义信息，并在下游任务中表现优异。

3.2.2 HERec 模型

1. 模型框架

本节我们将详细介绍 HERec 模型的相关细节。HERec 服务于异质图推荐场景，其包含两个主要模块（如图 3-1 所示）。一是从异质图中学得用户和商品的表示，即异质图嵌入（图 3-1b），二是将学得的表示融入传统的矩阵分解框架下，即推荐环节（图 3-1c）。接下来将具体介绍 HERec 的不同模块。

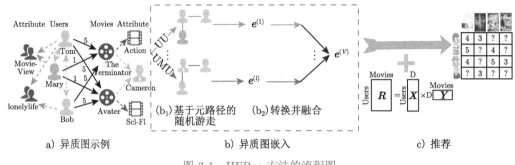

图 3-1   HERec 方法的流程图

2. 异质图嵌入

给定一个异质图 $\mathcal{G} = \{\mathcal{V}, \mathcal{E}\}$，HERec 要给每一个节点 $v \in \mathcal{V}$ 学得低维的嵌入 $\boldsymbol{e}_v \in \mathbb{R}^d$。相比于基于元路径的相似性度量，HERec 学习到的节点向量表示可以更好地应用或者与其他模型融合。受 DeepWalk [26] 启发，HERec 针对异质图设计了新颖的随机游走机制来学得节点嵌入。

基于元路径的随机游走   为了产生有意义的节点序列，关键是设计有效的游走策略以涵盖异质信息网络中复杂的语义信息。在研究异质图的文献中，元路径是一个描述异质网络语义模式的重要概念 [36]。因此，HERec 提出使用基于元路径的方法来产生节点序列。给定一个异质图 $\mathcal{G} = \{\mathcal{V}, \mathcal{E}\}$ 和一条元路径 $\rho : A_1 \xrightarrow{R_1} \cdots A_t \xrightarrow{R_t} A_{t+1} \cdots \xrightarrow{R_l} A_{l+1}$，游走路径会由如下的分布所产生：

$$P(n_{t+1} = x | n_t = v, \rho) = \begin{cases} \dfrac{1}{|\mathcal{N}^{A_{t+1}}(v)|}, & (v, x) \in \mathcal{E} \text{ 且 } \phi(x) = A_{t+1} \\ 0, & \text{其他情况} \end{cases}$$

其中，n_t 为游走路径的第 t 个节点，v 的类型为 A_t，$\phi(x)$ 是对象类型映射函数，$\mathcal{N}^{(A_{t+1})}(v)$ 是节点 v 的一阶邻居，而且这些邻居的节点类型为 A_{t+1}。游走会随着元路径一直进行下去，直到到达预设的游走长度。

例 3.1（基于元路径的随机游走）   以图 3-1a 为例，该图表示由一个电影推荐系统构成的异质信息网络。给定元路径 UMU，可以产生两条样本路径（即节点序列），这两条路径均从 Tom 这个节点出发：（1）Tom$_{\text{User}}$ → Avater$_{\text{Movie}}$ → Bob$_{\text{User}}$，（2）Tom$_{\text{User}}$ → Avater$_{\text{Movie}}$ → Bob$_{\text{User}}$ → The Terminator$_{\text{Movie}}$ → Mary$_{\text{User}}$。类似地，给定元路径 UMDMU，也可以产生另外一条节点序列：Tom$_{\text{User}}$ → The Terminator$_{\text{Movie}}$ → Cameron$_{\text{Director}}$ → Avater$_{\text{Movie}}$ → Mary$_{\text{User}}$。很明显，对应于不同的语义关系，这些元路径可以产生更有意义的节点序列。

类型限制和过滤　考虑到在推荐场景中，用户和商品是尤为重要的两类节点，所以 HERec 主要关注于学习用户和商品的有效向量表示，而其他实体的表示在这个任务中不是关键。因此，可以只挑选以用户或者商品为开头的对称元路径。一旦使用了上述的游走策略来生成节点序列，则该序列中会包含各种类型的节点。更进一步，HERec 还可以去掉路径中其他不同类型的节点。在这种方式下，最终的节点序列只包含一种节点类型 (用户/商品)。在原始的游走路径上应用类型过滤有两点好处。首先，尽管节点序列是通过元路径在异质信息网络上游走产生的，但最终只需要优化同质的邻居就行了，从而可以把相同类型的节点表示到相同的空间。其次，给定固定长度的窗口，HERec 可以使用更多的邻居节点，从而包含更复杂的语义。

例 3.2（类型限制和过滤）　如图 3-2 所示，为了学习有效的 User 表示和 Movie 表示，只需要考虑以 User 节点和 Movie 节点开始的元路径。通过这种方式就可以获得一些元路径，如 UMU、UMDMU 以及 MUM。以 UMU 为例，可以根据公式 3.1 产生一条样本序列 “$u_1 \to m_1 \to u_2 \to m_2 \to u_3 \to m_2 \to u_4$”。下一步，将不同于起始节点类型的节点删除。最后，将得到这样一个同质的节点序列 “$u_1 \to u_2 \to u_3 \to u_4$”。

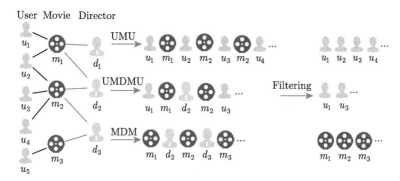

图 3-2　基于元路径的随机游走示意图

接下来，HERec 的研究重点就是如何学习同质序列的有效表示。

优化目标　给定一条元路径，以一个固定长度的窗口构建节点 u 的邻居 $\mathcal{N}_u$。根据 node2vec [7]，可以优化如下的目标函数来学习节点的表示：

$$\max_f \sum_{u \in \mathcal{V}} \log Pr(\mathcal{N}_u | f(u)) \tag{3.1}$$

其中，$f : \mathcal{V} \to \mathbb{R}^d$ 是一个将每个节点映射到 d 维特征空间上的函数（HERec 的目标就是学习这个函数）。$Pr(\mathcal{N}_u | f(u))$ 用来衡量在给定节点 u 的嵌入下，节点 u 邻居存在的概率。$f(\cdot)$ 是得到节点嵌入的映射函数，可通过随机梯度下降（SGD）进行优化。

表示融合　给定一条元路径 l 以及相应的节点序列，通过优化目标公式 3.1，可以得到任意节点 $v \in \mathcal{V}$ 基于元路径 l 的嵌入 $\boldsymbol{e}_v^{(l)}$。同理，可以得到节点的一系列表示 $\{\boldsymbol{e}_v^{(l)}\}_{l=1}^{|\mathcal{P}|}$，其中 $\mathcal{P}$ 为元路径的集合。之后，HERec 提出一个一般化的融合函数 $g(\cdot)$，将学习到的节点表示融合起来，从而分别得到用户和商品的表示 $\boldsymbol{e}_u^{(U)}$ 和 $\boldsymbol{e}_i^{(I)}$：

$$e_u^{(U)} \leftarrow g(\{e_u^{(l)}\}) \tag{3.2}$$
$$e_i^{(I)} \leftarrow g(\{e_i^{(l)}\})$$

HERec 提出了三种融合函数来融合节点表示，在这里仅以用户类型节点为例。

❑ 简单的线性融合。这种融合函数简单地将不同元路径下得到的节点表示经过线性变换转换到目标空间，再进行平均：

$$g(\{e_u^{(l)}\}) = \frac{1}{|\mathcal{P}|} \sum_{l=1}^{|\mathcal{P}|} (M^{(l)} e_u^{(l)} + b^{(l)}) \tag{3.3}$$

其中，$M^{(l)} \in \mathbb{R}^{D \times d}$ 和 $b^{(l)} \in \mathbb{R}^D$ 分别表示第 l 条元路径下的变换矩阵和偏置向量。

❑ 个性化的线性融合。该函数进一步为每个用户赋予一个个性化的权重向量来表示用户对每一条元路径的偏好：

$$g(\{e_u^{(l)}\}) = \sum_{l=1}^{|\mathcal{P}|} w_u^{(l)} (M^{(l)} e_u^{(l)} + b^{(l)}) \tag{3.4}$$

其中，$w_u^{(l)}$ 表示用户 u 对第 l 条元路径的偏好权重。

❑ 个性化的非线性融合。线性融合在建模复杂的数据关系上能力有限，因此，HERec 在此采用非线性变换来增强融合函数的表达能力：

$$g(\{e_u^{(l)}\}) = \sigma \left(\sum_{l=1}^{|\mathcal{P}|} w_u^{(l)} \sigma (M^{(l)} e_u^{(l)} + b^{(l)}) \right) \tag{3.5}$$

其中，$\sigma(\cdot)$ 是非线性函数（实验中为 sigmoid 函数，见 3.2.3 节）。

在这三种融合机制中，HERec 通过实验证明了个性化和非线性是提升效果的两个关键因素。$g(\cdot)$ 部分的参数和推荐系统联合优化，接下来将详细介绍。

3. 融合矩阵分解与异质图嵌入的推荐

HERec 在矩阵分解的基础上建立用户对商品的评分偏好。矩阵分解是一种将用户和商品的评分矩阵分解为低维的用户隐含向量和商品隐含向量的方法。在矩阵分解中，用户 u 对商品 i 的评分 $r_{u,i}$ 表示为

$$\widehat{r_{u,i}} = x_u^\top \cdot y_i \tag{3.6}$$

其中，$x_u \in \mathbb{R}^D$ 和 $y_i \in \mathbb{R}^D$ 表示用户 u 对商品 i 的隐含向量。由于已经得到了用户 u 对商品 i 基于异质信息网络的表示，可以进一步地将这些信息融入评分偏好中，如下所示：

$$\widehat{r_{u,i}} = x_u^\top \cdot y_i + \alpha e_u^{(U)\top} \cdot \gamma_i^{(I)} + \beta \gamma_u^{(U)\top} \cdot e_i^{(I)} \tag{3.7}$$

其中，$\gamma_u^{(U)}$ 和 $\gamma_i^{(I)}$ 分别表示用户和商品特定的隐层因子，与用户 u 对商品 i 基于异质图的表示 $e_u^{(U)}$ 与 $e_i^{(I)}$ 对应。α 和 β 是可调的参数，来平衡三项的贡献。总目标函数如下：

$$\$ = \sum_{\langle u,i,r_{u,i}\rangle \in \mathcal{R}} (r_{u,i} - \widehat{r_{u,i}})^2 + \lambda \sum_{u} (\|\boldsymbol{x}_u\|_2 + \|\boldsymbol{y}_i\|_2 +$$

$$\|\boldsymbol{\gamma}_u^{(U)}\|_2 + \|\boldsymbol{\gamma}_i^{(I)}\|_2 + \|\boldsymbol{\Theta}^{(U)}\|_2 + \|\boldsymbol{\Theta}^{(I)}\|_2) \tag{3.8}$$

其中，$\widehat{r_{u,i}}$ 是通过公式 3.7 预测的评分，λ 是正则化项的系数，$\boldsymbol{\Theta}^{(U)}$ 和 $\boldsymbol{\Theta}^{(I)}$ 是 $g(\cdot)$ 分别用于用户和商品时的相应参数。整个框架通过 SGD 进行联合优化。

3.2.3　实验

在本节中，我们将展示 HERec 模型的一些实验结果。

1. 实验设置

数据集　HERec 使用三个不同领域的推荐数据集进行实验，包括电影领域的豆瓣电影数据集[⊖]（Douban Movie），图书领域的豆瓣图书数据集[⊜]（Douban Book），商业领域的 Yelp [⊜]数据集（关于数据集的详细描述可参见表 3-1）。需要注意的是，这三个数据集有着非常不一样的评分稀疏性：Yelp 数据集非常稀疏，豆瓣电影数据集最稠密。

表 3-1　数据集信息统计

数据集 (稠密度)	关系类型 (A-B)	A 类型 数量	B 类型 数量	(A-B) 数量	A 类型 平均度	B 类型 平均度	元路径
Douban Movie (0.63%)	User-Movie	13 367	12 677	1 068 278	79.9	84.3	UMU、MUM UMDMU、MDM UMAMU、MAM UMTMU、MTM
	User-User	2 440	2 294	4 085	1.7	1.8	
	User-Group	13 337	2 753	570 047	42.7	207.1	
	Movie-Director	10 179	2 449	11 276	1.1	4.6	
	Movie-Actor	11 718	6 311	33 587	2.9	5.3	
	Movie-Type	12 678	38	27 668	2.2	728.1	
Douban Book (0.27%)	User-Book	13 024	22 347	792 026	60.8	35.4	UBU、BUB UBPBU、BPB UBYBU、BYB UBABU
	User-User	12 748	12 748	169 150	13.3	13.3	
	Book-Author	21 907	10 805	21 905	1.0	2.0	
	Book-Publisher	21 773	1 815	21 773	1.0	11.9	
	Book-Year	21 192	64	21 192	1.0	331.1	
Yelp (0.08%)	User-Business	16 239	14 284	198 397	12.2	13.9	UBU、BUB UBCiBU、BCiB UBCaBU、BCaB
	User-User	10 580	10 580	158 590	15.0	15.0	
	User-Compliment	14 411	11	76 875	5.3	6988.6	
	Business-City	14 267	47	14 267	1.0	303.6	
	Business-Category	14 180	511	40 009	2.8	78.3	

基线方法　HERec 选取两类基线方法进行比较：经典的基于矩阵分解进行评分预测的方法（PMF [25]、SoMF [22]）；基于异质图推荐的方法（FM_{HIN} [28]、HeteMF [51]、SemRec [35] 和 DSR [56]）。此外，还有两种 HERec 变体，分别是 HERec_{dw} 与 HERec_{mp}，

⊖　http://movie.douban.com。

⊜　http://book.douban.com。

⊜　http://www.yelp.com/dataset challenge/。

其不同之处在于如何进行随机游走：前者利用 DeepWalk [26] 获得节点嵌入，而忽略不同类型节点间的异质性；后者利用 metapath2vec++ [5] 来获得节点嵌入，而不滤除其他类型节点。

2. 有效性实验

在这个实验中，首先对数据集按照不同比例进行划分，并用 MAE 和 RMSE 作为评测指标对结果进行评估。将表示维度设置为 64，并随机进行十次实验取平均结果，如表 3-2所示。请注意，这里 HERec 采用个性化非线性函数。

实验结果主要总结如下：（1）HERec 要比其他基线方法表现更好，因为它能进行更高质量的信息抽取（异质图嵌入部分）和利用（扩展的矩阵分解部分）。（2）基于异质图的方法，尤其是 FM_{HIN}，其表现要好于传统的基于矩阵分解的方法，这表明了异质信息的重要性。（3）与 $HERec_{mp}$ 相比，$HERec_{dw}$ 表现得更差，这再次证明了异质图嵌入对于基于异质图的推荐系统十分重要。另一方面，HERec 要优于 $HERec_{mp}$，这证明了对下游任务进行有针对性的异质图嵌入可以更有效地提升效果（例如，仅关注用户和商品）。

3. 冷启动实验

接下来，测试所有的方法在冷启动条件下的表现。根据用户的评分记录数量将“冷用户”划分三组 [即 $(0,5]$、$(5,15]$ 和 $(15,30]]$。很容易看出，第一个组的情况是最困难的，因为这个组的用户拥有最少的评分记录。在这里，只选择使用了辅助信息进行推荐的方法对比，包括 SoMF、HeteMF、SemRec、DSR 和 FM_{HIN}，结果如图 3-3 所示。为了方便起见，在图中展示了各个方法基于 PMF 的提升率。整体来说，所有对比方法的性能都优于 PMF。HERec 是所有方法中性能最好的，对于评分记录较少的用户来说，

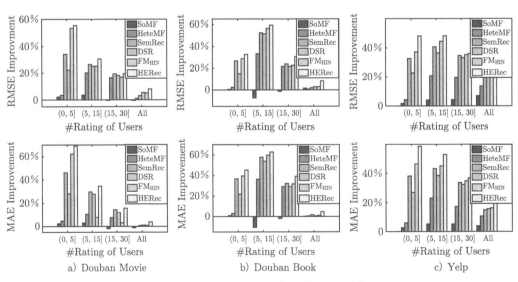

图 3-3 不同方法的冷启动实验结果（见彩插）

表 3-2　在三个数据集上的有效性实验。MAE 或者 RMSE 值更小，表明表现越好

数据集	训练比例	评测指标	PMF	SoMF	FM$_{HIN}$	HeteMF	SemRec	DSR	HERec$_{dw}$	HERec$_{mp}$	HERec
Douban Movie	80%	MAE	0.5741	0.5817	0.5696	0.5750	0.5695	0.5681	0.5703	**0.5515**	0.5519
		Improve		−1.32%	+0.78%	−0.16%	+0.80%	+1.04%	+0.66%	+3.93%	+3.86%
		RMSE	0.7641	0.7680	0.7248	0.7556	0.7399	0.7225	0.7446	0.7121	**0.7053**
		Improve		−0.07%	+5.55%	+1.53%	+3.58%	+5.85%	+2.97%	+7.20%	+8.09%
	60%	MAE	0.5867	0.5991	0.5769	0.5894	0.5738	0.5831	0.5838	0.5611	**0.5587**
		Improve		−2.11%	+1.67%	−0.46%	+2.19%	+0.61%	+0.49%	+4.36%	+4.77%
		RMSE	0.7891	0.7950	0.7842	0.7785	0.7551	0.7408	0.7670	0.7264	**0.7148**
		Improve		−0.75%	+0.62%	+1.34%	+4.30%	+6.12%	+2.80%	+7.94%	+9.41%
	40%	MAE	0.6078	0.6328	0.5871	0.6165	0.5945	0.6170	0.6073	0.5747	**0.5699**
		Improve		−4.11%	+3.40%	−1.43%	+2.18%	−1.51%	+0.08%	+5.44%	+6.23%
		RMSE	0.8321	0.8479	0.7563	0.8221	0.7836	0.7850	0.8057	0.7429	**0.7315**
		Improve		−1.89%	+9.10%	+1.20%	+5.82%	+5.66%	+3.17%	+10.71%	+12.09%
	20%	MAE	0.7247	0.6979	0.6080	0.6896	0.6392	0.6584	0.6699	0.6063	**0.5900**
		Improve		+3.69%	+16.10%	+4.84%	+11.79%	+9.14%	+7.56%	+16.33%	+18.59%
		RMSE	0.9440	0.9852	0.7878	0.9357	0.8599	0.8345	0.9076	0.7877	**0.7660**
		Improve		−4.36%	+16.55%	+0.88%	+8.91%	+11.60%	+3.86%	+16.56%	+18.86%
Douban Book	80%	MAE	0.5774	0.5756	0.5716	0.5740	0.5675	0.5740	0.5875	0.5591	**0.5502**
		Improve		+0.31%	+1.00%	+0.59%	+1.71%	+0.59%	−1.75%	+3.17%	+4.71%
		RMSE	0.7414	0.7302	0.7199	0.7360	0.7283	0.7206	0.7450	0.7081	**0.6811**
		Improve		+1.55%	+2.94%	+0.77%	+1.81%	+2.84%	−0.44%	+4.53%	+8.17%
	60%	MAE	0.6065	0.5903	0.5812	0.5823	0.5833	0.6020	0.6203	0.5666	**0.5600**
		Improve		+2.67%	+4.17%	+3.99%	+3.83%	+0.74%	−2.28%	+6.58%	+7.67%
		RMSE	0.7908	0.7518	0.7319	0.7466	0.7505	0.7552	0.7905	0.7318	**0.7123**
		Improve		+4.93%	+7.45%	+5.59%	+5.10%	+4.50%	+0.04%	+7.46%	+9.93%
	40%	MAE	0.6800	0.6161	0.6028	0.5982	0.6025	0.6271	0.6976	0.5954	**0.5774**
		Improve		+9.40%	+11.35%	+12.03%	+11.40%	+7.78%	−2.59%	+12.44%	+15.09%
		RMSE	0.9203	0.7936	0.7617	0.7779	0.7751	0.7730	0.9022	0.7703	**0.7400**
		Improve		+13.77%	+17.23%	+15.47%	+15.78%	+16.01%	+1.97%	+16.30%	+19.59%
	20%	MAE	1.0344	0.6327	0.6396	0.6311	0.6481	0.6300	1.0166	0.6785	**0.6450**
		Improve		+38.83%	+38.17%	+38.99%	+37.35%	+39.10%	+1.72%	+34.41%	+37.65%
		RMSE	1.4414	0.8236	0.8188	0.8304	0.8350	0.8200	1.3205	0.8869	**0.8581**
		Improve		+42.86%	+43.19%	+42.39%	+42.07%	+43.11%	+8.39%	+38.47%	+40.47%
Yelp	90%	MAE	1.0412	1.0095	0.9013	0.9487	0.9043	0.9054	1.0388	0.8822	**0.8395**
		Improve		+3.04%	+13.44%	+8.88%	+13.15%	+13.04%	+0.23%	+15.27%	+19.37%
		RMSE	1.4268	1.3392	1.1417	1.2549	1.1637	1.1186	1.3581	1.1309	**1.0907**
		Improve		+6.14%	+19.98%	+12.05%	+18.44%	+21.60%	+4.81%	+20.74%	+23.56%
	80%	MAE	1.0791	1.0373	0.9038	0.9654	0.9176	0.9098	1.0750	0.8953	**0.8475**
		Improve		+3.87%	+16.25%	+10.54%	+14.97%	+15.69%	+0.38%	+17.03%	+21.46%
		RMSE	1.4816	1.3782	1.1497	1.2799	1.1771	1.1208	1.4075	1.1516	**1.1117**
		Improve		+6.98%	+22.40%	+13.61%	+20.55%	+24.35%	+5.00%	+22.27%	+24.97%
	70%	MAE	1.1170	1.0694	0.9108	0.9975	0.9407	0.9429	1.1196	0.9043	**0.8580**
		Improve		+4.26%	+18.46%	+10.70%	+15.78%	+15.59%	−0.23%	+19.04%	+23.19%
		RMSE	1.5387	1.4201	1.1651	1.3229	1.2108	1.1582	1.4632	1.1639	**1.1256**
		Improve		+7.71%	+24.28%	+14.02%	+21.31%	+24.73%	+4.91%	+24.36%	+26.85%
	60%	MAE	1.1778	1.1135	0.9435	1.0368	0.9637	1.0043	1.1691	0.9257	**0.8759**
		Improve		+5.46%	+19.89%	+11.97%	+18.18%	+14.73%	+0.74%	+21.40%	+25.63%
		RMSE	1.6167	1.4748	1.2039	1.3713	1.2380	1.2257	1.5182	1.1887	**1.1488**
		Improve		+8.78%	+25.53%	+15.18%	+23.42%	+24.19%	+6.09%	+26.47%	+28.94%

相对于 PMF 的提高更为显著。结果表明，异质信息能够有效地提高推荐性能，HERec
方法能够更有效地利用异质信息。

更多有关模型细节的描述以及实验验证请阅读文献 [33]。

3.3   基于元路径的分解

3.3.1   概述

3.2 节介绍了一种基于元路径随机游走的异质图表示方法，该方法根据给定的元路
径生成节点序列，以优化节点之间的相似度。然而，异质图中的对象类型丰富，其属性
可能来自不同方面，这对异质图表示构成了挑战。如何有效地提取和融合不同的语义
方面的信息，在异质图表示中起着重要的作用，这是以往基于随机游走的方法没有充
分考虑的问题。

基于元路径的分解技术旨在根据不同的元路径将异质图分解成多个子图，每个子
图代表一个特定的语义方面，并保持每个子图中节点的相似度。基于神经网络的方面级
协同过滤（**N**eural network based **A**spect-level **C**ollaborative **F**iltering，**NeuACF** [8]）
是其中的代表性工作之一，利用基于分解的异质图表示方法学习方面级表示，并将其
有效融合以应用于推荐任务。

如图 3-4 所示的异质图，由用户 U、物品 I 和品牌 B 三种类型的节点和两种关系
构成，分别是用户–物品购买关系 UI 和物品–品牌从属关系 IB。对于这样一个异质图，
我们的目标是学习用户和物品的表示，并为用户进行物品推荐。在这个异质图中，购买
方面和品牌方面的信息都应该被有效地捕获。我们可以通过用户–物品–用户 UIU 路径
从购买历史方面了解用户节点的表示，以及通过用户–物品–品牌–物品–用户 UIBIU 路
径从品牌偏好的角度来学习表示。不同的方面级表示通过深度网络学习得到，并通过
注意力机制得到有效融合以实现 Top-N 推荐。在 NeuACF 的基础上，我们进一步提出
NeuACF++ [32]，使用自注意力机制融合方面信息。

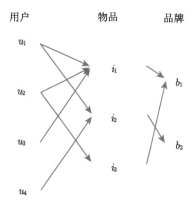

图 3-4   包含方面级信息的异质图示例

3.3.2　NeuACF 模型

1. 模型框架

NeuACF 的基本思想是提取用户和物品的不同方面级表示，然后利用深度神经网络学习和融合这些表示。该模型包含三个主要部分，其架构如图 3-5 所示。首先，基于丰富的用户-物品交互信息构建异质图，计算不同元路径下的方面级相似度矩阵以反映用户和物品的不同方面级特征；然后，设计一个深度神经网络，以这些相似度矩阵为输入，分别学习方面级的表示；最后，将方面级表示与一个注意力组件相结合，以获得用户和物品的最终表示。此外，自注意力机制也被用来更有效地融合方面级表示，以将模型扩展为 NeuACF++。下面我们将详细介绍这三个部分。

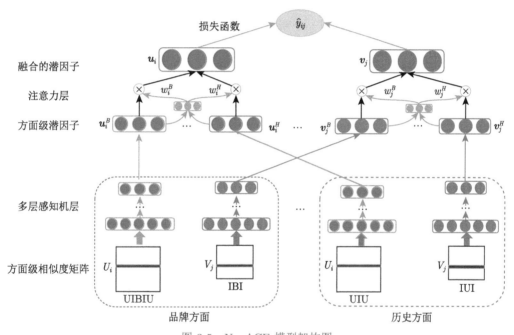

图 3-5　NeuACF 模型架构图

2. 方面级相似度矩阵提取

我们利用元路径分解异质图，提取用户和物品的不同方面特征。给定元路径，相似度矩阵能够被用来提取方面级特征。我们采取了被广泛使用的 PathSim [36] 来计算不同元路径下的方面级相似度矩阵。例如，利用基于品牌方面特征的元路径 UIBIU 和 IBI 分别计算用户-用户和物品-物品的相似度矩阵。

基于元路径的相似度矩阵计算是该模型的重要部分，如何快速计算相似度矩阵是该方法的一个重要问题。前人对相似度矩阵的计算提出了几种加速计算方法，如 PathSim 剪枝 [34, 36]、动态规划策略、蒙特卡罗（MC）策略等。此外，也有许多新的相似度矩阵计算方法，如 BLPMC [48]、PRSim [46]。由于相似度矩阵是利用训练数据计算的，所提的模型还可以在训练开始前预先离线准备好相似度矩阵。

3. 方面级表示学习

我们首先计算不同方面的用户–用户和物品–物品相似度矩阵，并将其输入一个深度神经网络以学习用户和物品对应的方面级表示，具体如图 3-5所示。对于每个用户的每个方面，从对应方面的相似度矩阵中提取出用户的相似度向量。然后将相似度向量作为多层感知机（Multi-Layer Perceptron，MLP）的输入，MLP 学习方面级表示作为输出。可以用类似的方式学习每个方面的物品表示。

以元路径 UIBIU 下用户的相似度矩阵 $S^B \in \mathbb{R}^{N \times N}$ 为例，N 维向量 S_{i*}^B 表示用户 U_i 与其他所有用户的相似度，这里 N 表示数据集中的用户总数。

MLP 将用户 U_i 的初始相似向量 S_{i*}^B 投影到一个低维的方面级表示中。在 MLP 的每一层中，输入向量被映射到一个新空间中的另一个向量，通过多层映射函数学习得到用户 U_i 最终的方面级表示 u_i^B。

从图 3-5中的学习框架可以看出，对于用户和物品的每一个方面级相似度矩阵，都有一个上面描述的对应的 MLP 学习组件来学习方面级表示。由于有各种连接用户和物品的元路径，因此能够得到不同的方面级表示。

4. 基于注意力的方面级表示融合

在分别学习了用户和物品的方面级表示之后，接下来需要将它们集成在一起，以获得聚合的表示。一种简单的方法是将所有方面级表示连接起来，形成一个高维向量。另一种直观的方法是取所有表示的平均值。问题在于，这两种方法没有区分它们的不同重要性，毕竟不是所有方面对模型性能的贡献都是相同的。

因此，我们选择注意力机制来融合这些方面级表示。注意力机制在图像描述和机器翻译等各种机器学习任务中显示了其有效性。其优点是，它可以学会为所有方面级表示分配注意力值（按和为 1 归一化），值越高（越低）表示对应特征对推荐任务的信息量越大（越小）。

具体来说，给定用户的品牌方面表示 u_i^B，有一个两层网络用于计算用户的注意力得分 s_i^B，如下式所示：

$$s_i^B = W_2^\top f\left(W_1^\top \cdot u_i^B + b_1\right) + b_2 \tag{3.9}$$

其中，W_* 和 b_* 分别是权重矩阵和偏差，我们使用 ReLU，即 $f(x) = \max(0, x)$ 作为激活函数。

通过下式给出的 softmax 函数对上述结果进行归一化，得到方面级表示的最终注意力值，该函数可以解释为不同方面 B 对用户的聚合表示 U_i 的贡献。

$$w_i^B = \frac{\exp(s_i^B)}{\sum_{A=1}^L \exp(s_i^A)} \tag{3.10}$$

其中，L 代表方面数量。

在获得用户 U_i 的所有方面级表示的所有注意力权重 $\boldsymbol{w}_i^B$ 后，聚合表示 $\boldsymbol{u}_i$ 可由下式计算：

$$\boldsymbol{u}_i = \sum_{B=1}^{L} \boldsymbol{w}_i^B \cdot \boldsymbol{u}_i^B \tag{3.11}$$

实验中 NeuACF 使用该注意力机制。

5. NeuACF++：基于自注意力的方面级表示融合

近年来，自注意力机制得到了广泛的研究。例如，Vaswani 等 [43] 和 Devlin 等 [4] 利用自注意力来学习两个序列之间的关系。学习方面级表示之间的依赖和关系是所提模型中最重要的部分，而自注意力能够对不同方面级表示之间的关系建模。因此，我们将 NeuACF 的标准注意力机制扩展到自注意力机制，并将模型的扩展版本称为 NeuACF++。接下来，我们将介绍 NeuACF++ 中使用的自注意力机制。

与标准注意力机制不同，自注意力主要集中在两个序列的注意力共同学习上。普通注意力机制主要考虑基于某一方面的用户或物品表示来计算注意力值，而自注意力机制可以同时学习不同方面的注意力值。例如，用户的品牌级表示与产品的品牌级表示有很强的关系，自注意力机制可以学习这种关系，提高模型性能。因此，学得的注意力值能够更好地捕获多方面的信息。

具体来说，我们首先计算所有方面级表示之间的相似度得分。对于一个用户 U_i，两个不同方面级表示 $\boldsymbol{u}_i^B$ 和 $\boldsymbol{u}_i^C$ 的相似度得分可以通过它们的内积来计算：

$$M_i^{B,C} = \left(\boldsymbol{u}_i^B\right)^\top \cdot \boldsymbol{u}_i^C \tag{3.12}$$

$\boldsymbol{M}_i = [M_i^{B,C}] \in \mathbb{R}^{L \times L}$ 也称为自注意力矩阵，其中 L 为方面的总数。实际上，每个用户都有一个相似度矩阵 $\boldsymbol{M}_i$。基本上，矩阵 $\boldsymbol{M_i}$ 描述了特定用户 U_i 的方面级表示的相似度，这反映了向该用户推荐时，两个方面之间的相关性。当方面 B 等于方面 C 时，由于内积算子的作用，$M_i^{B,C}$ 将得到一个较高的值，因此需要添加一个零掩码，以避免相同向量之间的高匹配得分。

从自注意力机制中学到的方面级表示并不是独立的。用户可以在这些方面进行权衡。相似度矩阵度量不同方面级表示的重要性，因此根据自注意力矩阵计算特定用户 i 的方面 B 的表示为：

$$\boldsymbol{g}_i^B = \sum_{C=1}^{L} \frac{\exp(\boldsymbol{M}_i^{B,C})}{\sum_{A=1}^{L} \exp(\boldsymbol{M}_i^{B,A})} \boldsymbol{u}_i^C \tag{3.13}$$

那么对于所有方面，用户或物品的最终表示为：

$$u_i = \sum_{B=1}^{L} g_i^B \qquad (3.14)$$

自注意力机制可以有效地从不同方面的信息中学习自注意力表示。为了与前述注意力方法 NeuACF 进行区分，实验中 NeuACF++ 使用自注意力机制。

6. 目标函数

Top-N 推荐预测用户与物品之间的交互概率，可以看作一个分类问题。为了确保输出值是一个概率，预测得分 $\hat{y}_{ij}$ 需要限制在 [0,1] 范围内，其中 sigmoid 函数被用作输出层的激活函数。用户 U_i 与物品 I_j 交互的概率根据下式计算：

$$\hat{y}_{ij} = \text{sigmoid}(u_i \cdot v_j) = \frac{1}{1 + e^{-u_i \cdot v_j}} \qquad (3.15)$$

其中 u_i 和 v_j 分别是用户 U_i 和物品 I_j 的聚合表示。

在整个训练集上，根据上述设置，似然函数为：

$$p(\mathcal{Y}, \mathcal{Y}^-|\Theta) = \prod_{i,j \in \mathcal{Y}} \hat{y}_{ij} \prod_{i,k \in \mathcal{Y}^-} (1 - \hat{y}_{ik}) \qquad (3.16)$$

其中 $\mathcal{Y}$ 和 $\mathcal{Y}^-$ 分别是正样本集和负样本集。负样本集 $\mathcal{Y}^-$ 是从未观测数据中采样并参与训练的。Θ 是参数集合。

由于真实值 y_{ij} 属于集合 $\{0,1\}$，式 (3.16)可以重写为：

$$p(\mathcal{Y}, \mathcal{Y}^-|\Theta) = \prod_{i,j \in \mathcal{Y} \cup \mathcal{Y}^-} (\hat{y}_{ij})^{y_{ij}} (1 - \hat{y}_{ij})^{(1-y_{ij})} \qquad (3.17)$$

然后对似然函数取负对数，得到如下所示逐点损失函数：

$$\text{Loss} = - \sum_{i,j \in \mathcal{Y} \cup \mathcal{Y}^-} (y_{ij} \log \hat{y}_{ij} + (1 - y_{ij}) \log(1 - \hat{y}_{ij})) \qquad (3.18)$$

这是模型的总体目标函数，它可以通过随机梯度下降或其变体来优化 [17]。

3.3.3 实验

1. 实验设置

数据集　我们对提出的模型在公开数据集 MovieLens [9] 和 Amazon [10, 23] 上的表现进行了评估。对于 MovieLens，实验在原始数据集上进行；对于 Amazon，数据集中购买少于 10 件物品的用户被删除。数据集的统计信息汇总在表 3-3中。

❑ MovieLens-100K（ML100K）/MovieLens-1M（ML1M）[⊖]: MovieLens 数据集
已被广泛用于电影推荐，实验使用 ML100K 和 ML1M 版本。对于每一部电影，
我们从 IMDb 中抓取电影的导演和演员。

❑ Amazon[⊖]: 该数据集包含 Amazon 中的用户评分数据。实验选择电子类物品进
行评价。

表 3-3 数据集统计信息

数据集	# 用户	# 物品	# 评分	# 密度
ML100K	943	1 682	100 000	6.304%
ML1M	6 040	3 706	1 000 209	4.468%
Amazon	3 532	3 105	57 104	0.521%

评价指标 在实验中采用"留一法"[11] 作为评估方法。将每个用户最近一次的交
易记录作为测试集，其他的数据作为训练集。对每个用户随机地选择 99 个该用户没打
分的物品作为负样本，然后把每个用户的测试样本和这 99 个物品混合在一起进行测
试，然后对这 100 个物品进行排序。为了公平起见，对于每个算法都采用同样的负采
样样本。采用 HR（Hit Ratio）和 NDCG（Normalized Discounted Cumulative Gain）
指标评估模型和对比方法的性能。HR 和 NDCG 的定义如下所示：

$$\text{HR} = \frac{\#\text{hits}}{\#\text{users}}, \text{NDCG} = \frac{1}{\#\text{users}} \sum_{i=1}^{\#\text{users}} \frac{1}{\log_2(p_i + 1)} \tag{3.19}$$

其中 #hits 是指推荐的物品在用户真实购买的物品之中的数量，p_i 是指测试物品在用
户 i 的推荐列表中出现的位置。在实验中，分别用 $K \in [5, 10, 15, 20]$ 截取每个用户的
物品推荐列表长度，并计算两个指标值。

基线方法 除了两种基本方法（例如 ItemPop 和 ItemKNN [30]）外，基线方法还包
括两个矩阵分解方法（MF [19] 和 eALS [12]）、一个成对排序方法（BPR [29]）和两种基于
神经网络的方法（DMF [49] 和 NeuMF [11]）。此外，我们使用 SVD$_{\text{hg}}$ 来利用异质信息进
行推荐，还采用了两种最近的基于 HG 的方法（FMG [54] 和 HeteRS [27]）作为基线。

2. 性能实验

表 3-4显示了不同方法的实验结果。我们可以得出以下结论。首先，NeuACF 和
NeuACF++ 在所有数据集和指标上都表现出了最好的性能。相对于这些基线，两个模
型的改进是显著的。这表明方面级信息对下游任务是有用的。此外，在大多数情况下，
NeuACF++ 的性能优于 NeuACF 方法。特别是，NeuACF++ 的性能在 Amazon 数
据集中得到了显著的提高（在 HR 约 +2%，在 NDCG 约 +1%）。这证明了自注意力
机制的有效性。由于相似度矩阵评估了不同方面的相似度得分，我们可以从方面表示
中提取有价值的信息。

⊖ https://grouplens.org/datasets/movielens/。

⊖ http://jmcauley.ucsd.edu/data/amazon/。

表 3-4　不同方法的 HR@K 和 NDCG@K 比较

数据集	指标	ItemPop	ItemKNN	MF	eALS	BPR	DMF	NeuMF	SVD$_{hg}$	HeteRS	FMG	NeuACF	NeuACF++
ML100K	HR@5	0.2831	0.4072	0.4634	0.4698	0.4984	0.3483	0.4942	0.4655	0.3747	0.4602	0.5097	**0.5111**
	NDCG@5	0.1892	0.2667	0.3021	0.3201	0.3315	0.2287	0.3357	0.3012	0.2831	0.3014	0.3505	**0.3519**
	HR@10	0.3998	0.5891	0.6437	0.6638	0.6914	0.4994	0.6766	0.6554	0.5337	0.6373	0.6846	**0.6915**
	NDCG@10	0.2264	0.3283	0.3605	0.3819	0.3933	0.2769	0.3945	0.3988	0.3338	0.3588	0.4068	**0.4092**
	HR@15	0.5366	0.7094	0.7338	0.7529	0.7741	0.5873	0.7635	0.7432	0.6524	0.7338	0.7813	**0.7832**
	NDCG@15	0.2624	0.3576	0.3843	0.4056	0.4149	0.3002	0.4175	0.4043	0.3652	0.3844	0.4318	**0.4324**
	HR@20	0.6225	0.7656	0.8144	0.8155	0.8388	0.6519	0.8324	0.8043	0.7224	0.8006	**0.8464**	0.8441
	NDCG@20	0.2826	0.3708	0.4034	0.4204	0.4302	0.3151	0.4338	0.3944	0.3818	0.4002	**0.4469**	**0.4469**
ML1M	HR@5	0.3088	0.4437	0.5111	0.5353	0.5414	0.4892	0.5485	0.4765	0.3997	0.4732	**0.5630**	0.5584
	NDCG@5	0.2033	0.3012	0.3463	0.3670	0.3756	0.3314	0.3865	0.3098	0.2895	0.3183	**0.3944**	0.3923
	HR@10	0.4553	0.6171	0.6896	0.7055	0.7161	0.6652	0.7177	0.6456	0.5758	0.6528	0.7202	**0.7222**
	NDCG@10	0.2505	0.3572	0.4040	0.4220	0.4321	0.3877	0.4415	0.3665	0.3461	0.3767	0.4453	**0.4454**
	HR@15	0.5568	0.7118	0.7783	0.7914	0.7988	0.7649	0.7982	0.7689	0.6846	0.7536	0.8018	**0.8030**
	NDCG@15	0.2773	0.3822	0.4275	0.4448	0.4541	0.4143	0.4628	0.4003	0.3749	0.4034	**0.4667**	0.4658
	HR@20	0.6409	0.7773	0.8425	0.8409	0.8545	0.8305	0.8586	0.8234	0.7682	0.8169	0.8540	**0.8601**
	NDCG@20	0.2971	0.3977	0.4427	0.4565	0.4673	0.4296	0.4771	0.4456	0.3947	0.4184	0.4789	**0.4790**
Amazon	HR@5	0.2412	0.1897	0.3027	0.3063	0.3296	0.2693	0.3117	0.3055	0.2766	0.3216	0.3268	**0.3429**
	NDCG@5	0.1642	0.1279	0.2068	0.2049	0.2254	0.1848	0.2141	0.1922	0.1800	0.2168	0.2232	**0.2308**
	HR@10	0.3576	0.3126	0.4278	0.4287	0.4657	0.3715	0.4309	0.4123	0.4207	0.4539	0.4686	**0.4933**
	NDCG@10	0.2016	0.1672	0.2471	0.2441	0.2693	0.2179	0.2524	0.2346	0.2267	0.2595	0.2683	**0.2792**
	HR@15	0.4408	0.3901	0.5054	0.5065	0.5467	0.4328	0.5258	0.5056	0.5136	0.5430	0.5591	**0.5948**
	NDCG@15	0.2236	0.1877	0.2676	0.2647	0.2908	0.2332	0.2774	0.2768	0.2513	0.2831	0.2924	**0.3060**
	HR@20	0.4997	0.4431	0.5680	0.5702	0.6141	0.4850	0.5897	0.5607	0.5852	0.6076	0.6257	**0.6702**
	NDCG@20	0.2375	0.2002	0.2824	0.2797	0.3067	0.2458	0.2925	0.2876	0.2683	0.2983	0.3080	**0.3236**

其次，NeuMF 作为一种基于神经网络的方法，在大多数情况下也表现良好，而 NeuACF 和 NeuACF++ 在几乎所有情况下都优于 NeuMF。原因可能是 NeuACF 和 NeuACF++ 学到的多方面表示提供了更多的用户和物品特征。而基于异质图的推荐方法 FMG 也使用了和 NeuACF 与 NeuACF++ 模型相同的特征，但是 NeuACF 和 NeuACF++ 模型能够获得更好的性能，这表明与 FMG 中的"浅"模型相比，NeuACF 和 NeuACF++ 模型中的神经网络有更强的学习用户和物品表示的能力。

3. 不同方面表示的影响实验

为了分析不同方面级表示对算法性能的影响，我们通过设置元路径使得 NeuACF 和 NeuACF++ 具有单方面级表示。此外，"Average""Attention"和"Self-Attention"三种不同融合机制被施加于 NeuACF。从图 3-6a 和图 3-6b 中可以看到，"Average""Attention"和"Self-Attention"总是比单个元路径表现得更好，这表明融合所有方面级

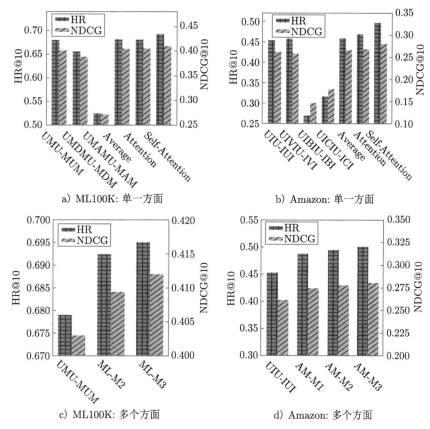

图 3-6　不同方面级表示的影响。a) MovieLens 数据集上单一方面的表现。"Attention"代表 NeuACF，"Self-Attention"代表 NeuACF++。b) Amazon 数据集上单一方面的表现。c) ML100K 数据集上不同元路径组合的表现。ML-M2 代表 UMDMU-MDM，ML-M3 向 ML-M2 添加了 UMAMU-MAM。d) Amazon 数据集上不同元路径组合的表现。AM-M1 代表 UIVIU-IVI，AM-M2 和 AM-M3 分别添加了 UIBIU-IBI，UICIU-ICI

表示可以提高性能。在 NeuACF 中，"Attention"比"Average"的表现更好，也显示了注意力机制的好处。我们还可以观察到 NeuACF++ 中的"Self-Attention"机制总是比其他方法表现得更好，这说明自注意力机制能够更有效地融合不同的方面信息。图 3-6c 和图 3-6d 说明了不同元路径的组合可以提高推荐的性能。

4. 注意力分析

为了研究从 NeuACF 和 NeuACF++ 中学习到的注意力值是否有意义，我们探索了注意力值与相应元路径的推荐性能之间的相关性。该实验的目的是检查当一条元路径的注意力值越大时，模型的性能是否越好。

为此，我们进行了实验，并分析了单一路径的注意力值分布和推荐性能。具体来说，基于 NeuACF 和 NeuACF++，可以得到用户对各个方面的注意力值，然后可以将所有用户的所有注意力值平均，得到该方面的最终注意力值。同时，仅关注单一方面也能得到推荐结果，所以可以检查推荐性能和其注意力值之间的相关性。基本上，更好的结果通常意味着这方面对推荐任务更重要，因此，这方面应该有更大的注意力值。我们对 NeuACF 和 NeuACF++ 模型都进行了实验。图 3-7中给出了"Attention"的结果和对应的单一路径推荐结果 HR@10。

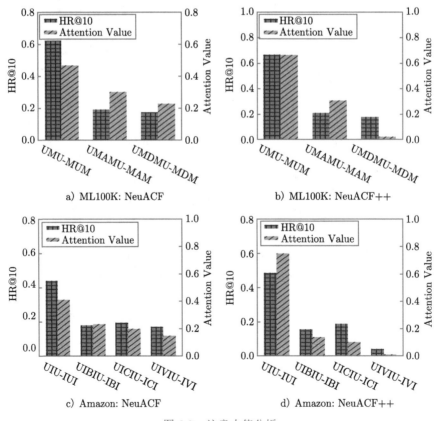

图 3-7   注意力值分析

可以观察到，不同方面的注意力值差异很大。如果一条元路径的推荐性能越高，相应的注意力值倾向于越大。直观地说，这表明方面信息在下游任务中起着至关重要的作用，"Average"不足以融合不同的方面级表示。另一个有趣的观察是，尽管注意力值在不同数据集中的分布差异很大，但购买历史 (如 UMU-MUM 和 UIU-IUI) 总是占很大比例。这与上一节中的结果一致，表明购买历史通常包含最有价值的信息。

更多有关模型细节的描述以及实验验证请阅读文献 [8, 32]。

3.4 关系结构感知的异质图表示学习算法

3.4.1 概述

异质图表示学习旨在将多类型的节点嵌入到一个低维度的向量空间。为了对网络的异质性进行建模，有很多方法尝试学习异质图节点的表示。例如，一些模型利用基于元路径的随机游走生成节点序列，用于优化节点间的相似性 [5-6]；一些方法将异质图分解为多个简单网络，然后在每个子网络中分别优化节点间的相似性 [40]；还有一些基于神经网络的方法，这些方法学习用于网络嵌入的非线性映射函数 [53]。虽然考虑了异质性，但是它们通常有一个假设：单一的模型处理所有的关系和节点，使得两个节点的表示相互靠近，如图 3-8b 所示。

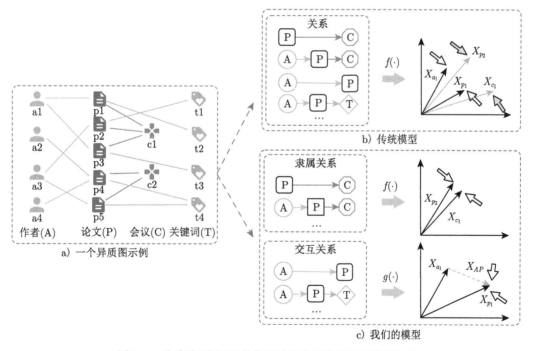

图 3-8　异质图示例以及传统方法和本研究提出方法的比较

然而，异质图中的多样关系有着明显不同的结构特征，它们需要以不同的模型区分对待。以图 3-8a 为例，在这个网络中有原子关系（如 AP 和 PC）和复合关系（如 APA 和 APC）。显然地，AP 关系和 PC 关系表现出相当不同的结构。也就是说，在 AP 关系中，一些作者写了一些论文，这表明了一种点对点（peer-to-peer）的对等结构。而在 PC 关系中，很多论文发表于同一个会议，这反映了一种一个点被其他点环绕（one-centered-by-another）的结构。同样地，APA 和 APC 分别表现出 peer-to-peer 和 one-centered-by-another 的结构特征。通过这个简单的例子，可以清晰地看到异质图中的关系有着不同的结构特征。

本节提出一个新颖的异质图嵌入模型，叫作关系结构感知的异质图嵌入（RHINE）。具体地，RHINE 模型首先探索异质图中关系的结构特征，并且提出两个结构相关的度量方法。这两个方法可以将多样的关系一致地划分为两类：表示 one-centered-by-another 结构的隶属关系（Affiliation Relation，AR）和表示 peer-to-peer 结构的交互关系（Interaction Relation，IR）。为了捕获关系中有差异的结构特征，本节会提出两种特别设计的模型。对于 AR 关系，关系中的节点共享一些相似的特性[50]，通过计算节点间的欧几里得距离，以保证节点在隐含空间中直接相近。另一方面，对于桥接两个对等节点的 IR 关系，将这类关系建模为节点间的平移转换。由于两个模型在数学形式上是一致的，它们可以以统一的方式联合优化求解。

3.4.2 异质图中的关系结构特征分析

1. 数据表述

在分析关系的结构特征之前，首先简要介绍所用的三个数据集：DBLP、Yelp 和 AMiner。关于数据集的详细统计可以参考表 3-5。

表 3-5 数据集统计信息

数据集	节点	节点数	关系 $(t_u \sim t_v)$	关系数	t_u 的平均度	t_v 的平均度	$D(r)$	$S(r)$	关系类别
DBLP	Term (T)	8 811	PC	14 376	1.0	718.8	718.8	0.05	AR
	Paper (P)	14 376	APC	24 495	2.9	2089.7	720.6	0.085	AR
	Author (A)	14 475	AP	41 794	2.8	2.9	1.0	0.0002	IR
	Conference (C)	20	PT	88 683	6.2	10.7	1.7	0.0007	IR
			APT	260 605	18.0	29.6	1.6	0.002	IR
Yelp	User (U)	1 286	BR	2 614	1.0	1307.0	1307.0	0.5	AR
	Service (S)	2	BS	2 614	1.0	1307.0	1307.0	0.5	AR
	Business (B)	2 614	BL	2 614	1.0	290.4	290.4	0.1	AR
	Star Level (L)	9	UB	30 838	23.9	11.8	2.0	0.009	IR
	Reservation (R)	2	BUB	528 332	405.3	405.3	1.0	0.07	IR
AMiner	Paper (P)	127 623	PC	127 623	1.0	1263.6	1264.6	0.01	AR
	Author (A)	164 472	APC	232 659	2.2	3515.6	1598.0	0.01	AR
	Reference (R)	147 251	AP	355 072	2.2	2.8	1.3	0.00002	IR
	Conference (C)	101	PR	392 519	3.1	2.7	1.1	0.00002	IR
			APR	1 084 287	7.1	7.9	1.1	0.00004	IR

DBLP 是一个学术合作网络, 其包含四种类型的节点：作者（Author，A）、论文（Paper，P）、会议（Conference，C）和关键词（Term，T）。这里基于关系集合 {AP, PC，PT，APC，APT} 抽取节点–关系元组。Yelp 是一个电商点评网络，其包含五种类型的节点：用户（User，U）、商店（Business，B）、预定类型（Reservation，R）、服务类型（Service，S）和星级（Star Level，L）。这里考虑的关系包括：{BR，BS，BL, UB，BUB}。AMiner 也是一个学术网络，其包含四种类型的节点：作者（Author，A）、论文（Paper，P）、会议（Conference，C）和引用（Reference，R）。这里考虑的关系包括：{AP，PC，PR，APC，APR}。需要注意的是, 实际上可以基于元路径分析所有的关系, 但并不是所有的元路径对网络嵌入都有正向作用 [37]。因此, 参照已有工作 [5, 31], 这里选择一些重要且有意义的元路径。

2. 数据观察

由于节点的度可以很好地反映网络的结构 [47]，因此首先对三个数据集上的节点度分布进行一些数据观察。具体而言，给定关系 r, 在关系 r 的两端都有节点类型, 分别表示为 t_u 和 t_v。然后, 计算关系 r 下的节点度的两个分布, 分别表示为 $\text{Dis}(t_u \mid r)$ 和 $\text{Dis}(t_v \mid r)$。由于异质图中的其他关系具有相似分布趋势, 在这里只绘制了三个数据集上一些典型关系的度分布。对于 DBLP 数据集, 在图 3-9a 中显示了 A 类型和 C 类型节点相对于 APC 关系的度分布, 在图 3-9d 中展示了 A 类型和 T 类型节点相对于 APT 关系的度分布。对于 Yelp、AMiner 数据集, 分别在图 3-9b、e、c 和 f 中绘制了节点的度分布。

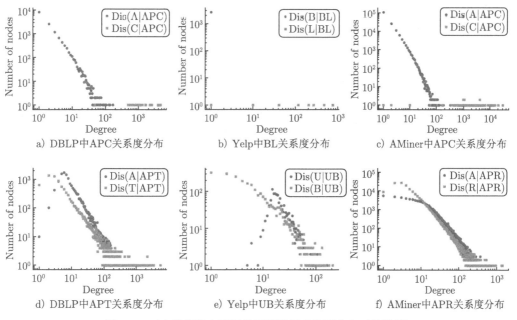

a) DBLP中APC关系度分布　　　b) Yelp中BL关系度分布　　　c) AMiner中APC关系度分布

d) DBLP中APT关系度分布　　　e) Yelp中UB关系度分布　　　f) AMiner中APR关系度分布

图 3-9　三个数据集中不同关系两端节点的度分布（见彩插）

通过观察同一数据集上不同关系连接的节点的度分布（即比较图 3-9 中的上下子图），可以发现不同的关系具有明显不同的结构特征。以 DBLP 为例，从图 3-9a、d 可以观察到，节点相对于 APC 和 APT 关系的度分布是完全不同的。对于 APC（即图 3-9a），可以发现类型为 A 的节点的度分布与类型为 C 的节点的度分布显著不同。这意味着通过关系 APC 连接的两种类型的节点是极不平衡的，这种关系意味着不等价的结构。另一方面，节点相对于关系 APT 的两个度分布几乎相同，这表明通过关系 APT 连接的两种类型节点有着相似的结构角色。通过以上关于节点度分布的分析，不难发现，异质图中的不同关系具有非常独特的结构特征，应仔细分析并考虑将其嵌入到异质图的低维表示中。

3. 定量分析

数据观察仅能使我们直观地理解异质图中关系的结构差异性，因此还需要进行合理准确的定量分析。由于节点度可以很好地反映网络的结构，这里定义一个基于度的度量 $D(r)$ 来研究异质图中关系的差异性。具体来说，比较由关系 r 连接的两种类型节点的平均度。给定关系 r 以及节点 u 和 v（即，节点–关系元组 $\langle u, r, v \rangle$），t_u 和 t_v 分别是节点 u 和节点 v 的类型，定义 $D(r)$ 如下：

$$D(r) = \frac{\max \left[\bar{d}_{t_u}, \bar{d}_{t_v} \right]}{\min \left[\bar{d}_{t_u}, \bar{d}_{t_v} \right]} \tag{3.20}$$

其中 $\bar{d}_{t_u}$ 和 $\bar{d}_{t_v}$ 分别是类型为 t_u 和 t_v 的节点的平均度。

$D(r)$ 的数值大，表示由关系 r 连接的两种类型的节点之间是一种不对等结构 (one-centered-by-another)。而 $D(r)$ 值小，表明是一种对等结构（peer-to-peer）。换言之，$D(r)$ 数值大的关系表现出很强的隶属关系，由此类关系连接的节点通常共享更多相似特性，而 $D(r)$ 数值小的关系表现出一种交互关系。本章将这两类关系称为隶属关系和交互关系。

为了更好地理解多种关系间的结构差异，以 DBLP 为例说明。如表 3-5 中所示，对于 PC 关系，其 D(PC)=718.8，表示类型为 P 的节点的平均度为 1.0，而类型为 C 的节点的平均度为 718.8。这表明论文和会议在结构上是不对等的，论文环绕会议。不同的是，D(AP)=1.1，表示作者和论文之间是一种对等 (peer-to-peer) 结构关系，这和常识也是一致的。在语义上，PC 关系表示"论文发表在会议上"，暗示一种隶属关系，而 AP 关系表示"作者书写论文"，明显描述了一种交互关系。

事实上，本章还定义了一些其他的度量方法来捕获关系结构的差异性。例如，就稀疏性比较关系而言，其可以定义为：

$$S(r) = \frac{N_r}{N_{t_u} N_{t_v}} \tag{3.21}$$

其中 N_r 表示关系实例的数量，N_{t_u} 和 N_{t_v} 分别是类型为 t_u 和 t_v 的节点的数量。这个度量方法可以一致地将关系划分为两类：AR 和 IR。显然，隶属关系（AR）和交互关系（IR）表现出相当不同的特征：(1) AR 表示 one-centered-by-another 的结构，关系中的两类节点的平均度差异非常大。(2) IR 描述 peer-to-peer 的结构，关系中的两类节点的平均度是对等的。

3.4.3　RHINE 模型

在本章中，我们提出了一种新颖的关系结构感知异质图嵌入模型（RHINE），它使用不同的模型分别处理两类关系（AR 和 IR），以保留它们不同的结构特征, 如图 3-8c 所示。

1. 基本思路

通过定性和定量的分析，我们发现可以依据关系差异化的结构特征，明显地将异质关系区分为 AR 和 IR。为了充分建模关系的差异化特征，需要为不同类别的关系特别设计不同且合适的模型。对于 AR，本章提出以欧几里得距离作为度量标准来衡量节点间的相似性，其背后的动机是：（1）AR 表现了节点之间的隶属结构，其表明由此类关系连接的节点共享相似的特性 [50]。因此, 在向量空间表示中，由 AR 连接的节点可以直接相互靠近，这和欧几里得距离的优化目标也是一致的 [3]。（2）异质图嵌入的一个目标是保留网络中的高阶相似性。由于欧几里得距离满足三角不等关系 [13]，其可以保留网络的一阶和二阶相似性。

不同于 AR，IR 表明了节点之间的交互关系，关系本身包含了节点间结构信息。本章提出显式地将 IR 建模为节点间的平移操作。此外，基于平移的距离与欧几里得距离在数学形式上是一致的 [1]，可以容易地结合并联合优化求解。

2. 建模 AR 和 IR 的不同模型

欧几里得距离建模隶属关系　由 AR 连接的节点共享相似的特性，在向量空间表示中可以直接相互靠近。本章以欧几里得距离度量节点之间的相似性。给定隶属节点–关系元组 $\langle p,s,q \rangle \in P_{\mathrm{AR}}$，其中 $s \in R_{\mathrm{AR}}$ 是 p 和 q 之间的带有权重值 w_{pq} 的关系，p 和 q 间距离定义为：

$$f(p,q) = w_{pq} \| \boldsymbol{X}_p - \boldsymbol{X}_q \|_2^2 \tag{3.22}$$

其中 $\boldsymbol{X}_p \in \mathbb{R}^d$ 和 $\boldsymbol{X}_q \in \mathbb{R}^d$ 分别是节点 p 和 q 的嵌入向量。由于 $f(p,q)$ 度量了节点 p 和 q 在低维表示空间的距离, 我们旨在最小化 $f(p,q)$ 来确保由 AR 连接的节点应该相互靠近。因此, 我们定义如下基于间隔的损失函数 [1]：

$$\mathcal{L}_{Eu\mathrm{AR}} = \sum_{s \in R_{\mathrm{AR}}} \sum_{\langle p,s,q \rangle \in P_{\mathrm{AR}}} \sum_{\langle p',s,q' \rangle \in P'_{\mathrm{AR}}} \max\left[0, \gamma + f(p,q) - f(p',q')\right] \tag{3.23}$$

其中 $\gamma > 0$ 是间隔超参数，P_{AR} 是正样本，P'_{AR} 是负样本。

基于平移的距离建模交互关系　交互关系表明了对等节点之间很强的交互结构,因此不同于 AR，可以显式地建模 IR 为节点间的平移操作。形式化地，给定一个交互节点–关系元组 $\langle u, r, v \rangle$，其中 $r \in R_{\mathrm{IR}}$ 是带有权重 w_{uv} 的关系，我们定义如下的函数：

$$g(u, v) = w_{u,v} \, \| \boldsymbol{X}_u + \boldsymbol{Y}_r - \boldsymbol{X}_v \| \tag{3.24}$$

其中 $\boldsymbol{X}_u$ 和 $\boldsymbol{X}_v$ 是节点 u 和 v 的嵌入向量，$\boldsymbol{Y}_r$ 是关系 r 的嵌入向量。显然，上述函数惩罚 $(\boldsymbol{X}_u + \boldsymbol{Y}_r)$ 与 $\boldsymbol{X}_v$ 的偏差。对于交互节点–关系元组 $\langle u, r, v \rangle \in P_{\mathrm{IR}}$，定义损失函数：

$$\mathcal{L}_{Tr\mathrm{IR}} = \sum_{r \in R_{\mathrm{IR}}} \sum_{\langle u,r,v \rangle \in P_{\mathrm{IR}}} \sum_{\langle u',r,v' \rangle \in P'_{\mathrm{IR}}} \max \left[0, \gamma + g(u,v) - g(u',v') \right] \tag{3.25}$$

其中 P_{IR} 是正的交互节点–关系元组，P'_{IR} 是负的交互节点–关系元组。

统一模型嵌入异质图　最后，融合建模不同关系的两个子模型，并最小化如下损失函数：

$$
\begin{aligned}
\mathcal{L} = & \, \mathcal{L}_{EuAR} + \mathcal{L}_{Tr\mathrm{IR}} \\
= & \sum_{s \in R_{\mathrm{AR}}} \sum_{\langle p,s,q \rangle \in P_{\mathrm{AR}}} \sum_{\langle p',s,q' \rangle \in P'_{\mathrm{AR}}} \max \left[0, \gamma + f(p,q) - f(p',q') \right] + \\
& \sum_{r \in R_{\mathrm{IR}}} \sum_{\langle u,r,v \rangle \in P_{\mathrm{IR}}} \sum_{\langle u',r,v' \rangle \in P'_{\mathrm{IR}}} \max \left[0, \gamma + g(u,v) - g(u',v') \right]
\end{aligned} \tag{3.26}
$$

采样及优化　如表 3-5 所示，AR 和 IR 的分布是不平衡的，而且两类关系内部的关系分布也是不平衡的。传统的边采样可能会导致数量较少的边过采样，而数量较多的边欠采样。为了解决这一问题，本章根据关系概率分布采样正样本。对于负样本，参照已有工作 [1] 构建负节点–关系元组集合 $P'_{u,r,v} = \{ (u', r, v) \mid u' \in V \} \cup \{ (u, r, v') \mid v' \in V \}$，其中要么随机替换头节点，要么替换尾节点，但不会同时替换。对于目标函数，本章采用随机梯度下降算法进行优化。算法逐步优化基于欧几里得距离的模型和基于平移的距离模型。具体来说，首先初始化具有均匀分布的节点嵌入矩阵 $\boldsymbol{X}$ 和关系嵌入矩阵 $\boldsymbol{Y}$。然后，对正和负交互节点关系三元组进行采样，并相应地更新 $\boldsymbol{X}$ 和 $\boldsymbol{Y}$。以同样的方式，对正和负隶属节点关系三元组进行采样，并且仅更新 $\boldsymbol{X}$。最后，返回节点嵌入矩阵 $\boldsymbol{X}$ 和关系嵌入矩阵 $\boldsymbol{Y}$。

3.4.4　实验

1. 实验设置

数据集　如前所述，本章在三个数据集（DBLP、Yelp 和 AMiner）上进行了实验，表 3-5 汇总了三个数据集的统计信息。

对比方法　该实验将本章提出的 RHINE 模型与 7 种网络表示学习方法进行了比较，其中 DeepWalk [26] 和 LINE [41] 是针对同质图而设计的，其余的则能够建模异质图，即 PTE [40]、ESim [31]、HIN2vec [6]、metapath2vec [5]、HERec [33] 和 JUST [15]。

参数设置 该实验设置所有模型的网络表示维度 $d = 100$，负样本数量 $k = 3$。对于 DeepWalk、HIN2Vec、metapath2vec 和 JUST，每个节点的游走次数为 10，游走长度为 100，窗口大小为 5。对于 RHINE，损失函数中的间隔参数 γ 设置为 1，学习率设置为 0.005，训练批次大小和迭代次数分别设置为 128 和 400。

2. 节点聚类实验

本小节进行节点聚类实验，以说明通过网络表示学习到的节点嵌入表示如何有益于异质图中的节点聚类任务。在该任务中，利用上述网络表示学习方法学习节点的低维向量表示。基于学习到的节点表示，利用 K-means 算法对节点进行聚类，并根据归一化互信息（NMI）指标评估聚类结果。

如表 3-6 所示，本章提出的模型 RHINE 明显优于所有比较方法：（1）与最佳对比方法相比，模型 RHINE 的聚类性能在 DBLP、Yelp 和 AMiner 上分别提高了 18.79%、6.15%、7.84%。显著的效果提升表明了 RHINE 模型的有效性，其通过区分异质图中具有不同结构特征的各种关系来更好地嵌入异质图。此外，实验结果还验证了针对不同类别关系设计的模型的有效性。（2）在所有对比方法中，同质信息网络表示学习模型的表现都欠佳，这是因为这类方法忽略了网络中节点和边连接的类型，从而丢失了一些信息。（3）在所有数据集上，RHINE 明显优于现有的异质图表示学习模型（即 ESim、HIN2Vec、metapath2vec、HERec 和 JUST），原因是 RHINE 模型针对不同关系类别提出适当模型的方法可以更好地捕获异质图的结构和语义信息。

表 3-6 节点聚类实验结果

Methods	DBLP	Yelp	AMiner
DeepWalk	0.3884	0.3043	0.5427
LINE-1st	0.2775	0.3103	0.3736
LINE-2nd	0.4675	0.3593	0.3862
PTE	0.3101	0.3527	0.4089
ESim	0.3449	0.2214	0.3409
HIN2Vec	0.4256	0.3657	0.3948
metapath2vec	0.6065	0.3507	0.5586
RHINE	**0.7204**	**0.3882**	**0.6024**

3. 链路预测实验

链路预测旨在预测网络中两个节点之间存在链路的可能性。形式上，给定节点对 $\langle u\, v\rangle$，该任务旨在预测网络中它们之间是否存在关系 r。在该实验中，将链接预测问题建模为旨在预测链接是否存在的二分类问题。对于 DBLP 和 AMiner 数据集，进行合作关系预测（即 A-P-A）和作者参会关系预测（即 A-P-C）。对于 Yelp 数据集，进行消费关系预测（即 U-B 和 U-I）。在实验中，首先将原始异质图随机分为训练网络和测试网络，其中训练网络包含 80% 的预测关系（即 A-A、A-C、U-B 和 U-I），而测试网络包含其余关系。然后，在训练网络上训练模型学习节点的嵌入向量，并在测试网络上评估预测性能。

表 3-7 中报告了有关链接预测任务的结果的 AUC 和 F_1 分数。显然，RHINE 模型在三个数据集上的性能均优于所有对比方法。链路预测结果提升的原因在于，RHINE 基于欧几里得距离建模关系的模型可以捕获一阶和二阶相似性。此外，RHINE 根据其结构特征将多种类型的关系分为两类，从而可以更好地学习节点的嵌入表示，这对于预测两个节点之间的复杂关系是有利的。

表 3-7   链路预测实验结果

Methods	DBLP (A-A)		DBLP (A-C)		Yelp (U-B)		AMiner (A-A)		AMiner (A-C)	
	AUC	F1	AUC	F1	AUC	F1	AUC	F1	AUC	F1
DeepWalk	0.9131	0.8246	0.7634	0.7047	0.8476	0.6397	0.9122	0.8471	0.7701	0.7112
LINE-1st	0.8264	0.7233	0.5335	0.6436	0.5084	0.4379	0.6665	0.6274	0.7574	0.6983
LINE-2nd	0.7448	0.6741	0.8340	0.7396	0.7509	0.6809	0.5808	0.4682	0.7899	0.7177
PTE	0.8853	0.8331	0.8843	0.7720	0.8061	0.7043	0.8119	0.7319	0.8442	0.7587
ESim	0.9077	0.8129	0.7736	0.6795	0.6160	0.4051	0.8970	0.8245	0.8089	0.7392
HIN2Vec	0.9160	0.8475	0.8966	0.7892	0.8653	0.7709	0.9141	0.8566	0.8099	0.7282
metapath2vec	0.9153	0.8431	0.8987	0.8012	0.7818	0.5391	0.9111	0.8530	0.8902	0.8125
RHINE	**0.9315**	**0.8664**	**0.9148**	**0.8478**	**0.8762**	**0.7912**	**0.9316**	**0.8664**	**0.9173**	**0.8262**

4. 节点分类实验

多类分类是评估网络表示学习性能的一项常见任务。具体来说，在学习了节点表示向量之后，利用 40%、60% 和 80% 的标记节点训练一个逻辑回归分类器，并用剩余的数据进行测试。分类结果以 Micro-F1 和 Macro-F1 作为评估指标。

实验结果如表 3-8 所示，正如我们可以观察到的：(1) 在除 AMiner 之外的所有数据集上，RHINE 的分类性能均优于所有对比方法。模型在 DBLP 和 Yelp 数据集上的节点分类性能平均提高了约 4%。在 AMiner 方面，RHINE 比 ESim、HIN2vec 和 metapath2vec 表现稍差。这可能是由于过度捕获关系 PR 和 APR 的信息引起的（R

表 3-8   节点分类实验结果

Methods	DBLP		Yelp		AMiner	
	Macro-F1	Micro-F1	Macro-F1	Micro-F1	Macro-F1	Micro-F1
DeepWalk	0.7475	0.7500	0.6723	0.7012	0.9386	0.9512
LINE-1st	0.8091	0.8250	0.4872	0.6639	0.9494	0.9569
LINE-2nd	0.7559	0.7500	0.5304	0.7377	0.9468	0.9491
PTE	0.8852	0.8750	0.5389	0.7342	0.9791	0.9847
ESim	0.8867	0.8750	0.6836	0.7399	0.9910	0.9948
HIN2Vec	0.8631	0.8500	0.6075	0.7361	**0.9962**	**0.9965**
metapath2vec	0.8976	0.9000	0.5337	0.7208	0.9934	0.9936
RHINE	**0.9344**	**0.9250**	**0.7132**	**0.7572**	0.9884	0.9807

表示引用类型节点）。由于作者可能会写一篇涉及多种领域的论文，因此这些关系可能会带来一些噪声。(2) 尽管 ESim、HIN2Vec 和 JUST 可以对异质图中多种类型的关系

进行建模, 但它们在大多数情况下均无法很好地发挥作用。本章提出的 RHINE 模型由于建模了各种关系的独特特性而取得了良好的性能。(3) RHINE 模型在不同训练比率下的稳定性能表现表明, 模型学习到的节点低维嵌入表示对维度大小的鲁棒性。

更多有关模型细节的描述以及实验验证请阅读文献 [21]。

3.5　网络模式保持的异质图表示学习算法

3.5.1　概述

尽管基于元路径的异质图嵌入方法取得了成功, 但元路径的选择仍然是一个开放且具有挑战性的问题 [36]。元路径方案的设计在很大程度上依赖于领域知识。基于先验知识手动选择元路径可能适用于简单的异质图, 但我们很难为复杂的异质图确定元路径。此外, 不同的元路径会从不同的角度生成不同的嵌入, 这导致了另一个具有挑战性的问题, 即如何有效地融合不同的嵌入以生成统一的嵌入。一些现有工作 [33, 45, 20] 使用标签信息来指导嵌入融合。不幸的是, 这不适用于无监督的场景。

为了应对上述挑战, 我们观察到网络模式 [36] 作为异质图的统一蓝图, 全面保留了异质图中的节点类型及其关系。由于网络模式是异质图的元模板, 在它的指导下, 我们可以从异质图中提取子图 (即模式实例)。一个例子如图 3-10c 和图 3-10d 所示, 从中我们可以看出, 模式实例除了描述两个节点的一阶结构信息 (即成对结构) 和基于元路径的结构 (如图 3-10b 所示) 外, 还描述了这四个节点的高阶结构信息。此外, 模式实例还包含丰富的语义, 即模式实例 (如图 3-10d 所示) 自然地描述了论文的整体信息, 如作者、关键词、发表地点及其关系。更重要的是, 与元路径不同, 网络模式是异质图的独特结构, 因此我们不需要领域知识来做出选择。网络模式的这些好处促使我们研究保持网络模式的异质图嵌入。然而, 这是一个有挑战性的任务。首先, 如何有效地保

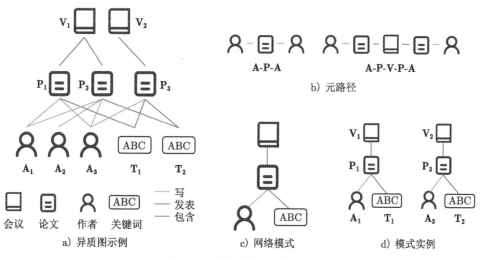

图 3-10　书目数据上的异质图示例

留网络模式结构？其次，如何捕获网络模式内部节点和链接的异质性？

3.5.2 NSHE 模型

1. 模型框架

考虑由节点集 $\mathcal{V}$ 和边集 $\mathcal{E}$ 组成的异质图 $\mathcal{G} = \{\mathcal{V}, \mathcal{E}\}$，连同节点类型映射函数 $\phi : \mathcal{V} \to \mathcal{A}$，以及边类型映射函数 $\varphi : \mathcal{E} \to \mathcal{R}$，其中 $\mathcal{A}$ 和 $\mathcal{R}$ 表示节点类型和边类型，$|\mathcal{A}| + |\mathcal{R}| > 2$。我们的任务是学习节点的表示 $\boldsymbol{Z} \in \mathbb{R}^{|V| \times d}$，其中 d 是表示的维度。

图 3-11 展示了 NSHE 的框架。NSHE 同时保留成对和模式邻近度。首先，为了充分利用复杂的网络结构和异质节点特征，我们建议通过异质节点聚合来学习节点嵌入。其次，我们同时保持成对结构和模式结构。虽然直接执行随机游走无法生成所需的模式结构，但我们建议对模式实例进行采样并保持实例内部的邻近性。此外，由于实例中不同类型的节点携带不同的上下文，多任务学习模型被设计为反过来用其他上下文节点预测目标节点，以处理模式实例内部的异质性。最后，NSHE 通过同时优化成对和模式保持损失函数来迭代更新节点嵌入。

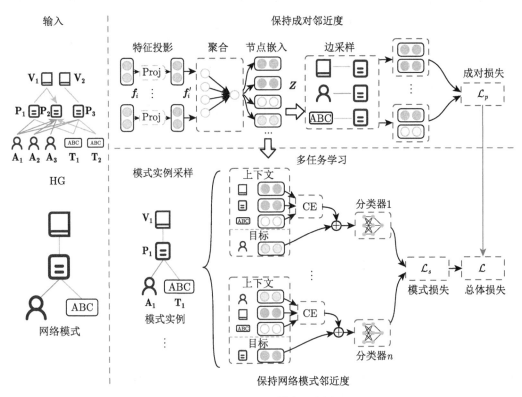

图 3-11　NSHE 模式示意图

2. 保持成对邻近性

尽管我们需要在异质图嵌入中捕获网络模式结构，但节点之间的成对邻近性[41]作为异质图最直接的表达之一，仍然需要保留。它表明具有链接的两个节点，无论其类型如何，都应该是相似的。具体来说，考虑不同节点特征的异质性，对于每个具有特征 f_i 和类型 $\phi(v_i)$ 的节点 v_i，我们使用一个类型特定的映射矩阵 $\boldsymbol{W}_{\phi(v_i)}$ 将异质特征映射到公共空间：

$$\boldsymbol{f}_i' = \sigma(\boldsymbol{W}_{\phi(v_i)} \cdot \boldsymbol{f}_i + \boldsymbol{b}_{\phi(v_i)}) \tag{3.27}$$

其中 $\sigma(\cdot)$ 表示激活函数，而 $\boldsymbol{b}_{\phi(v_i)}$ 代表类型 $\phi(v_i)$ 的偏置向量。基于等式（3.27），所有不同类型的节点都映射到公共空间，我们将它们映射的特征记为 $\boldsymbol{H} = [\boldsymbol{f}_i']$。然后，我们使用 L 层图卷积网络[18]生成节点嵌入：

$$\mathbf{H}^{(l+1)} = \sigma\left(\boldsymbol{D}^{-\frac{1}{2}}(\boldsymbol{A} + \boldsymbol{I}_{|V|})\boldsymbol{D}^{-\frac{1}{2}}\boldsymbol{H}^{(l)}\boldsymbol{W}^{(l)}\right) \tag{3.28}$$

其中 $\boldsymbol{A}$ 是邻接矩阵，如果 $(v_i, v_j) \in E$ 则有 $\boldsymbol{A}_{i,j} = 1$，否则 $\boldsymbol{A}_{i,j} = 0$。$\boldsymbol{D}$ 是一个对角矩阵，其中 $\boldsymbol{D}_{ii} = \sum_j \boldsymbol{A}_{ij}$。$\boldsymbol{I}_{|V|}$ 是 $\mathbb{R}^{|V| \times |V|}$ 的单位矩阵。我们将第一层的输出记作 $\boldsymbol{H}^{(0)} = \boldsymbol{H}$，并使用 L 层图卷积网络的输出作为节点嵌入，即 $\boldsymbol{Z} = \boldsymbol{H}^{(L)}$，其中 $\boldsymbol{Z}$ 的第 i 行是节点 v_i 的嵌入 $\boldsymbol{z}_{v_i}$。

带有参数 Θ 的成对邻近性保持的优化目标可以描述为：

$$\mathcal{O}_p = \arg\max_{\Theta} \prod_{v_i \in V} \prod_{v_j \in N_{v_i}} p(v_j|v_i; \Theta) \tag{3.29}$$

其中 $N_{v_i} = \{v_j|(v_i, v_j) \in E\}$。条件概率 $p(v_j|v_i; \Theta)$ 定义为 softmax 函数：

$$p(v_j|v_i; \Theta) = \frac{\exp(\boldsymbol{z}_{v_j} \cdot \boldsymbol{z}_{v_i})}{\sum_{v_k \in V} \exp(\boldsymbol{z}_{v_k} \cdot \boldsymbol{z}_{v_i})} \tag{3.30}$$

为了有效地计算 $p(v_j|v_i; \Theta)$，我们利用负采样方法[24]并优化公式 (3.29) 的对数，因此成对损失 $\mathcal{L}_p$ 可以用如下公式计算：

$$\begin{aligned}
\mathcal{L}_p = \frac{1}{|E|} \sum_{(v_i, v_j) \in E} \big[-\log \delta(\boldsymbol{z}_{v_j} \cdot \boldsymbol{z}_{v_i}) - \\
\sum_{m=1}^{M_e} \mathbb{E}_{v_{j'} \sim P_n(v)} \log \delta(-\boldsymbol{z}_{v_{j'}} \cdot \boldsymbol{z}_{v_i}) \big]
\end{aligned} \tag{3.31}$$

其中 $\delta(x) = 1/(1 + \exp(-x))$，$P_n(v)$ 是噪声分布，M_e 是负边采样率。通过最小化 $\mathcal{L}_p$，NSHE 保留了成对邻近性。

3. 保持网络模式邻近性

网络模式实例采样　网络模式是异质图 [36] 的蓝图。给定异质图 $G = (V, E)$，网络模式 $T_G = (\mathcal{A}, \mathcal{R})$ 保留 G 中的所有节点类型 $\mathcal{A}$ 和关系类型 $\mathcal{R}$。网络模式接近意味着网络模式结构中具有不同类型的所有节点应该是相似的。然而，正如我们之前提到的，网络模式结构中的节点数量通常是有偏的，即某种类型的节点数量大于其他类型的节点数量。例如，在图 3-10a 中，一篇论文有多个作者，但只有一个地点。为了减少这种偏差，我们建议对网络模式实例按照如下定义的方式进行采样：网络模式实例 S 是异质图的最小子图，它包含网络模式 T_G 定义的所有节点类型和边类型（如果存在）。根据这个定义，每个网络模式实例由模式定义的所有节点类型 $\mathcal{A}$ 和关系类型 $\mathcal{R}$ 组成，即每种类型一个节点。为了方便说明，图 3-10d 显示了从给定异质图中采样的两个实例。采样过程如下：从包含一个节点的集合 S 开始，我们不断地向 S 添加一个新节点，直到 $|S| = |\mathcal{A}|$，其中新节点满足：（1）其类型与 S 中的节点类型不同；（2）它与 S 中的节点相连。

基于多任务学习的模式保持　现在，我们的目标是通过预测异质图中是否存在网络模式实例来保持网络模式的邻近性。为此，假设有一个网络模式实例 $S = \{A_1, P_1, V_1, T_1\}$，如图 3-11 所示，我们可以预测给定集合 $\{P_1, V_1, T_1\}$ 时 A_1 是否存在，或者给定集合 $\{A_1, V_1, T_1\}$ 时 P_1 是否存在，等等。由于节点异质性，这两个预测是不同的。考虑到这一点，我们有动机设计一个多任务学习模型来处理模式内的异质性。

为了不失一般性，假设有模式实例 $S = \{v_i, v_j, v_k\}$，如果目标是预测给定 $\{v_j, v_k\}$ 时 v_i 是否存在，我们将 v_i 称为目标节点，而 $\{v_j, v_k\}$ 称为上下文节点。因此，每个节点有两个作用：一是作为目标节点，二是作为上下文节点。每个节点也对应有两个嵌入：目标嵌入和上下文嵌入。为了充分考虑异质性，每个节点类型 $\phi(v_i)$ 都与一个编码器 $\mathrm{CE}^{\phi(v_i)}$ 相关联，以学习上下文节点的上下文嵌入：

$$\boldsymbol{c}_{v_j} = \mathrm{CE}^{\phi(v_j)}(\boldsymbol{z}_{v_j}), \boldsymbol{c}_{v_k} = \mathrm{CE}^{\phi(v_k)}(\boldsymbol{z}_{v_k}) \tag{3.32}$$

其中每个 CE 代表一个全连接的神经网络层。然后对于目标节点 v_i，我们按照如下方式将其目标嵌入 $\boldsymbol{z}_{v_i}$ 与上下文嵌入连接起来，以获得目标节点 v_i 的模式实例嵌入，记作 $\boldsymbol{z}_S^{v_i}$：

$$\boldsymbol{z}_S^{v_i} = \boldsymbol{z}_{v_i} \| \boldsymbol{c}_{v_j} \| \boldsymbol{c}_{v_k} \tag{3.33}$$

获得嵌入 $\boldsymbol{z}_S^{v_i}$ 后，我们预测目标节点 v_i 在 S 中存在的概率，记为 $y_S^{v_i}$：

$$y_S^{v_i} = \mathrm{MLP}^{\phi(v_i)}\left(\boldsymbol{z}_S^{v_i}\right) \tag{3.34}$$

其中 $\mathrm{MLP}^{\phi(v_i)}$ 是目标节点类型为 $\phi(v_i)$ 的模式实例的分类器。同样，当我们分别将 v_j 和 v_k 作为目标节点时，也可以按照上面介绍的步骤获得 $y_S^{v_j}$ 和 $y_S^{v_k}$。请注意，这里我们以具有三个节点的模式实例为例来说明所提的方法。但是，很容易将模型扩展到具有更多节点的模式实例，因为过程是相同的。

模式邻近损失 $\mathcal{L}_s$ 可以从异质图中采样的模式实例 $\mathcal{S}$ 的多任务预测中获得。此外，为了避免平凡解，我们还通过将目标节点替换为另一个相同类型的节点来为每个模式实例设计目标类型的 M_s 反例。保留网络模式的损失可以描述为：

$$\mathcal{L}_s = -\frac{1}{|\mathcal{A}||\mathcal{S}|} \sum_{S \in \mathcal{S}} \sum_{v_i \in S} \left(R_S^{v_i} \log y_S^{v_i} + (1 - R_S^{v_i}) \log\left(1 - y_S^{v_i}\right) \right) \tag{3.35}$$

其中，如果 S^{v_i} 是一个正网络模式实例，那么 $R_S^{v_i} = 1$，否则 $R_S^{v_i} = 0$。通过最小化 $\mathcal{L}_s$，可以保持模式结构。

4. 优化目标

为了同时保持异质图的成对邻近性和网络模式邻近性，NSHE 通过将保持成对邻近性 $\mathcal{L}_p$ 和保持模式邻近性 $\mathcal{L}_s$ 的损失组合来优化整体损失 $\mathcal{L}$：

$$\mathcal{L} = \mathcal{L}_p + \beta\mathcal{L}_s \tag{3.36}$$

其中 β 是平衡系数。最后，我们采用 Adam 算法 [17] 来最小化公式 (3.36) 中的目标。

3.5.3 实验

1. 实验设置

数据集 为了证明所提出模型的有效性，我们在 3 个异质图数据集上进行了大量实验，包括 DBLP [21]、IMDB [45] 和 ACM [45]。

基线方法 我们将 NSHE 与 7 种最先进的嵌入方法进行比较，包括 2 种同质图嵌入方法（即 DeepWalk [26] 和 LINE [41]）和 5 种异质图嵌入方法（即 metapath2vec [5]、HIN2Vec [6]、HERec [33]、DHNE [42] 和 HeGAN [14]）。

参数设置 在这里，我们简要介绍一下实验设置。对于所提的模型，公共空间中的特征维度和嵌入维度 d 设置为 128，负模式实例采样率 M_s 设置为 4。我们通过一层 GCN 执行邻居聚合，即 $L = 1$，并使用两层 MLP 进行模式实例分类。对于在建模中使用元路径的模型，我们选择以前方法中采用的流行元路径并报告最佳结果。对于需要节点特征的模型，我们应用 DeepWalk [26] 来生成节点特征。代码和数据集可在 GitHub⊖ 上公开获得。

2. 节点分类

在本节中，我们使用节点分类任务评估节点嵌入的性能。在学习节点嵌入后，我们用 80% 的标记节点训练逻辑分类器，并使用剩余的数据进行测试。我们使用 Micro-F1 和 Macro-F1 分数作为评估指标。结果如表 3-9所示，从中我们有以下观察：（1）总的

⊖ https://github.com/Andy-Border/NSHE。

来说，异质图嵌入方法比同质图嵌入方法表现更好，这证明了考虑异质性的好处。（2）尽管 NSHE 不利用任何先验知识，但它始终优于基线。它证明了我们提出的方法在分类任务中的有效性。

表 3-9　多类别分类的性能评估

	DBLP-P		DBLP-A		IMDB		ACM	
	Micro-F1	Macro-F1	Micro-F1	Macro-F1	Micro-F1	Macro-F1	Micro-F1	Macro-F1
DeepWalk	90.12	89.45	89.44	88.48	56.52	55.24	82.17	81.82
LINE-1st	81.43	80.74	82.32	80.20	43.75	39.87	82.46	82.35
LINE-2nd	84.76	83.45	88.76	87.35	40.54	33.06	82.21	81.32
DHNE	85.71	84.67	73.30	67.61	38.99	30.53	65.27	62.31
metapath2vec	92.86	92.44	89.36	87.95	51.90	50.21	83.61	82.77
HIN2Vec	83.81	83.85	90.30	89.46	48.02	46.24	54.30	48.59
HERec	90.47	87.50	86.21	84.55	54.48	53.46	81.89	81.74
HeGAN	88.79	83.81	90.48	89.27	58.56	57.12	83.09	82.94
NSHE	**95.24**	**94.76**	**93.10**	**92.37**	**59.21**	**58.35**	**84.12**	**83.27**

3. 节点聚类

我们进一步进行聚类任务来评估 NSHE 学习的嵌入。这里我们利用 K-Means 模型进行节点聚类，并将 K-Means 的聚类数设置为类数。NMI 方面的性能显示在表 3-10 中。同样，所提出的方法 NSHE 在大多数情况下明显优于其他方法，这进一步证明了 NSHE 的有效性。更详细的方法描述和实验验证可以在文献 [55] 中看到。

表 3-10　节点聚类的性能评估

	DBLP-P	DBLP-A	IMDB	ACM
DeepWalk	46.75	66.25	0.41	**48.81**
LINE-1st	42.18	29.98	0.03	37.75
LINE-2nd	46.83	61.11	0.03	41.80
DHNE	35.33	21.00	0.05	20.25
metapath2vec	56.89	68.74	0.09	42.71
HIN2Vec	30.47	65.79	0.04	42.28
HERec	39.46	24.09	0.51	40.70
HeGAN	60.78	68.95	6.56	43.35
NSHE	**65.54**	**69.52**	**7.58**	44.32

3.6　本章小结

异质图的结构复杂，包含丰富的语义信息。在本章中，我们介绍了四种具有结构保持的异质图嵌入方法。具体来说，我们首先介绍了一种基于元路径的随机游走方法，它为网络嵌入生成有意义的节点序列。然后，我们介绍了一个基于元路径的协同过滤框架，它使用注意力机制来学习方面级网络嵌入。此外，我们还引入了一种关系结构感知方法，该方法将各种关系分为两类以进行细粒度建模。最后，我们引入了一种不依赖于元路径的方法，该方法在网络嵌入中保留了网络模式。实验不仅验证了这些方法的有效性，而且证明了结构信息在异质图嵌入中的重要作用。

至于未来工作，我们可以探索其他可能的区分关系、路径或网络模式的方法，从而更好地捕获异质图的结构信息，并设计不依赖元路径的高效图表示学习方法。

参考文献

[1] Bordes, A., Usunier, N., Garcia-Duran, A.,Weston, J., Yakhnenko, O.: Translating embeddings for modeling multi-relational data. In: Proceedings of Advances in Neural Information Processing Systems, pp. 2787-2795 (2013)

[2] Cao, S., Lu, W., Xu, Q.: GraRep: Learning graph representations with global structural information. In: CIKM '15: Proceedings of the 24th ACM International on Conference on Information and Knowledge Management, pp. 891-900 (2015)

[3] Danielsson, P.-E.: Euclidean distance mapping. Comput. Graphics Image Process. **14**(3), 227-248 (1980)

[4] Devlin, J., Chang, M.-W., Lee, K., Toutanova, K.: BERT: pre-training of deep bidirectional transformers for language understanding. Preprint. arXiv:1810.04805 (2018)

[5] Dong, Y., Chawla, N.V., Swami, A.: metapath2vec: Scalable representation learning for heterogeneous networks. In: KDD '17: Proceedings of the 23rd ACM SIGKDD International Conference on Knowledge Discovery and Data Mining, pp. 135-144 (2017)

[6] Fu, T.-y., Lee, W.-C., Lei, Z.: Hin2vec: explore meta-paths in heterogeneous information networks for representation learning. In: CIKM '17: Proceedings of the 2017 ACM on Conference on Information and Knowledge Management, pp. 1797-1806 (2017)

[7] Grover, A., Leskovec, J.: node2vec: scalable feature learning for networks. In: Proceedings of the 22nd ACM SIGKDD International Conference on Knowledge Discovery and Data Mining, pp. 855-864. ACM, New York (2016)

[8] Han, X., Shi, C., Wang, S., Philip, S.Y., Song, L.: Aspect-level deep collaborative filtering via heterogeneous information networks. In: Proceedings of the Twenty-Seventh International Joint Conference on Artificial Intelligence, pp. 3393-3399 (2018)

[9] Harper, F.M., Konstan, J.A.: The movielens datasets: history and context. ACM Trans. Inter. Intell. Syst. **5**(4), 19 (2016)

[10] He, R.,McAuley, J.: Ups and downs: modeling the visual evolution of fashion trends with oneclass collaborative filtering. In: WWW '16: Proceedings of the 25th International Conference on World Wide Web, pp. 507-517 (2016)

[11] He, X., Liao, L., Zhang, H., Nie, L., Hu, X., Chua, T.-S.: Neural collaborative filtering. In: WWW'17: Proceedings of the 26th International Conference on World Wide Web, pp. 173-182 (2017)

[12] He, X., Zhang, H., Kan, M.-Y., Chua, T.-S.: Fast matrix factorization for online recommendation with implicit feedback. In: Proceedings of the 39th International ACM SIGIR conference on Research and Development in Information Retrieval, pp. 549-558 (2016)

[13] Hsieh, C.-K., Yang, L., Cui, Y., Lin, T.-Y., Belongie, S., Estrin, D.: Collaborative metric learning. In: WWW'17: Proceedings of the 26th International Conference on World Wide Web, pp. 193-201 (2017)

[14] Hu, B., Fang, Y., Shi, C.: Adversarial learning on heterogeneous information networks. In: KDD '19: Proceedings of the 25th ACM SIGKDD International Conference on Knowledge Discovery & Data Mining, pp. 120-129 (2019)

[15] Hussein, R., Yang, D., Cudré-Mauroux, P.: Are metapaths necessary?: Revisiting heterogeneous graph embeddings. In: CIKM '18: Proceedings of the 27th ACM International on Conference on Information and Knowledge Management, pp. 437 - 446. ACM, New York (2018)

[16] Ji, M., Han, J., Danilevsky, M.: Ranking-based classification of heterogeneous information networks. In: Proceedings of the 17th ACM SIGKDD International Conference on Knowledge Discovery and Data Mining, pp. 1298-1306 (2011)

[17] Kingma, D.P., Ba, J.: Adam: a method for stochastic optimization. In: 3rd International Conference for Learning Representations (2015)

[18] Kipf, T.N.,Welling, M.: Semi-supervised classification with graph convolutional networks. In: Proceedings of the 5th International Conference on Learning Representations (2017)

[19] Koren, Y., Bell, R., and Volinsky, C.: Matrix factorization techniques for recommender systems. Computer **42**, 8 (2009)

[20] Linmei, H., Yang, T., Shi, C., Ji, H., Li, X.: Heterogeneous graph attention networks for semi-supervised short text classification. In: Proceedings of the 2019 Conference on Empirical Methods in Natural Language Processing and the 9th International Joint Conference on Natural Language Processing (EMNLP-IJCNLP), pp. 4823-4832 (2019)

[21] Lu, Y., Shi, C., Hu, L., Liu, Z.: Relation structure-aware heterogeneous information network embedding. In: Proceedings of the AAAI Conference on Artificial Intelligence, pp. 4456-4463 (2019)

[22] Ma, H., Zhou, D., Liu, C., Lyu, M.R., King, I.: Recommender systems with social regularization. In: Proceedings of the Fourth ACM International Conference on Web Search and Data Mining, pp. 287-296 (2011)

[23] McAuley, J., Targett, C., Shi, Q., Van Den Hengel, A.: Image-based recommendations on styles and substitutes. In: Proceedings of the 38th International ACM SIGIR Conference on Research and Development in Information Retrieval, pp. 43-52 (2015)

[24] Mikolov, T., Sutskever, I., Chen, K., Corrado, G.S., Dean, J.: Distributed representations of words and phrases and their compositionality. In: NIPS'13: Proceedings of the 26th International Conference on Neural Information Processing Systems, pp. 3111-3119 (2013)

[25] Mnih, A., Salakhutdinov, R.R.: Probabilistic matrix factorization. Adv. Neural Inf. Proces. Syst. **20**, 1257-1264 (2007)

[26] Perozzi, B., Al-Rfou, R., Skiena, S.: Deepwalk: online learning of social representations. In: KDD '14: Proceedings of the 20th ACM SIGKDD International Conference on Knowledge Discovery and Data Mining, pp. 701-710 (2014)

[27] Pham, T.-A.N., Li, X., Cong, G., Zhang, Z.: A general recommendation model for heterogeneous networks. IEEE Trans. Knowl. Data Eng. **28**(12), 3140-3153 (2016)

[28] Rendle, S.: Factorization machines with libFM. ACM Trans. Intell. Syst. Technol. **3**(3), 1–22 (2012)

[29] Rendle, S., Freudenthaler, C., Gantner, Z., Schmidt-Thieme, L.: BPR: bayesian personalized ranking from implicit feedback. In: UAI '09: Proceedings of the Twenty-Fifth Conference on Uncertainty in Artificial Intelligence, pp. 452–461 (2009)

[30] Sarwar, B., Karypis, G., Konstan, J., Riedl, J.: Item-based collaborative filtering recommendation algorithms. In: Proceedings of the 10th International Conference on World Wide Web, pp. 285–295 (2001)

[31] Shang, J., Qu, M., Liu, J., Kaplan, L.M., Han, J., Peng, J.: Meta-path guided embedding for similarity search in large-scale heterogeneous information networks. Preprint. arXiv:1610.09769 (2016)

[32] Shi, C., Han, X., Li, S., Wang, X., Wang, S., Du, J., Yu, P.: Deep collaborative filtering with multi-aspect information in heterogeneous networks. IEEE Trans. Knowl. Data Eng. (2019)

[33] Shi, C., Hu, B., Zhao, W.X., Yu, P.S.: Heterogeneous information network embedding for recommendation. IEEE Trans. Knowl. Data Eng. **31**(2), 357–370 (2019)

[34] Shi, C., Kong, X., Huang, Y., Philip, S.Y.,Wu, B.: HeteSim: a general framework for relevance measure in heterogeneous networks. IEEE Trans. Knowl. Data Eng. **26**(10), 2479–2492 (2014)

[35] Shi, C., Zhang, Z., Luo, P., Yu, P.S., Yue, Y., Wu, B.: Semantic path based personalized recommendation on weighted heterogeneous information networks. In: Proceedings of the 24th ACM International on Conference on Information and Knowledge Management, pp. 453–462. ACM, New York (2015)

[36] Sun, Y., Han, J., Yan, X., Yu, P.S.,Wu, T.: PathSim: meta path-based top-k similarity search in heterogeneous information networks. Proc. VLDB Endow. **4**(11), 992–1003 (2011)

[37] Sun, Y., Han, J., Yan, X., Yu, P.S.,Wu, T.: PathSim: meta path-based top-k similarity search in heterogeneous information networks. Proc. VLDB Endow. **4**(11), 992–1003 (2011)

[38] Sun, Y., Norick, B., Han, J., Yan, X., Philip, S.Y., Yu, X.: Integrating meta-path selection with user-guided object clustering in heterogeneous information networks. In: ACM Transactions on Knowledge Discovery from Data (2012)

[39] Sun, Y., Yu, Y., Han, J.: Ranking-based clustering of heterogeneous information networks with star network schema. In: Proceedings of the 15th ACM SIGKDD International Conference on Knowledge Discovery and Data Mining, pp. 797–806 (2009)

[40] Tang, J., Qu, M., Mei, Q.: PTE: predictive text embedding through large-scale heterogeneous text networks. In: Proceedings of the 21th ACM SIGKDD International Conference on Knowledge Discovery and Data Mining, pp. 1165–1174. ACM, New York (2015)

[41] Tang, J., Qu, M., Wang, M., Zhang, M., Yan, J., Mei, Q.: Line: large-scale information network embedding. In: Proceedings of the 24th International Conference onWorldWideWeb, pp. 1067–1077 (2015)

[42] Tu, K., Cui, P., Wang, X., Wang, F., Zhu, W.: Structural deep embedding for hypernetworks. In: Thirty-Second AAAI Conference on Artificial Intelligence, pp. 426–433 (2018)

[43] Vaswani, A., Shazeer, N., Parmar, N., Uszkoreit, J., Jones, L., Gomez, A.N., Kaiser, Ł., Polosukhin, I.: Attention is all you need. In: Advances in Neural Information Processing Systems, pp. 5998–6008 (2017)

[44] Wang, X., Cui, P., Wang, J., Pei, J., Zhu, W., Yang, S.: Community preserving network embedding. In: Thirty-First AAAI Conference on Artificial Intelligence (2017)

[45] Wang, X., Ji, H., Shi, C., Wang, B., Ye, Y., Cui, P., Yu, P.S.: Heterogeneous graph attention network. In: The World Wide Web Conference, pp. 2022–2032 (2019)

[46] Wang, Y., Chen, L., Che, Y., Luo, Q.: Accelerating pairwise SimRank estimation over static and dynamic graphs. VLDB J. Int. J. Very Large Data Bases **28**(1), 99–122 (2019)

[47] Wasserman, S., Faust, K.: Social Network Analysis: Methods and Applications, vol. 8. Cambridge University Press, Cambridge (1994)

[48] Wei, Z., He, X., Xiao, X., Wang, S., Liu, Y., Du, X., Wen, J.-R.: PRsim: sublinear time SimRank computation on large power-law graphs. Preprint. arXiv:1905.02354 (2019)

[49] Xue, H., Dai, X., Zhang, J., Huang, S., Chen, J.: Deep matrix factorization models for recommender systems. In: Proceedings of the Twenty-Sixth International Joint Conference on Artificial Intelligence, pp. 3203–3209 (2017)

[50] Yang, J., Leskovec, J.: Community-affiliation graph model for overlapping network community detection. In: 2012 IEEE 12th International Conference on DataMining, pp. 1170–1175. IEEE, Piscataway (2012)

[51] Yu, X., Ren, X., Gu, Q., Sun, Y., Han, J.: Collaborative filtering with entity similarity regularization in heterogeneous information networks. IJCAI HINA **27** (2013)

[52] Zhang, J., Tang, J., Ma, C., Tong, H., Jing, Y., Li, J.: Panther: fast top-k similarity search on large networks. In: Proceedings of the 21th ACM SIGKDD International Conference on Knowledge Discovery and Data Mining, pp. 1445–1454 (2015)

[53] Zhang, J., Xia, C., Zhang, C., Cui, L., Fu, Y., Philip, S. Y.: BL-MNE: Emerging heterogeneous social network embedding through broad learning with aligned autoencoder. In: 2017 IEEE International Conference on Data Mining (ICDM), pp. 605–614. IEEE, Piscataway (2017)

[54] Zhao, H., Yao, Q., Li, J., Song, Y., Lee, D.: Meta-graph based recommendation fusion over heterogeneous information networks. In: Proceedings of the 23rd ACM SIGKDD International Conference on Knowledge Discovery and Data Mining, pp. 635–644 (2017)

[55] Zhao, J., Wang, X., Shi, C., Liu, Z., Ye, Y.: Network schema preserving heterogeneous information network embedding. In: Proceedings of the Twenty-Ninth International Joint Conference on Artificial Intelligence, IJCAI 2020, pp. 1366–1372. IJCAI, ijcai.org (2020)

[56] Zheng, J., Liu, J., Shi, C., Zhuang, F., Li, J., Wu, B.: Recommendation in heterogeneous information network via dual similarity regularization. Int. J. Data Sci. Anal. **3**(1), 35–48 (2017)

第 4 章

属性辅助的异质图表示学习

当前的异质图表示方法主要聚焦于将复杂的交互和丰富的语义嵌入节点表示中。事实上，异质图中不同类型的节点具有不同的属性，这些属性为描述节点特征提供了有价值的辅助信息。在实际应用中，异质图的表示也需要集成属性信息。幸运的是，异质图神经网络（HGNN）能够自然地实现这一目标，并同时具有强大的表示能力。

4.1 简介

除了复杂的结构和丰富的语义外，现实中的异质图通常与各种类型的属性相关联，这种属性辅助的异质图为描述节点的特征提供了有价值的信息。例如，在科技文献异质图中，用户的属性主要由姓名、年龄和性别组成，而论文的属性通常涉及其关键词，忽略这些属性可能导致异质图表示非最优。因此，将属性信息嵌入节点表示是异质图表示的切实需求。

异质图神经网络作为一种强大的深度学习技术，为实现这一目标提供了优雅的方式。HGNN 将节点属性作为初始节点表示，然后聚合不同类型的邻居，进一步更新节点表示。因此，这种表示学习框架可以同时利用复杂的结构信息和丰富的属性信息。

在本章中，我们将介绍三种属性辅助的异质图表示模型，包括基于层次注意力机制的异质图神经网络（**H**eterogeneous **A**ttention **N**etwork，HAN）、异质图传播网络（**H**eterogeneous **G**raph **P**ropagation **N**etwork，HPN）和异质图结构学习（HGSL）模型。HAN 是一种经典的 HGNN，设计了节点级和语义级注意力机制，以分层聚合的方式学习节点表示。为缓解深度退化现象（即语义混淆），HPN 通过增强每个节点的自身特征来改进 HGNN 的聚合过程。最后，为学习更适配 HGNN 的图结构，HGSL 基于下游任务联合优化了异质图结构和 GNN 参数。

4.2　基于层次注意力机制的异质图神经网络

4.2.1　概述

注意力机制是深度学习的热门研究方向之一，其能够处理变长数据并鼓励模型关注最重要的数据，从而在很多领域（如文本分析[1]、知识图谱[25] 和图像处理[34]）得到了广泛应用。图注意力网络[29]，作为一种卷积形式的图神经网络，引入了注意力机制来处理只有一种类型节点和边的同质图。

尽管注意力机制已经取得成功，但在异质图上还没有相关研究。事实上，真实世界的图通常为异质图，存在多种类型的节点和边。元路径[28] 被广泛用于异质图分析。以图 4-1a 中的 IMDB⊖异质图为例，其包含电影（Movie）、演员（Actor）和导演（Director）及其之间的复杂交互。不同电影之间的共同演员关系可以用元路径电影–演员–电影（Movie-Actor-Movie，MAM）表示；不同电影之间的共同导演关系可以用元路径电影–导演–电影（Movie-Director-Movie，MDM）表示。可以看出，基于不同的元路径，异质图中节点间的关系可能包含不同的语义信息。如何充分考虑图的异质性来设计图神经网络架构是一个迫切需要解决的问题。

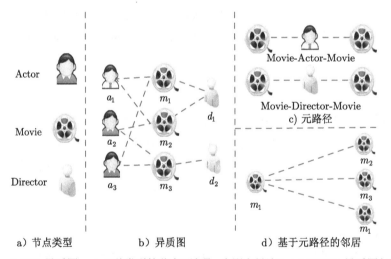

图 4-1　IMDB 异质图。a）三种类型的节点（演员、电影和导演）；b）IMDB 异质图包括三种类型的节点和两种类型的边；c）IMDB 数据集中的两种元路径（Movie-Actor-Movie 和 Movie-Director-Movie）；d）电影 m_1 基于元路径的邻居为 m_1、m_2 和 m_3

为了更好地建模图的异质性，在设计基于注意力机制的异质图神经网络结构时，需要解决如下的挑战：（1）图的异质性。不同类型的节点可能会有不同的特性，它们的特征也落在不同的特征空间。如何充分考虑图的异质性（复杂交互和丰富语义）来学习节

⊖　https://www.imdb.com。

点表示是一个亟待解决的问题。（2）语义级注意力机制。异质图中存在多种含义丰富的语义信息[28]，可以通过预先指定不同的元路径来进行抽取。如何探索元路径的差异并且赋予其恰当的注意力权重是异质图挖掘的实际需求。（3）节点级注意力机制。直观地想，节点的不同邻居应该有不同的重要性。如何探索不同邻居的差异并赋予其合适的权重是一个迫切需要解决的问题。

为了解决上述挑战，基于层次注意力机制的异质图神经网络（HAN）同时考虑节点级和语义级的注意力机制来学习节点表示。具体而言，节点级注意力机制能够学习节点与元路径邻居之间的注意力权重，而语义级注意力机制能够学习在特定任务下不同元路径的重要性。最后，基于双层注意力权重，HAN 能够以层次聚合的方式来加权融合邻居和语义信息并学习节点表示。多个真实异质图上的大量实验验证了 HAN 模型的有效性和可解释性。

4.2.2　HAN 模型

本小节将详细介绍基于层次注意力机制的异质图神经网络（HAN）的模型架构。如图 4-2所示，HAN 主要包括学习邻居重要性和节点表示的节点级注意力、学习元路径重要性并融合多种语义的语义级注意力，以及任务特定的预测模块。

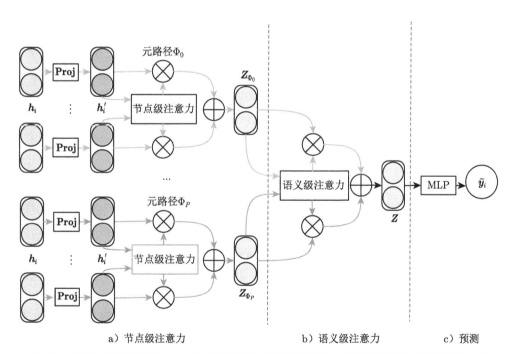

图 4-2　HAN 的模型架构。a）所有类型的节点都投影到统一的特征空间里，然后通过节点级注意力来学习基于元路径的节点对的注意力权重；b）语义注意力机制联合学习元路径的重要性并且融合语义得到节点表示；c）计算损失函数并且端到端地优化整个 HAN 模型

1. 节点级注意力机制

直观地想，每个邻居对于节点的重要性是不同的。同一个邻居在不同任务中对于节点的重要性也有差异。因此，本小节提出了节点级的注意力机制来学习元路径邻居的重要性，并以加权平均的形式聚合邻居信息来更新节点表示。

由于图数据的异质性，不同类型的节点应该有不同的特征空间。因此，针对每一种 ϕ_i 类型的节点设计了相应的类型特定的转换矩阵 $\boldsymbol{M}_{\phi_i}$，将不同类型的节点特征投影至相同的特征空间，如下所示：

$$\boldsymbol{h}_i' = \boldsymbol{M}_{\phi_i} \cdot \boldsymbol{h}_i \tag{4.1}$$

其中，$\boldsymbol{h}_i$ 和 $\boldsymbol{h}_i'$ 分别代表投影前后节点 i 的特征。

给定以元路径 Φ 相连的节点对 (i,j)，对于节点 i，节点级注意力可以学习邻居 j 的重要性，如下所示：

$$e_{ij}^{\Phi} = \text{att}_{\text{node}}(\boldsymbol{h}_i', \boldsymbol{h}_j'; \Phi) \tag{4.2}$$

这里，att_{node} 代表实现节点级注意力机制的深度神经网络。给定元路径 Φ，节点级注意力机制 att_{node} 中的参数是对所有节点共享的。这是由于在同一个元路径下，它们会展现出相似的连接模式。从公式 (4.2) 可以看出，给定元路径 Φ 后，节点对之间所学习到的注意力权重 (i,j) 依赖于首尾节点的特征。值得注意的是，节点级注意力机制是非对称的。换句话说，节点 i 对于节点 j 的重要性不同于节点 j 对于节点 i 的重要性。这说明节点级注意力可以保持图上的非对称性，这对某些异质图挖掘任务是非常重要的。

为了将图结构信息注入节点表示中，节点级注意力只计算节点与其元路径邻居 $j \in \mathcal{N}_i^{\Phi}$ 之间的注意力权重 e_{ij}^{Φ}，而不是与所有节点之间的注意力权重。在获取节点邻居的重要性之后，通过 softmax 函数对其进行归一化，即可获得权重系数 α_{ij}^{Φ}，如下所示：

$$\alpha_{ij}^{\Phi} = \text{softmax}_j(e_{ij}^{\Phi}) = \frac{\exp\big(\sigma(\boldsymbol{a}_{\Phi}^{\top} \cdot [\boldsymbol{h}_i' \| \boldsymbol{h}_j'])\big)}{\sum_{k \in \mathcal{N}_i^{\Phi}} \exp\big(\sigma(\boldsymbol{a}_{\Phi}^{\top} \cdot [\boldsymbol{h}_i' \| \boldsymbol{h}_k'])\big)} \tag{4.3}$$

其中，σ 表示激活函数，$\|$ 表示连接操作，$\boldsymbol{a}_{\Phi}$ 表示针对元路径 Φ 的节点级注意力向量。从公式 (4.3) 中可以看出，权重系数 α_{ij}^{Φ} 依赖于节点对的特征。这是很有道理的，因为两个节点的特征越像，其重要性应该越大。需要注意，这里的权重系数是非对称的，原因如下：首先，连接操作是一个非对称操作；其次，不同节点的不同类型邻居不同。因此归一化中的分母不同，这会进一步强化非对称性。

最后，节点 i 在元路径 Φ 下的表示 $\boldsymbol{z}_i^{\Phi}$ 可以通过聚合其在该元路径下所有邻居的表示得到，如下所示：

$$\boldsymbol{z}_i^{\Phi} = \sigma\bigg(\sum_{j \in \mathcal{N}_i^{\Phi}} \alpha_{ij}^{\Phi} \boldsymbol{h}_j' \bigg) \tag{4.4}$$

为了更好地理解节点级聚合过程，我们在图 4-3 中给了一个简单的解释。每一个节点的表示都是通过聚合其邻居的表示得到的。

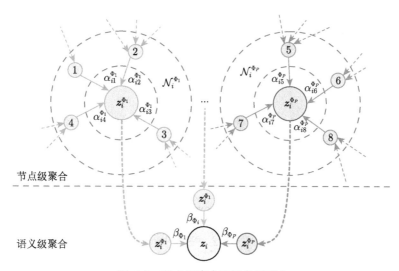

图 4-3 节点级聚合和语义级聚合

通常来说，异质图数据呈现无标度的特性，而且整个图数据的方差比较大。为了克服上述问题，HAN 将节点级注意力扩展为多头注意力，进而稳定训练过程并提升模型效果。具体而言，首先将节点级注意力重复运算 K 次，并将所学习到的 K 个节点表示进行拼接，进而得到最终特定语义的节点表示，如下所示：

$$z_i^{\Phi} = \mathop{\Big\|}_{k=1}^{K} \sigma\bigg(\sum_{j\in\mathcal{N}_i^{\Phi}} \alpha_{ij}^{\Phi} \cdot h_j'\bigg) \tag{4.5}$$

给定一个元路径的集合 $\{\Phi_1, \Phi_2, \cdots, \Phi_P\}$，将节点特征及异质图结构结合节点级注意力后，即可得到 P 组特定语义的节点表示 $\{Z_{\Phi_1}, Z_{\Phi_2}, \cdots, Z_{\Phi_P}\}$。

2. 语义级注意力机制

通常来说，异质图中每种类型的节点都包含多种丰富的语义信息。每一种语义信息也只能反映节点某一方面的特征。为了学习更加全面的节点表示，模型需要融合多方面的语义信息来增强节点的表示。为了解决元路径选择问题和语义融合问题，HAN 进一步提出了语义级注意力机制，可以自动地学习元路径的重要性并对不同语义下的节点表示进行加权融合。以 P 组元路径特定的节点表示 $\{Z_{\Phi_1}, Z_{\Phi_2}, \cdots, Z_{\Phi_P}\}$ 作为输入，语义级注意力 att_{sem} 可以学习不同元路径的权重 $(\beta_{\Phi_1}, \beta_{\Phi_2}, \cdots, \beta_{\Phi_P})$，如下所示：

$$(\beta_{\Phi_1}, \beta_{\Phi_2}, \cdots, \beta_{\Phi_P}) = \text{att}_{\text{sem}}(Z_{\Phi_1}, Z_{\Phi_2}, \cdots, Z_{\Phi_P}) \tag{4.6}$$

这表示了用于实现语义级注意力机制的深度神经网络。可以看出，语义级注意力机制能够区分不同类型的语义信息的差异并赋予其合适的权重。

为了学习不同元路径的重要性，语义级注意力首先将特定语义的节点表示通过一个非线性的神经网络映射层投影到同一个特征空间。然后，通过度量特定语义节点表示与语义级注意力向量 q 之间的相似度，得到元路径对于不同节点的重要性。进一步地，通过对所有节点的元路径重要性进行融合，可以得到每条元路径的重要性 w_{Φ_i} 如下：

$$w_{\Phi_i} = \frac{1}{|\mathcal{V}|} \sum_{i \in \mathcal{V}} q^\top \cdot \tanh(W \cdot z_i^\Phi + b) \tag{4.7}$$

其中，W 是权重矩阵，b 是偏置向量，q 是语义级注意力向量。需要注意的是，为了实现有意义的对比，所有元路径权重学习的参数都是共享的。在获得了每条元路径的重要性之后，可以通过一个 softmax 函数对其进行归一化。归一化之后的元路径 Φ_i 的权重 β_{Φ_i} 如下所示：

$$\beta_{\Phi_i} = \frac{\exp(w_{\Phi_i})}{\sum\limits_{i=1}^{P} \exp(w_{\Phi_i})} \tag{4.8}$$

其中，β_{Φ_i} 可以解释为元路径针对特定任务的贡献。很明显，权重 β_{Φ_i} 越高，那么元路径 Φ_i 的重要性就越高。以所学习到的权重作为系数，通过加权融合语义特定的节点表示，可以得到最终的节点 Z，如下所示：

$$Z = \sum_{i=1}^{P} \beta_{\Phi_i} Z_{\Phi_i} \tag{4.9}$$

图 4-3 给出了一个形象的聚合过程来帮助更好地理解语义级聚合。之后，可以通过设计不同的损失函数来优化模型并得到节点表示，进而应用于多种下游任务。针对半监督节点分类任务，可以通过最小化真实标签与预测标签之间的交叉熵损失函数来进行优化，如下所示：

$$L = -\sum_{l \in \mathcal{Y}_L} Y^l \ln(C \cdot Z^l) \tag{4.10}$$

其中，C 代表分类器的参数，$\mathcal{Y}_L$ 代表节点的真实标签，Y^l 和 Z^l 分别代表有标签节点的标签和表示。

4.2.3 实验

1. 实验设置

数据集 为了验证 HAN 的有效性，我们在 DBLP$^\ominus$、ACM$^\ominus$ 和 IMDB$^\ominus$这 3 个真实异质图数据集上进行了实验。

对比算法 选取最新的图表示学习模型（如 DeepWalk[23]、ESim[26]、metapath2vec[3] 和 HERec[27]）和图神经网络模型（如 GCN[18] 和 GAT[29]）作为对比算法。为进一步验证节点级注意力和语义级注意力的有效性，HAN 也对比了两个变种：HAN$_{nd}$ 和 HAN$_{sem}$。

⊖ https://dblp.uni-trier.de。

⊖ http://dl.acm.org/。

⊜ https://www.kaggle.com/carolzhangdc/imdb-5000-moviedataset。

实现细节及参数设置　HAN 的参数初始化为高斯分布，并利用 Adam[17] 进行更新和优化。相应的参数设置如下：学习率为 0.005，正则化系数为 0.001，语义级注意力向量 q 维度为 128，注意力头数 K 为 8，随机 dropout 比例为 0.6。这里选取了早停策略来阻止模型过拟合。具体来说，如果模型连续 100 个回合验证集的损失函数没有下降，就停止运算。GCN 和 GAT 的模型超参数基于验证集来进行调整。所有的半监督图神经网络（如 GCN、GAT 和 HAN）使用完全相同的数据集划分来保证公平。

2. 节点分类

这里选取了 KNN 分类器 $(k = 5)$ 来进行节点分类，并选取了 Macro-F1 和 Micro-F1 作为评价指标来测评各个模型的有效性。因为图数据的方差较大，为了确保预测结果的稳定性，表 4-1中汇报了 10 次实验的平均结果。

表 4-1　节点分类结果 (%)

数据集	评价指标	训练比例	DeepWalk	ESim	metapath2vec	HERec	GCN	GAT	HAN$_{nd}$	HAN$_{sem}$	HAN
ACM	Macro-F1	20%	77.25	77.32	65.09	66.17	86.81	86.23	88.15	89.04	**89.40**
		40%	80.47	80.12	69.93	70.89	87.68	87.04	88.41	89.41	**89.79**
		60%	82.55	82.44	71.47	72.38	88.10	87.56	87.91	**90.00**	89.51
		80%	84.17	83.00	73.81	73.92	88.29	87.33	88.48	90.17	**90.63**
	Micro-F1	20%	76.92	76.89	65.00	66.03	86.77	86.01	87.99	88.85	**89.22**
		40%	79.99	79.70	69.75	70.73	87.64	86.79	88.31	89.27	**89.64**
		60%	82.11	82.02	71.29	72.24	88.12	87.40	87.68	**89.85**	89.33
		80%	83.88	82.89	73.69	73.84	88.35	87.11	88.26	89.95	**90.54**
DBLP	Macro-F1	20%	77.43	91.64	90.16	91.68	90.79	90.97	91.17	92.03	**92.24**
		40%	81.02	92.04	90.82	92.16	91.48	91.20	91.40	92.08	**92.40**
		60%	83.67	92.44	91.32	92.80	91.89	90.80	91.78	92.38	**92.80**
		80%	84.81	92.53	91.89	92.34	92.38	91.73	91.80	92.53	**93.08**
	Micro-F1	20%	79.37	92.73	91.53	92.69	91.71	91.96	92.05	92.99	**93.11**
		40%	82.73	93.07	92.03	93.18	92.31	92.16	92.38	93.00	**93.30**
		60%	85.27	93.39	92.48	93.70	92.62	91.84	92.69	93.31	**93.70**
		80%	86.26	93.44	92.80	93.27	93.09	92.55	92.69	93.29	**93.99**
IMDB	Macro-F1	20%	40.72	32.10	41.16	41.65	45.73	49.44	49.78	**50.87**	50.00
		40%	45.19	31.94	44.22	43.86	48.01	50.64	52.11	50.85	**52.71**
		60%	48.13	31.68	45.11	46.27	49.15	51.90	51.73	52.09	**54.24**
		80%	50.35	32.06	45.15	47.64	51.81	52.99	52.66	51.60	**54.38**
	Micro-F1	20%	46.38	35.28	45.65	45.81	49.78	55.28	54.17	55.01	**55.73**
		40%	49.99	35.47	48.24	47.59	51.71	55.91	56.39	55.15	**57.97**
		60%	52.21	35.64	49.09	49.88	52.29	56.44	56.09	56.66	**58.32**
		80%	54.33	35.59	48.81	50.99	54.61	56.97	56.38	56.49	**58.51**

从表 4-1中可以看出：HAN 模型在所有数据集上都获得了最佳的表现。相对于同质图表示学习算法，异质图表示学习算法建模了图的异质性，因而通常表现较好。相对

于 metapath2vec，ESim 充分考虑了多个元路径的语义信息并进行了加权融合，进而取得了比较好的效果。总的来说，图神经网络（如 GCN 和 GAT）能够综合考虑属性信息和结构信息，其表现通常优于只能捕获图结构信息的传统图表示学习算法。相对于简单的邻居平均模型（如 DeepWalk 和 GCN），GAT 和 HAN 能够在信息聚合的过程中考虑邻居的重要性，进而可以有效提升节点表示的效果。相对于 GAT，HAN 充分考虑了多个元路径所反映的丰富语义。因此，HAN 所学习到的节点表示更加全面也更具有区分度。去除节点级注意力（HAN_{nd}）或语义级注意力（HAN_{sem}）之后，HAN 模型表现出现不同程度的下降。这表明节点和语义级注意力建模的必要性和有效性。需要注意的是，在 ACM 和 IMDB 上，HAN 的提升幅度更加显著。这是由于在 DBLP 数据集上，APCPA 远比剩下的元路径重要。所以即使 HAN 模型能够融合多个元路径，但是由于 APTPA 和 APA 并没有提供有效性信息，其提升幅度并不明显。综上，HAN 的表现说明了建模节点级注意力与语义级注意力的必要性。

3. 层次注意力分析

HAN 的核心设计在于层次注意力机制及相应的层次聚合过程，其充分考虑节点邻居和元路径的重要性来学习节点表示。为了更好地理解 HAN，本小节将详细分析层次注意力机制所学习到的节点级注意力权重 α_{ij}^{Φ} 和语义级注意力权重 β_{Φ_i}，并尝试对节点表示结果进行解释。

节点级注意力分析   这里以 ACM 数据集上的论文 P831[⊖]为例来分析节点级注意力。给定描述共同作者关系的元路径（Paper-Author-Paper），论文 P831 的元路径邻居及相应的注意力权重系数如图 4-4所示。可以看出，P831 的邻居 P699[⊖]和 P133[⊜]都属于数据挖掘领域，与 P831 的研究领域相同。其邻居也包括 P2384[⑭]和 P2328[⑮]。但是，P2384 和 P2328 都属于数据库领域，与 P831 的研究领域不同。P831 的邻居还包括 P1973[⑯]。但是，P1973 属于无线通信领域，显著不同于数据挖掘领域。从图 4-4b 可以发现，在节点级别，论文 P831 获得了最高的注意力权重系数，这意味着节点自身的信息在学习表示时扮演了最重要的角色。这是由于邻居所提供的信息通常来说只能认为是一种补充信息，节点自身所拥有的信息才是最有价值的。除了节点自身外，P699 和 P133 均获得了较大的注意力权重。这是由于论文 P699 和 P133 与 P831 同属于数

⊖ Xintao Wu, Daniel Barbara, Yong Ye. Screening and Interpreting Multi-item Associations Based on Log-linear Modeling, KDD'03。

⊖ Xintao Wu, Jianpin Fan, Kalpathi Subramanian. B-EM: a classifier incorporating bootstrap with EM approach for data mining, KDD'02。

⊜ Daniel Barbara, Carlotta Domeniconi, James P. Rogers. Detecting outliers using transduction and statistical testing, KDD'06。

⑭ Walid G. Aref, Daniel Barbara, Padmavathi Vallabhaneni. The Handwritten Trie: Indexing Electronic Ink, SIGMOD'95。

⑮ Daniel Barbara, Tomasz Imielinski. Sleepers and Workaholics: Caching Strategies in Mobile Environments, VLDB'95。

⑯ Hector Garcia-Holina, Daniel Barbara. The cost of data replication, SIGCOMM'81。

据挖掘领域，因而对于预测论文 P831 的研究领域做出了较大的贡献。剩下的邻居的权重系数都较小，这是因为它们并不属于数据挖掘领域，从而无法判断对论文 P831 的研究领域预测是否能做出有效的贡献。但是，数据库与数据挖掘都是与数据相关的研究领域。因此即使 P2384 和 P2328 与 P831 的研究领域不同，其注意力权重系数也相对较高。最后，P1973 所在的无线通信领域与数据挖掘领域相去较远，因此其注意力权重系数最低。综上，节点级注意力能够判别出不同元路径邻居的重要性并指派较高的权重给一些有意义的邻居。

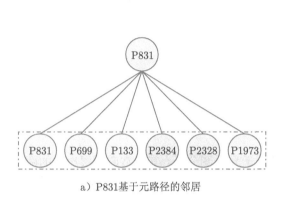

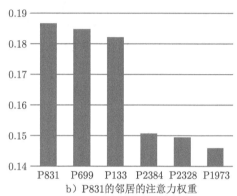

a）P831基于元路径的邻居　　　　b）P831的邻居的注意力权重

图 4-4　节点级别注意力分析

语义级注意力分析　正如前面所提到的，HAN 模型能够针对特定任务来学习不同元路径的重要性，并进行加权融合。为了验证语义级注意力的有效性，这里在 DBLP 和 ACM 数据集测试单个元路径的聚类结果（NMI）并展示了相应的注意力权重。如图 4-5所示，单个元路径的聚类表现和其注意力权重系数有很强的正相关性。在 DBLP 数据集上，HAN 模型赋予了 APCPA 最大的权重，意味着其认为 APCPA 是在判断作者研究领域时最有效的元路径。这是由于作者的研究领域与其所投稿的会议高度相关。例如，自然语言处理的研究者通常会投递论文到 ACL 或者 EMNLP 上，而数据挖掘的

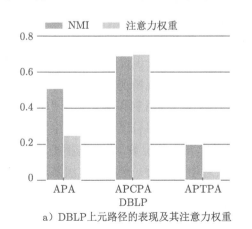

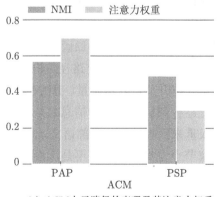

a）DBLP上元路径的表现及其注意力权重　　　b）ACM上元路径的表现及其注意力权重

图 4-5　语义级注意力分析

研究者通常会投递论文到 KDD 或者 WWW 上。另一方面，APA 对于判断作者的研究领域作用较小。因此，如果将所有的元路径都同样对待（即：HAN_{sem}），那么模型的表现会大幅度下降。基于上述元路径注意力权重系数分析可以发现：元路径 APCPA 是比 APA 和 APTPA 更有效的元路径。所以，即使 HAN 模型能够融合多个元路径提供的丰富语义，由于 APA 和 APTPA 没有提供足够的有用信息，HAN 在 DBLP 数据集上的表现没有像在 ACM 和 IMDB 数据集上显著提升。ACM 数据集上有类似的结论：HAN 赋予了最大的权重给 PAP。但是由于 PAP 和 PSP 的差异不是很大，HAN_{sem} 通过简单的平均操作就可以达到很好的效果。综上，语义级注意力能够自动地学习不同元路径的差异并赋予合适的权重给它们。

更详细的方法描述和实验验证可参见文献 [32]。

4.3　异质图传播网络

4.3.1　概述

最近，一些异质图神经网络[32, 11, 35] 被用于异质图分析，其通常遵循层次化的两步聚合：在节点级别聚合单个元路径的邻居，然后在语义级别聚合多条元路径的丰富语义。尽管异质图神经网络能够捕获图上的异质结构与丰富语义，当实际应用异质图神经网络时，随着模型层数的加深，异质图神经网络的效果会出现大幅度下降。本研究首次发现了上述退化现象，并将其命名为语义混淆 (Semantic Confusion)。图 4-6展示了 1~5 层 HAN 模型在 ACM 数据集上的聚类和可视化实验的结果。可以看出，随着模型层数的增加，异质图神经网络（如 HAN）的表现变得越来越差。1 层 HAN 模型能够学习到具有区分度的论文表示，而 5 层的 HAN 模型所学习到的论文表示已经变得不可区分。

语义混淆现象使得异质图神经网络很难成为一个真正意义上的深度模型，这严重地限制了其表示能力，并影响了下游任务的效果。如何缓解语义混淆现象并构建一个深度架构的异质图神经网络是目前迫切需要解决的问题。

本节首先证明异质图神经网络和多元路径随机游走[20] 的等价性，并从理论角度解释语义混淆现象发生的原因。基于上述分析，本研究进一步设计了异质图传播网络（HPN），从带重启的多元路径随机游走的角度来缓解语义混淆现象，进而捕获高阶语义信息并提升节点表示质量。HPN 模型主要包含语义传播机制和语义融合机制。除了聚合元路径邻居所提供的信息之外，语义传播机制在多跳邻居聚合的过程中以一个合适的权重来吸收节点的局部语义。所以，即使堆叠非常多的层数，语义传播机制仍然能够保留节点自身特性，而不是淹没在海量邻居信息中，进而一定程度地缓解语义混淆现象。另一方面，语义融合机制旨在学习多个元路径的重要性并针对特定任务对其进行加权融合。4 个真实异质图上的实验充分证明了深度架构的 HPN 模型能够有效缓解语义混淆现象并捕获图上的高阶语义信息。不同元路径的多层传播特性和权重系数也进一步解释了 HPN 的预测结果。

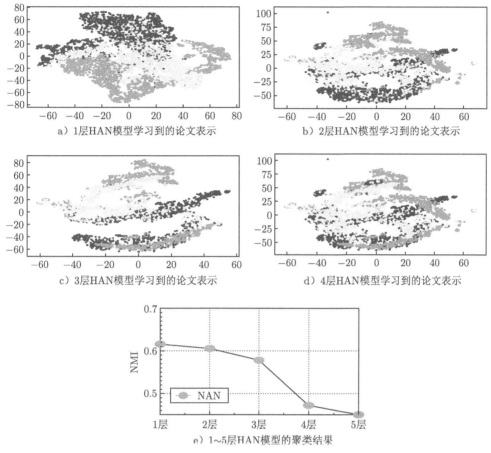

图 4-6 不同层数 HAN 的聚类结果及所学到的论文表示。每个点代表一篇论文,其颜色代表研究领域。随着模型层数的增加,语义混淆现象逐渐出现,即:节点表示变的不可区分。例如,1 层 HAN 所学习到的不同领域的论文表示分散在不同位置,4 层 HAN 却将其混淆在一起(见彩插)

4.3.2 语义混淆分析

本小节首先回顾异质图神经网络的层次聚合模式,并分析和证明其与多元路径随机游走的等价性。基于上述分析,HPN 从多元路径随机游走极限分布的角度来解释深度异质图神经网络中的语义混淆现象。

1. 异质图神经网络

如图 4-3所示,异质图神经网络(如 HAN)通常从多个元路径来聚合信息,并且同时在节点级别和语义级别更新节点的表示。特别地,如图 4-3a 所示,给定一个元路径 Φ_1 和一个节点 i,HAN 中的节点级注意力能够聚合节点 i 基于元路径 Φ_1 的邻居 $\{1,2,3,4\}$(考虑相应的注意力权重 $\{\alpha_{i1}^{\Phi_1}, \alpha_{i2}^{\Phi_1}, \alpha_{i3}^{\Phi_1}, \alpha_{i4}^{\Phi_1}\}$)来学习特定语义下的节点 i

的表示 $\boldsymbol{z}_i^{\Phi_1}$。给定一个元路径 Φ，节点级别的聚合如下所示：

$$
\begin{aligned}
\boldsymbol{Z}^{\Phi,0} &= \boldsymbol{X} \\
\boldsymbol{Z}^{\Phi,1} &= \sigma\left(\boldsymbol{\alpha}^{\Phi,0} \cdot \boldsymbol{Z}^{\Phi,0}\right) \\
&\cdots \\
\boldsymbol{Z}^{\Phi} = \boldsymbol{Z}^{\Phi,k} &= \sigma\left(\boldsymbol{\alpha}^{\Phi,k-1} \cdot \boldsymbol{Z}^{\Phi,k-1}\right)
\end{aligned}
\tag{4.11}
$$

其中，$\boldsymbol{X}$ 表示节点特征矩阵（第 i 行代表第 i 个节点的特征表示），σ 代表非线性激活函数，$\boldsymbol{\alpha}^{\Phi,k}$ 的每个元素 $\alpha_{ij}^{\Phi,k}$ 代表第 k 层节点级注意力所学习到的元路径邻居对 (i,j) 的注意力权重系数。需要注意，$\boldsymbol{\alpha}^{\Phi,k}$ 是一个行归一化的概率矩阵，$\boldsymbol{Z}^{\Phi,k}$ 代表第 k 层节点级注意力学习到的节点表示（第 i 行对应第 i 个节点的表示）。如图 4-3b 所示，给定一个节点 i 和一组元路径 $\{\Phi_1,\Phi_2,\cdots,\Phi_P\}$，语义级注意力可以融合 P 组特定语义的节点表示 $\left\{\boldsymbol{z}_i^{\Phi_1},\cdots,\boldsymbol{z}_i^{\Phi_P}\right\}$（考虑相应的元路径权重 $\{\beta_{\Phi_1},\cdots,\beta_{\Phi_P}\}$）来得到节点 i 的最终表示 $\boldsymbol{z}_i$，如下所示：

$$
\boldsymbol{Z} = \sum_{p=1}^{P} \beta_{\Phi_p} \boldsymbol{Z}^{\Phi_p}
\tag{4.12}
$$

其中，$\boldsymbol{Z}$ 代表最终的节点表示。综上，异质图神经网络能够通过节点级和语义级的聚合操作将丰富的语义信息注入节点表示中。

2. 多元路径随机游走与异质图神经网络的联系

作为一种经典的异质图分析算法，多元路径随机游走[20] 主要包括 2 个部分：单元路径随机游走和多元路径混合。给定元路径 Φ，可以得到相应的转移概率矩阵 $\boldsymbol{M}^{\Phi}$，其元素 M_{ij}^{Φ} 代表了节点 i 基于元路径 Φ 转移到节点 j 的概率。k 步单元路径随机游走定义如下：

$$
\boldsymbol{\pi}^{\Phi,k} = \boldsymbol{M}^{\Phi} \cdot \boldsymbol{\pi}^{\Phi,k-1}
\tag{4.13}
$$

其中，$\boldsymbol{\pi}^{\Phi,k}$ 代表 k 步单元路径随机游走的分布。考虑一组元路径 $\{\Phi_1,\Phi_2,\cdots,\Phi_P\}$ 和其权重 $\{w_{\Phi_1},w_{\Phi_2},\cdots,w_{\Phi_P}\}$，$k$ 步多元路径随机游走定义如下：

$$
\boldsymbol{\pi}^{k} = \sum_{p=1}^{P} w_{\Phi_p} \boldsymbol{\pi}^{\Phi_p,k}
\tag{4.14}
$$

其中，$\boldsymbol{\pi}^{k}$ 代表 k 步多元路径随机游走的分布。对于 k 步单元路径随机游走，有如下定理：

定理 1 假设异质图是非周期且不可约的，如果 $k \to \infty$，那么 k 步元路径随机游走将会收敛到一个元路径特定的极限分布 $\boldsymbol{\pi}^{\Phi,\mathrm{lim}}$，其独立于图上所有节点：

$$
\boldsymbol{\pi}^{\Phi,\mathrm{lim}} = \boldsymbol{M}^{\Phi} \cdot \boldsymbol{\pi}^{\Phi,\mathrm{lim}}
\tag{4.15}
$$

图上以任意关系相互连接的节点都会对彼此造成一定的潜在影响。文献 [16] 证明了节点之间的影响力分布实际是正比于随机游走极限分布的，如下所示：

定理 2[16]　对于同质图上的任何聚合模型（如图神经网络），如果图是不可约且非周期的，那么节点 i 的影响力分布 I_i 在期望上等价于 k 步随机游走极限分布。

联合定理 1 和定理 2，有如下结论：单个元路径随机游走所揭示的影响力分布实际是独立于图上的节点的。对比公式 (4.11) 和公式 (4.13) 可以发现：两者都在沿着元路径 Φ 聚合或者传播信息。唯一的差异在于 $\boldsymbol{\alpha}^{\Phi,k}$ 是一个节点级注意力中可学习的参数矩阵，而 $\boldsymbol{M}^{\Phi}$ 是一个预先指定的概率矩阵。因为 $\boldsymbol{M}^{\Phi}$ 和 $\boldsymbol{\alpha}^{\Phi,k}$ 都是概率矩阵，它们实际上都是元路径相关的马尔可夫链。当激活函数是一个线性激活函数时，异质图神经网络中的节点级别聚合本质上等价于基于元路径的随机游走。基于上述分析可以得到如下结论：如果将节点级别的聚合堆叠无限多层，那么所学习到的节点表示 $\boldsymbol{Z}^{\Phi}$ 将仅受到元路径 Φ 的影响，因而是独立于每个节点的。最终所学到的节点表示无法捕获每个节点的特点，即节点表示无法区分不同节点的特性。

类似地，对于 k 步多元路径随机游走，有如下定理：

定理 3　假定 k 步单元路径随机游走是相互独立的，如果 $k \to \infty$，那么 k 步多元路径随机游走极限分布实际上是多个单元路径随机游走极限分布的加权混合，如下所示：

$$\boldsymbol{\pi}^{\text{lim}} = \sum_{p=1}^{P} w_{\Phi_p} \boldsymbol{\pi}^{\Phi_p,\text{lim}} \tag{4.16}$$

联合定理 2 和 3，有如下结论：多元路径随机游走极限分布的影响力分布仍然是独立于节点的（即使不同的节点通过多种元路径相连）。对比公式 (4.12) 和公式 (4.14)，可以发现它们实际上都涉及多个元路径的加权混合。唯一的差异在于，HAN 是利用注意力机制来学习元路径的权重 β_{Φ_p}，而多元路径随机游走是基于预先手动指定的权重 w_{Φ_p} 来进行元路径的混合。节点级别的聚合通过单条元路径所学习到的节点表示无法捕获每个节点自身的特点，因而变得无法区分。在语义级别的聚合中，异质图神经网络基于语义特定的注意力权重来融合多个元路径指导下的多个节点表示。需要注意的是，这里相应语义的权重是独立于节点的，只和元路径相关。综合考虑上述分析，可以得出结论：通过节点级别和语义级别聚合所学习到的最终节点表示仅和一组元路径有关，与节点自身无关。考虑当前主流的异质图神经网络都遵照上述层次聚合方式，因此在堆叠多层之后，它们都会遇到如下的核心局限，即语义混淆现象。

4.3.3　HPN 模型

1. 语义传播机制

给定一条元路径 Φ，语义传播机制 $\mathcal{P}_{\Phi}$ 首先通过 f_{Φ} 将不同类型的节点投影到同一个语义空间。然后，通过语义聚合函数 g_{Φ} 来聚合不同元路径下的邻居并学习特定语义

下的节点表示 $\boldsymbol{Z}^{\Phi}$，如下所示：

$$\boldsymbol{Z}^{\Phi} = \mathcal{P}_{\Phi}(\boldsymbol{X}) = g_{\Phi}(f_{\Phi}(\boldsymbol{X})) \tag{4.17}$$

其中，$\boldsymbol{X}$ 是节点初始特征，$\boldsymbol{Z}^{\Phi}$ 是元路径 Φ 下的语义表示。为了处理多种不同类型的节点（异质性），语义映射函数 f_{Φ} 首先通过投影操作对节点表示进行空间变换，如下所示：

$$\boldsymbol{H}^{\Phi} = f_{\Phi}(\boldsymbol{X}) = \sigma(\boldsymbol{X} \cdot \boldsymbol{W}^{\Phi} + \boldsymbol{b}^{\Phi}) \tag{4.18}$$

其中，$\boldsymbol{H}^{\Phi}$ 是投影后的节点特征矩阵，$\boldsymbol{W}^{\Phi}$ 和 $\boldsymbol{b}^{\Phi}$ 表示针对元路径 Φ 的权重矩阵和偏置向量。需要注意，$\boldsymbol{H}^{\Phi}$ 实际上是 0 阶的节点表示 $\boldsymbol{Z}^{\Phi,0}$，其反映了每个节点本身的特性。为了减轻多层邻居聚合中的语义混淆现象，语义聚合函数 g_{Φ} 充分考虑了节点自身信息与邻居信息的融合，如下所示：

$$\boldsymbol{Z}^{\Phi,k} = g_{\Phi}(\boldsymbol{Z}^{\Phi,k-1}) = (1-\gamma)\boldsymbol{M}^{\Phi} \cdot \boldsymbol{Z}^{\Phi,k-1} + \gamma \boldsymbol{H}^{\Phi} \tag{4.19}$$

其中，$\boldsymbol{Z}^{\Phi,k}$ 表示通过第 k 层语义传播机制所学习到的节点表示。注意，这里的 $\boldsymbol{H}^{\Phi}$ 反映了节点自身的特性（也可以看作 $\boldsymbol{Z}^{\Phi,0}$），而 $\boldsymbol{M}^{\Phi} \cdot \boldsymbol{Z}^{\Phi,k-1}$ 代表了邻居信息的聚合过程。γ 是一个权重标量，其表明了聚合过程中节点自身信息的重要性。

语义聚合函数有效性   通过建模语义聚合函数 g_{Φ} 和带重启的 k 步元路径随机游走之间的潜在联系，可以证明语义聚合函数 g_{Φ} 是如何减缓语义混淆现象的。针对节点 i 的带重启的 k 步元路径随机游走定义如下：

$$\boldsymbol{\pi}^{\Phi,k}(i) = (1-\gamma)\boldsymbol{M}^{\Phi} \cdot \boldsymbol{\pi}^{\Phi,k-1}(i) + \gamma \boldsymbol{i} \tag{4.20}$$

其中，$\boldsymbol{i}$ 是节点 i 的独热（one-hot）编码，γ 代表重启概率。对于带重启的 k 步元路径随机游走，有如下定理：

定理 4   假设异质图是非周期且不可约的，如果 $k \to \infty$，那么 k 步带重启的元路径随机游走将会收敛到一个与游走的起始节点 i 相关的极限分布 $\boldsymbol{\pi}^{\Phi,\mathrm{lim}}(i)$，如下所示：

$$\boldsymbol{\pi}^{\Phi,\mathrm{lim}}(i) = \gamma(\boldsymbol{I} - (1-\gamma)\boldsymbol{M}^{\Phi})^{-1} \cdot \boldsymbol{i} \tag{4.21}$$

证明：   当 k 趋向于正无穷时有

$$\boldsymbol{\pi}^{\Phi,\mathrm{lim}}(i) = (1-\gamma)\boldsymbol{M}^{\Phi} \cdot \boldsymbol{\pi}^{\Phi,\mathrm{lim}}(i) + \gamma \boldsymbol{i} \tag{4.22}$$

对上式进行求解可以得到：

$$\boldsymbol{\pi}^{\Phi,\mathrm{lim}}(i) = \gamma(\boldsymbol{I} - (1-\gamma)\boldsymbol{M}^{\Phi})^{-1} \cdot \boldsymbol{i} \tag{4.23}$$

很明显，$\boldsymbol{\pi}^{\Phi,\mathrm{lim}}(i)$ 与节点 i 是强相关的。

联合定理 2 和 4，有如下结论：带重启的元路径随机游走所揭示的节点影响力分布实际是和节点自身息息相关的。对比公式 (4.19) 和公式 (4.20)，可以发现：它们都以

权重 γ 的系数强调节点自身的特性。定理 4 说明了语义聚合函数 g_Φ 可以强调节点自身的特性并使得语义特定的节点表示 $\boldsymbol{Z}^{\Phi,k}$ 显著不同于别的节点（即使模型层数取极限 $k \to \infty$）。综上，语义传播机制可以很好地缓解语义混淆现象。

2. 语义融合机制

为了更加全面地描述节点特性，语义融合机制融合了多条元路径来捕获异质图上丰富的语义信息并将其融合到节点表示。直觉上，不同的元路径应该有不同的重要性。因此，需要区分不同元路径的差异并学习不同元路径的权重。

给定一组元路径 $\{\Phi_1, \Phi_2, \cdots, \Phi_P\}$ 和相应的 P 组节点表示 $\{\boldsymbol{Z}^{\Phi_1}, \boldsymbol{Z}^{\Phi_2}, \cdots, \boldsymbol{Z}^{\Phi_P}\}$，语义融合机制 $\mathcal{F}$ 能够学习相应的注意力权重并将其加权融合，得到最终的节点表示 $\boldsymbol{Z}$，如下所示：

$$\boldsymbol{Z} = \mathcal{F}(\boldsymbol{Z}^{\Phi_1}, \boldsymbol{Z}^{\Phi_2}, \cdots, \boldsymbol{Z}^{\Phi_P}) \tag{4.24}$$

为了学习元路径的权重，语义融合机制首先将特定语义下的节点表示投影到同一个空间，然后利用语义融合向量 $\boldsymbol{q}$ 来学习元路径 Φ_p 的重要性 w_{Φ_p}，如下所示：

$$w_{\Phi_p} = \frac{1}{|\mathcal{V}|} \sum_{i \in \mathcal{V}} \boldsymbol{q}^\top \cdot \tanh(\boldsymbol{W} \cdot \boldsymbol{z}_i^{\Phi_p} + \boldsymbol{b}) \tag{4.25}$$

其中，$\boldsymbol{W}$ 和 $\boldsymbol{b}$ 分别代表权重矩阵和偏置向量。注意，它们对于所有的元路径是共享的。对元路径的重要性进行归一化之后，即可得到元路径 Φ_p 的权重 β_{Φ_p}，如下所示：

$$\beta_{\Phi_p} = \frac{\exp(w_{\Phi_p})}{\sum\limits_{p=1}^{P} \exp(w_{\Phi_p})} \tag{4.26}$$

很明显，权重 β_{Φ_p} 越大，元路径 Φ_p 越重要。以所学习到的权重作为融合系数，可以对 P 组节点表示进行加权融合，并得到最终的节点表示 $\boldsymbol{Z}$，如下所示：

$$\boldsymbol{Z} = \sum_{p=1}^{P} \beta_{\Phi_p} \boldsymbol{Z}^{\Phi_p} \tag{4.27}$$

最后，HPN 模型针对特定任务来优化和更新，并学习最终的节点表示。针对半监督节点分类任务，HPN 模型计算交叉熵损失函数来进行优化并更新参数，如下所示：

$$\mathcal{L} = - \sum_{l \in \mathcal{Y}_L} \boldsymbol{Y}_l \cdot \ln(\boldsymbol{Z}_l \cdot \boldsymbol{C}) \tag{4.28}$$

其中，$\boldsymbol{C}$ 是将节点表示映射为标签的投影矩阵，$\mathcal{Y}_L$ 是带标签的节点，$\boldsymbol{Y}_l$ 和 $\boldsymbol{Z}_l$ 分别是节点 l 的标签和表示。

针对无监督节点推荐任务，HPN 模型基于带有负采样的 BPR 损失函数[31] 来进行优化和参数更新，如下所示：

$$\mathcal{L} = - \sum_{(u,v) \in \Omega} \log \sigma\left(\boldsymbol{z}_u^\top \cdot \boldsymbol{z}_v\right) - \sum_{(u,v') \in \Omega^-} \log \sigma\left(-\boldsymbol{z}_u^\top \cdot \boldsymbol{z}_{v'}\right) \tag{4.29}$$

其中，$(u,v) \in \Omega$ 和 $(u,v') \in \Omega^-$ 分别代表观测到的正样本节点对和随机采样的负样本节点对。

4.3.4 实验

1. 实验设置

数据集 本小节在 4 个真实异质图（Yelp$^{\ominus}$、ACM$^{\ominus}$、IMDB$^{\ominus}$和 MovieLens^{⑭}）上进行大量实验。

对比算法 这里选取了多种最新图表示学习算法（如 metapath2vec[3] 和 HERec[27]）和图神经网络（如 GCN[18]、GAT[29]、PPNP[19]、MEIRec[5]、HAN[32]、HGT[12]、MAGNN[7]）作为对比算法。同时，HPN 的 2 个变种模型（HPN$_{\text{pro}}$ 和 HPN$_{\text{fus}}$）也作为对比算法来进一步验证语义传播机制和语义融合机制的有效性。

2. 节点聚类

为了统一对比无监督模型（例如，metapath2vec 和 HERec）和半监督模型（例如，GCN、GAT、PPNP、MEIRec、HGT、MAGNN、HAN 和 HPN），遵照之前文献 [32] 的做法，这里将所有模型所学习到的节点表示取出来，然后利用经典的节点聚类任务来测试它们的有效性。聚类模型为 K-Means 算法，聚类的个数被设置为类别数。聚类结果的评价指标为 NMI 和 ARI。为了消除随机性的影响。表 4-2中汇报的结果为 10 次实验的平均结果。

表 4-2 节点聚类结果 （%）

数据集	评价指标	metapath2vec	HERec	GCN	GAT	PPNP	MEIRec	HAN	HGT	MAGNN	HPN$_{\text{pro}}$	HPN$_{\text{fus}}$	HPN
Yelp	NMI	42.04	0.30	32.58	42.30	40.60	30.09	45.46	47.82	47.56	44.36	12.86	**48.90**
	ARI	38.27	0.41	23.30	41.52	37.72	27.88	41.39	42.91	43.24	42.57	10.54	**44.89**
ACM	NMI	21.22	40.70	51.40	57.29	61.68	61.56	61.56	60.89	64.12	65.60	67.55	**68.21**
	ARI	21.00	37.13	53.01	60.43	65.15	61.46	64.39	59.85	66.29	69.30	71.53	**72.33**
IMDB	NMI	1.20	1.20	5.45	8.45	10.20	11.32	10.87	11.59	11.79	9.45	12.01	**12.31**
	ARI	1.70	1.65	4.40	7.46	8.20	10.40	10.01	9.92	10.32	8.02	12.32	**12.55**

从表 4-2中可以看出，HPN 模型在所有数据集上的表现均明显优于其他对比算法。这证明了缓解语义混淆机制在深度异质图神经网络中的重要性。另一方面，图神经网络算法通常来说会比图表示学习算法效果较好。需要注意的是，HPN$_{\text{pro}}$ 和 HPN$_{\text{fus}}$ 模型出现了不同程度的下降，这意味着语义传播机制和语义融合机制都对 HPN 的有效

⊖ https://www.yelp.com。

⊜ http://dl.acm.org/。

⊜ https://www.kaggle.com/carolzhangdc/imdb-5000-movie-dataset。

⑭ https://grouplens.org/datasets/movielens/。

性作出了贡献。综上，HPN 模型可以传播和融合语义信息并且显著提升节点表示的区分度。

3. 鲁棒性实验

HPN 模型的一个显著特点就是其设计的语义传播机制能够减缓语义混淆现象，并构建一个深度异质图神经网络。对比之前的异质图神经网络（如 HAN），HPN 模型能够堆叠更多的层数并且学习更具有代表性的节点表示。为了展示 HPN 中语义传播机制的优越性，图 4-7 展示了 1~5 层 HAN 和 HPN 模型在 ACM、IMDB 和 Yelp 数据集上的表现。

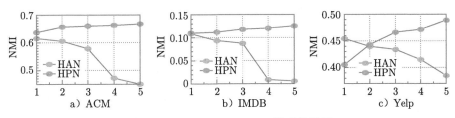

图 4-7　1~5 层 HAN/HPN 模型的效果

从图 4-7 中可以发现：随着模型层数的增加，HAN 的表现变得越来越差，而 HPN 的表现越来越好。回顾前面章节所进行的理论分析，这种现象就是语义混淆，其导致了现存的异质图神经网络（如 HAN）出现模型退化现象。很明显，语义混淆现象使得异质图神经网络很难成为一个真正的深度模型，这严重限制了其表示能力，也降低了后续数据挖掘任务的表现。与此相反，随着模型层数的增加，HPN 模型的表现变得越来越好。这意味着语义传播机制能够高效减缓语义混淆现象，所以即使 HPN 堆叠非常多的层数，其学习到的节点表示仍然是可以区分的。综上，相对于现存的异质图神经网络（如 HAN），HPN 能够捕获高阶语义信息并学习更具有表示性的节点表示。

算法相关细节描述和实验论证参见文献 [13]。

4.4　异质图结构学习

4.4.1　概述

大多数 HGNN 遵循一种消息传递机制，其中节点嵌入是通过聚合和转换其原始邻居信息[36, 39, 9] 或基于元路径的邻居信息[32, 35, 12, 7] 来学习的。这些方法依赖于一个基本假设，即原始异质图结构良好。然而，由于异质图通常是通过一些预先定义的规则从复杂的交互系统中提取出来的，这种假设并不总是能满足，原因之一是这些交互系统不可避免地包含一些不确定信息或错误。以推荐系统中的用户–物品图为例，用户可能会误点一些不需要的物品，从而给图结构带来噪声信息。另一个原因是，提取异质图通常需要数据清洗、特征提取和特征转换等技术，这些操作往往与下游任务无关，导致所得图与下游任务的最优图结构之间存在差距。因此，如何学习最优的异质图是 HGNN 的基本问题之一。

最近，为自适应地学习 GNN 的图结构，出现了图结构学习（GSL）方法[6, 14, 2, 15, 30]。其中，大部分算法都是对邻接矩阵进行参数化，并基于下游任务将其与 GNN 参数一起优化。然而，这些方法都是针对同质图设计的，不能直接应用于异质图，主要存在以下挑战：1）异质图的异质性。当学习只有一种关系的同质图时，通常只需要参数化一个邻接矩阵。然而，异质图由多种关系组成，每种关系反映了异质图的一个方面。统一处理这些异质关系，必然会限制图结构学习的能力。因此，如何处理这种异质性是一个具有挑战性的问题。2）异质图中的复杂交互作用。不同的关系和节点特征之间存在着复杂交互，这就导致了不同类型底层图结构的形成[37]。此外，不同关系的组合进一步形成了大量语义各异的高阶关系，这也意味着不同的图生成方式。异质图结构会受到这些因素的影响，因此在异质图结构学习中必须充分考虑这些复杂的交互作用。

在本节中，我们将介绍一项有趣的工作——异质图结构学习模型（HGSL），它首次尝试研究异质图神经网络的图结构学习问题，通过联合学习异质图和 GNN 参数以获得更好的节点分类性能。特别地，HGSL 在图学习部分，分别对每个关系子图进行学习。对于每一种关系，通过从异质节点特征和图结构中挖掘复杂关联，生成三种候选图，即特征相似图、特征传播图和语义图，并将这些候选图进一步融合成一个异质图馈送给 GNN。最终，图结构学习参数和 GNN 参数联合优化以达到分类目标。

4.4.2　HGSL 模型

在本节中，我们将介绍一些基本概念并形式化异质图结构学习（HGSL）问题。

定义 1　节点关系三元组　节点关系三元组 $\langle v_i, r, v_j \rangle$ 描述两个节点 v_i（头节点）和 v_j（尾节点）通过关系 $r \in \mathcal{R}$ 相连。进一步地，定义类型映射函数 $\phi_h, \phi_t : \mathcal{R} \to \mathcal{T}$ 将关系分别映射到其头节点类型和尾节点类型。

例子 1　在用户-物品异质图中，假设 $r =$ "UI"（用户购买了一件物品），则有 $\phi_h(r) =$ "User" 和 $\phi_t(r) =$ "Item"。

定义 2　关系子图　给定异质图 $G = (V, E, \mathcal{F})$，关系子图 G_r 是 G 的子图，它包含所有具有关系 r 的节点关系三元组。G_r 的邻接矩阵为 $\boldsymbol{A}_r \in \mathbb{R}^{|V_{\phi_h(r)}| \times |V_{\phi_t(r)}|}$。其中，如果 $\langle v_i, r, v_j \rangle$ 在 G_r 中，$\boldsymbol{A}_r[i, j] = 1$，否则 $\boldsymbol{A}_r[i, j] = 0$。$\mathcal{A}$ 表示 G 中所有关系子图的集合，即 $\mathcal{A} = \{\boldsymbol{A}_r, r \in \mathcal{R}\}$。

定义 3　异质图结构学习　给定异质图 G，异质图结构学习的任务是基于下游任务共同学习异质图结构（即新的关系子图集 $\mathcal{A}'$）和 GNN 参数。

1. 模型框架

图 4-8a 展示了 HGSL 的框架。可以看到，给定一个异质图，HGSL 首先基于 M 条元路径的节点嵌入来构造语义嵌入矩阵 $\boldsymbol{Z}$，然后对异质图结构和 GNN 参数进行联合

训练。对于图学习部分，HGSL 将原始关系子图、节点特征和语义嵌入作为输入，并分别生成关系子图。具体地，以关系 r_1 为例，HGSL 学习特征图 $\boldsymbol{S}_{r_1}^{\mathrm{Feat}}$ 和语义图 $\boldsymbol{S}_{r_1}^{\mathrm{Sem}}$，并将其与原始图 $\boldsymbol{A}_{r_1}$ 融合得到学习的关系子图 $\boldsymbol{A}_{r_1}'$。随后，将学习到的子图输入到 GNN 和正则项中，以进行具有正则化的节点分类。通过最小化分类损失，HGSL 共同优化图结构和 GNN 参数。

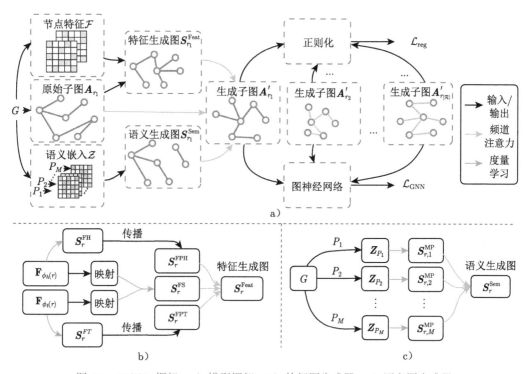

图 4-8　HGSL 框架。a）模型框架；b）特征图生成器；c）语义图生成器

2. 特征图生成器

由于原始图对于下游任务可能不是最佳的，因此自然的想法是通过充分利用异质节点特征内部的丰富信息来增强原始图的结构。通常，有两个因素会影响基于特征的图结构的形成。一个是节点特征间的相似性，另一个是异质图中节点特征与关系间的关系[33]。如图 4-8b 所示，首先生成一个特征相似度图，该特征相似度图通过异质特征投影和度量学习捕获由节点特征生成的潜在关系。然后，通过拓扑结构传播特征相似度矩阵来生成特征传播图。最后，将生成的特征相似度图和特征传播图通过通道注意力层聚合为最终的特征图。

　　特征相似图　特征相似度图 $\boldsymbol{S}_r^{\mathrm{FS}}$ 基于节点特征确定两个节点间存在 $r \in \mathcal{R}$ 类型边的可能性。具体地，对于具有特征 $\boldsymbol{f}_i \in \mathbb{R}^{1 \times d_{\phi(v_i)}}$ 的类型 $\phi(v_i)$ 的每个节点 v_i，利用特定类型的映射层将特征 $\boldsymbol{f}_i$ 投影到 d_c 维公共特征 $\boldsymbol{f}_i' \in \mathbb{R}^{1 \times d_c}$：

$$\boldsymbol{f}_i' = \sigma\left(\boldsymbol{f}_i \cdot \boldsymbol{W}_{\phi(v_i)} + \boldsymbol{b}_{\phi(v_i)}\right) \tag{4.30}$$

其中，$\sigma(\cdot)$ 表示非线性激活函数，$\boldsymbol{W}_{\phi(v_i)} \in \mathbb{R}^{d_{\phi(v_i)} \times d_c}$ 和 $\boldsymbol{b}_{\phi(v_i)} \in \mathbb{R}^{1 \times d_c}$ 分别表示类型 $\phi(v_i)$ 的映射矩阵和偏置向量。针对关系 r，对公共特征进行度量学习，并得到特征相似度图 $\boldsymbol{S}_r^{\mathrm{FS}} \in \mathbb{R}^{|V_{\phi_h(r)}| \times |V_{\phi_t(r)}|}$，其中节点 v_i 和 v_j 间的边通过以下方式获得：

$$\boldsymbol{S}_r^{\mathrm{FS}}[i,j] = \begin{cases} \Gamma_r^{\mathrm{FS}}(\boldsymbol{f}_i', \boldsymbol{f}_j') & \Gamma_r^{\mathrm{FS}}(\boldsymbol{f}_i', \boldsymbol{f}_j') \geqslant \epsilon^{\mathrm{FS}} \\ 0 & \text{否则} \end{cases} \qquad (4.31)$$

其中 $\epsilon^{\mathrm{FS}} \in [0,1]$ 是控制特征相似度图稀疏性的阈值，较大的 ϵ^{FS} 意味着特征相似度图更为稀疏。Γ_r^{FS} 是 K 头加权余弦相似度，定义为：

$$\Gamma_r^{\mathrm{FS}}(\boldsymbol{f}_i', \boldsymbol{f}_j') = \frac{1}{K} \sum_k^K \cos \left(\boldsymbol{w}_{k,r}^{\mathrm{FS}} \odot \boldsymbol{f}_i', \boldsymbol{w}_{k,r}^{\mathrm{FS}} \odot \boldsymbol{f}_j' \right) \qquad (4.32)$$

其中 $\odot$ 表示哈达玛乘积，而 $\boldsymbol{W}_r^{\mathrm{FS}} = [\boldsymbol{w}_r^{\mathrm{FS}}]$ 是可学习的参数矩阵，用于衡量特征向量不同维度的重要性。通过利用公式 (4.32) 进行度量学习，并设阈值 ϵ^{FS} 剔除特征相似度很小的边，HGSL 学习到候选特征相似度图 $\boldsymbol{S}_r^{\mathrm{FS}}$。

特征传播图   特征传播图是由节点特征和拓扑结构间的交互作用生成的基础图结构。关键在于具有相似特征的两个节点可能具有相似的邻居。因此，生成特征传播图的过程分两步：首先，生成特征相似度图，即找到相似节点；然后，通过拓扑结构传播特征相似度图以产生新的边，即找到具有相似特征的节点的邻居。

具体来说，对于每个关系 r，假定有两种类型的节点 $V_{\phi_h(r)}$ 和 $V_{\phi_t(r)}$，它们间的拓扑结构是 $\boldsymbol{A}_r \in \mathbb{R}^{|V_{\phi_h(r)}| \times |V_{\phi_t(r)}|}$。对于具有相同类型 $\phi_h(r)$ 的节点 $v_i, v_j \in V_{\phi_h(r)}$，可以获得特征相似度：

$$\boldsymbol{S}_r^{\mathrm{FH}}[i,j] = \begin{cases} \Gamma_r^{\mathrm{FH}}(\boldsymbol{f}_i, \boldsymbol{f}_j) & \Gamma_r^{\mathrm{FH}}(\boldsymbol{f}_i, \boldsymbol{f}_j) \geqslant \epsilon^{\mathrm{FP}} \\ 0 & \text{否则} \end{cases} \qquad (4.33)$$

其中阈值 ϵ^{FP} 控制特征传播图 $\boldsymbol{S}_r^{\mathrm{FH}}$ 的稀疏性，Γ_r^{FH} 是类似公式 (4.32) 中具有不同参数 $\boldsymbol{W}_r^{\mathrm{FH}}$ 的度量学习函数。然后可以利用 $\boldsymbol{S}_r^{\mathrm{FH}}$ 和 $\boldsymbol{A}_r$ 对特征传播图 $\boldsymbol{S}_r^{\mathrm{FPH}} \in \mathbb{R}^{|V_{\phi_h(r)}| \times |V_{\phi_t(r)}|}$ 进行建模，如下所示：

$$\boldsymbol{S}_r^{\mathrm{FPH}} = \boldsymbol{S}_r^{\mathrm{FH}} \boldsymbol{A}_r \qquad (4.34)$$

特征相似度通过原始图拓扑结构传播，并进一步生成潜在的特征传播图结构。对于具有相同类型 $\phi_t(r)$ 的节点 $V_{\phi_t(r)}$，类似于公式 (4.33)，可以获得参数 $\boldsymbol{W}_r^{\mathrm{FT}}$ 对应的特征相似度图 $\boldsymbol{S}_r^{\mathrm{FT}}$。因此，可以获得相应的特征传播图 $\boldsymbol{S}_r^{\mathrm{FPT}}$ 如下：

$$\boldsymbol{S}_r^{\mathrm{FPT}} = \boldsymbol{A}_r \boldsymbol{S}_r^{\mathrm{FT}} \qquad (4.35)$$

现在，已经生成了一个特征相似度图 $\boldsymbol{S}_r^{\mathrm{FS}}$ 及两个特征传播图 $\boldsymbol{S}_r^{\mathrm{FPH}}$ 和 $\boldsymbol{S}_r^{\mathrm{FPT}}$。关系 r 的整体特征图 $\boldsymbol{S}_r^{\mathrm{Feat}} \in \mathbb{R}^{|V_{\phi_h(r)}| \times |V_{\phi_t(r)}|}$ 可以通过将这些图经过通道注意力层融合

获得[35]:

$$S_r^{\mathrm{Feat}} = \Psi_r^{\mathrm{Feat}}([S_r^{\mathrm{FS}}, S_r^{\mathrm{FPH}}, S_r^{\mathrm{FPT}}]) \tag{4.36}$$

其中, $[S_r^{\mathrm{FS}}, S_r^{\mathrm{FPH}}, S_r^{\mathrm{FPT}}] \in \mathbb{R}^{|V_{\phi_h(r)}| \times |V_{\phi_t(r)}| \times 3}$ 是特征候选图的堆叠矩阵, Ψ_r^{Feat} 表示具有参数 $W_{\Psi,r}^{\mathrm{Feat}} \in \mathbb{R}^{1 \times 1 \times 3}$ 的通道注意力层, 该通道使用 $\mathrm{softmax}(W_{\Psi,r}^{\mathrm{Feat}})$ 对输入执行 1×1 卷积。通过这种方式, HGSL 学习不同的权重来权衡关系 r 的每个候选特征图的重要性。

3. 语义图生成器

语义图是根据异质图中的高阶拓扑结构生成的, 描述了两个节点间的多跳结构交互。值得注意的是, 在异质图中, 这些高阶关系在不同元路径上的语义彼此不同。有鉴于此, 应该从不同的语义来学习语义图结构。

给定具有关系 $r_1 \circ r_2 \circ \cdots \circ r_l$ 的元路径 P, 生成语义图的一种直接方法就是融合邻接矩阵 $A_{r_1} \cdot A_{r_2} \cdot \cdots \cdot A_{r_l}$ [35]。但是, 该方法不仅要花费大量内存来计算邻接矩阵的多层堆叠, 而且会因舍弃中间节点而导致信息损失[7]。

于是 HGSL 提出了如图 4-8c 所示的语义图生成器。语义图生成器通过对得到的基于元路径的节点嵌入进行度量学习来生成潜在的语义图结构。具体地, 对于具有 M 条元路径的元路径集合 $\mathcal{P} = \{P_1, P_2, \cdots, P_M\}$, HGSL 使用经过训练的 metapath2vec[4] 嵌入表示 $\mathcal{Z} = \{Z_{P_1}, Z_{P_2}, \cdots, Z_{P_M} \in \mathbb{R}^{|V| \times d}\}$ 来生成语义图。由于语义嵌入的训练过程是离线的, 因此大大降低了计算成本和模型复杂度。而且由于异质 skip-gram 的机制, 很好地保留了中间节点信息。

在获得语义嵌入 $\mathcal{Z}$ 后, 对于每条元路径 P_m, HGSL 生成一个候选语义子图 $S_{r,m}^{\mathrm{MP}} \in \mathbb{R}^{|V_{\phi_h(r)}| \times |V_{\phi_t(r)}|}$, 其中每条边的计算公式如下:

$$S_{r,m}^{\mathrm{MP}}[i,j] = \begin{cases} \Gamma_{r,m}^{\mathrm{MP}}(z_i^m, z_j^m) & \Gamma_{r,m}^{\mathrm{MP}}(z_i^m, z_j^m) \geqslant \epsilon^{\mathrm{MP}} \\ 0 & \text{否则} \end{cases} \tag{4.37}$$

其中, z_i^m 代表 Z_{P_m} 的第 i 行, $\Gamma_{r,m}^{\mathrm{MP}}$ 是具有参数 $W_{r,m}^{\mathrm{MP}}$ 的度量学习函数。可以看到, 关系 r 将生成 M 个候选语义子图, 可以通过聚合它们来获得关系 r 的整体语义子图 S_r^{Sem}:

$$S_r^{\mathrm{Sem}} = \Psi_r^{\mathrm{MP}}([S_{r,1}^{\mathrm{MP}}, S_{r,2}^{\mathrm{MP}}, \cdots, S_{r,M}^{\mathrm{MP}}]) \tag{4.38}$$

其中 $[S_{r,1}^{\mathrm{MP}}, S_{r,2}^{\mathrm{MP}}, \cdots, S_{r,M}^{\mathrm{MP}}]$ 是 M 个候选语义图的堆叠矩阵。Ψ_r^{MP} 表示通道注意力层, 其权重矩阵 $W_{\Psi,r}^{\mathrm{MP}} \in \mathbb{R}^{1 \times 1 \times M}$ 代表基于不同元路径的候选图的重要性。聚合得到语义图 S_r^{Sem} 后, 可以将所学的特征图、语义图和原始图结构进行聚合来获得关系 r 的最终图结构 A_r':

$$A_r' = \Psi_r([S_r^{\mathrm{Feat}}, S_r^{\mathrm{Sem}}, A_r]) \tag{4.39}$$

$[S_r^{\mathrm{Feat}}, S_r^{\mathrm{Sem}}, A_r] \in \mathbb{R}^{|V_{\phi_h(r)}| \times |V_{\phi_t(r)}| \times 3}$ 是候选图的堆叠矩阵。Ψ_r 是通道注意力层, 其权重矩阵 $W_{\Psi,r} \in \mathbb{R}^{1 \times 1 \times 3}$ 表示不同候选图在融合得到的整体关系子图 A_r' 中的重要性。对于每个关系 r, 使用新的关系邻接矩阵 A_r' 生成新的异质图结构, 即 $\mathcal{A}' = \{A_r', r \in \mathcal{R}\}$。

4. 优化

本节将说明 HGSL 如何联合优化图结构 $\mathcal{A}'$ 和 GNN 参数以用于下游任务。这里重点聚焦于 GCN[18] 和节点分类任务。请注意，通过学得的图结构 $\mathcal{A}'$，HGSL 可以轻松应用于其他同质或异质 GNN 方法和其他任务。学得的图结构 $\mathcal{A}'$ 上具有参数 $\theta = (\boldsymbol{W}_1, \boldsymbol{W}_2)$，形式化如下：

$$f_\theta(\boldsymbol{X}, \boldsymbol{A}') = \mathrm{softmax}\left(\hat{\boldsymbol{A}}\sigma\left(\hat{\boldsymbol{A}}\boldsymbol{X}\boldsymbol{W}_1\right)\boldsymbol{W}_2\right) \tag{4.40}$$

其中 $\boldsymbol{X}$ 是节点特征矩阵，如果所有特征的维度都相同，$\boldsymbol{X}[i,:] = \boldsymbol{f}_i^{\mathrm{T}}$；否则，使用公共特征构造 $\boldsymbol{X}$，即 $\boldsymbol{X}[i,:] = \boldsymbol{f}_i'^{\mathrm{T}}$。通过将所有节点视为一种类型，可以从学得的异质图 $\mathcal{A}'$ 构造邻接矩阵 $\boldsymbol{A}'$。而 $\hat{\boldsymbol{A}} = \tilde{\boldsymbol{D}}^{-1/2}(\boldsymbol{A}' + \boldsymbol{I})\tilde{\boldsymbol{D}}^{-1/2}$，其中 $\tilde{\boldsymbol{D}}_{ii} = 1 + \sum_j \boldsymbol{A}'_{ij}$。因此，GNN 的分类损失 $\mathcal{L}_{\mathrm{GNN}}$ 如下：

$$\mathcal{L}_{\mathrm{GNN}} = \sum_{v_i \in V_L} \ell\left(f_\theta(\boldsymbol{X}, \boldsymbol{A}')_i, y_i\right) \tag{4.41}$$

其中 $f_\theta(\boldsymbol{X}, \boldsymbol{A}')_i$ 是节点 $v_i \in V_L$ 的预测标签，$\ell(\cdot, \cdot)$ 衡量预测值与真实标签 y_i 间的差异，例如交叉熵。

由于图结构学习方法使原始 GNN 具有更强的适应下游任务的能力，因此将更容易过拟合。HGSL 将正则化项 $\mathcal{L}_{\mathrm{reg}}$ 应用于所得的图，如下所示：

$$\mathcal{L}_{\mathrm{reg}} = \alpha \|\boldsymbol{A}'\|_1 \tag{4.42}$$

该正则项可以促使所得图稀疏。总损失 $\mathcal{L}$ 如下所示：

$$\mathcal{L} = \mathcal{L}_{\mathrm{GNN}} + \mathcal{L}_{\mathrm{reg}} \tag{4.43}$$

通过最小化 $\mathcal{L}$，HGSL 联合优化了异质图结构和 GNN 参数，以实现更好的下游任务性能。

4.4.3　实验

1. 实验设置

数据集　三个真实数据集 Yelp⊖、ACM⊖ 和 DBLP⊖，用于评估模型。

基线方法　HGSL 与 11 种最先进的嵌入方法进行了比较，其中包括 4 种同质图嵌入方法，即 DeepWalk[24]、GCN[18]、GAT[29] 和 GraphSAGE[8]，四种异质图嵌入方法，即 metapath2vec[4]、HAN[32]、HeGAN[10] 和 GTN[10]，以及三种图结构学习方法，即 LDS[6]、Pro-GNN[15] 和 Geom-GCN[22]。

⊖　https://www.yelp.com/。

⊖　http://dl.acm.org/。

⊜　https://dblp.uni-trier.de/。

实验设置 对于所有 GNN 框架下的模型，为了公平起见，将层数设置为 2。所有方法的公共空间中的特征维度 d_c 和嵌入维度 d 分别设置为 16 和 64。对于基线方法，选择文献 [32, 4, 21] 中采用的元路径集合，并报告最佳结果。对于 HGSL，使用公式 (4.32) 中定义的双头余弦相似度函数，即 $K = 2$。将学习率和权重衰减分别设置为 0.01 和 0.0005，其他的超参数 $\varepsilon^{\mathrm{FS}}$、$\varepsilon^{\mathrm{FP}}$、$\varepsilon^{\mathrm{MP}}$ 和 α 通过网格搜索进行调整。

2. 节点分类

为评估 HGSL 在节点分类任务上的性能，选择 Macro-F1 和 Micro-F1 作为评价指标。表 4-3 中显示了百分比下的平均值和标准差，从中可以观察到以下几点：（1）HGSL 具有自适应学习异质图结构的能力，始终优于所有基线方法，从而证明了该模型的有效性。（2）图结构学习方法通常优于原始 GCN，因为它使 GCN 可以从学到的结构中聚合特征。（3）与同质 GNN 相比，由于考虑了异质性，HAN、GTN 和 HGSL 等 HGNN 方法具有更好的性能。（4）由于使用了节点特征，基于 GNN 的方法大多优于基于随机游走的图嵌入方法。Yelp 数据集上的这种现象更明显，因为节点特征（即关键字）有助于对商家类别进行分类。

表 4-3　节点分类的性能评估（平均值（百分比）± 标准差）

	DBLP		ACM		Yelp	
	Macro-F1	Micro-F1	Macro-F1	Micro-F1	Macro-F1	Micro-F1
DeepWalk	88.00 ± 0.47	89.13 ± 0.41	80.65 ± 0.60	80.32 ± 0.61	68.68 ± 0.83	73.16 ± 0.96
GCN	83.38 ± 0.67	84.40 ± 0.64	91.32 ± 0.61	91.22 ± 0.64	82.95 ± 0.43	85.22 ± 0.55
GAT	77.59 ± 0.72	78.63 ± 0.72	92.96 ± 0.28	92.86 ± 0.29	84.35 ± 0.74	86.22 ± 0.56
GraphSAGE	78.37 ± 1.17	79.39 ± 1.17	91.19 ± 0.36	91.12 ± 0.36	93.06 ± 0.35	92.08 ± 0.31
metapath2vec	88.86 ± 0.19	89.98 ± 0.17	78.63 ± 1.11	78.27 ± 1.14	59.47 ± 0.57	65.11 ± 0.53
HAN	90.53 ± 0.24	91.47 ± 0.22	91.67 ± 0.39	91.57 ± 0.38	88.49 ± 1.73	88.78 ± 1.40
HeGAN	87.02 ± 0.37	88.34 ± 0.38	82.04 ± 0.77	81.80 ± 0.79	62.41 ± 0.76	68.17 ± 0.79
GTN	90.42 ± 1.29	91.41 ± 1.09	91.91 ± 0.58	91.78 ± 0.59	92.84 ± 0.28	92.19 ± 0.29
LDS	75.65 ± 0.20	76.63 ± 0.18	92.14 ± 0.16	92.07 ± 0.15	85.05 ± 0.16	86.05 ± 0.50
Pro-GNN	89.20 ± 0.15	90.28 ± 0.16	91.62 ± 1.28	91.55 ± 1.31	74.12 ± 2.03	77.45 ± 2.12
Geom-GCN	79.43 ± 1.01	80.94 ± 1.06	70.20 ± 1.23	70.00 ± 1.06	84.28 ± 0.70	85.36 ± 0.60
HGSL	**91.92 ± 0.11**	**92.77 ± 0.11**	**93.48 ± 0.59**	**93.37 ± 0.59**	**93.55 ± 0.52**	**92.76 ± 0.60**

3. 候选图的重要性分析

为研究 HGSL 是否可以区分候选图的重要性，分析了在三个数据集上融合每个关系子图的通道注意力层的权重分布，即公式 (4.39) 中 Ψ_r 的权重。训练 HGSL 20 次，并将 HGSL 的所有阈值设置为 0.2。注意力分布如图 4-9所示。可以看到，对于 ACM 和 DBLP 而言，原始图结构是基于 GNN 分类中最重要的结构。但是对于 Yelp，不同关系子图的通道注意力值互不相同。具体而言，对于 B-U（商家–用户）和 B-L（商家–评级）关系子图，在图结构学习中为特征图分配较大的通道注意力值。这种现象意味着节点特征中的信息比语义嵌入的信息所起的作用更重要，这与前面的实验结果相吻合，并进一步证明了 HGSL 能够自适应学习通道注意力值以获取更重要的信息。

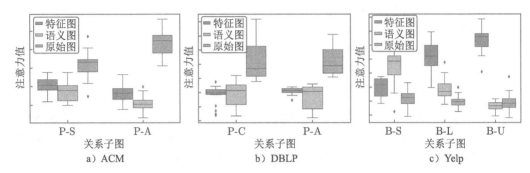

图 4-9　关系子图的通道注意力分布

详细的方法描述和实验验证参见文献 [38]。

4.5　本章小结

在属性辅助的异质图中，不同类型节点的属性在一定程度上反映了节点特征。在本章中，我们介绍了三种属性辅助的异质图表示模型，包括 HAN、HPN 和 HGSL，它们可以同时将结构信息和属性信息嵌入节点表示中。HAN 以节点属性和图结构为输入，学习邻居和元路径的重要性，以分层的方式对其进行聚合。此外，HPN 通过强调每个节点的局部语义，改进了 HAN 中的节点级聚合过程，显著缓解了深度退化现象（即语义混淆）。最后，HGSL 从异质节点特征和图结构中挖掘复杂关联，联合优化 GNN 参数和图结构。

参考文献

[1] Bahdanau, D., Cho, K., Bengio, Y.: Neural machine translation by jointly learning to align and translate. In: International Conference on Learning Representations (2015)

[2] Chen, Y., Wu, L., Zaki, M.J.: Deep iterative and adaptive learning for graph neural networks. Preprint. arXiv:1912.07832 (2019)

[3] Dong, Y., Chawla, N.V., Swami, A.: metapath2vec: Scalable representation learning for heterogeneous networks. In: Proceedings of the 23rd ACM SIGKDD International Conference on Knowledge Discovery and Data Mining, pp. 135-144 (2017)

[4] Dong, Y., Chawla, N.V., Swami, A.: metapath2vec: Scalable representation learning for heterogeneous networks. In: Proceedings of the 23rd ACM SIGKDD International Conference on Knowledge Discovery and Data Mining, pp. 135-144 (2017)

[5] Fan, S., Zhu, J., Han, X., Shi, C., Hu, L., Ma, B., Li, Y.: Metapath-guided heterogeneous graph neural network for intent recommendation. In: Proceedings of the 25th ACM SIGKDD International Conference on Knowledge Discovery & Data Mining, pp. 2478-2486. ACM, New York (2019)

[6] Franceschi, L., Niepert, M., Pontil, M., He, X.: Learning discrete structures for graph neural networks. In: International Conference on Machine Learning, pp. 1972-1982 (2019)

[7] Fu, X., Zhang, J., Meng, Z., King, I.: MAGNN: metapath aggregated graph neural network for heterogeneous graph embedding. In: Proceedings of The Web Conference, pp. 2331-2341 (2020)

[8] Hamilton, W.L., Ying, R., Leskovec, J.: Inductive representation learning on large graphs. In: Proceedings of the 31st International Conference on Neural Information Processing Systems, pp. 1024-1034 (2017)

[9] Hong, H., Guo, H., Lin, Y., Yang, X., Li, Z., Ye, J.: An attention-based graph neural network for heterogeneous structural learning. In: Proceedings of the AAAI Conference on Artificial Intelligence, pp. 4132-4139 (2020)

[10] Hu, B., Fang, Y., Shi, C.: Adversarial learning on heterogeneous information networks. In: Proceedings of the 25th ACM SIGKDD International Conference on Knowledge Discovery & Data Mining, pp. 120-129 (2019)

[11] Hu, L., Yang, T., Shi, C., Ji, H., Li, X.: Heterogeneous graph attention networks for semisupervised short text classification. In: Proceedings of the 2019 Conference on Empirical Methods in Natural Language Processing and the 9th International Joint Conference on Natural Language Processing, pp. 4820-4829 (2019)

[12] Hu, Z., Dong, Y.,Wang, K., Sun, Y.: Heterogeneous graph transformer. In: Proceedings of The Web Conference 2020, pp. 2704-2710 (2020)

[13] Ji, H., Wang, X., Shi, C., Wang, B., Yu, P.: Heterogeneous graph propagation network. IEEE Trans. Knowl. Data Eng. (2021)

[14] Jiang, B., Zhang, Z., Lin, D., Tang, J., Luo, B.: Semi-supervised learning with graph learningconvolutional networks. In: Proceedings of the IEEE/CVF Conference on Computer Vision and Pattern Recognition, pp. 11313-11320 (2019)

[15] Jin, W., Ma, Y., Liu, X., Tang, X., Wang, S., Tang, J.: Graph structure learning for robust graph neural networks. In: Proceedings of the 26th ACM SIGKDD International Conference on Knowledge Discovery & Data Mining, pp. 66-74 (2020)

[16] Keyulu, X., Chengtao, L., Yonglong, T., Tomohiro, S., Ken-ichi, K., Stefanie, J.: Representation learning on graphs with jumping knowledge networks. In: International Conference on Machine Learning, pp. 5453-5462 (2018)

[17] Kingma, D.P., Ba, J.: Adam: a method for stochastic optimization. In: International Conference on Learning Representations (2015)

[18] Kipf, T. N., Welling, M.: Semi-supervised classification with graph convolutional networks. In: International Conference on Learning Representations (2017)

[19] Klicpera, J., Bojchevski, A., Gunnemann, S.: Predict then propagate: graph neural networks meet personalized pagerank. In: International Conference on Learning Representations (2019)

[20] Lee, S., Park, S., Kahng, M., Lee, S.-G.: PathRank: ranking nodes on a heterogeneous graph for flexible hybrid recommender systems. Expert Syst. Appl. **40**(2), 684-697 (2013)

[21] Lu, Y., Shi, C., Hu, L., Liu, Z.: Relation structure-aware heterogeneous information network embedding. In: Proceedings of the AAAI Conference on Artificial Intelligence, pp. 4456-4463 (2019)

[22] Pei, H., Wei, B., Chang, K.C., Lei, Y., Yang, B.: Geom-GCN: geometric graph convolutional networks. In: International Conference on Learning Representations (2020)

[23] Perozzi, B., Al-Rfou, R., Skiena, S.: DeepWalk: online learning of social representations. In: Proceedings of the 20th ACM SIGKDD International Conference on Knowledge Discovery and Data Mining, pp. 701-710 (2014)

[24] Perozzi, B., Al-Rfou, R., Skiena, S.: DeepWalk: online learning of social representations. In: Proceedings of the 20th ACM SIGKDD International Conference on Knowledge Discovery and Data Mining, pp. 701-710 (2014)

[25] Schlichtkrull, M., Kipf, T.N., Bloem, P., van den Berg, R., Titov, I., Welling, M.: Modeling relational data with graph convolutional networks. In: European Semantic Web Conference, pp. 593-607. Springer, Berlin (2018)

[26] Shang, J., Qu, M., Liu, J., Kaplan, L.M., Han, J., Peng, J.: Meta-path guided embedding for similarity search in large-scale heterogeneous information networks. CoRR abs/1610.09769 (2016)

[27] Shi, C., Hu, B., Zhao, W.X., Philip, S.Y.: Heterogeneous information network embedding for recommendation. IEEE Trans. Knowl. Data Eng. **31**(2), 357-370 (2018)

[28] Sun, Y., Han, J., Yan, X., Yu, P.S.,Wu, T.: PathSim: meta path-based top-k similarity search in heterogeneous information networks. VLDB **4**(11), 992-1003 (2011)

[29] Veličković, P., Cucurull, G., Casanova, A., Romero, A., Liò, P., Bengio, Y.: Graph attention networks. In: International Conference on Learning Representations (2018)

[30] Wang, R., Mou, S., Wang, X., Xiao, W., Ju, Q., Shi, C., Xie, X.: Graph structure estimation neural networks. In: Proceedings of the Web Conference 2021, pp. 342–353 (2021)

[31] Wang, X., He, X., Wang, M., Feng, F., Chua, T.-S.: Neural graph collaborative filtering. In: SIGIR' 19: Proceedings of the 42nd International ACM SIGIR Conference on Research and Development in Information Retrieval, pp. 165-174 (2019)

[32] Wang, X., Ji, H., Shi, C., Wang, B., Ye, Y., Cui, P., Yu, P.S.: Heterogeneous graph attention network. In: The World Wide Web Conference, pp. 2022-2032 (2019)

[33] Wang, X., Zhu, M., Bo, D., Cui, P., Shi, C., Pei, J.: AM-GCN: adaptive multi-channel graph convolutional networks. In: Gupta, R., Liu, Y., Tang, J., Prakash, B.A. (eds.) Proceedings of the 26th ACM SIGKDD International Conference on Knowledge Discovery & Data Mining (2020)

[34] Xu, K., Ba, J., Kiros, R., Cho, K., Courville, A., Salakhudinov, R., Zemel, R., Bengio, Y.: Show, attend and tell: neural image caption generation with visual attention. In: International Conference on Machine Learning, pp. 2048-2057 (2015)

[35] Yun, S., Jeong, M., Kim, R., Kang, J., Kim, H.J.: Graph transformer networks. In: Advances in Neural Information Processing Systems, pp. 11960-11970 (2019)

[36] Zhang, C., Song, D., Huang, C., Swami, A., Chawla, N.V.: Heterogeneous graph neural network. In: Proceedings of the 25th ACM SIGKDD International Conference on Knowledge Discovery & Data Mining, pp. 793-803 (2019)

[37] Zhang, C., Swami, A., Chawla, N.V.: SHNE: representation learning for semantic-associated heterogeneous networks. In: Proceedings of the Twelfth ACM International Conference on Web Search and Data Mining, pp. 690-698 (2019)

[38]　Zhao, J., Wang, X., Shi, C., Hu, B., Song, G., Ye, Y.: Heterogeneous graph structure learning for graph neural networks. In: 35th AAAI Conference on Artificial Intelligence (AAAI) (2021)

[39]　Zhao, J., Wang, X., Shi, C., Liu, Z., Ye, Y.: Network schema preserving heterogeneous information network embedding. In: 29th International Joint Conference on Artificial Intelligence, pp. 1366-1372 (2020)

第 5 章

动态异质图表示学习

在真实世界中，图数据通常是通过多个时序异质交互逐渐生成的，蕴含着丰富的语义信息和复杂的动态演化。与传统的静态异质图结构相比，动态异质图不仅表达了图的拓扑结构的变化，而且表达了图的时序演化和多种时间偏好，这表明了动态异质图建模的必要性。本章重点讨论动态演化和异质语义的同时建模，并介绍三种具有代表性的方法，包括通过基于矩阵摄动理论的增量学习处理结构变化的 DyHNE 方法、通过异质序列神经协同过滤处理进化序列的 SHCF 方法和考虑时序异质交互行为的长短期兴趣模型 THIGE。

5.1 简介

现实场景中的异质图通常会随着各种类型的节点和边（如新添加或删除节点或边）的演化而表现出高度的动态性，形成动态异质图或时序异质图，为图表示学习带来了本质的挑战。具体来说，异质交互是随着时间积累的，进而导致图形拓扑的不断变化。此外，交互往往是序列产生的，这表明了相应的兴趣演变。长时间的多种交互累积，既表达了当前需求的演化，又表达了实体的多方面历史习惯。

然而，目前的异质图嵌入方法[37, 42, 16, 6, 3] 无法对结构语义内的动态进行建模，必须在每一个时间步长中进行重复的再训练。一些工作试图将循环神经网络（RNN）[13, 23, 14, 31] 和 Transformer[18, 36, 46] 集成到演化动力学建模中。最近的研究[25, 38, 26] 提出结合短期和长期兴趣来生成细粒度的节点表示。然而，已有的方法基本都只考虑同质的交互，而忽视了实际系统中交互行为的异质性。

本章介绍三种动态异质图表示学习方法，以解决增量学习、时序信息和时序交互方面的挑战。首先提出 DyHNE[26]，其利用矩阵扰动理论来处理时态语义的增量学习。然后设计基于时序感知的异质图神经网络协同过滤模型 SHCF[21] 来建模序列行为的异质演化。最后介绍时序异质图神经网络模型 THIGE[17]，通过时序异质 GNN 对多种类型的长期习惯和短期需求进行融合建模。

5.2 增量学习

5.2.1 概述

异质图通常是由动态边逐步添加组成的。目前的 HG 嵌入方法难以有效地处理动态异质图中复杂的演化过程。基本上，动态异质图嵌入需要仔细考虑两个基本问题：一个问题是如何有效地保持动态异质图的结构和语义。随着异质图的演化，每新增加一个节点，以该节点为中心的局部结构会发生变化，这种变化会通过不同的元路径逐渐传播到所有节点，从而导致全局结构的变化。另一个问题是当异质图随时间变化时，如何有效地更新节点嵌入而不需要对整个异质图进行再训练。对于每个时间步长，重新训练异质图嵌入方法是得到最优嵌入最直接的方法。但显然，这种策略非常耗时，特别是在网络结构变化很小的情况下。在大数据时代，重新训练模型的方式变得不现实。因此，如何保持动态异质图嵌入的结构和语义成为当前一个亟待解决的问题。

本节设计了一种基于元路径的动态异质图嵌入模型 DyHNE，以有效和高效地学习节点嵌入。该模型基于矩阵扰动理论[10] 捕获网络动态演化，通过求解广义特征值问题来学习节点嵌入，并利用特征值扰动来模拟异质图的演化。首先采用元路径增广邻接矩阵来捕获动态异质图的结构和语义。为了捕获异质图的演化，该模型利用多个元路径增广邻接矩阵的扰动，以自然的方式建模异质图的结构和语义的变化。之后，利用特征值扰动理论来整合这些变化，并有效地推导出节点嵌入。

5.2.2 DyHNE 模型

DyHNE 的核心思想是构建一个能够捕获动态异质图中结构和语义的变化的高效体系结构，并且能高效地导出节点嵌入。

为了实现这一点，首先通过引入基于元路径的一阶和二阶邻近性以保持异质图中的结构和语义。如图 5-1 所示，定义了三个基于元路径APA、APCPA和APTPA的增广邻接矩阵并进行权值融合，并在时间 t 处得到融合矩阵 $\boldsymbol{W}^{(t)}$。然后，通过融合矩阵 $\boldsymbol{W}^{(t)}$ 求解广义特征值问题，学习节点嵌入 $\boldsymbol{U}^{(t)}$。随着时间戳从 t 发展到 $t+1$，新的节点和边被添加到网络中（即节点 a_3、p_4 和 (a_3, p_4)、(a_1, p_4)、(p_4, c_2)、(p_4, t_2) 和 (p_4, t_3)），导致元路径增广邻接矩阵发生变化。由于这些矩阵实际上是异质图中结构和语义的实现，自然地，可以通过融合矩阵（即 $\Delta \boldsymbol{W}$）的扰动来捕获结构和语义的变化。

此外，还可以利用矩阵扰动理论对动态异质图的嵌入更新公式进行裁剪，使得 DyHNE 能够有效地导出修改后的嵌入 $\Delta \boldsymbol{U}$，并通过 $\boldsymbol{U}^{(t+1)} = \Delta \boldsymbol{U} + \boldsymbol{U}^{(t)}$ 将网络

嵌入从 $\boldsymbol{U}^{(t)}$ 更新为 $\boldsymbol{U}^{(t+1)}$。

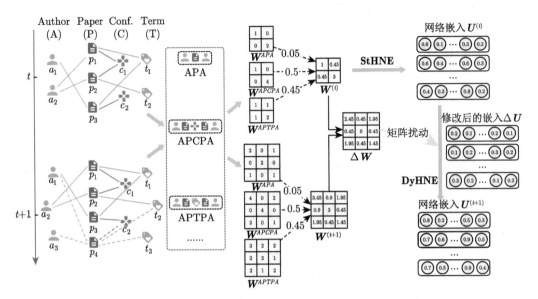

图 5-1   StHNE 和 DyHNE 的总体架构

简言之，静态异质图嵌入模型 StHNE 能够捕获基于元路径的一阶和二阶邻近性的异质图中的结构和语义，动态异质图嵌入模型 DyHNE 通过元路径增广邻接矩阵的扰动实现网络嵌入的高效更新。

1. 静态建模

当异质图随时间变化而变化时，要实现有效的更新节点嵌入，必须有一个合适的静态异质图嵌入来捕获结构和语义信息。因此，本小节提出一个静态异质图嵌入模型 **StHNE**，以保持基于元路径的一阶和二阶结构语义信息。

基于元路径的一阶邻近模型对异质图中的局部邻近性进行建模，这意味着通过路径实例连接的节点是相似的。给定一个节点对 (v_i, v_j)，通过元路径 m 之后的实例连接，将基于元路径的一阶邻近性建模为：

$$p_1^m(v_i, v_j) = w_{ij}^m \|\boldsymbol{u}_i - \boldsymbol{u}_j\|_2^2 \tag{5.1}$$

其中 $\boldsymbol{u}_i \in \mathbb{R}^d$ 是节点 v_i 的 d 维表示向量。为了在异质图中保留基于元路径的一阶近似，可以最小化以下目标函数：

$$\mathcal{L}_1^m = \sum_{v_i, v_j \in \mathcal{V}} w_{ij}^m \|\boldsymbol{u}_i - \boldsymbol{u}_j\|_2^2 \tag{5.2}$$

较大的 w_{ij}^m 表示 v_i 和 v_j 通过元路径 m 有更多的连接，这使得节点 v_i 和 v_j 在低维空间中更接近。

基于元路径的二阶邻近性是通过节点的共享邻域结构确定的。给定元路径 m 下节点 v_p 的邻居，表示为 $\mathcal{N}(v_p)^m$，可以根据元路径对二阶邻近性建模如下：

$$p_2^m(v_p, \mathcal{N}(v_p)^m) = ||\boldsymbol{u}_p - \sum_{v_q \in \mathcal{N}(v_p)^m} w_{pq}^m \boldsymbol{u}_q||_2^2 \tag{5.3}$$

这里，归一化 w_{pq}^m 从而保证 $\sum_{v_q \in \mathcal{N}(v_p)^m} w_{pq} = 1$。

通过公式(5.3)，将节点 p 保持在一个特定元路径下靠近其邻居。公式(5.3)保证如果未连接的节点包含相似的邻居，则它们彼此接近。

为了在异质图中保持基于元路径的二阶邻近性，最小化以下目标函数，即

$$\mathcal{L}_2^m = \sum_{v_p \in \mathcal{V}} ||\boldsymbol{u}_p - \sum_{v_q \in \mathcal{N}(v_p)^m} w_{pq}^m \boldsymbol{u}_q||_2^2 \tag{5.4}$$

直观上，将公式(5.4)最小化会导致低维空间中节点 v_p 与其相邻节点之间的距离变小。因此，与节点 v_p 共享相同邻居的节点也将接近 v_p。这样，基于二阶邻近的元路径就可以被保留下来。考虑异质图中的多重语义关系，定义一组元路径 $\mathcal{M}$，并赋权 $\{\theta_1, \theta_2, \cdots, \theta_{|\mathcal{M}|}\}$ 到每个元路径，其中 $\forall \theta_i > 0$ 且 $\sum_{i=1}^{|\mathcal{M}|} \theta_i = 1$。这样，统一后的模型结合了多个元路径，同时保留了基于元路径的一阶和二阶邻近性，即

$$\mathcal{L} = \sum_{m \in \mathcal{M}} \theta_m (\mathcal{L}_1^m + \gamma \mathcal{L}_2^m) \tag{5.5}$$

其中 γ 是折中系数。因此，静态异质图嵌入问题转化为：

$$\arg \min_{\boldsymbol{U}^\top \boldsymbol{D} \boldsymbol{U} = \boldsymbol{I}} \sum_{m \in \mathcal{M}} \theta_m (\mathcal{L}_1^m + \gamma \mathcal{L}_2^m) \tag{5.6}$$

其中 $\boldsymbol{D}$ 是将在后面描述的度矩阵。约束 $\boldsymbol{U}^\top \boldsymbol{D} \boldsymbol{U} = \boldsymbol{I}$ 删除了嵌入中的任意比例因子，避免了所有节点嵌入都相等的退化情况。

受谱理论[27, 2]的启发，将公式(5.6)的问题转化为广义特征值问题，这样可以得到一个封闭形式的解，并用特征值扰动理论[10]动态更新嵌入表示。因此，可以将公式(5.2)重写为：

$$\mathcal{L}_1^m = \sum_{v_i, v_j \in \mathcal{V}} w_{ij}^m ||\boldsymbol{u}_i - \boldsymbol{u}_j||_2^2 = 2tr(\boldsymbol{U}^\top \boldsymbol{L}^m \boldsymbol{U}) \tag{5.7}$$

其中，$tr(\cdot)$ 是矩阵的迹，$\boldsymbol{U}$ 是嵌入矩阵，$\boldsymbol{L}^m = \boldsymbol{D}^m - \boldsymbol{W}^m$ 是元路径 m 下的拉普拉斯矩阵，$\boldsymbol{D}^m$ 中对角元素计算为 $\boldsymbol{D}_{ii}^m = \sum_j w_{ij}^m$。类似地，公式(5.4)可以重写如下：

$$\mathcal{L}_2^m = \sum_{v_p \in \mathcal{V}} ||\boldsymbol{u}_p - \sum_{v_q \in \mathcal{N}(v_p)^m} w_{pq}^m \boldsymbol{u}_q||_2^2 = 2tr(\boldsymbol{U}^\top \boldsymbol{H}^m \boldsymbol{U}) \tag{5.8}$$

其中 $\boldsymbol{H}^m = (\boldsymbol{I} - \boldsymbol{W}^m)^\top (\boldsymbol{I} - \boldsymbol{W}^m)$ 是对称的。如前所述，将所有元路径融合到 $\mathcal{M}$ 中，从而产生：

$$\boldsymbol{W} = \sum_{m \in \mathcal{M}} \theta_m \boldsymbol{W}^m, \quad \boldsymbol{D} = \sum_{m \in \mathcal{M}} \theta_m \boldsymbol{D}^m \tag{5.9}$$

因此，StHNE 可以重新表述为：

$$\mathcal{L} = tr(\boldsymbol{U}^\top(\boldsymbol{L}+\gamma\boldsymbol{H})\boldsymbol{U}) \tag{5.10}$$

其中 $\boldsymbol{L} = \boldsymbol{DW}$ 且 $\boldsymbol{H} = (\boldsymbol{I}-\boldsymbol{W})^\top(\boldsymbol{I}-\boldsymbol{W})$。现在，静态异质图嵌入问题归结为：

$$\arg\min_{\boldsymbol{U}^\top\boldsymbol{DU}=\boldsymbol{I}} tr(\boldsymbol{U}^\top(\boldsymbol{L}+\gamma\boldsymbol{H})\boldsymbol{U}) \tag{5.11}$$

其中 $\boldsymbol{L}+\gamma\boldsymbol{H}$ 是对称的。公式(5.11)的问题归结为广义特征值问题[40]，如下所示：

$$(\boldsymbol{L}+\gamma\boldsymbol{H})\boldsymbol{U} = \boldsymbol{D}\boldsymbol{\lambda}\boldsymbol{U} \tag{5.12}$$

其中 $\boldsymbol{\lambda} = \mathrm{diag}(\lambda_1, \lambda_2, \cdots, \lambda_{N_\mathcal{M}})$ 是特征向量矩阵，$N_\mathcal{M}$ 是元路径集 $\mathcal{M}$ 中的节点数。

　　将 StHNE 转化为广义特征值问题后，嵌入矩阵 $\boldsymbol{U}$ 为前 d 个非零特征值对应的特征向量的合并表示。随着异质图从时间 t 演变到 $t+1$，动态异质图嵌入模型的重点是将 $\boldsymbol{U}^{(t)}$ 高效地更新为 $\boldsymbol{U}^{(t+1)}$，也就是更新特征向量和特征值。

2. 动态建模

　　动态异质图嵌入模型的核心思想是以动态的方式有效地学习节点嵌入，进而基于矩阵扰动有效地更新特征向量和特征值。

　　在前面的工作[22, 50] 基础之上，假设网络在基数为 N 的公共节点集上演化，不存在的节点被视为零度孤立节点，这样，网络的演化可视为边的变化[1]。

　　此外，边的添加（删除）可能因类型而异。在元路径增广邻接矩阵的扰动下，捕捉动态异质图的演化是很自然的，$\Delta\boldsymbol{W} = \sum_{m\in\mathcal{M}} \theta_m \Delta\boldsymbol{W}^m$。

　　因此，$\boldsymbol{L}$ 和 $\boldsymbol{H}$ 的变化可以计算如下：

$$\Delta\boldsymbol{L} = \Delta\boldsymbol{D} - \Delta\boldsymbol{W} \tag{5.13}$$

$$\Delta\boldsymbol{H} = \Delta\boldsymbol{W}^\top\Delta\boldsymbol{W} - (\boldsymbol{I}-\boldsymbol{W})^\top\Delta\boldsymbol{W} - \Delta\boldsymbol{W}^\top(\boldsymbol{I}-\boldsymbol{W}) \tag{5.14}$$

　　由于扰动理论可以通过添加扰动项 [10] 给出问题的近似解，所以可以利用特征值扰动从上一时刻的特征值和特征向量中更新特征值和特征向量。为此，在新的时间步上，基于公式(5.12)，可以得到：

$$(\boldsymbol{L}+\Delta\boldsymbol{L}+\gamma\boldsymbol{H}+\gamma\Delta\boldsymbol{H})(\boldsymbol{U}+\Delta\boldsymbol{U}) = (\boldsymbol{D}+\Delta\boldsymbol{D})(\boldsymbol{\lambda}+\Delta\boldsymbol{\lambda})(\boldsymbol{U}+\Delta\boldsymbol{U}) \tag{5.15}$$

其中 $\Delta\boldsymbol{U}$ 和 $\Delta\boldsymbol{\lambda}$ 是特征向量和特征值的变化。这里，因为任何时间步长 t 的扰动过程都是相同的，所以为了简洁起见省略了 (t) 上标。现在，聚集于一个特定的特征对 $(\boldsymbol{u}_i, \lambda_i)$，公式(5.15)可以重写为：

$$(\boldsymbol{L}+\Delta\boldsymbol{L}+\gamma\boldsymbol{H}+\gamma\Delta\boldsymbol{H})(\boldsymbol{u}_i+\Delta\boldsymbol{u}_i) = (\lambda_i+\Delta\lambda_i)(\boldsymbol{D}+\Delta\boldsymbol{D})(\boldsymbol{u}_i+\Delta\boldsymbol{u}_i) \tag{5.16}$$

因此，动态异质图嵌入问题是如何计算第 i 维特征对 $(\Delta \boldsymbol{u}_i, \Delta \lambda_i)$ 的变化，因为如果有 $\Delta \boldsymbol{U}$ 和 $\Delta \lambda$ 在 t 和 $t+1$ 之间，便可以使用 $\boldsymbol{U}^{(t+1)} = \boldsymbol{U}^{(t)} + \Delta \boldsymbol{U}$ 有效地更新嵌入矩阵。

下面，首先介绍如何计算 $\Delta \lambda_i$。通过扩展公式(5.16)并移除对解的精度影响有限的高阶项[10]，例如 $\Delta \boldsymbol{L} \Delta \boldsymbol{u}_i$ 和 $\Delta \lambda_i \Delta \boldsymbol{D} \Delta \boldsymbol{u}_i$，然后根据 $(\boldsymbol{L} + \gamma \boldsymbol{H}) \boldsymbol{u}_i = \lambda_i \boldsymbol{D} \boldsymbol{u}_i$，得到

$$(\boldsymbol{L} + \gamma \boldsymbol{H}) \Delta \boldsymbol{u}_i + (\Delta \boldsymbol{L} + \gamma \Delta \boldsymbol{H}) \boldsymbol{u}_i = \lambda_i \boldsymbol{D} \Delta \boldsymbol{u}_i + \lambda_i \Delta \boldsymbol{D} \boldsymbol{u}_i + \Delta \lambda_i \boldsymbol{D} \boldsymbol{u}_i \tag{5.17}$$

此外，将两边同乘以 $\boldsymbol{u}_i^\top$，可以得到

$$\boldsymbol{u}_i^\top (\boldsymbol{L} + \gamma \boldsymbol{H}) \Delta \boldsymbol{u}_i + \boldsymbol{u}_i^\top (\Delta \boldsymbol{L} + \gamma \Delta \boldsymbol{H}) \boldsymbol{u}_i = \lambda_i \boldsymbol{u}_i^\top \boldsymbol{D} \Delta \boldsymbol{u}_i + \lambda_i \boldsymbol{u}_i^\top \Delta \boldsymbol{D} \boldsymbol{u}_i + \Delta \lambda_i \boldsymbol{u}_i^\top \boldsymbol{D} \boldsymbol{u}_i \tag{5.18}$$

由于 $\boldsymbol{L} + \gamma \boldsymbol{H}$ 和 $\boldsymbol{D}$ 是对称的，那么根据 $(\boldsymbol{L} + \gamma \boldsymbol{H}) \boldsymbol{u}_i = \lambda_i \boldsymbol{D} \boldsymbol{u}_i$，并且两边同时乘以 $\Delta \boldsymbol{u}_i$，有 $\boldsymbol{u}_i^\top (\boldsymbol{L} + \gamma \boldsymbol{H}) \Delta \boldsymbol{u}_i = \lambda_i \boldsymbol{u}_i^\top \boldsymbol{D} \Delta \boldsymbol{u}_i$。因此，可以将公式(5.18)重写为:

$$\boldsymbol{u}_i^\top (\Delta \boldsymbol{L} + \gamma \Delta \boldsymbol{H}) \boldsymbol{u}_i = \lambda_i \boldsymbol{u}_i^\top \Delta \boldsymbol{D} \boldsymbol{u}_i + \Delta \lambda_i \boldsymbol{u}_i^\top \boldsymbol{D} \boldsymbol{u}_i \tag{5.19}$$

基于公式(5.19)，得到特征值 λ_i 的变化:

$$\Delta \lambda_i = \frac{\boldsymbol{u}_i^\top \Delta \boldsymbol{L} \boldsymbol{u}_i + \gamma \boldsymbol{u}_i^\top \Delta \boldsymbol{H} \boldsymbol{u}_i - \lambda_i \boldsymbol{u}_i^\top \Delta \boldsymbol{D} \boldsymbol{u}_i}{\boldsymbol{u}_i^\top \boldsymbol{D} \boldsymbol{u}_i} \tag{5.20}$$

很容易看出 $\boldsymbol{D}$ 是一个半正定矩阵，那么有 $\boldsymbol{u}_i^\top \boldsymbol{D} \boldsymbol{u}_i = 1$ 和 $\boldsymbol{u}_i^\top \boldsymbol{D} \boldsymbol{u}_j = 0 (i \neq j)$[29, 10]。因此，

$$\Delta \lambda_i = \boldsymbol{u}_i^\top \Delta \boldsymbol{L} \boldsymbol{u}_i + \gamma \boldsymbol{u}_i^\top \Delta \boldsymbol{H} \boldsymbol{u}_i - \lambda \boldsymbol{u}_i^\top \Delta \boldsymbol{D} \boldsymbol{u}_i \tag{5.21}$$

得到两个连续时间步之间特征值的变化 $\Delta \lambda_i$ 后，下一个目标是计算特征向量 $\Delta \boldsymbol{u}_i$ 的变化。

由于异质信息网络的演变是平缓的[1]，基于元路径的网络变化（即 $\Delta \boldsymbol{W}$）相对比较微小。根据特征向量变化分析[10]，有:

$$\Delta \boldsymbol{u}_i = \sum_{j=2, j \neq i}^{d+1} \alpha_{ij} \boldsymbol{u}_j \tag{5.22}$$

其中 α_{ij} 表示 $\boldsymbol{u}_j$ 在 $\Delta \boldsymbol{u}_i$ 上的权重。因此，计算 $\Delta \boldsymbol{u}_i$ 的问题现在被转化为如何确定这些权重的问题。考虑公式(5.16)，通过用公式(5.22)替换 $\Delta \boldsymbol{u}_i$，并移除对解[19] 精度影响有限的高阶项，便可以得到以下结果:

$$(\boldsymbol{L} + \gamma \boldsymbol{H}) \sum_{j=2, j \neq i}^{d+1} \alpha_{ij} \boldsymbol{u}_j + (\Delta \boldsymbol{L} + \gamma \Delta \boldsymbol{H}) \boldsymbol{u}_i$$
$$= \lambda_i \boldsymbol{D} \sum_{j=2, j \neq i}^{d+1} \alpha_{ij} \boldsymbol{u}_j + \lambda_i \Delta \boldsymbol{D} \boldsymbol{u}_i + \Delta \lambda_i \boldsymbol{D} \boldsymbol{u}_i \tag{5.23}$$

基于等式 $(\boldsymbol{L}+\gamma\boldsymbol{H})\sum_{j=2}^{d+1}\alpha_{ij}\boldsymbol{u}_j = \boldsymbol{D}\sum_{j=2}^{d+1}\alpha_{ij}\lambda_j\boldsymbol{u}_j$，在公式(5.23)两边同乘以 $\boldsymbol{u}_p^\top(2\leqslant$ $p\leqslant d+1, p\neq i)$，能得到：

$$\boldsymbol{u}_p^\top\boldsymbol{D}\sum_{j=2,j\neq i}^{d+1}\alpha_{ij}\lambda_j\boldsymbol{u}_j + \boldsymbol{u}_p^\top(\Delta\boldsymbol{L}+\gamma\Delta\boldsymbol{H})\boldsymbol{u}_i$$
$$=\lambda_i\boldsymbol{u}_p^\top\boldsymbol{D}\sum_{j=2,j\neq i}^{d+1}\alpha_{ij}\boldsymbol{u}_j + \lambda_i\boldsymbol{u}_p^\top\Delta\boldsymbol{D}\boldsymbol{u}_i + \Delta\lambda_i\boldsymbol{u}_p^\top\boldsymbol{D}\boldsymbol{u}_i \tag{5.24}$$

基于 $\boldsymbol{u}_i^\top\boldsymbol{D}\boldsymbol{u}_i=1$ 和 $\boldsymbol{u}_i^\top\boldsymbol{D}\boldsymbol{u}_j=0(i\neq j)$，可以简化上述公式并得到：

$$\lambda_p\alpha_{ip}+\boldsymbol{u}_p^\top(\Delta\boldsymbol{L}+\gamma\Delta\boldsymbol{H})\boldsymbol{u}_i=\lambda_i\alpha_{ip}+\lambda_i\boldsymbol{u}_p^\top\Delta\boldsymbol{D}\boldsymbol{u}_i \tag{5.25}$$

最后，得到权重 α_{ip}，如下所示：

$$\alpha_{ip}=\frac{\boldsymbol{u}_p^\top\Delta\boldsymbol{L}\boldsymbol{u}_i+\gamma\boldsymbol{u}_p^\top\Delta\boldsymbol{H}\boldsymbol{u}_i-\lambda_i\boldsymbol{u}_p^\top\Delta\boldsymbol{D}\boldsymbol{u}_i}{\lambda_i-\lambda_p},i\neq p \tag{5.26}$$

总而言之，现在有了基于公式(5.21)、公式(5.22)和公式(5.26)的特征值和特征向量的变化。$t+1$ 处的新特征值和特征向量可更新如下：

$$\lambda^{(t+1)}=\lambda^{(t)}+\Delta\lambda, \boldsymbol{U}^{(t+1)}=\boldsymbol{U}^{(t)}+\Delta\boldsymbol{U} \tag{5.27}$$

3. 加速

更新嵌入的简单方法是计算公式(5.21)、公式(5.22)、公式(5.26) 和公式(5.27)。然而，由于 $\Delta\boldsymbol{H}$ 的定义（即公式(5.14)），公式(5.21)的计算非常耗时。因此，需要一种针对动态异质图嵌入的加速解决方案。

从更细致的角度来看，对于 $\Delta\lambda_i$ 和 α_{ij}，用公式(5.14)替换 $\Delta\boldsymbol{H}$，并删除高阶项，如前所述，公式(5.21)和公式(5.26)可重写为：

$$\Delta\lambda_i=\boldsymbol{u}_i^\top\Delta\boldsymbol{L}\boldsymbol{u}_i-\lambda_i\boldsymbol{u}_i^\top\Delta\boldsymbol{D}\boldsymbol{u}_i+\gamma\{[(\boldsymbol{W}-\boldsymbol{I})\boldsymbol{u}_i]^\top\Delta\boldsymbol{W}\boldsymbol{u}_i+(\Delta\boldsymbol{W}\boldsymbol{u}_i)^\top(\boldsymbol{W}-\boldsymbol{I})\boldsymbol{u}_i\} \tag{5.28}$$

$$\alpha_{ij}=\frac{\boldsymbol{u}_j^\top\Delta\boldsymbol{L}\boldsymbol{u}_i-\lambda_i\boldsymbol{u}_j^\top\Delta\boldsymbol{D}\boldsymbol{u}_i}{\lambda_i-\lambda_j}+\frac{\gamma\{[(\boldsymbol{W}-\boldsymbol{I})\boldsymbol{u}_j]^\top\Delta\boldsymbol{W}\boldsymbol{u}_i+(\Delta\boldsymbol{W}\boldsymbol{u}_j)^\top(\boldsymbol{W}-\boldsymbol{I})\boldsymbol{u}_i\}}{\lambda_i-\lambda_j} \tag{5.29}$$

为了方便起见，将 $\Delta\lambda_i$ 和 α_{ij} 重写如下：

$$\Delta\lambda_i=\boldsymbol{C}(i,i)+\gamma[\boldsymbol{A}(:,i)^\top\boldsymbol{B}(:,i)+\boldsymbol{B}(:,i)^\top\boldsymbol{A}(:,i)] \tag{5.30}$$

$$\alpha_{ij}=\frac{\boldsymbol{C}(j,i)+\gamma[\boldsymbol{A}(:,j)^\top\boldsymbol{B}(:,i)+\boldsymbol{B}(:,j)^\top\boldsymbol{A}(:,i)]}{\lambda_i-\lambda_j} \tag{5.31}$$

其中 $\boldsymbol{A}(:,i)=(\boldsymbol{W}-\boldsymbol{I})\boldsymbol{u}_i$，$\boldsymbol{B}(:,i)=\Delta\boldsymbol{W}\boldsymbol{u}_i$ 和 $\boldsymbol{C}(i,j)=\boldsymbol{u}_i^\top\Delta\boldsymbol{L}\boldsymbol{u}_j-\lambda_i\boldsymbol{u}_i^\top\Delta\boldsymbol{D}\boldsymbol{u}_j$。

显然，$\boldsymbol{A}$ 的计算非常耗时。因此，在时间 $t+1$ 处定义 $\boldsymbol{A}^{(t+1)}(:,i)$，如下所示：

$$\boldsymbol{A}^{(t+1)}(:,i)=(\boldsymbol{W}-\boldsymbol{I}+\Delta\boldsymbol{W})(\boldsymbol{u}_i+\Delta\boldsymbol{u}_i) \tag{5.32}$$

用公式(5.22)替换 $\Delta\boldsymbol{u}_i$，得到

$$\boldsymbol{A}^{(t+1)}(:,i)=(\boldsymbol{W}-\boldsymbol{I}+\Delta\boldsymbol{W})\left(\boldsymbol{u}_i+\sum_{j=2,j\neq i}^{d+1}\alpha_{ij}\boldsymbol{u}_j\right)=\sum_{j=2}^{d+1}\beta_{ij}(\boldsymbol{W}-\boldsymbol{I}+\Delta\boldsymbol{W})\boldsymbol{u}_j \tag{5.33}$$

其中，如果 $i\neq j$，$\beta_{ij}=\alpha_{ij}$，否则 $\beta_{ij}=1$。此外，可以获得以下信息：

$$\boldsymbol{A}^{(t+1)}(:,i)=\sum_{j=2}^{d+1}\beta_{ij}(\boldsymbol{A}^t(:,j)+\boldsymbol{B}^t(:,j)) \tag{5.34}$$

现在，将更新 $\boldsymbol{A}^{(t+1)}$ 的时间复杂度从 $O(ed)$ 降低到了 $O(d^2)$，这保证了 DyHNE 的效率。

5.2.3　实验

1. 实验设置

数据集　在三个公开数据集上评估模型，包括两个学术网络（即 DBLP 和 AMiner）和一个社会网络 Yelp。Yelp 数据集提取了三个子类餐馆的相关信息："美国食品""快餐"和"寿司"[24]，元路径是 BRURB（即用户对两家商家的评论）和BSB（即相同的星级商家）。DBLP 是一个计算机科学的学术网络，里面标记了作者的研究领域，元路径包括 APA（即合著者关系）、APCPA（同参会作者）和 APTPA（同关键词作者）。AMiner 也是一个学术网络，包括 1990 年到 2005 年期间五个研究领域的论文数据，其元路径是 APA、APCPA 和 APTPA。

对比方法　将 StHNE 和 DyHNE 与综合最先进的基线方法进行比较，包括两种同质网络嵌入方法（即 DeepWalk[30] 和 LINE[39]）、两种异质信息网络嵌入方法（ESim[33] 和 metapath2vec[8]）及 3 种动态同质网络嵌入方法（DANE[22]、DHPE[50] 和 DHNE[47]）。此外，为了验证基于一阶和二阶邻近性的元路径的有效性，测试了 StHNE-1st 和 StHNE-2nd 的性能。

2. StHNE 的有效性

为了评估 StHNE 算法的有效性，在不考虑网络演化的情况下，学习了在整个异质图上使用静态嵌入方法的节点嵌入。也就是说，给定一个具有 10 个时间步长的动态网络 $\{\mathcal{G}^1,\cdots,\mathcal{G}^{10}\}$，在联合网络上执行包括 StHNE 在内的所有静态网络嵌入方法，即 $\mathcal{G}^1\cup\mathcal{G}^1\cup\cdots\mathcal{G}^{10}$。

节点分类：节点分类是一项评价网络表示学习性能的常用任务。在本任务中，在学习了完全进化网络上的节点嵌入后，训练了一个以节点嵌入为输入特征的逻辑回归分类器。训练集的比例设置为 40%、60% 和 80%。在 Yelp 中，将 BSB 和 BRURB 的权重分别设置为 0.4 和 0.6。在 DBLP 中，将权重 {0.05,0.5,0.45} 赋给 {APA, APCPA, APTPA}。在 AMiner 中，将权重 {0.25,0.5,0.25} 赋给 {APA, APCPA, APTPA}。性能表现见表 5-1。

表 5-1　静态异质图上节点分类的性能评估

数据集	评价指标	训练集比例	Deep-Walk	LINE-1st	LINE-1st	ESim	metapath-2vec	StHNE-1st	StHNE-2nd	StHNE
Yelp	Macro-F1	40%	0.6021	0.5389	0.5438	0.6387	0.5872	0.6193	0.5377	**0.6421**
		60%	0.5954	0.5865	0.5558	0.6464	0.6081	0.6639	0.5691	**0.6644**
		80%	0.6101	0.6012	0.6068	0.6793	0.6374	0.6909	0.5783	**0.6922**
	Micro-F1	40%	0.6520	0.6054	0.6105	0.6896	0.6427	0.6838	0.6118	**0.6902**
		60%	0.6472	0.6510	0.6233	0.7011	0.6681	0.7103	0.6309	**0.7017**
		80%	0.6673	0.6615	0.6367	0.7186	0.6875	0.7232	0.6367	**0.7326**
DBLP	Macro-F1	40%	0.9295	0.9271	0.9172	0.9354	0.9213	0.9392	0.9283	**0.9473**
		60%	0.9355	0.9298	0.9252	0.9362	0.9311	0.9436	0.9374	**0.9503**
		80%	0.9368	0.9273	0.9301	0.9451	0.9432	0.9511	0.9443	**0.9611**
	Micro-F1	40%	0.9331	0.9310	0.9219	0.9394	0.9228	0.9421	0.9312	**0.9503**
		60%	0.9383	0.9328	0.9291	0.9406	0.9305	0.9487	0.9389	**0.9519**
		80%	0.9392	0.9323	0.9347	0.9502	0.9484	0.9543	0.9496	**0.9643**
AMiner	Macro-F1	40%	0.8838	0.8929	0.8972	0.9449	**0.9487**	0.9389	0.9309	0.9452
		60%	0.8846	0.8909	0.8967	0.9482	0.9490	0.9401	0.9354	**0.9499**
		80%	0.8853	0.8947	0.8962	0.9491	0.9493	0.9412	0.9381	**0.9521**
	Micro-F1	40%	0.8879	0.8925	0.8958	0.9465	**0.9469**	0.9407	0.9412	0.9467
		60%	0.8881	0.8936	0.8960	0.9482	0.9497	0.9423	0.9431	**0.9509**
		80%	0.8882	0.8960	0.8962	0.9500	0.9511	0.9448	0.9423	**0.9529**

可以发现，在三个数据集上，StHNE 优于所有基线方法。由于元路径的加权集成和网络结构的保留，该算法在训练集的比例为 80% 的情况下，平均将 Macro-F1 指标提高了约 8.7%。StHNE、ESim 和 metapath2vec 都融合了多个具有权值的元路径，但 ESim 和 metapath2vec 在三个数据集上的性能略差。这可能是由于元路径融合和模型优化分离造成的，异质图嵌入中多个关系之间丢失了一些信息。此外，在大多数情况下，StHNE-1st 和 StHNE-2nd 的性能都优于 LINE-1st 和 LINE-2nd，这表明了基于一阶和二阶邻近性的元路径在异质图中的优越性。从纵向比较来看，StHNE 在不同大小的训练数据下仍然表现最好，表明其具有良好的稳定性和鲁棒性。

关系预测：对于 DBLP 和 AMiner，关注于合作关系（APA）。因此，通过在 DBLP 中随机隐藏 20% 的 AP，在 AMiner 中随机隐藏 40% 的 AP 来生成训练网络（因为 AMiner 要大得多）。对于 Yelp，想要找到同一个人评论过的两个商家（BRURB），这可以用来为用户推荐商家。因此，随机隐藏 20% BR 来生成训练网络。在 Yelp 中，将

BSB 和 BRURB 的权重设置为 0.4 和 0.6。在 DBLP 中，将权重 {0.9, 0.05, 0.05} 分配给 {APA, APCPA, APTPA}。在 AMiner 中，将权重 {0.4, 0.3, 0.3} 分配给 {APA, APCPA, APTPA}。在测试网络用 AUC 和准确度评估预测性能。

表 5-2 显示了不同方法的比较结果。总的来说，StHNE 在两个指标上比其他方法表现更好，这表明了该模型在保留异质图结构信息方面的有效性。得益于基于元路径的二阶邻近性，StHNE-2nd 显著优于 StHNE-1st。这是因为高阶近似更有利于保持异质图中的复杂关系。

表 5-2 静态异质图上关系预测的性能评估

数据集	评价指标	DeepWalk	LINE-1st	LINE-1st	ESim	metapath2vec	StHNE-1st	StHNE-2nd	StHNE
Yelp	AUC	0.7404	0.6553	0.7896	0.6651	0.8187	0.8046	0.8233	**0.8364**
	F1	0.6864	0.6269	0.7370	0.6361	0.7355	0.7348	0.7397	**0.7512**
	ACC	0.6819	0.6115	0.7326	0.6386	0.7436	0.7286	0.7526	**0.7661**
DBLP	AUC	0.9235	0.8368	0.7672	0.9074	0.9291	0.9002	0.9246	**0.9385**
	F1	0.8424	0.7680	0.7054	0.8321	0.8645	0.8359	0.8631	**0.8850**
	ACC	0.8531	0.7680	0.6805	0.8416	0.8596	0.8266	0.8577	**0.8751**
AMiner	AUC	0.7366	0.5163	0.5835	0.8691	0.8783	0.8935	**0.9180**	0.8939
	F1	0.5209	0.5012	0.5276	0.6636	0.6697	0.7037	**0.8021**	0.7085
	ACC	0.6686	0.6475	0.6344	0.7425	0.7506	0.7622	**0.8251**	0.7701

3. DyHNE 的有效性

为验证 DyHNE 与动态图表示学习方法（如 DANE 和 DHPE）的有效性，将原始网络划分为一个具有 10 个时间步长的动态图 $\{\mathcal{G}^1, \cdots, \mathcal{G}^{10}\}$，对于静态图嵌入方法，包括 StHNE，只在 $\mathcal{G}^1$ 上训练并测试性能，而对于动态网络嵌入方法，如 DANE、DHPE、DyHNE，考虑所有时间步长，以增量更新嵌入，并测试最终结果，以评估这些模型在动态环境中的性能。

节点分类：对于每个数据集，从原始图生成初始的和不断增长的异质图。每个增长图包含 10 个时间步长。在 Yelp 中，评论是有时间标记的，在每个时间步长随机添加 0.1% 的新 UR 和 BR 到起始的图中。对于 DBLP，在初始图的每一步随机添加 0.1% 新的 PA、PC 和 PT。由于 AMiner 本身包含每篇论文发表的年份，因此，将 2005 年出现的边统一划分为 10 个时间步长。

从 40% 到 80%（步长为 20%）改变训练集的大小，其余的节点作为测试。重复每个分类实验 10 次，所有模型的性能表现见表 5-3。可以发现，在所有不同大小的训练数据集上，DyHNE 始终比其他基线方法表现得更好，这验证了学习的节点嵌入的有效性和鲁棒性。特别是，DyHNE 显著优于两种动态同质网络嵌入方法 DANE 和 DHPE，这种改进是由于在 DyHNE 学习的节点嵌入中保留了基于一阶和二阶邻近性的元路径。与为静态异质图设计的基线方法（DeepWalk、LINE、ESim 和 metapath2vec）相比，DyHNE 也取得了更好的性能，证明了在不丢失异质图重要结构和语义信息的情况下，更新算法的有效性。

表 5-3   动态异质图上节点分类的性能评估

数据集	评价 指标	Tr. Ratio	Deep- Walk	LINE- 1st	LINE- 1st	ESim	meta- path2vec	StHNE	DANE	DHPE	DHNE	DyHNE
Yelp	Macro-F1	40%	0.5840	0.5623	0.5248	0.6463	0.5765	0.6118	0.6102	0.5412	0.6293	**0.6459**
		60%	0.5962	0.5863	0.5392	0.6642	0.6192	0.6644	0.6342	0.5546	0.6342	**0.6641**
		80%	0.6044	0.6001	0.6030	0.6744	0.6285	0.6882	0.6471	0.5616	0.6529	**0.6893**
	Micro-F1	40%	0.6443	0.6214	0.5901	0.6932	0.6457	0.6826	0.6894	0.5823	0.6689	**0.6933**
		60%	0.6558	0.6338	0.5435	0.6941	0.6656	0.7074	0.6921	0.5981	0.6794	**0.6998**
		80%	0.6634	0.6424	0.6297	0.7104	0.6722	0.7281	0.6959	0.6034	0.6931	**0.7298**
DBLP	Macro-F1	40%	0.9269	0.9266	0.9147	0.9372	0.9162	0.9395	0.8862	0.8893	0.9302	**0.9434**
		60%	0.9297	0.9283	0.9141	0.9369	0.9253	0.9461	0.8956	0.8946	0.9351	**0.9476**
		80%	0.9322	0.9291	0.9217	0.9376	0.9302	0.9502	0.9051	0.9087	0.9423	**0.9581**
	Micro-F1	40%	0.9375	0.9310	0.9198	0.9383	0.9254	0.9438	0.8883	0.8847	0.9352	**0.9467**
		60%	0.9346	0.9245	0.9192	0.9404	0.9281	0.9496	0.8879	0.8931	0.9404	**0.9505**
		80%	0.9371	0.9297	0.9261	0.9415	0.9354	0.9543	0.9071	0.9041	0.9489	**0.9617**
AMiner	Macro-F1	40%	0.8197	0.8219	0.8282	0.8797	0.8673	0.8628	0.7642	0.7694	0.8903	**0.9014**
		60%	0.8221	0.8218	0.8323	0.8807	0.8734	0.8651	0.7704	0.7735	0.9011	**0.9131**
		80%	0.8235	0.8238	0.8351	0.8821	0.8754	0.8778	0.7793	0.7851	0.9183	**0.9212**
	Micro-F1	40%	0.8157	0.8189	0.8323	0.8729	0.8652	0.8563	0.7698	0.7633	0.8992	**0.9117**
		60%	0.8175	0.8182	0.8361	0.8734	0.8693	0.8574	0.7723	0.7698	0.9045	**0.9178**
		80%	0.8191	0.8201	0.8298	0.8751	0.8725	0.8728	0.7857	0.7704	0.9132	**0.9203**

关系预测：所有数据集均从原始异质图生成初始的、增长的和测试的异质图。Yelp
首先构建包含 20% BR 的测试图。其余的构成初始图和增长图，其中增长图分为 10 个
时间步长，每一个时间步向初始图添加 0.1% 的新 UR 和 BR。DBLP 的处理方法与
Yelp 类似。AMiner 中，将 1990~2003 年的数据作为初始图，2004 年的数据作为增长
图，2005 年的数据作为测试图。

表 5-4 展示了性能表现，这里有一些发现：（a）DyHNE 在三个数据集上持续提高

表 5-4   动态异质图上关系预测的性能评估

数据集	评价 指标	Deep- Walk	LINE- 1st	LINE- 1st	ESim	metapa- th2vec	StHNE	DANE	DHPE	DHNE	DyHNE
Yelp	AUC	0.7316	0.6549	0.7895	0.6521	0.8164	0.8341	0.7928	0.7629	0.8023	**0.8346**
	F1	0.6771	0.6125	0.7350	0.6168	0.7293	0.7506	0.7221	0.6809	0.7194	**0.7504**
	ACC	0.6751	0.6059	0.7300	0.6185	0.7395	0.7616	0.7211	0.7023	0.7024	**0.7639**
DBLP	AUC	0.9125	0.8261	0.7432	0.9053	0.9196	0.9216	0.5413	0.6411	0.8945	**0.9278**
	F1	0.8421	0.7840	0.7014	0.8215	0.8497	0.8621	0.7141	0.6223	0.8348	**0.8744**
	ACC	0.8221	0.7227	0.6754	0.8306	0.8405	0.8436	0.5511	0.5734	0.8195	**0.8635**
AMiner	AUC	0.8660	0.6271	0.5648	0.8459	0.8694	0.8659	0.8405	0.8412	0.8289	**0.8823**
	F1	0.7658	0.5651	0.6071	0.7172	0.7761	0.7567	0.7167	0.7158	0.7386	**0.7792**
	ACC	0.7856	0.5328	0.5828	0.7594	0.7793	0.7733	0.7527	0.7545	0.7498	**0.7889**

了关系预测的准确性，这归功于基于一阶和二阶邻近性的元路径保存的结构信息。（b）DANE 和 DHPE 由于忽略了异质图中多种类型的节点和关系，性能较差。（c）与 DHNE 相比，DyHNE 在三个数据集上始终表现得更好，这得益于更新算法的有效性。此外，基于二阶邻近性的元路径确保 DyHNE 捕获异质图的高阶结构，这也保留了更新的节点嵌入。

更详细的方法描述和实验验证见文献 [45]。

5.3　时序信息

5.3.1　概述

异质图建模针对多类型节点和边进行有效的信息融合，可以将多种类型的对象及其复杂的交互关系整合到推荐系统中，从而产生更准确的推荐结果[35]。一些方法主要模拟用户的静态偏好[34]，假设历史序列中的所有用户–商品交互都是同等重要的，而忽略了交互的时序信息，即一小部分最近的交互信息可以更好地反映用户随时间的动态兴趣。另一类方法叫作基于时序的推荐，其考虑了时序信息，为用户的动态兴趣建模。时序推荐系统将用户的时序交互数据作为上下文来预测用户下次最可能与哪个商品交互。然而，几乎所有的时序推荐方法[13, 23, 14, 31] 都只基于它们自己的时序交互历史来建模用户嵌入，而忽略了推荐系统中广泛存在的异质信息，如商品属性等，当数据稀疏且用户的交互行为较少时，这些方法会遇到冷启动问题。

本节会构建一个包含用户–商品交互以及商品属性的异质图，如图 5-2 所示，并提出一种新的时序感知的异质图神经协同过滤模型（简称 SHCF），该模型充分考虑了时序信息和高阶异质协同信号。对于用户嵌入，将用户交互过的商品表示通过一种新颖的逐元素注意力机制相结合，它假设商品表示的每个维度都反映了商品不同方面的信息，并且用户对商品的这些不同属性会有不同的偏好。同时，设计了一个时序感知的自注意力算法聚合用户交互历史来捕获其动态兴趣，每个商品都与一个位置表示相关，而自注意力则可以捕获反映其最新兴趣的重要商品。在商品嵌入方面，对其相邻节点

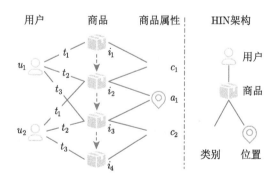

图 5-2　一个带有异质信息和时序信息的用户–商品交互的简单示例

的异质信息（包括用户和商品属性）通过双重注意力机制聚合。因此，不仅可以建模不同节点的重要性，还可以关注重要的节点类型。通过堆叠多个消息传递层，可以捕获高阶协作关系，从而增强节点嵌入表示。

5.3.2　SHCF 模型

图 5-3为 SHCF 模型框架，包括三部分。第一部分，构建一个包含用户–商品交互和商品属性的异质信息网络，如图 5-2所示。这里只考虑商品属性，从而将重点放在清楚地说明如何处理时序信息和异质信息，事实上，用户属性和其他异质信息也可以很容易地添加到 SHCF 中。然后应用一个嵌入映射层来初始化用户、商品和商品属性的表示。第二部分，在异质图上设计多个消息传递层来学习用户和商品表示。对于用户嵌入，通过逐元素注意力机制捕获用户在商品不同方面的细粒度静态兴趣。此外，还通过设计序列感知的自注意力机制聚合用户的交互商品序列来考虑用户的动态兴趣。在商品嵌入方面，采用双重注意力机制对其相邻节点的异质信息（包括用户和商品属性）进行聚合，考虑不同类型的相邻节点的重要性。第三部分，预测层聚合来自不同消息传递层学习到的用户和商品表示，并输出目标用户–商品对的预测得分。

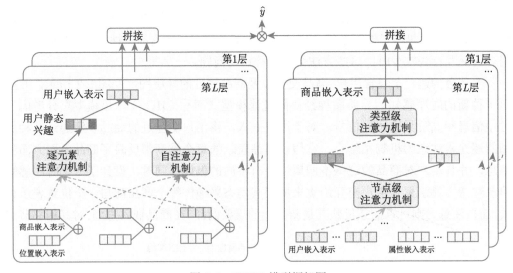

图 5-3　SHCF 模型框架图

1. 嵌入映射层

真实数据集中的用户、商品和商品属性通常由一些唯一的 ID 标识，而这些原始 ID 的表示能力非常有限。因此，创建一个用户嵌入矩阵 $\boldsymbol{U} \in \mathbb{R}^{|\mathcal{U}| \times d}$，其中 d 是潜在嵌入空间的维数，嵌入矩阵 $\boldsymbol{U}$ 的第 j 行将用户 u_j 编码为实值嵌入向量 $\boldsymbol{u}_j$，包含更丰富的信息。同样，也分别创建一个商品嵌入矩阵 $\boldsymbol{I} \in \mathbb{R}^{|\mathcal{I}| \times d}$ 和商品属性嵌入矩阵，如商品类别嵌入矩阵 $\boldsymbol{C} \in \mathbb{R}^{|\mathcal{C}| \times d}$。

位置嵌入：受近期 Transformer 相关工作[41, 7] 的启发，将按照时间排序的交互序列 $S_u = \{i_1, \cdots, i_{t-1}, i_t\}$ 中的每个商品与一个可学习的位置嵌入向量 $\boldsymbol{p} \in \mathbb{R}^d$ 关联起来，以捕获商品交互的时序信息。

$$\hat{\boldsymbol{I}}_u = \begin{bmatrix} i_t + \boldsymbol{p}_1 \\ i_{t-1} + \boldsymbol{p}_2 \\ \cdots \\ i_1 + \boldsymbol{p}_t \end{bmatrix} \tag{5.35}$$

注意，以相反的顺序添加位置嵌入，以表示和候选商品的相关距离。

2. 时序感知的异质信息传递层

为了捕获高阶异质协同信息和时序信息，首先构建一个异质图来丰富用户–商品交互，并添加商品属性，如图 5-2所示。为了捕获用户的动态兴趣，还设计了时序感知的注意力机制对用户交互的商品序列进行建模。这样，不仅可以更好地建模用户偏好，而且还可以缓解交互的稀疏性。接着，将首先介绍一个单独的图卷积层，其考虑了异质信息和时序信息对商品嵌入和用户嵌入进行建模，然后再将其一般化到多个层级。

考虑异质信息的商品建模。为了解决稀疏性问题，将商品属性信息添加到用户–商品二部图中，建立一个包含不同类型节点的异质图。受 HGAT[15] 的启发，设计考虑异质信息的消息传递层。以商品节点为例，它具有不同类型的相邻节点，如用户、类别、产地等。一方面，不同类型的相邻节点可能会对其产生不同的影响，例如，一个商品的类别可能比与之交互的用户提供的信息更多。另一方面，同一类型的不同相邻节点也可能有不同的重要性，例如，不同的用户可能对一个商品有不同的偏好。为了同时捕获节点层级和类型层级上的不同重要性，设计一个双层注意力机制来聚合来自邻居节点的表示信息。

1）节点层级注意力机制：设计节点层级注意力机制来学习相同类型相邻节点的不同重要性，并将这些相邻节点的表示融合形成特定类型的表示。形式上来说，给定特定商品 v 及其类型为 τ' 的相邻节点 $v' \in \mathcal{N}_v^{\tau'}$，特定节点对 (v, v') 的权重系数 $\alpha_{vv'}$ 可表示为：

$$\alpha_{vv'} = \frac{\exp(\sigma(\boldsymbol{a}_{\tau'}^\top \cdot [\boldsymbol{i}_v \| \boldsymbol{h}_{v'}]))}{\sum_{k \in \mathcal{N}_v^{\tau'}} \exp(\sigma(\boldsymbol{a}_{\tau'}^\top \cdot [\boldsymbol{i}_v \| \boldsymbol{h}_k]))} \tag{5.36}$$

其中 $\sigma(\cdot)$ 为激活函数，如 LeakyReLU，$\boldsymbol{a}_{\tau'}$ 为类型 τ' 的注意力向量，$\|$ 为拼接操作。

那么，对于商品 v，通过将相同类型的相邻节点以相应系数进行聚合，得到类型 τ' 的嵌入表示 $\boldsymbol{g}_v^{\tau'}$，如下所示：

$$\boldsymbol{g}_v^{\tau'} = \sigma \left(\sum_{v' \in \mathcal{N}_v^{\tau'}} \alpha_{vv'} \cdot \boldsymbol{h}_{v'} \right) \tag{5.37}$$

2）类型层级注意力机制：对于任何属于商品 v 的邻居节点类型集合 $\mathcal{T}$ 的类型 τ'，根据公式 (5.37) 可以得到一个特定的类型嵌入 $\boldsymbol{g}_v^{\tau'}$。为了捕捉不同节点类型的不同重要性，设计了类型层级注意力机制，定义如下：

$$m_v^{\tau'} = V \cdot \tanh(\boldsymbol{w} \cdot \boldsymbol{g}_v^{\tau'} + b) \tag{5.38}$$

$$\beta_v^{\tau'} = \frac{\exp(m_v^{\tau'})}{\sum_{\tau \in \mathcal{T}} \exp(m_v^{\tau})} \tag{5.39}$$

将学习到的权值作为系数，与这些类型的嵌入向量 $\boldsymbol{g}_v^{\tau'}$ 进行融合，得到最终融合了异质信息的商品嵌入 $\tilde{\boldsymbol{i}}_v$，如下所示：

$$\tilde{\boldsymbol{i}}_v = \sigma\left(\sum_{\tau' \in \mathcal{T}} \beta_v^{\tau'} \boldsymbol{g}_v^{\tau'}\right) \tag{5.40}$$

需要注意的是，以上只是一个如何融合异质信息从而建模商品表示的例子，异质图中其他类型的节点，如属性节点，也可以采用同样的方法建模。

考虑静态与动态偏好的用户建模。 对于推荐算法来说，一个很大的挑战是如何准确地建模用户偏好。对于传统的协同过滤或基于异质信息网络的推荐方法，一方面，它们通常将一个商品视为一个整体，忽略了用户可能对一个商品的不同方面有不同的偏好；另一方面，它们总是忽略用户交互历史的顺序信息，从而无法捕获用户的动态兴趣。因此，对于用户节点，用一个精心设计的消息传递层来捕获用户的细粒度静态兴趣和动态兴趣。更具体地说，提出了一种以商品嵌入元素为导向的注意力机制，其假定商品的每个维度都反映了商品的不同方面。此外，为了捕获用户的动态兴趣，采用了时序感知的自注意力机制，每个商品嵌入都与一个位置嵌入相关联，并利用自注意力机制对重要的商品进行重点关注。

1）逐注意力机制：这里详细介绍逐注意力机制，它用于捕获用户的细粒度静态偏好。对于用户 u 的交互序列 $\mathcal{S}_u$ 中的特定商品 i_j，可以计算商品 i_j 在不同方面的注意力向量 $\boldsymbol{\gamma}_j$，如下所示：

$$\boldsymbol{\gamma}_j = \tanh(\boldsymbol{W}_u \cdot \boldsymbol{i}_j + b) \tag{5.41}$$

其中 $\boldsymbol{W}_u \in \mathbb{R}^{d \times d}$，$\boldsymbol{\gamma}_j$ 是不同方面的注意力系数，γ_j^k 越大，表示用户对商品嵌入 $\boldsymbol{i}_j$ 的第 k 个方面有较强的偏好。

然后用权重系数 $\boldsymbol{\gamma}_j$ 和用户序列中的商品嵌入 $\boldsymbol{i}_j$ 以元素乘积方式进行聚合，以捕获用户的细粒度静态兴趣：

$$\boldsymbol{u}_s = \sum_{j \in \mathcal{S}_u} \boldsymbol{\gamma}_j \odot \boldsymbol{i}_j \tag{5.42}$$

2）时序感知的自注意力机制：受广泛应用于类似机器翻译等自然语言处理任务中的自注意力机制的启发[41, 7]，采用时序感知的自注意力机制关注关键商品来捕获用户随着时间推移的动态兴趣，其中每个商品 $\hat{\boldsymbol{I}}_u\mathrm{u}$ 都和它对应的位置嵌入相关联，其主要计算如下：

$$\mathrm{Attention}(\boldsymbol{Q}, \boldsymbol{K}, \boldsymbol{V}) = \mathrm{softmax}\left(\frac{\boldsymbol{Q}\boldsymbol{K}^{\top}}{\sqrt{d}}\right) \cdot \boldsymbol{V} \tag{5.43}$$

$$\mathbf{u}_d = \mathop{\|}\limits_{h=1}^{H} \text{Attention}(\hat{\boldsymbol{I}}_u \boldsymbol{W}^Q, \hat{\boldsymbol{I}}_u \boldsymbol{W}^K, \hat{\boldsymbol{I}}_u \boldsymbol{W}^V) \tag{5.44}$$

公式(5.43) 是自注意力机制的范式，其中 Attention() 计算 $\boldsymbol{V}$ 的加权和，比例因子 $\sqrt{d}$ 是为了避免内积结果的值过大。在公式(5.44)中，$\boldsymbol{W}^Q$，$\boldsymbol{W}^K$，$\boldsymbol{W}^V \in \mathbb{R}^{d \times d}$ 是投影矩阵。将注意力重复计算 H 次，并将所学的嵌入向量拼接起来，从而扩展到多头注意力，并得到最终的用户动态兴趣表示 $\boldsymbol{u}_d$。

在得到用户细粒度静态兴趣嵌入 $\boldsymbol{u}_s$ 和动态兴趣嵌入 $\boldsymbol{u}_d$ 后，通过一个平衡权重系数 λ 融合，得到最终用户嵌入 $\tilde{\boldsymbol{u}}$：

$$\tilde{\boldsymbol{u}} = \lambda \boldsymbol{u}_d + (1 - \lambda)\boldsymbol{u}_s \tag{5.45}$$

3）高阶传播：上文介绍了一个融合异质信息和时序信息的消息传递层，它聚合了来自一阶邻居的信息。为了捕获高阶协同信息，可以将其堆叠成多层，每一层都以最后一层的输出表示作为其输入⊖，通过 L 层的嵌入传播，可以得到 L 个不同层的输出。

3. 目标优化

不同层级的嵌入输出在反映用户兴趣方面可能有不同的贡献，可参考文献 [44]，将每一层的表示连接起来，得到用户和商品的最终嵌入：

$$\boldsymbol{u} = \tilde{\boldsymbol{u}}^1 \| \tilde{\boldsymbol{u}}^2 \| \cdots \| \tilde{\boldsymbol{u}}^L, \quad \boldsymbol{i} = \tilde{\boldsymbol{i}}^1 \| \tilde{\boldsymbol{i}}^2 \| \cdots \| \tilde{\boldsymbol{i}}^L \tag{5.46}$$

最后，使用简单的点积来预估用户对目标商品的偏好：

$$\hat{y}(u, i) = \boldsymbol{u}^\top \boldsymbol{i} \tag{5.47}$$

为了优化模型，使用 BPR[32] 作为损失函数：

$$\mathcal{L} = \sum_{i \in S_u, j \notin S_u} -\ln \sigma(\hat{y}_{ui} - \hat{y}_{uj}) + \eta \|\Theta\| \tag{5.48}$$

其中，$\sigma(\cdot)$ 为 sigmoid 函数，Θ 为所有可训练参数，η 为正则化系数，S_u 为用户 u 的交互序列。对于每个正样本 (u, i)，都采样一个用户未交互的负样本 j 进行训练。

5.3.3　实验

1. 实验设置

数据集　为了验证方法的有效性，在三个真实的数据集上进行了大量的实验。Movie-Lens 是一个被广泛用于推荐任务的基准数据集。实验分别采用含 100 000 条交互记录的小版本（ML 100K）和含 1 000 000 条交互记录的较大版本（ML 1M）。Yelp 是一个商家点评数据集，记录了用户对商家的评分和评论。

⊖　根据实验效果发现，将用户细粒度静态与动态兴趣建模层作为用户建模的最后一层效果最好。

对比方法   主要与三类方法进行对比，包括协同过滤方法（BPR-MF[32]、NeuMF[12]、NGCF[43]）、基于异质信息网络的推荐方法（NeuACF[11]、HeRec[34]）和时序推荐方法（NARM[23]、SR-GNN[13]）。

实现细节   对于所有的方法，应用网格搜索遍历超参数。对于 NGCF 和 SR-GNN，由 1 到 4 遍历 GNN 的层数，嵌入向量维度 d 设为 64。对于自注意力网络，注意头数 H 设为 8。对于 MovieLens 和 Yelp，用于平衡用户动态兴趣和静态兴趣权重的超参数 λ 分别设置为 0.5 和 0.2。此外，MovieLens 的学习率为 0.0005，Yelp 的学习率为 0.000 05。所有数据集的 L2 惩罚系数 η 设为 10^{-5}。SHCF 的深度 L 设置为 4。模型的参数由 Xavier 随机初始化，并使用 Adam 作为参数优化器。为了避免过拟合，SHCF 的每一层都采用了早停策略和 dropout（dropout 率为 0.1）。

2. 性能比较

首先比较所有方法的推荐性能。为了公平起见，将所有方法的嵌入维数设置为 64。表 5-5 给出了不同方法的实验结果。从表中可以得出以下几点结论：

表 5-5   各个模型性能实验结果。每行中最好的结果被标粗，次优的结果以下划线标出。在最后一列中列出了方法相对于次优模型的提升

数据集	评价指标	BPR-MF	NeuMF	NGCF	NeuACF	HeRec	NARM	SR-GNN	SHCF	提升
ML100K	HR@5	0.4030	0.4057	0.4274	0.4337	0.4255	0.5228	0.5010	**0.5414**	3.56%
	NDCG@5	0.2747	0.2676	0.2889	0.2874	0.2798	0.3659	0.3510	**0.3859**	5.47%
	HR@10	0.5801	0.5689	0.5864	0.6034	0.6012	0.6723	0.6660	**0.7108**	5.73%
	NDCG@10	0.3312	0.3127	0.3402	0.3420	0.3325	0.4142	0.4048	**0.4401**	6.25%
	HR@15	0.6787	0.6706	0.6649	0.7084	0.6981	0.7529	0.7598	**0.7817**	2.88%
	NDCG@15	0.3573	0.3462	0.3611	0.3697	0.3521	0.4354	0.4298	**0.4592**	5.47%
	HR@20	0.7455	0.7595	0.7434	0.7720	0.7524	0.8038	0.8048	**0.8324**	3.43%
	NDCG@20	0.3731	0.3672	0.3796	0.3847	0.3721	0.4475	0.4396	**0.4693**	4.87%
ML1M	HR@5	0.4921	0.5092	0.5017	0.5050	0.4923	0.6713	0.6634	**0.6927**	3.18%
	NDCG@5	0.3376	0.3511	0.3437	0.3508	0.3455	0.5201	0.5233	**0.5299**	1.26%
	HR@10	0.6577	0.6803	0.6688	0.6684	0.6601	0.7603	0.7699	**0.7964**	3.19%
	NDCG@10	0.3910	0.4066	0.3977	0.4038	0.3982	0.5565	0.5580	**0.5639**	1.06%
	HR@15	0.7551	0.7761	0.7587	0.7593	0.7403	0.8230	0.8184	**0.8503**	3.32%
	NDCG@15	0.4168	0.4320	0.4216	0.4279	0.4194	0.5687	0.5709	**0.5785**	1.33%
	HR@20	0.8159	0.8369	0.8167	0.8232	0.8105	0.8602	0.8584	**0.8844**	2.81%
	NDCG@20	0.4311	0.4463	0.4353	0.4430	0.4328	0.5723	0.5803	**0.5968**	2.84%
Yelp	HR@5	0.3077	0.3571	0.4097	0.4094	0.3982	0.3490	0.3754	**0.4421**	7.91%
	NDCG@5	0.2086	0.2419	0.2855	0.2844	0.2765	0.2373	0.2565	**0.3100**	8.58%
	HR@10	0.4325	0.5018	0.5584	0.5553	0.5505	0.4900	0.5208	**0.5878**	5.27%
	NDCG@10	0.2488	0.2885	0.3335	0.3314	0.3311	0.2828	0.3035	**0.3572**	7.11%
	HR@15	0.5084	0.6006	0.6434	0.6504	0.6423	0.5851	0.6054	**0.6725**	3.40%
	NDCG@15	0.2689	0.3146	0.3544	0.3565	0.3499	0.3080	0.3259	**0.3796**	6.48%
	HR@20	0.5643	0.6717	0.7005	0.7138	0.6923	0.6496	0.6684	**0.7260**	1.71%
	NDCG@20	0.2821	0.3315	0.3686	0.3715	0.3603	0.3232	0.3408	**0.3922**	5.57%

1）基于异质信息网络的推荐方法总体上优于传统的协同过滤方法。特别是在稀疏数据集（即 Yelp）上有很大的改进，说明使用异质信息网络融合辅助信息进行推荐可以缓解数据集稀疏性问题，提高推荐性能。

2）对于用户具有足够交互行为的稠密数据集 ML 100K 和 ML 1M（平均每个用户交互次数分别为 103.9 和 165.3），时序推荐方法优于协同过滤方法和基于异质信息网络的推荐方法。但对于稀疏数据集 Yelp，每个用户的平均交互次数下降到 10.0，时序推荐方法的性能显著下降，说明在用户没有足够的交互记录的情况下，时序推荐方法仅基于用户自身的历史交互序列而不考虑相似用户或商品的协同信息，具有一定的局限性。

3）提出的模型 SHCF 在所有数据集上，包括两个密集数据集（即 ML 100K 和 ML 1M）和一个稀疏数据集（即 Yelp），性能始终优于所有对比方法。这些结果验证了 SHCF 由于充分考虑了高阶异质协同信息和时序信息，在稀疏和稠密数据集都能有效建模用户和商品。

更详细的方法和实验描述见文献 [21]。

5.4　时序交互

5.4.1　概述

凭借有效建模分析用户商品历史行为序列，推荐系统在电子商务平台上愈加重要[25, 38]。现有方法[49, 20] 主要能够从相对较近的交互中对短期偏好进行建模。与此同时，用户历史行为所蕴含的习惯偏好 (如品牌和风格等) 也是时序动态的一个重要组成部分 [38]。然而，当前的模型往往孤立分析长期和短期兴趣，忽视了历史行为习惯对当前持续演化的需求目标的影响。如图 5-4a 所示，当浏览相似的商品（如背包）时，用户青睐于其喜欢的品牌。这为时序交互建模引入了第一个挑战，即如何同时融合长期习惯和短期需求演化来有效建模复杂的时序动态性。在当前的序列模型中，另一个经常被忽视的点是，时序交互行为中往往蕴含了丰富的异质语义信息，如图 5-4b 所示。这导致了第二个挑战，即如何充分利用异质时序交互信息建模多种维度的用户兴趣偏好。

针对以上两个挑战，本节设计了一个新颖的异质长短期兴趣模型 THIGE，来建模和融合异质的历史习惯与近期需求以进行商品推荐。具体来说，分别设计了考虑异质行为的 GRU 序列模型和异质时序信息聚合器来进行短期与长期兴趣建模，设计了异质多头注意力机制来解耦多方面的行为习惯，并考虑长期习惯对短期需求的影响，设计了短期兴趣上的习惯指引的注意力机制，从而高效融合异质长短期兴趣。最后，基于异质时序的用户兴趣和商品表示预测下一时刻交互的商品。

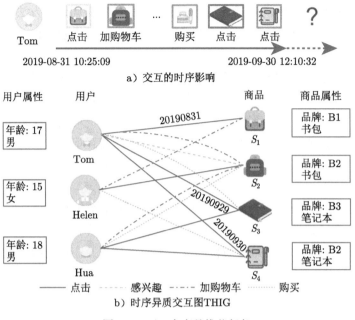

a）交互的时序影响

b）时序异质交互图THIG

图 5-4   下一个商品推荐任务

5.4.2 THIGE 模型

THIGE 模型的主要框架如图 5-5所示。具体来说，首先基于交互行为的时间戳选取

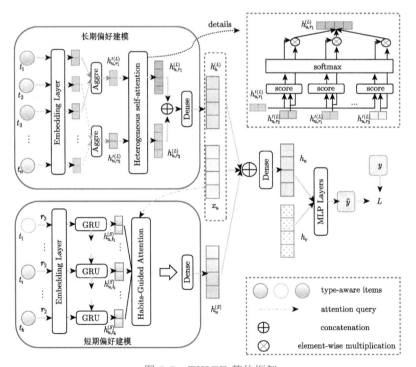

图 5-5   THIGE 整体框架

近期的行为作为短期交互数据，同时将所有的历史行为数据视作长期交互数据。对于短期兴趣偏好，将用户近期行为序列通过考虑交互类型的门控循环单元（Gated Recurrent Unit，GRU）建模成用户当前的需求表示向量 $\boldsymbol{h}_u^{(S)}$。对于长期兴趣偏好，基于异质多头注意力机制来建模用户的历史习惯表示向量 $\boldsymbol{h}_u^{(L)}$。区别于早先工作中直接对长短期行为进行联合（如简单的拼接或相加），THIGE 考虑了用户历史行为习惯对当前行为的影响，设计基于习惯指引的注意力机制来有效建模长短期兴趣中的潜在关联。注意，图 5-5主要描述了用户兴趣的建模。对于商品，THIGE 中不区分商品的长短期行为，主要通过和用户的长期兴趣建模类似的方式建模用户的表示。其原因在于，交互的行为在一段时间内都存在高并发性且近期交互的用户不具有演化特征，和历史交互的用户通常是具有一定共性的，都表示的是商品各方面的品质。

1. 时序特征表示层

在时序异质交互图中，用户所交互的每个商品不仅存在自身的属性特征，同时也包含交互的时间戳，如图 5-5所示，交互商品的时间信息可以表示为 $[t_1, t_2, \cdots, t_n]$。

因此，商品 v 的时序表示通常由静态属性表示和动态时间表示两部分组成。静态属性表示向量 $\boldsymbol{x}_v = \boldsymbol{W}_{\phi(v)} \boldsymbol{a}_v$，其中 $\boldsymbol{a}_v \in \mathbb{R}^{d_\phi(v)}$ 表示商品 v 的特征编码，$\boldsymbol{W}_{\phi(v)} \in \mathbb{R}^{d \times d_\phi(v)}$ 表示属性映射参数，$d_\phi(v)$ 和 d 分别表示商品 v 的属性维度和压缩属性维度。进一步地，在 t 时刻，设 Δt 表示该时间到当前时间 T 的时间跨度，并将这个跨度划分为 B 块，对应地，交互商品 v 的时序特征表示为 $\boldsymbol{W}\xi(\Delta t)$，其中 $\xi(\Delta t) \in \mathbb{R}^B$ 表示 Δt 的独热（One-Hot）向量表示，且 $\boldsymbol{W} \in \mathbb{R}^{d_\tau \times B}$ 表示映射函数，d_τ 表示输出维度。因此，在 t 时刻的交互商品 v 的时序嵌入向量为：

$$\boldsymbol{x}_{v,t} = [\boldsymbol{W}\xi(\Delta t) \oplus \boldsymbol{x}_v] \tag{5.49}$$

其中 $\oplus$ 表示联合操作。相似地，也可以生成用户 u 的各类属性特征（如年龄、住址、职业、消费水平）等在内的静态表示 $\boldsymbol{x}_u \in \mathbb{R}^d$，以及对应的考虑时序信息编码的向量表示 $\boldsymbol{x}_{u,t}$。

进一步地，为建模动态交互行为的异质性，在短期偏好建模中，生成考虑交互类型的节点时序表示，即：$\boldsymbol{x}_{v_i, t_i, r_i} = [\boldsymbol{x}_{v_i, t_i} \oplus \boldsymbol{r}_i]$，其中，$\boldsymbol{r}_i = \boldsymbol{W}_{\mathcal{R}} \boldsymbol{I}(r_i)$ 表示类型嵌入向量，$\boldsymbol{I}(r_i)$ 表示 r_i 类型的独热表示，$\boldsymbol{W}_{\mathcal{R}} \in \mathbb{R}^{d_{\mathcal{R}} \times |\mathcal{R}|}$ 表示映射矩阵。$d_{\mathcal{R}}$ 是类型向量维度。在长期偏好建模中，通过考虑类型的异质邻域信息聚合器来区分不同关系上的偏好。

2. 异质短期兴趣建模

用户近期的各种交互行为通常反映了当前的需求变化。以图 5-4a 为例，Tom 在开学前的主要需求是书包，而在开学后需要购买的是各类文具，如钢笔、墨水和笔记本。为了建模这种短期偏好的演化表示，一种常见的做法是将这些动态行为输入到序列模型，如门控循环单元（Gated Recurrent Unit，GRU）[5]，建模用户的不同交互对象之间的时序依赖关系。给定用户 u，设定其最近 k 个交互行为序列为 $\{(v_i, t_i, r_i) \mid 1 \leqslant i \leqslant k\}$，

其中 t_k 表示距离 T 时刻最近的时刻的行为。随后，建模用户的时序信息 $\boldsymbol{h}_{u,t_i}^{(S)}$ 为：

$$\boldsymbol{h}_{u,t_i}^{(S)} = \text{GRU}(\boldsymbol{x}_{v_i,t_i,r_i}, \boldsymbol{h}_{u,t_{i-1}}^{(S)}), \quad \forall 1 < i \leqslant k \tag{5.50}$$

其中，$\boldsymbol{h}_{u,t_i}^{(S)} \in \mathbb{R}^d$。进一步地，$\{\boldsymbol{h}_{u,t_i}^{(S)} \mid 1 \leqslant i \leqslant k\}$ 用于建模用户的短期行为偏好。

　　然而，用户不断动态变化的近期需求不仅受到最近交易的影响，而且潜在地受到消费者购物习惯的影响。例如，偏爱的品牌、色彩、价格等各个方面都影响着用户的短期行为。为此，提出考虑历史习惯影响的短期偏好编码增强，从而发现更细粒度的用户个性化偏好。自然地，设计习惯指导的注意力机制来聚集近期用户行为刻画短期兴趣偏好，如公式(5.51)所示：

$$\boldsymbol{h}_u^{(S)} = \sigma\left(\boldsymbol{W}^{(S)} \cdot \sum_i a_{u,i} \boldsymbol{h}_{u,t_i}^{(S)} + b_s\right), \quad \forall 1 \leqslant i \leqslant k \tag{5.51}$$

其中，$\boldsymbol{h}_u^{(S)} \in \mathbb{R}^d$ 表示用户 u 的短期兴趣偏好，$\boldsymbol{W}^{(S)} \in \mathbb{R}^{d \times d}$ 为映射矩阵，σ 是激活函数，这里采用 RELU 来保证非线性，b_s 为偏置值，$a_{u,i}$ 是注意力权重：

$$a_{u,i} = \frac{\exp\left([\boldsymbol{h}_u^{(L)} \oplus \boldsymbol{x}_u]^\top \boldsymbol{W}_a \boldsymbol{h}_{u,t_i}^{(S)}\right)}{\sum\limits_{j=1}^{k} \exp\left([\boldsymbol{h}_u^{(L)} \oplus \boldsymbol{x}_u]^\top \boldsymbol{W}_a \boldsymbol{h}_{u,t_j}^{(S)}\right)} \tag{5.52}$$

其中，$\boldsymbol{h}_u^{(L)} \in \mathbb{R}^d$ 为用户 u 的长期兴趣，即其历史行为偏好，$\boldsymbol{W}_a \in \mathbb{R}^{2d \times d}$ 用于度量短期兴趣和长期兴趣在不同时间的影响。因此，如何利用异质交互行为的上下文来编码长期行为习惯 $\boldsymbol{h}_u^{(L)}$ 是本节工作的第二个关键。接下来，对长期兴趣进行建模。

3. 异质长期兴趣建模

　　早先的兴趣建模工作主要集中于序列模型，受内存和计算代价的限制，往往只能建模一定数量的短期序列，而在实际的时序异质交互图中，用户存在大量的历史交互行为。这些交互行为除了反映近期需求的持续演化，即短期兴趣之外，同时也展现了其多个方面的历史个性化行为习惯，即长期兴趣。此外，考虑用户行为的异质性，不同类型的交互之间也具有一定的关联和依赖性。例如，用户加入购物车的习惯和购买的习惯存在很大程度的共性，而收藏与购买的习惯可能共性程度比较低。总体来说，用户历史行为表达了多方面的行为习惯，同时，不同类型的交互行为之间也存在丰富的潜在语义关联。

　　给定用户 u 及其历史行为序列 $\{(v_i, t_i, r_i) \mid 1 \leqslant i \leqslant n\}$，其中 $n \gg k$（k 是短期兴趣建模中的近期行为的序列长度），为了显式区分交互类型，首先针对每种交互类型为 r 的商品信息分别进行聚合，即：

$$\boldsymbol{h}_{u,r}^{\prime(L)} = \sigma\left(\boldsymbol{W}_r \cdot \text{aggre}(\{\boldsymbol{x}_{v_i,t_i} \mid 1 \leqslant i \leqslant n, r_i = r\})\right) \tag{5.53}$$

其中，$h'^{(L)}_{u,r} \in \mathbb{R}^d$ 是用户 u 的 r 类型交互的长期偏好，$W_r \in \mathbb{R}^{d \times (d\tau + d)}$ 是对应的映射参数矩阵，aggre($\cdot$) 是聚合操作，这里选择均值池化（Meaning-Pooling）操作。

针对每种类型的交互，对应地生成其长期兴趣表示，从而可以简单地将这些不同类型的偏好相累加或者拼接成一个整体表示。但这些建模方式往往会忽视不同类型交互之间的相互影响，同时也只是建模了一种混合的行为习惯，而难以抽取出如品牌、价格等多方面的潜在消费偏好。为了充分建模语义关联和解耦方面的偏好，本小节提出设计异质自注意力机制来刻画不同交互类型之间的潜在关联，并通过多头划分来建模长期的多个方面的兴趣偏好。形式化地，给定用户的多种类型上的长期兴趣偏好 $H^{(L)}_u = \oplus_{r \in \mathcal{R}} h'^{(L)}_{u,r}$，维度为 $d \times |\mathcal{R}|$，首先定义自注意力机制来建模不同交互类型之间的潜在关联，即：

$$h^{(L)}_{u,r} = \sum_{r' \in \mathcal{R}} \left(\frac{\exp\left(Q^{\top}_{u,r} K_{u,r'}/\sqrt{d_a}\right)}{\sum_{r'' \in \mathcal{R}} \exp\left(Q^{T}_{u,r} K_{u,r''}/\sqrt{d_a}\right)} V_{u,r'} \right) \tag{5.54}$$

其中，$Q_u = W_Q H^{(L)}_u$，$K_u = W_K H^{(L)}_u$，$V_u = W_V H^{(L)}_u$，且 $W_Q, W_K \in \mathbb{R}^{d_a \times d}$，$W_V \in \mathbb{R}^{d \times d}$ 是映射参数矩阵，d_a 表示键（key）和查询（query）的维度。

进一步地，考虑到用户的长期兴趣通常是多方面的，如品牌效应和价格优势，不同方面之间具有一定的独立性。为此，在异质自注意力机制的基础上设计多头划分机制来细粒度地建模用户各方面的消费习惯。具体来说，每种类型的长期兴趣划分为 h 个方面：

$$h^{(L)}_{u,r} = \oplus^{m=h}_{m=1} h^{(L)}_{u,r,m} \tag{5.55}$$

其中，$h^{(L)}_{u,r,m}$ 表示第 m 个方面的偏好。最后联合构建用户长期兴趣表示，即：

$$h^{(L)}_u = \sigma\left(W^{(L)}(\oplus_{r \in \mathcal{R}} h^{(L)}_{u,r}) + b_l\right) \tag{5.56}$$

其中，$W^{(L)} \in \mathbb{R}^{d \times |\mathcal{R}|d}$ 和 b_l 分别是映射矩阵和偏置值。

至此，已经分别建模了用户异质的短期需求演化和历史长期兴趣表示，通过习惯指导的注意力机制在短期兴趣建模时考虑了长期兴趣的影响。同时考虑用户的固有属性特征和长短期兴趣，用户的整体偏好表示为：

$$h_u = \sigma(W_u[x_u \oplus h^{(S)}_u \oplus h^{(L)}_u] + b_u) \tag{5.57}$$

其中，$h_u \in \mathbb{R}^d$ 将用于用户的下一个交互商品的预测，$W_u \in \mathbb{R}^{d \times 3d}$ 和 b_u 是待学习的参数。

4. 商品偏好建模

区别于用户角度的时间交互具有时序性特征，在商品角度不存在一种明显的时序关联，对商品的客流进行序列分析的意义较低。在一个大规模的电子商务平台上，许多用户经常在同一时间与同一个商品进行交互，而不同用户之间没有一个有意义的序列效应。换言之，商品的时序交互实际上反映了交互客流的一种长期的一般的群聚特征。

因此，对商品的长期热度进行建模更为合理。首先基于公式(5.56)建模商品的长期热度表示 h_v，继而，商品的最终表示可以计算为：

$$h_v = \sigma(W_v[x_v \oplus h_v^{(L)}] + b_v) \tag{5.58}$$

其中 $h_v \in \mathbb{R}^d$ 表示商品 v 的最终表示，W_v 和 b_v 是待学习的参数，x_v 是商品 v 的特征向量。

5. 优化目标

针对下一个商品推荐的问题，预测用户 u 和商品 v 在下一时刻的交互概率 $\hat{y}_{u,v}$。这里采用多层感知机（Multi-Layer Perception，MLP）[28] 来计算该概率：

$$\hat{y}_{u,v} = \text{sigmoid}(\text{MLP}(h_u \oplus h_v)) \tag{5.59}$$

其中 h_u 和 h_v 分别表示用户 u 与商品 v 的最终表示。继而，定义损失函数为：

$$L = -\sum_{\langle u,v \rangle} (1 - y_{u,v}) \log(1 - \hat{y}_{u,v}) + y_{u,v} \log(\hat{y}_{u,v}) \tag{5.60}$$

其中 $\langle u, v \rangle$ 是 u 和 v 的训练对，$y_{u,v} \in \{0, 1\}$ 是对应的标签信息。通过考虑 L2 正则化可以保证凸优化和模型的鲁棒性，提高模型的泛化性能。

5.4.3 实验

1. 实验设置

数据集 在 Yelp、CloudTheme 和 UserBehavior 这三个真实数据集上评估 THIGE 在下一个商品推荐方面的性能表现。对于所有数据集，选取用户在候选数据中的点击行为/评论行为作为标签。

对比方法 将 THIGE 与六个代表性模型进行比较，包括序列模型（DIEN[49]、STAMP[25]）、长期兴趣模型（SHAN[48]、M3R[38]）和异质图模型（MEIRec[9]、GATNE[4]）。

参数设置 对于所有模型，设置向量维度 $d = 128$，$d_a = 128$，$d_\mathcal{T} = 16$，设置 $h = 8$，最大迭代次数为 100，训练诀维度为 128，学习率为 0.001，正则化权重为 0.001。在三个数据集上的时序块数量 B 分别设置为 60、14 和 7。对于 DIEN、MEIRec 和 THIGE，设置三层 MLP（对应的输出维度为 64、32 和 1）。对于 THIGE 和所有的长期或者短期模型，在 Yelp、CloudTheme 和 UserBehavior 三个数据集上分别选择最近的 10、10 和 50 个行为作为短期行为，采样 50、50 和 200 个历史行为作为长期兴趣。选取 F1、PR-AUC 和 ROC-AUC 来评估不同模型在下一个商品推荐任务的效果。其中 F1 综合评价商品推荐的召回率和准确率，PR-AUC 则评价商品推荐的召回率和准确率的整体趋势，ROC-AUC 综合评价商品推荐的灵敏性。这三个指标的取值与推荐效果呈正相关。所有模型都运行五次，比较这些模型的平均实验结果。

2. 性能比较

三个数据集上的下一个商品推荐任务的实验结果如表 5-6 所示。通过对比 THIGE 和给出的短期兴趣模型（DIEN、STAMP）、长短期兴趣模型（SHAN、M3R）和异质 图模型（MEIRec、GATNE）的数据，可以得到如下几个方面的结论：

1）THIGE 在三个数据集的 F1、PR-AUC 和 ROC-AUC 指标上均取得了更好 的效果。以 ROC-AUC 评价指标为例，在 Yelp 数据集上 THIGE 模型比第二好的模 型性能提升了 4.04%，在 CloudTheme 数据集上的性能比第二好的方法高 5.84%，在 UserBehavior 数据集上的性能比第二好的方法高 0.51%。

2）与序列模型（DIEN、STAMP、SHAN 和 M3R）相比，THIGE 的优越性体现 在两个方面。首先，THIGE 设计了一种更有效的方法来整合长期和短期偏好，使得当 前的需求明确地受到历史习惯的指导，模型效果优于简单整合长短期偏好的 SHAN 和 M3R。其次，它还具有建模异质结构的能力，可以充分利用用户和商品之间不同类型 的交互所蕴含的丰富的结构和语义信息，弥补了序列模型的不足。

3）与基于 GNN 的模型（MEIRec 和 GATNE）相比，THIGE 的主要优势体现在 同时建模了异质的长短期兴趣。MEIRec 和 GATNE 分别只能够建模短期和长期兴趣， THIGE 可以同时考虑短期需求演化和长期多方面行为习惯，同时有效融合两者构建细 粒度的兴趣表示。此外，MEIRec 以完全独立的方式对不同类型的交互作用进行联合拼 接，而 GATNE 和 THIGE 则通过自注意力机制刻画了不同交互行为之间的相互依赖， 进一步确保更好的推荐结果。

表 5-6　下一个商品推荐效果展示（单位为%，考虑效果的标准差）

数据集	评价指标	DIEN	STAMP	SHAN	M3R	MEIRec	GATNE	THIGE
Yelp	F1	39.52 (1.31)	40.37 (0.94)	40.17 (1.10)	33.49 (1.04)	<u>42.86</u> (0.44)	42.21 (0.96)	**43.77** (0.66)
	PR.	30.04 (0.37)	31.36 (1.23)	32.35 (1.10)	26.40 (0.92)	32.69 (0.54)	<u>33.39</u> (1.42)	**36.45** (1.66)
	ROC.	74.69 (0.57)	73.74 (1.15)	70.91 (1.14)	72.03 (1.33)	74.65 (0.23)	<u>76.15</u> (0.64)	**79.23** (0.80)
CT.	F1	25.70 (1.25)	21.42 (0.91)	26.25 (1.09)	<u>33.54</u> (1.67)	25.02 (0.98)	27.33 (0.50)	**37.17** (1.36)
	PR.	41.16 (0.22)	25.65 (0.44)	40.92 (1.09)	34.23 (0.95)	43.86 (0.42)	<u>44.74</u> (0.20)	**51.94** (0.43)
	ROC.	68.41 (0.34)	52.97 (0.52)	67.48 (1.06)	62.92 (0.89)	69.98 (0.35)	<u>71.22</u> (0.11)	**75.38** (0.33)
UB.	F1	<u>67.32</u> (3.45)	63.06 (1.51)	58.84 (7.83)	61.37 (2.20)	66.48 (1.16)	**67.81** (1.14)	67.19 (0.98)
	PR.	63.38 (0.19)	59.09 (0.22)	63.86 (4.76)	57.68 (0.03)	64.94 (0.15)	<u>65.42</u> (0.05)	**65.71** (0.09)
	ROC.	62.90 (0.23)	58.29 (0.40)	55.45 (3.98)	57.82 (0.09)	64.82 (0.16)	<u>65.06</u> (0.08)	**65.39** (0.06)

有关该系统的整体设计细节和实验分析的介绍见文献 [17]。

5.5 本章小结

本章以真实世界中异质图的动态性为研究重点，介绍了 DyHNE、SHCF 和 THIGE 三种典型模型，用于建模增量异质结构、类型感知的序列演化以及长短期兴趣融合建

模。具体来说，本章设计了一个基于矩阵摄动的 DyHNE 模型来模拟不同语义级快照
之间的变化，在 5.2 节中学习了异质节点的动态嵌入。然后，由于动态交互以类型感知
序列的形式存在，进一步，在 5.3 节中提出了异质图神经网络协同过滤模型，充分利用
高阶异质协作单点和序列信息进行商品推荐。此外，考虑到异质动态反映了实体的多
种历史习惯和当前需求，在 5.4 节中，提出了一个统一的模型，该模型集成了异质的长
期/短期偏好。

参考文献

[1] Aggarwal, C., Subbian, K.: Evolutionary network analysis: a survey. ACM Comput. Surv. **47**(1), 10 (2014)

[2] Belkin, M., Niyogi, P.: Laplacian eigenmaps and spectral techniques for embedding and clustering. In: NeurIPS, pp. 585-591 (2002)

[3] Cai, H., Zheng, V.W., Chang, K.C.C.: A comprehensive survey of graph embedding: problems, techniques, and applications. IEEE Trans. Knowl. Data Eng. **30**(9), 1616-1637 (2018)

[4] Cen, Y., Zou, X., Zhang, J., Yang, H., Zhou, J., Tang, J.: Representation learning for attributed multiplex heterogeneous network. Preprint. arXiv:1905.01669 (2019)

[5] Cho, K., VanMerriënboer, B., Gulcehre, C., Bahdanau, D., Bougares, F., Schwenk, H., Bengio, Y.: Learning phrase representations using RNN encoder-decoder for statistical machine translation. Preprint. arXiv:1406.1078 (2014)

[6] Cui, P.,Wang, X., Pei, J., Zhu, W.: A survey on network embedding. IEEE Trans. Knowl. Data Eng. **31**(5), 833-852 (2018)

[7] Devlin, J., Chang, M.W., Lee, K., Toutanova, K.: Bert: Pre-training of deep bidirectional transformers for language understanding. Preprint. arXiv:1810.04805 (2018)

[8] Dong, Y., Chawla, N.V., Swami, A.: metapath2vec: Scalable representation learning for heterogeneous networks. In: Proceedings of the 23rd ACM SIGKDD International Conference on Knowledge Discovery and Data Mining, pp. 135-144 (2017)

[9] Fan, S., Zhu, J., Han, X., Shi, C., Hu, L., Ma, B., Li, Y.: Metapath-guided heterogeneous graph neural network for intent recommendation. In: KDD ' 19: Proceedings of the 25th ACM SIGKDD International Conference on Knowledge Discovery & Data Mining, pp. 2478-2486 (2019)

[10] Golub, G.H., Van Loan, C.F.: Matrix Computations. JHU Press, Baltimore (2012)

[11] Han, X., Shi, C., Wang, S., Philip, S.Y., Song, L.: Aspect-level deep collaborative filtering via heterogeneous information networks. In: IJCAI' 18: Proceedings of the 27th International Joint Conference on Artificial Intelligence, pp. 3393-3399 (2018)

[12] He, X., Liao, L., Zhang, H., Nie, L., Hu, X., Chua, T.S.: Neural collaborative filtering. In: Proceedings of the 26th International Conference on World Wide Web, pp. 173-182 (2017)

[13] Hidasi, B., Karatzoglou, A., Baltrunas, L., Tikk, D.: Session-based recommendations with recurrent neural networks. Preprint. arXiv:1511.06939 (2015)

[14] Hidasi, B., Quadrana, M., Karatzoglou, A., Tikk, D.: Parallel recurrent neural network architectures for feature-rich session-based recommendations. In: RecSys, pp. 241-248 (2016)

[15] Hu, L., Yang, T., Shi, C., Ji, H., Li, X.: Heterogeneous graph attention networks for semisupervised short text classification. In: Proceedings of the 2019 Conference on Empirical Methods in Natural Language Processing and the 9th International Joint Conference on Natural Language Processing (EMNLP-IJCNLP), pp. 4823-4832 (2019)

[16] Jacob, Y., Denoyer, L., Gallinari, P.: Learning latent representations of nodes for classifying in heterogeneous social networks. In: WSDM '14: Proceedings of the 7th ACM International Conference on Web Search and Data Mining, pp. 373-382 (2014)

[17] Ji, Y., Yin, M., Fang, Y., Yang, H., Wang, X., Jia, T., Shi, C.: Temporal heterogeneous interaction graph embedding for next-item recommendation. In: Proceedings of The European Conference on Machine Learning and Principles and Practice of Knowledge Discovery in Databases, pp. 314-329 (2020)

[18] Kang, W.C., McAuley, J.: Self-attentive sequential recommendation. In: 2018 IEEE International Conference on Data Mining (ICDM), pp. 197-206 (2018)

[19] Kato, T.: Perturbation Theory for Linear Operators, vol. 132. Springer Science & Business Media, Berlin (2013)

[20] Le, D.T., Lauw, H.W., Fang, Y.: Modeling contemporaneous basket sequences with twin networks for next-item recommendation. In: Proceedings of the Twenty-Seventh International Joint Conference on Artificial Intelligence (2018)

[21] Li, C., Hu, L., Shi, C., Song, G., Yuanfu, L.: Sequence-aware heterogeneous graph neural collaborative filtering. In: Proceedings of the 2021 SIAM International Conference on Data Mining (SDM) (2021)

[22] Li, J., Dani, H., Hu, X., Tang, J., Chang, Y., Liu, H.: Attributed network embedding for learning in a dynamic environment. In: Proceedings of the 2017 ACM on Conference on Information and Knowledge Management, pp. 387-396 (2017)

[23] Li, J., Ren, P., Chen, Z., Ren, Z., Lian, T., Ma, J.: Neural attentive session-based recommendation. In: Proceedings of the 2017 ACM on Conference on Information and Knowledge Management, pp. 1419-1428 (2017)

[24] Li, X.,Wu, Y., Ester,M., Kao, B.,Wang, X., Zheng, Y.: Semi-supervised clustering in attributed heterogeneous information networks. In: Proceedings of the 26th International Conference on World Wide Web, pp. 1621-1629 (2017)

[25] Liu, Q., Zeng, Y., Mokhosi, R., Zhang, H.: Stamp: short-term attention/memory priority model for session-based recommendation. In: Proceedings of the 24th ACM SIGKDD International Conference on Knowledge Discovery & Data Mining, pp. 1831-1839 (2018)

[26] Lu, Y., Wang, X., Shi, C., Yu, P.S., Ye, Y.: Temporal network embedding with micro-and macro-dynamics. In: Proceedings of the 28th ACM International Conference on Information and Knowledge Management, pp. 469-478 (2019)

[27] Ng, A.Y., Jordan, M.I., Weiss, Y.: On spectral clustering: analysis and an algorithm. In: Advances in Neural Information Processing Systems, pp. 849-856 (2002)

[28] Pal, S.K., Mitra, S.: Multilayer perceptron, fuzzy sets, and classification. IEEE Trans. Neural Netw. 3(5), 683-697 (1992)

[29] Parlett, B.N.: The symmetric eigenvalue problem, vol. 20. SIAM (1998)

[30] Perozzi, B., Al-Rfou, R., Skiena, S.: DeepWalk: online learning of social representations. In: Proceedings of the 20th ACM SIGKDD International Conference on Knowledge Discovery and Data Mining, pp. 701-710 (2014)

[31] Quadrana, M., Karatzoglou, A., Hidasi, B., Cremonesi, P.: Personalizing session-based rec-
ommendations with hierarchical recurrent neural networks. In: Proceedings of the Eleventh
ACM Conference on Recommender Systems, pp. 130-137 (2017)

[32] Rendle, S., Freudenthaler, C., Gantner, Z., Schmidt-Thieme, L.: BPR: Bayesian personal-
ized ranking from implicit feedback. Preprint. arXiv:1205.2618 (2012)

[33] Shang, J., Qu, M., Liu, J., Kaplan, L.M., Han, J., Peng, J.: Meta-path guided em-
bedding for similarity search in large-scale heterogeneous information networks. Preprint.
arXiv:1610.09769 (2016)

[34] Shi, C., Hu, B., Zhao, W.X., Yu, P.S.: Heterogeneous information network embedding for
recommendation. IEEE Trans. Knowl. Data Eng. **31**(2), 357-370 (2019)

[35] Shi, C., Li, Y., Zhang, J., Sun, Y., Philip, S.Y.: A survey of heterogeneous information
network analysis. IEEE Trans. Knowl. Data Eng. **29**(1), 17-37 (2016)

[36] Sun, F., Liu, J.,Wu, J., Pei, C., Lin, X., Ou,W., Jiang, P.: Bert4rec: sequential recom-
mendation with bidirectional encoder representations from transformer. In: Proceedings of
the 28th ACM International Conference on Information and Knowledge Management, pp.
1441-1450 (2019)

[37] Sun, Y., Barber, R., Gupta, M., Aggarwal, C.C., Han, J.: Co-author relationship prediction
in heterogeneous bibliographic networks. In: 2011 International Conference on Advances in
Social Networks Analysis and Mining, pp. 121-128 (2011)

[38] Tang, J., Belletti, F., Jain, S., Chen, M., Beutel, A., Xu, C., H Chi, E.: Towards neural
mixture recommender for long range dependent user sequences. In: The World Wide Web
Conference, pp. 1782-1793 (2019)

[39] Tang, J., Qu, M., Wang, M., Zhang, M., Yan, J., Mei, Q.: Line: large-scale information net-
work embedding. In: Proceedings of the 24th International Conference on WorldWideWeb,
pp. 1067-1077 (2015)

[40] Trefethen, L.N., Bau III, D.: Numerical Linear Algebra, vol. 50. SIAM, Philadelphia (1997)

[41] Vaswani, A., Shazeer, N., Parmar, N., Uszkoreit, J., Jones, L., Gomez, A.N., Kaiser, Ł.,
Polosukhin, I.: Attention is all you need. In: Neural Information Processing Systems (NIPS
2017), pp. 5998-6008 (2017)

[42] Wang, H., Zhang, F., Hou, M., Xie, X., Guo, M., Liu, Q.: Shine: signed heterogeneous in-
formation network embedding for sentiment link prediction. In: Proceedings of the Eleventh
ACM International Conference on Web Search and Data Mining, pp. 592-600 (2018)

[43] Wang, X., He, X., Wang, M., Feng, F., Chua, T.S.: Neural graph collaborative filtering. In:
Proceedings of the 42nd International ACM SIGIR Conference on Research and Develop-
ment in Information Retrieval, pp. 165-174 (2019)

[44] Wang, X., Ji, H., Shi, C., Wang, B., Ye, Y., Cui, P., Yu, P.S.: Heterogeneous graph attention
network. In: The World Wide Web Conference, pp. 2022-2032 (2019)

[45] Wang, X., Lu, Y., Shi, C., Wang, R., Cui, P., Mou, S.: Dynamic heterogeneous information
network embedding with meta-path based proximity. IEEE Trans. Knowl. Data Eng. 1-1
(2020)

[46] Xu, C., Zhao, P., Liu, Y., Sheng, V.S., Xu, J., Zhuang, F., Fang, J., Zhou, X.: Graph
contextualized self-attention network for session-based recommendation. In: Proceedings
of the Twenty-Eighth International Joint Conference on Artificial Intelligence, vol. 19, pp.
3940-3946 (2019)

[47] Yin, Y., Ji, L.X., Zhang, J.P., Pei, Y.L.: DHNE: network representation learning method for dynamic heterogeneous networks. IEEE Access **7**, 134,782-134,792 (2019)

[48] Ying, H., Zhuang, F., Zhang, F., Liu, Y., Xu, G., Xie, X., Xiong, H., Wu, J.: Sequential recommender system based on hierarchical attention networks. In: IJCAI International Joint Conference on Artificial Intelligence (2018)

[49] Zhou, G., Mou, N., Fan, Y., Pi, Q., Bian, W., Zhou, C., Zhu, X., Gai, K.: Deep interest evolution network for click-through rate prediction. In: Proceedings of the AAAI Conference on Artificial Intelligence, vol. 33, pp. 5941-5948 (2019)

[50] Zhu, D., Cui, P., Zhang, Z., Pei, J., Zhu, W.: High-order proximity preserved embedding for dynamic networks. IEEE Trans. Knowl. Data Eng. **30**(11), 2134-2144 (2018)

第6章

异质图表示学习的新兴主题

异质图表示学习旨在将异质图映射到低维空间中，引起了广泛的研究关注。我们已经介绍了一些异质图表示学习方法，但是该方向发展迅速，出现了一些新兴主题。在本章中，我们将介绍三种新颖的异质图表示学习方法。具体来说，为了学习保留语义特征并具有鲁棒性的节点表示，我们研究异质图上的对抗学习问题。然后，针对大规模异质交互图，我们研究异质图表示学习的重要性采样问题。最后，我们探索异质图的隐空间，研究基于双曲空间的异质图表示学习方法。

6.1 简介

最近，一些工作开始尝试将图嵌入方法与其他机器学习算法相结合，来获得更好的图嵌入表示。这些机器学习技术包括生成对抗网络（GAN）[12, 25]、重要性采样[5, 17]，以及双曲空间表示[20, 22]。具体来说，GAN 使用了对抗学习的思想，其中判别器和生成器之间相互对抗竞争，以学习更好的数据分布。重要性采样旨在降低机器学习的计算和存储成本。双曲空间是非欧几里得空间，更适合对具有层次结构的数据进行建模。

基于这些技术的同质图嵌入方法已展示出它们在图建模方面的有效性。例如，基于 GAN 的同质图嵌入方法[6, 28] 利用生成器和判别器来学习图的特征表示，生成器旨在学习图中潜在节点之间的关系分布，同时判别器旨在预测节点之间存在边的概率。为了对大规模图进行表示学习，一个自然的想法是从整个图中抽取一小部分重要节点进行表示学习，这种重要性采样策略在帮助同质图表示学习[5, 14, 17, 37] 方面取得了显著的进步。此外，一些研究人员开始将图嵌入到双曲空间中，他们发现在双曲空间中嵌入具有层次结构的图时会有较小的失真[11, 22]，并且节点之间的层次关系可以通过分析双曲嵌入来体现[22]。

在本章中，我们介绍三种新兴的异质图表示学习方法。首先，我们介绍基于对抗学习的异质图嵌入方法 **HeGAN**[16]（**H**G embedding with **GAN**-based adversarial learning），它使用基于关系感知的生成器和判别器来学习保留语义和鲁棒性的节点表示。然后，为了降低大规模异质图嵌入的成本，我们会介绍基于重要性采样的 **Hete-Samp**[19]（**Hete**rogeneous importance **Samp**ling），该方法通过设计类型依赖和类型融合的采样器以及自归一化和自适应估计器来保证模型训练的效率和性能。最后，对于双曲异质图嵌入方法，我们介绍 **HHNE**[31]，通过假设异质图的底层空间是双曲空间，从而学习在双曲空间中保留异质图的结构和语义信息的异质图嵌入。

6.2 对抗学习

6.2.1 概述

生成对抗网络[12, 25] 在特征学习领域有诸多应用。在近年的研究[29, 34] 中，生成对抗网络的特征学习大多在同质图中进行[6, 23, 28, 35]，并没有考虑节点和边的异质性（如图 6-1a 所示的文献检索网络），以至于在异质图上表现不尽如人意。生成对抗网络在异质图上效果不佳的原因如下：首先，在现有的方法中，区分正例和负例节点仅依靠网络的结构信息，如图 6-1b 所示。而对于异质图来说，判别器和生成器还需要分辨和模拟涉及多种关系的语义信息的正例和负例。其次，现有的生成器本质上是根据学习到的信息从图中挑选一个现有节点，而并不具备泛化到"看不见的"节点的能力，最具代表性的虚假节点可能并不在异质图中，所以并不会被生成。

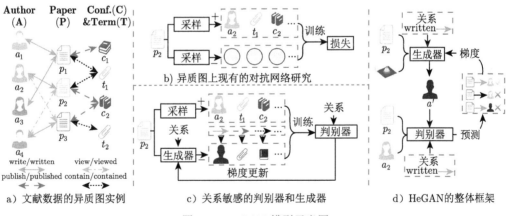

图 6-1 HeGAN 模型示意图

针对上述不足，我们提出了 HeGAN。HeGAN 模型利用异质图在对抗环境中的异质特性来学习图中蕴含的语义和鲁棒的节点表示。和现有研究[2, 6, 23, 28, 35] 不同的是，HeGAN 不仅是关系敏感的，可以捕捉到关系的语义信息，而且提出了可以生成图中不存在的新负例的生成器。HeGAN 提出的判别器和生成器的工作流程如图 6-1c 所示。对于给定的关系，判别器能够区分节点的真假，同时，生成器可以模仿真实节点生成虚假节点。生成器还能够直接从连续分布中对潜在节点进行采样，使得样本的生成更加准确和高效。

6.2.2　HeGAN 模型

1. 模型概述

HeGAN 是基于对抗网络提出的异质图表示模型，由判别器和生成器构成，是对抗学习在异质图特征表示中的应用。模型中的判别器和生成器可以识别不同类型的关系。判别器可以分辨节点之间不同的关系，当节点对满足以下两种情况时，会被判别为正例：1）节点在网络拓扑上存在正确的关系；2）节点对是在正确的关系下生成的。生成器能够生成节点之间的某种特定关系。HeGAN 的生成器是泛化的，可以通过对网络中的节点采样得到潜在节点的连续分布，具有如下优点：1）无须进行 softmax 计算，节省计算资源；2）伪样本不局限于现有节点，可以生成图中没有的新节点。

现有研究通常使用 softmax 方法对原始图中所有节点的节点分布进行建模，它们的虚假样本局限于图中的节点，而最具代表性的虚假样本可能存在于图中现有节点之间的嵌入空间。对于图 6-1a 中的文献数据，给定论文 p_2，现有的生成器只能从 $\mathcal{V}$ 中选择虚假样本，如 a_1 和 a_3。然而，这两个虚假样本和真实样本 a_2 可能不完全相似，这样的负样本对判别器判别能力的提升并没有太多的作用。HeGAN 提出更好的样本生成机制，不使用 softmax 方法，生成器就可以直接生成不存在于现有嵌入空间的负样本。HeGAN 的总体框架见图 6-1d。

2. 关系敏感的判别器

在异质图中，关系敏感的判别器 $D(e_v|u, r; \boldsymbol{\theta}^D)$ 对节点对 u 和 v 之间的关系 r 进行判别。其中，$u \in \mathcal{V}$ 是异质图中的节点，$r \in \mathcal{R}$ 是异质图 $\mathcal{G}$ 中的边。D 输出样本 v 和样本 u 通过关系 r 连接的概率：

$$D(e_v|u, r; \boldsymbol{\theta}^D) = \frac{1}{1 + \exp\left(-e_u^{D\top} \boldsymbol{M}_r^D e_v\right)} \tag{6.1}$$

其中，$e_v \in \mathbb{R}^{d \times 1}$ 是节点 v 的嵌入向量，$e_u^D \in \mathbb{R}^{d \times 1}$ 是节点 u 的可学习嵌入向量，$\boldsymbol{M}_r^D \in \mathbb{R}^{d \times d}$ 是关系 r 的可学习矩阵，$\boldsymbol{\theta}^D = \{e_u^D : u \in \mathcal{V}, \boldsymbol{M}_r^D : r \in \mathcal{R}\}$ 是判别器 D 的模型参数，即所有节点的嵌入向量和由 D 学习到的关系矩阵。当节点 v 确实通过关系 r 连接到节点 u 时，应学习到较大的概率，当它是负例时，概率较小。假设节点 v 和给定的 u、r 形成一个关系 $\langle u, v, r \rangle$，每个元组可以归类到以下三个情况之一。受条件对抗学习[25] 的启发，判别器的损失函数也将根据以下三种情况进行设计。

第一种情况：节点通过给定的关系连接。在异质图 $\mathcal{G}$ 上，节点 u 和 v 实际通过正确的关系 r 连接，如图 6-1a 中展示的 $\langle a_2, p_2, \text{write} \rangle$，这样的关系被考虑为正例。对于此类关系，有如下损失计算：

$$\mathcal{L}_1^D = \mathbb{E}_{\langle u,v,r \rangle \sim P_{\mathcal{G}}} - \log D(\boldsymbol{e}_v^D | u, r) \tag{6.2}$$

第一种情况刻画了异质图 $\mathcal{G}$ 上的正样本，以 $\langle u,v,r \rangle \sim P_{\mathcal{G}}$ 的形式存在。

第二种情况：节点通过错误的关系连接。节点 u 和 v 通过错误的关系 $r' \neq r$ 连接，如图 6-1a 中的 $\langle a_2, p_2, \text{view} \rangle$。判别器应该将此类关系分类为负样本，因为它们的连接性与给定关系 r 的期望语义不匹配。此种情况的损失如下：

$$\mathcal{L}_2^D = \mathbb{E}_{\langle u,v \rangle \sim P_{\mathcal{G}}, r' \sim P_{\mathcal{R}'}} - \log\left(1 - D(\boldsymbol{e}_v^D | u, r')\right) \tag{6.3}$$

第二种情况仍旧描绘了节点对 $\langle u,v \rangle$，但是节点对之间的关系 r' 是不正确的，即 $\mathcal{R}' = \mathcal{R} \setminus \{r\}$。

第三种情况：关系敏感的生成器生成的虚假节点。给定 $u \in \mathcal{V}$，生成器 $G(u,r;\theta^G)$ 可以生成与之相连的虚假节点 v，如图 6-1d 中的 $\langle a', p_2, \text{write} \rangle$。生成器试图生成和 u 通过正确关系 r 相连的虚假节点的嵌入向量。因此，判别器在理想状态下应该判其为负例，对应如下的损失：

$$\mathcal{L}_3^D = \mathbb{E}_{\langle u,r \rangle \sim P_{\mathcal{G}}, e_v' \sim G(u,r;\theta^G)} - \log\left(1 - D(\boldsymbol{e}_v' | u, r)\right) \tag{6.4}$$

在这里，虚假节点 v 的嵌入向量 $\boldsymbol{e}_v'$ 是通过生成器 G 学习到的分布生成的。对于判别器 D，这里仅把 $\boldsymbol{e}_v'$ 当作不可学习的输入向量，借助 $\boldsymbol{e}_v'$ 来优化判别器的参数 $\boldsymbol{\theta}^D$。

判别器的损失函数综合以上三部分，即：

$$\mathcal{L}^D = \mathcal{L}_1^D + \mathcal{L}_2^D + \mathcal{L}_3^D + \lambda^D \|\boldsymbol{\theta}^D\|_2^2 \tag{6.5}$$

其中，$\lambda_D > 0$ 是防止过拟合的正则项参数。判别器的参数 $\boldsymbol{\theta}^D$ 通过最小化 $\mathcal{L}^D$ 得到优化。

3. 关系敏感的生成器

对于给定的节点 $u \in \mathcal{V}$ 和关系 $r \in \mathcal{R}$，生成器 $G(u,r;\theta^G)$ 旨在生成和 u 通过 r 连接的虚假节点 v，同时应该尽可能和异质图 $\mathcal{G}$ 存在的真实关系 $\langle u,v,r \rangle \sim P_{\mathcal{G}}$ 中的节点相似。此外，生成器生成的虚假节点 v 应该是潜在的，在 $\mathcal{V}$ 中不存在。

为了满足上述要求，生成器应该拥有特定于关系的参数矩阵，且从连续分布中生成样本。选取高斯分布作为连续分布：

$$\mathcal{N}(\boldsymbol{e}_u^{G^\top} \boldsymbol{M}_r^G, \sigma^2 \boldsymbol{I}) \tag{6.6}$$

其中，$\boldsymbol{e}_u^G \in \mathbb{R}^{d \times 1}$ 和 $\boldsymbol{M}_r^G \in \mathbb{R}^{d \times d}$ 是节点 $u \in \mathcal{V}$ 的嵌入向量和生成器基于不同关系 $r \in \mathcal{R}$ 的关系矩阵。该分布的期望为 $\boldsymbol{e}_u^{G^\top} \boldsymbol{M}_r^G$，协方差为 $\sigma^2 \boldsymbol{I} \in \mathbb{R}^{d \times d}$。直观上看，期望代表着生成的虚假节点通过 r 连接至 u 的可能性，而协方差表示潜在的偏差。由于

神经网络在计算复杂结构上展现出了强大的能力[15]，我们在生成器中引入多层感知机 (MLP)，以增强虚假节点的表达能力。因此，生成器的定义如下：

$$G(u, r; \boldsymbol{\theta}^G) = f(\boldsymbol{W}_L \cdots f(\boldsymbol{W}_1 \boldsymbol{e} + \boldsymbol{b}_1) + \boldsymbol{b}_L) \tag{6.7}$$

其中，$\boldsymbol{e}$ 是从 $\mathcal{N}(\boldsymbol{e}_u^{G\top} \boldsymbol{M}_r^G, \sigma^2 \boldsymbol{I})$ 分布中生成的节点。$\boldsymbol{W}_*$ 和 $\boldsymbol{b}_*$ 分别为每层的权重矩阵和偏移向量，f 为激活函数。生成器的参数 $\boldsymbol{\theta}^G = \{\boldsymbol{e}_u^G : u \in \mathcal{V}, \boldsymbol{M}_r^G : r \in \mathcal{R}, \boldsymbol{W}_*, \boldsymbol{b}_*\}$ 即为所有节点的嵌入向量和关系矩阵，以及 MLP 的参数。如之前所说，生成器的目的是通过生成接近实际样本的虚假样本来迷惑判别器，使判别器对生成的假样本给出更高的分数。故得到生成器的损失函数：

$$\mathcal{L}^G = \mathbb{E}_{\langle u,r \rangle \sim P_{\mathcal{G}}, \boldsymbol{e}_v' \sim G(u,r;\boldsymbol{\theta}^G)} - \log D(\boldsymbol{e}_v' | u, r) + \lambda^G \|\boldsymbol{\theta}^G\|_2^2 \tag{6.8}$$

$\lambda^G > 0$ 是正则项参数。生成器的参数 $\boldsymbol{\theta}^G$ 通过 $\mathcal{L}^G$ 得到优化。

4. 模型训练

我们使用迭代优化策略对 HeGAN 进行训练。迭代过程遵循以下步骤：在每轮迭代中，根据生成器生成的虚假样本优化判别器的 θ^D，从而提升判别器的性能。然后，通过生成器的损失函数对生成器的 θ^G 进行优化。对上述步骤进行重复，直到模型收敛。算法 6.1 为 HeGAN 的训练过程。

算法 6.1 HeGAN 的训练过程

Input: 异质图 $\mathcal{G}$，生成器和判别器的训练轮数 n_G、n_D，样本个数 n_s

1: 分别初始化判别器 G 和生成器 D 的参数 $\boldsymbol{\theta}_G$ 和 $\boldsymbol{\theta}_D$

2: **while** 模型不收敛 **do**

3:　　**for** $n = 0; n < n_D$ **do**　　　　　　　　　　　▷ 判别器的训练过程

4:　　　　抽取一组样本 $\langle u, v, r \rangle \sim P_{\mathcal{G}}$

5:　　　　对每个 $\langle u, r \rangle$，生成 n_s 个虚假节点 $\boldsymbol{e}_v' \sim G(u, r; \boldsymbol{\theta}^G)$

6:　　　　对每个 $\langle u, v \rangle$，采样 n_s 个关系 $r' \sim P_{\mathcal{R}'}$

7:　　　　根据公式(6.5)更新参数 $\boldsymbol{\theta}^D$

8:　　**end for**

9:　　**for** $n = 0; n < n_G$ **do**　　　　　　　　　　　▷ 生成器的训练过程

10:　　　　抽取一组样本 $\langle u, v, r \rangle \sim P_{\mathcal{G}}$

11:　　　　对每个 $\langle u, r \rangle$，生成 n_s 个虚假节点 $\boldsymbol{e}_v' \sim G(u, r; \boldsymbol{\theta}^G)$

12:　　　　根据公式 (6.8) 更新参数 $\boldsymbol{\theta}^G$

13:　　**end for**

14: **end while**

15: **return** $\boldsymbol{\theta}^G$、$\boldsymbol{\theta}^D$

6.2.3 实验

1. 实验设置

我们在三个数据集上进行了广泛实验[10, 15]，分别为 DBLP（作者、文章、会议、领域）、Yelp（用户、公司、服务、星级、预订）、AMiner（作者、文章、会议、参考文献）。数据集均以异质图的形式呈现，其描述见表 6-1。我们将在三个数据集上做节点分类和链路预测的实验。

表 6-1　数据集描述

数据集	# 节点数	# 边数	# 节点类型数	# 标签数
DBLP	37 791	170 794	4	4
Yelp	3913	38 680	5	3
Aminer	312 776	599 951	4	6

我们采用了三类网络嵌入学习方法作为比较对象：传统的嵌入学习方法（DeepWalk[24]、LINE[27]）、基于对抗网络的嵌入学习方法（GraphGAN[28]、ANE[6]）和异质图上的嵌入学习方法（HERec-HNE[26]、HIN2vec[10]、metapath2vec[8]）。

2. 节点分类

我们将 80% 的有标签节点放进 logistic 回归分类器进行训练，在剩下 20% 的数据上进行测试。表 6-2中展示了测试数据的准确率。

表 6-2　节点分类的性能比较（加粗：性能最佳；下划线：性能次佳）

方法	DBLP			Yelp			AMiner		
	Micro-F1	Macro-F1	Accuracy	Micro-F1	Macro-F1	Accuracy	Micro-F1	Macro-F1	Accuracy
DeepWalk	0.9201	0.9242	0.9298	0.8262	0.7551	0.8145	0.9519	0.9460	0.9529
LINE-1st	0.9239	0.9213	0.9285	0.8229	0.7440	0.8126	0.9776	0.9713	0.9788
LINE-2nd	0.9144	0.9172	0.9236	0.7591	0.5518	0.7571	0.9469	0.9341	0.9471
GraphGAN	0.9198	0.9210	0.9286	0.8098	0.7268	0.7820	-	-	-
ANE	0.9143	0.9153	0.9189	0.8232	0.7623	0.7932	0.9256	0.9203	0.9221
HERec-HNE	0.9214	0.9228	0.9299	0.7962	0.7713	0.7912	0.9801	0.9726	0.9784
HIN2vec	0.9141	0.9115	0.9224	<u>0.8352</u>	0.7610	<u>0.8200</u>	0.9799	0.9775	0.9801
metapath2vec	<u>0.9288</u>	<u>0.9296</u>	<u>0.9360</u>	0.7953	<u>0.7884</u>	0.7839	<u>0.9853</u>	<u>0.9860</u>	<u>0.9857</u>
HeGAN	**0.9381****	**0.9375****	**0.9421****	**0.8524****	**0.8031****	**0.8432****	**0.9864***	**0.9873***	**0.9883***

在节点分类任务中，HeGAN 始终优于其他方法。同样值得注意的是，相较于节点的聚类任务，HeGAN 与性能最好的基线模型在节点分类任务上的性能差异并不显著，这是因为在分类中，所有方法都是有监督的，使得彼此之间的差距缩小。

3. 链路预测

在链路预测任务上，我们在 Yelp 数据集上预测"用户–公司"的关系，在 DBLP和 AMiner 上预测"作者–文章"的关系。从原始图中随机隐藏 20% 的该类型链路作为正样本，并随机断开其他类型的链路作为负样本。分别使用 logistic 回归和内积两种方法实现链路预测任务。使用准确率（Acc）、AUC、F1 进行评估，结果如表 6-3 所示。

表 6-3 链路预测的性能比较（加粗：性能最佳；下划线：性能次佳）

方法		DBLP			Yelp			AMiner		
		Acc	AUC	F1	Acc	AUC	F1	Acc	AUC	F1
logistic 回归	DeepWalk	0.5441	0.5630	0.5208	0.7161	0.7825	0.7182	0.4856	0.5182	0.4618
	LINE-1st	0.6546	0.7121	0.6685	0.7226	0.7971	0.7099	0.5983	0.6413	0.6080
	LINE-2nd	0.6711	0.6500	0.6208	0.6335	0.6745	0.6499	0.5604	0.5114	0.4925
	GraphGAN	0.5241	0.5330	0.5108	0.7123	0.7625	0.7132	-	-	-
	ANE	0.5123	0.5430	0.5280	0.6983	0.7325	0.6838	0.5023	0.5280	0.4938
	HERec-HNE	0.7123	0.7823	0.6934	0.7087	0.7623	0.6923	0.7089	0.7776	0.7156
	HIN2vec	0.7180	0.7948	0.7006	0.7219	0.7959	0.7240	0.7142	0.7874	0.7264
	metapath2vec	0.5969	0.5920	0.5698	0.7124	0.7798	0.7106	0.7069	0.7623	0.7156
	HeGAN	**0.7290****	**0.8034****	**0.7119****	**0.7240****	**0.8075****	**0.7325****	**0.7198****	**0.7957****	**0.7389****
内积	DeepWalk	0.5474	0.7231	0.6874	0.5654	0.8164	0.6953	0.5309	0.6064	0.6799
	LINE-1st	0.6647	0.7753	0.7363	0.6769	0.7832	0.7199	0.6113	0.6899	0.7123
	LINE-2nd	0.4728	0.4797	0.6325	0.4193	0.7347	0.5909	0.5000	0.4785	0.6666
	GraphGAN	0.5532	0.6825	0.6214	0.5702	0.7725	0.6894	-	-	-
	ANE	0.5218	0.6543	0.6023	0.5432	0.7425	0.6324	0.5421	0.6123	0.6623
	HERec-HNE	0.5123	0.7473	0.6878	0.5323	0.6756	0.7066	0.6063	0.6912	0.6798
	HIN2vec	0.5775	0.8295	0.6714	0.6273	**0.8340**	0.4194	0.5348	0.6934	0.6824
	metapath2vec	0.4775	0.6926	0.6287	0.5124	0.6324	0.6702	0.6243	0.7123	0.6953
	HeGAN	**0.7649****	**0.8712****	**0.7837****	**0.7391****	0.8298	**0.7705****	**0.6505****	**0.7431****	**0.7752****

由实验结果得出，与 logistic 回归方法相比，使用内积法来直接进行链路预测时，HeGAN 相较于基线模型的提升更为明显。推测出现这样的结果是因为 HeGAN 可以更好地学习到图结构和语义保持嵌入空间，而内积只依赖于学习到的表示向量，不依赖于其他任何外部监督，所以在内积上展现出的性能差异更大。

完整的方法介绍和更多的实验结果详见文献 [16]。

6.3 重要性采样

6.3.1 概述

为了有效降低异质交互图上的计算和存储成本，实现高效的图表示学习训练，一个可靠的技术路线是对图上的邻域进行采样。当前，研究者们提出了多种图上的采样策略，包括节点层级的采样[14, 33] 和全图层级的采样[5, 17, 37]。前者针对每个目标节点的邻域进行采样，而后者针对全图节点进行采样。但是，当前的这些采样策略主要处理同质图模型，而在诸如电商图谱、社交网络等在内的实际场景中，其应用具有较大的局限性。主要原因是：1）不能处理多种类型节点和关系的图数据；2）要求一次性输入全图结构来进行计算；3）随着层数的增多，其计算复杂度会迅速增加。因此，大规模异质图上的采样面临两方面的问题：

第一，如何设计一个有效的采样器，使之适用于异质邻域？虽然可以简单地为每种类型的节点分别设计对应的采样器，但考虑到候选邻域也是多种类型的，如何批量地对异质邻域进行采样是一个需要克服的挑战。为此，本节提出了两种可行的选择，即类型依赖（type-dependent）和类型融合（type-fusion）的采样。前者分别为每个邻域类型设计一个采样器，并从各自的子邻域中进行采样；后者是设计一个统一的采样器，将块训练样本的所有类型邻居视作候选对象进行采样。从直观上看，类型融合采样器可以预期取得更好的效果，因为其考虑了所有类型交互作用的影响，并对所有类型的采样分布进行了联合建模。

第二，如何根据采样的异质邻域设计相应的有效估计器？由于采样是基于块训练的所有邻居的全局重要性，而对邻居信息聚合时更看中邻居对目标节点的局部重要性，这之间存在显著的不平衡，会引入不必要的方差。为应对这一挑战，分别提出了自归一化（self-normalized）和自适应（adaptive）的估计器，前者是基于节点自归一化地调整采样邻域的局部重要性，而后者则是通过考虑结构和属性不断地调整候选邻域的全局重要性分布，以确保降低采样信息方差。

我们在两个公开数据集上测试了提出的异质图神经网络采样模型 HeteSamp。实验结果表明，与不采样的原始模型相比，异质采样策略使内存占用最高降低了 92.48%，时间成本最高降低了 85.95%。与此同时，在多个任务上的采样模型保持了和原始模型相近甚至更好的性能表现。

6.3.2　HeteSamp 模型

本节介绍 HeteSamp 模型，包括当前通用的异质图神经网络以及异质采样框架。通过设计类型依赖和类型融合策略，避免了昂贵的时间成本和计算复杂度。注意，我们将大规模异质图命名为异质交互图（Heterogeneous Interaction Graph, HIG），以强调图规模快速增长的特点。此外，由于 HeteSamp 包含多个采样器和估计器，我们根据其采用的采样器和估计器来命名具体策略。

1. 通用异质图神经网络模型

为建模图中的异质性，一个通用的方案是设计异质图上的信息传播机制，即通过从异质邻居中传播信息重构节点表示，并反向传播梯度信息，该模型记为 HIGE（Heterogeneous Interaction Graph Embedding）[30, 36, 4]。如图 6-2a 所示，给定一个节点 v_i 及其交互的多种类型的邻居节点 $\{e_{v_i,v_j,r}|v_j \in \mathcal{N}_{v_i,r}, r \in \mathcal{R}\}$，则节点 v_i 从 r 类型邻域

中聚合的信息为:

$$g'_{v_i,r} = \sum_{v_j \in \mathcal{N}_{v_i,r}} \frac{1}{|\mathcal{N}_{v_i,r}|} w(v_i, v_j, r) h_{v_j} \tag{6.9}$$

其中,$g'_{v_i,r}$ 表示聚合信息,$\mathcal{N}_{v_i,r}$ 是节点 v_i 的 r 类型的邻域,$v_j \in \mathcal{N}_{v_i,r}$ 表示 v_i 的一个 r 类型的邻居,$h_{v_j} \in \mathbb{R}^d$ 为节点 v_j 的低维嵌入表示,d 是 h_{v_j} 的维度。$w(v_i, v_j, r)$ 表示边 $e_{v_i,v_j,r}$ 的权重,即:

$$w(v_i, v_j, r) = \sigma(x_{v_i,v_j,r} \lambda_r + b_r) \tag{6.10}$$

其中 $\sigma(\cdot)$ 表示激活函数,$x_{v_i,v_j,r} \in \mathbb{R}^{d_r}$ 表示节点 v_i 和 v_j 的边特征,d_r 表示-r 类型交互边特征维度,$\lambda_r \in \mathbb{R}^{d_r \times 1}$ 和 $b_r \in \mathbb{R}$ 分别表示 r 类型交互边的权重和偏置参数。

进一步地,考虑存在多种类型的交互邻域,节点 v_i 的邻域重构 $h'_{v_i} \in \mathbb{R}^d$ 计算如下:

$$h'_{v_i} = \sigma \left(\mathrm{concat}(g'_{v_i,r_0}, g'_{v_i,r_1}, \cdots, g'_{v_i,r_{|\mathcal{R}|}}) W_{\phi(v_i)} + b_{\phi(v_i)} \right) \tag{6.11}$$

其中,$\mathrm{concat}(\cdot)$ 表示联合操作,将所有的边类型聚合向量拼接在一起,$W_{\phi(v_i)} \in \mathbb{R}^{|\mathcal{R}|d \times d}$ 和 $b_{\phi(v_i)}$ 分别表示节点类型为 $\phi(v_i)$ 的映射矩阵和偏置参数,$|\mathcal{R}|$ 表示关系类型总数。显然,这种通用的异质图神经网络的计算复杂度和异质图的点边规模呈线性相关。

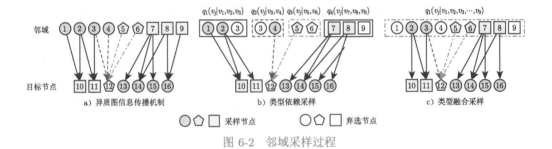

图 6-2   邻域采样过程

2. 基于块层级的异质采样策略

为了减少训练过程的计算代价和内存开销,一个简单的想法是只采样少量邻居,而不是从所有邻居中聚合信息。早先的工作[14, 33] 通常采用节点层级的随机采样并聚合采样的邻居信息,近来一些工作[5, 17, 37] 提出基于重要性采样,考虑邻居的全局和局部结构信息,进行全图层级的采样。但这些方法仅适用于同质图,不能建模异质交互图中丰富的语义方面的重要性。此外,这些模型所能处理的图规模有限,在处理超大规模图时,面临采样时耗过长或载入全图导致内存占用巨大的问题。考虑到当前图表示学习通常基于样本块进行训练,为此,提出块层级的异质采样策略。

公式(6.9)可以重写为:

$$g'_{v_i,r} = \mathbb{E}_q \left[\frac{p(v_j|v_i, r)}{q(v_j|B_k)} w(v_i, v_j, r) h_{v_j} \right] \tag{6.12}$$

其中 $\boldsymbol{B}_k$ 表示第 k 个训练块, $q(v_j|\boldsymbol{B}_k)$ 是对应的采样概率, 即训练块中邻居的重要性, $p(v_j|v_i,r)$ 等同于 $\dfrac{1}{|\mathcal{N}_{v_i,r}|}$。因此, 针对每个训练块的异质邻居采样可以定义为:

$$\hat{v_j} \sim q(\hat{v_j}|v_1,v_2,\cdots,v_{|\boldsymbol{B}_k|}) \quad v_j \in \{\mathcal{N}_{v_i,r}|r \in \mathcal{R}, v_i \in \boldsymbol{B}_k\} \tag{6.13}$$

其中, $\hat{v_j}$ 表示采样的邻居。如图 6-2a 所示, 本采样策略从所有当前训练块的所有邻域中进行采样。显然, 当针对分块层级而非节点层级进行采样时, 训练过程的采样时间代价可以得到显著降低。而与需要预先载入所有邻域的全图层级采样[5, 17, 37] 相比, 分块层级采样主要关注当前训练块的邻域, 在处理大规模图时, 内存的占用规模可以得到控制。

3. 类型依赖采样器

到目前为止, 已经提出了通用的训练块层级的异质采样。区别于传统的重要性采样, 节点交互的邻域蕴含多种语义信息。如何设计合理的采样器 q 从而建模语义层面的影响是当前亟须解决的问题。直观地, 可以针对每种类型的邻居分别设计对应的采样器, 独立地看待每种交互类型的邻居信息传播。为此, 本节设计类型依赖采样器。如图 6-2b 所示, 针对四种类型的交互关系分别设计对应的采样器进行节点采样。在该采样策略中, 将 $q(v_j|v_1,v_2,\cdots,v_{|\boldsymbol{B}_k|})$ 看作集合 $\{q_r(v_j|\cdot)|r \in \mathbb{R}\}$, 针对 r 类型的邻居选择对应的采样器 $q_r(v_j|\cdot)$。接下来的问题是, 如何设计采样器的精确形式, 从而保证采样的稳定性和训练过程有效。为此, 将训练块中所有节点聚合信息作为整体的信息传播量, 则:

$$\boldsymbol{\mu}_{q_r} = \frac{1}{|\boldsymbol{B}_k|}\sum_{v_i \in \boldsymbol{B}_k} \boldsymbol{g}'_{v_i,r} = \frac{1}{|\boldsymbol{B}_k|}\sum_{v_j} q_r(v_j|\cdot)\sum_{v_i \in \boldsymbol{B}_k} \frac{p(v_j|v_i,r)w(v_i,v_j,r)\boldsymbol{h}_{v_j}}{q_r(v_j|\cdot)} \tag{6.14}$$

其中, $|\boldsymbol{B}_k|$ 表示训练块的节点数量。则 $\boldsymbol{\mu}_{q_r}$ 的方差 Var_{q_r} 为:

$$Var_{q_r}(\boldsymbol{\mu}_{q_r}) = \frac{1}{|\boldsymbol{B}_k|}\mathbb{E}_{q_r}\frac{\left[\boldsymbol{\mu}_{q_r}q_r(v_j|\cdot) - \sum_{v_i \in \boldsymbol{B}_k}p(v_j|v_i,r)w(v_i,v_j,r)\boldsymbol{h}_{v_i}\right]^2}{q_r(v_j|\cdot)^2} \tag{6.15}$$

为了保证传播信息量的方差最小, 一个好的类型依赖采样器定义如下:

$$q_r(v_j) = \frac{\sum_{v_i \in \boldsymbol{B}_k}p(v_j|v_i,r)^2}{\sum_{v_j}\sum_{v_i \in \boldsymbol{B}_k}p(v_j|v_i,r)^2} \tag{6.16}$$

4. 类型融合采样器

本质上, 类型依赖采样策略关注的是同类型邻域的影响, 而没有综合考虑异质类型的影响。因此, 它们只减少了单类型采样邻域的方差。此外, 在类型依赖采样中, 包含多个交互的邻居可能不被采样, 而实际上这些节点往往是更具有代表性的。为解决这一局限性，本节设计类型融合采样策略，该策略将整个训练块相关的所有类型邻域作为候选项，在同一训练块中使用一个统一的采样器对联合邻域进行采样。

公式 (6.11) 中的聚合过程是多类型邻域信息的合并，这里改写为：

$$\boldsymbol{g}'_{v_i} = \sum_{r \in \mathcal{R}} \sum_{v_j \in \mathcal{N}_{v_i,r}} p(v_j|v_i,r) w(v_i,v_j,r) \boldsymbol{h}_{v_j} \boldsymbol{W}_r \tag{6.17}$$

其中，$\boldsymbol{W}_r \in \mathbb{R}^{d \times d}$ 表示边类型相关的映射矩阵。在类型融合的异质采样策略中，设全局信息量为训练块中所有类型邻域信息的聚合，即：

$$\boldsymbol{\mu}_q = \frac{1}{|\boldsymbol{B}_k|} \sum_{v_i \in \boldsymbol{B}_k} \boldsymbol{g}'_{v_i} = \frac{1}{|\boldsymbol{B}_k|} \sum_{v_j} q(v_j|\cdot) \sum_{r \in \mathcal{R}} \sum_{v_i \in \boldsymbol{B}_k} \frac{p(v_j|v_i,r) w(v_i,v_j,r) \boldsymbol{h}_{v_j} W_r}{q(v_j|\cdot)} \tag{6.18}$$

如图 6-2c 所示，基于类型融合的采样分布，可以同时采样不同语义的邻居，相应的采样器为：

$$q_s(v_j) = \frac{\sum_{r \in \mathcal{R}} \sum_{v_i} p(v_j|v_i,r)^2}{\sum_{r \in \mathcal{R}} \sum_{v_j} \sum_{v_i \in \boldsymbol{B}_k} p(v_j|v_i,r)^2} \tag{6.19}$$

其中 $q_s(v_j)$ 表示聚焦结构信息的类型融合的采样器。

以上策略只考虑了链接结构信息的重要性，但忽略了更基础的边特征的重要性。为充分融合边特征信息，这里提出了同时考虑结构和属性信息进行重要性分布的度量，即：

$$q_a(v_j) = \frac{\sum_{r \in \mathcal{R}} \sum_{v_i} p(v_j|v_i,r) f(\boldsymbol{x}(v_i,v_j,r))}{\sum_{r \in \mathcal{R}} \sum_{v_j} \sum_{v_i \in \boldsymbol{B}_k} p(v_j|v_i,r) f(\boldsymbol{x}(v_i,v_j,r))} \tag{6.20}$$

其中，$q_a(v_j)$ 为自适应采样器，$f(\boldsymbol{x}(v_i,v_j,r)) = \sigma(\boldsymbol{x}(v_i,v_j,r) \boldsymbol{W}_{x,r})$ 表示交互边的属性层级的重要性，$\boldsymbol{W}_{x,r} \in \mathbb{R}^{d_r \times 1}$ 为需要学习的属性特征映射矩阵。

5. 异质自归一化和自适应估计器

在类型依赖或类型融合的采样策略中，自然地，可以通过蒙特卡洛估计来得到对应的采样信息，块训练重要性采样的估计器定义为：

$$\hat{\boldsymbol{g}}_{v_i} = \frac{1}{n} \sum_{r \in \mathcal{R}} \sum_{v_j \in \hat{\mathcal{N}}_{\boldsymbol{B}_k,r}} \frac{p(\hat{v}_j|\cdot)}{q(\hat{v}_j|\cdot)} w(v_i,\hat{v}_j,r) \boldsymbol{h}_{\hat{v}_j} \boldsymbol{W}_r \tag{6.21}$$

其中，$\hat{\boldsymbol{g}}_{v_i}$ 为估测信息，n 为采样数，$\hat{\mathcal{N}}_{\boldsymbol{B}_k,r}$ 为该训练块中 r 类型邻域数量，$p(\hat{v}_j|\cdot)$ 等于 $\frac{1}{|\mathcal{N}_{v_i,r}|}$，$q(\hat{v}_j|\cdot)$ 表示异质采样器。但是，这种估计在实际上往往会增加方差。其原因是作为局部信息的 $p(\hat{v}_j|\cdot)$ 的值域范围取决于节点的度，相对比较大，而全局信息的 $q(\hat{v}_j|\cdot)$ 为整体邻域中的样本重要性分布，其值相对更小。因此，在进行近似估计的时候，将面临权重失衡的问题。换句话说，全局的候选样本的数量要远大于目标节点的局

部邻居数量。为克服权重失衡的问题，对于只考虑结构重要性的采样，一个可靠的方向是直接针对节点的采样邻域进行权重的自归一化。对应的自归一化估计器可以表示为：

$$\hat{\boldsymbol{g}}_{sn,v_i} = \sum_{r \in \mathcal{R}} \sum_{\hat{v}_j \in \hat{\mathcal{N}}_{v_i,r}} \frac{\pi(\hat{v}_j)}{\sum_{\hat{v}'_j \in \hat{\mathcal{N}}_{v_i,r}} \pi(\hat{v}'_j)} w_{v_i,v_j,r} \boldsymbol{h}_j \boldsymbol{W}_r \qquad (6.22)$$

其中，$\hat{\boldsymbol{g}}_{sn,v_i}$ 表示自归一化信息，$\pi(v_j) = \frac{p(v_j|\cdot)}{q(v_j|\cdot)}$ 表示采样的邻居，$\hat{\mathcal{N}}_r$ 表示 r 类型采样邻居。与此同时，考虑自适应采样不必然能保证最小方差，直接针对存在的方差进行优化，从而保证方差约减以及采样器 $q_a(v_j)$ 的调优。

6. 优化目标

在基于重要性采样策略的异质交互图表示学习中，其整体损失函数主要由四部分构成，包括：1）具体任务的损失值；2）基于采样的信息传播构建的节点重构表示的损失值；3）隐层参数的正则化约束；4）信息采样的方差。其定义如下：

$$L_k = L_{task,k} + \alpha L_{ep,k} + \beta \Omega(\boldsymbol{\Theta}) + \xi Var_{q_a,k}(\hat{\mu}_q) \qquad (6.23)$$

其中 L_k 表示第 k 个训练块的损失值，$L_{task,k}$ 表示对应的监督学习的损失值，$L_{ep,k}$ 表示基于采样的表示学习任务的损失函数，$Var_{q_a,k}(\hat{\mu}_q)$ 表示自适应采样的信息量方差，$\Omega(\boldsymbol{\Theta})$ 表示所有隐层参数集合的正则化约束。α、β 和 ξ 分别表示各部分的权重。注意，由于在类型依赖采样和基于结构的类型融合采样策略中，采样器是固定的，故在对应的损失函数中设 $\xi = 0$。

6.3.3　实验

1. 实验设置

数据集　我们在两个真实世界的异质图上评估了方法的性能，即由 41 523 个节点和 199 429 条边组成的 AMiner 学术图数据集和由 4527 222 个节点和 49 785 900 条边组成的 Alibaba 电商图数据集，分别在 AMiner 和 Alibaba 数据集上进行节点分类和链接预测任务。由于 GraphSAGE、Fast-GCN 和 AS-GCN 是用来处理节点分类的，不能处理 Alibaba 的链接预测任务，故只在 Aminer 上进行对比。此外，即使尝试改进为链接预测任务，由于需要全图载入，在大规模的 Alibaba 图数据上也面临严重的内存不足的问题。

对比方法　为验证采样策略的有效性，对比提出的重要性采样策略与无采样的通用 HIGE 和 HAN[30] 模型的实验效果。此外，也与同质 GCN 上具有代表性的全图层级采样的 FastGCN[17]、AS-GCN[5] 和节点层级采样 GraphSAGE[14] 进行比较，验证可扩展性。最后，为研究提出的基于方差约减推导出的异质重要性采样器的性能，将重要性分布替换为均匀分布，构建随机采样器。

参数设置　在异质重要性采样策略中，设置 $\beta = 0.1$，$\gamma = 0.1$，$\psi = 0.1$，$\alpha = 0.4$。AMiner 和 Alibaba 数据集上所有算法的最大迭代次数分别设置为 100 和 5。在 AMiner 数据集的节点分类任务中，采用 Micro-F1 和 Macro-F1 作为评价指标；在 Alibaba 数据集的链接预测中，采用 F1 和 AUC 作为评价指标。以上所有指标都与方法的性能呈正相关。

2. 有效性验证

表 6-4 和表 6-5 分别表示 AMiner 和 Alibaba 上各基线模型和提出的多种采样策略的性能。注意：除 HIGE 和 HAN 之外的最优结果用加粗字体标出，次优结果用下划线标出。AMiner 中采样数量为从 3% 到 24%，Alibaba 中采样数量为从 1.25% 到 10%。

表 6-4　AMiner 作者研究领域分类的 Micro/Macro-F1 性能表现

采样数量	Micro-F1				Macro-F1			
	128 ~ 3%	256 ~ 6%	512 ~ 12%	1024 ~ 24%	128 ~ 3%	256 ~ 6%	512 ~ 12%	1024 ~ 24%
HIGE-Nil	0.1990				0.1961			
HIGE	0.9646				0.9593			
HAN	0.9512				0.9508			
GraphSAGE	0.2022	0.2039	0.2125	0.2119	0.1989	0.2023	0.2036	0.2073
Fast-GCN	0.2117	0.2244	0.2318	0.2361	0.1850	0.1898	0.2116	0.2119
AS-GCN	0.2361	0.2307	0.2390	0.2390	0.2005	0.2028	0.2004	0.2068
Unif-TD	0.3043	0.4123	0.4256	0.4221	0.2638	0.3907	0.3553	0.3962
Unif-TF	0.1780	0.2229	0.3785	0.6296	0.1266	0.1952	0.3081	0.5727
VarR-TD	0.8086	0.7990	0.8971	0.9123	0.7913	0.7894	0.8945	0.9133
VarR-TF	0.9461	<u>0.9671</u>	**0.9712**	0.9675	0.9424	<u>0.9651</u>	**0.9696**	<u>0.9664</u>
VarR-TF-SN	**0.9659**	0.9643	0.9612	<u>0.9684</u>	<u>0.9637</u>	0.9629	<u>0.9631</u>	0.9603
VarR-TF-AS	<u>0.9650</u>	**0.9676**	<u>0.9705</u>	**0.9687**	**0.9649**	**0.9667**	0.9602	**0.9671**

表 6-5　Alibaba 用户点评商家行为预测的 F1/AUC 性能表现

采样数量	F1				ROC-AUC			
	512 ~ 1.25%	1024 ~ 2.5%	2048 ~ 5%	4096 ~ 10%	512 ~ 1.25%	1024 ~ 2.5%	2048 ~ 5%	4096 ~ 10%
HIGE-Nil	0.3994				0.5134			
HIGE	0.5663				0.7715			
HAN	0.5618				0.7704			
Unif-TD	0.4017	0.4226	0.4352	0.4371	0.5768	0.5826	0.5908	0.5924
Unif-TF	0.4008	0.4122	0.4125	0.4451	0.5731	0.5790	0.5862	0.5977
VarR-TD	0.4841	0.5003	0.5274	0.5682	0.6207	0.6504	0.6925	0.7475
VarR-TF	<u>0.5769</u>	<u>0.5908</u>	0.5709	<u>0.5833</u>	0.7648	**0.7671**	0.7653	<u>0.7796</u>
VarR-TF-SN	**0.5780**	0.5883	<u>0.5802</u>	0.5798	<u>0.7669</u>	0.7625	<u>0.7660</u>	0.7742
VarR-TF-AS	0.5729	**0.5913**	**0.5806**	**0.5844**	**0.7674**	<u>0.7641</u>	**0.7676**	**0.7799**

观察实验结果，有如下发现：1）相比于其他采样策略，VarR-TF-AS 在两个数据

集上处理节点分类或链接预测任务均取得了最好的结果，而 VarR-TF-SN 的性能较为接近。尤其是，VarR-TF-AS 和 HIGE、HAN 的性能类似甚至更好。这种现象证实了异质重要性采样的有效性。一方面，提出的异质采样策略采样部分邻居近似 HIGE 和 HAN 中的全局邻居信息聚合；另一方面，考虑语义信息的异质重要性采样选取具有代表性的邻居，降低了邻域中的噪声信息。2）与均匀采样的 Unif-TD 和 Unif-TF 策略相比，方差约简的采样保证了更加稳定的估计量，从而得到更好的结果。此外，在 VarR-* 方法中，类型融合策略优于类型依赖策略，因为前者将所有类型联合考虑，在异质交互图中考虑所有类型采样邻域的信息方差而不是孤立分析单一同质采样样本。3）提出的通用 HIGE 可以与 HAN 相媲美。然而，HAN 具有更高的时间复杂度。例如，对于大规模的 Alibaba 数据集，HAN（约 1 天）的时间成本就比 HIGE（约 5 小时）要大得多。4）所有异质重要性采样策略的性能比基于 GCN 的模型（Fast-GCN 和 AS-GCN 和 GraphSAGE）具有显著性的优势。一方面，对 HIGE 的抽样考虑了图的异质性，而基于 GCN 的模型忽视了丰富的语义重要性。另一方面，Fast-GCN 和 AS-GCN 的采样大小或卷积层数可能不够。然而，在效率研究中，可以发现，即使在目前的设置下，Fast-GCN 和 AS-GCN 的训练时间代价显著高于提出的异质重要性采样策略。

3. 效率

为验证提出的异质重要性采样策略的加速效率，分别对信息传播中的内存占用和训练时间进行分析。如图 6-3a 和图 6-3b 所示，模型的内存占用最多降低了 92.48%。进一步地，在大规模数据集上内存成本的明显降低，表明重要性采样策略具有很好的可扩展性。在运行时间方面，如图 6-3c 和图 6-3d 所示，VarR-TF-AS 和 VarR-TF-SN 比 HIGE 的时间代价最多降低了 84.39%，却保持了模型的性能。值得注意的是，HAN 的训练速度相当缓慢。在处理大规模的 Alibaba 数据集时，HAN（约 1 天）的时间成本比 HIGE（约 5 小时）要大得多。

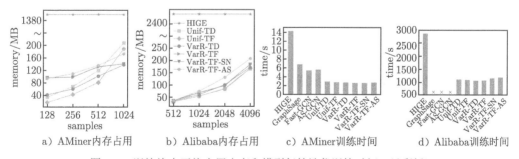

a) AMiner内存占用　b) Alibaba内存占用　c) AMiner训练时间　d) Alibaba训练时间

图 6-3　训练块中平均占用内存和模型每轮迭代训练时间（见彩插）

HeteSamp 的更多设计细节和实验结果分析参见文献 [19]。

6.4 双曲空间表示

6.4.1 概述

异质图表示学习最近引起了广泛的研究关注。由于欧几里得空间是我们感知到的三维空间的自然概括，大多数异质图表示学习方法选择欧几里得空间来表示异质图。然而，一个根本的问题是，异质图内在的隐空间是什么？

最近，双曲空间在网络科学中得到了很多的关注[20]。双曲空间是恒定负曲率的空间[3]。它的一个优势是比欧几里得空间扩展得更快[22]。因此，相比于欧几里得空间，在双曲空间中更容易对复杂数据进行建模。由于双曲空间的特性，一些研究者假设双曲空间是复杂网络的基础，并发现具有幂律结构的数据适合在双曲空间中建模[20]。此外，一些研究人员开始在双曲空间中表示不同的数据。例如，文献 [7] 学习文本在双曲空间的表示，文献 [22] 和 [11] 研究同质图的双曲表示学习。然而，异质图是否适合在双曲空间表示仍是个未知的问题。

在本节中，我们提出一种异质图表示学习方法 HHNE，它能够在双曲空间中保留异质图的结构和语义信息。HHNE 利用元路径指导的随机游走生成异质邻居来捕获异质图中的结构和语义关系，然后通过双曲空间中的距离来测量节点之间的相似度。此外，HHNE 能够最大化邻居节点之间的相似度，同时最小化负采样节点之间的相似度，并使用相关的优化策略来迭代优化双曲特征表示。

6.4.2 HHNE 模型

1. 模型框架

HHNE 利用元路径指导的随机游走为每个节点获取邻居，以捕获异质图中的结构和语义关系。另外，HHNE 通过最大化邻居节点之间的相似度和最小化负采样节点之间的相似度来学习节点的双曲表示。此外，我们推导出 HHNE 的优化策略来更新双曲特征表示。

2. 双曲异质图表示学习

为了在双曲空间中设计异质图表示学习方法，我们利用庞加莱球模型来描述双曲空间。令 $\mathbb{D}^d = \{x \in \mathbb{R}^d : \|x\| < 1\}$ 为 d 维单位球。庞加莱球由流形 $\mathbb{D}^d$ 定义，该流形配备以下黎曼度量张量 $\boldsymbol{g}_x^{\mathbb{D}}$：

$$\boldsymbol{g}_x^{\mathbb{D}} = \lambda_x^2 \boldsymbol{g}^{\mathbb{E}}, \quad \text{其中} \lambda_x := \frac{2}{1 - \|x\|^2} \tag{6.24}$$

其中 $x \in \mathbb{D}^d$，$\boldsymbol{g}^{\mathbb{E}} = \boldsymbol{I}$ 表示欧几里得度量张量。

HHNE 旨在学习双曲空间中节点的表示以保留结构和语义信息。给定一个异质图 $G = (V, E, T, \phi, \psi)$，其中 $|T_V| > 1$，HHNE 的目的是学习特征表示 $\Theta = \{\theta_i\}_{i=1}^{|V|}, \theta_i \in \mathbb{D}^d$。

HHNE 通过促进节点与其邻居之间的相似度来保留结构。它使用元路径指导的随机游走 [8] 来获取节点的异质邻居。在元路径指导的随机游走中，节点序列受到元路径定义的节点类型的约束。具体来说，让 t_{v_i} 和 t_{e_i} 分别作为节点 v_i 和边 e_i 的类型，给定元路径 $\mathcal{P} = t_{v_1} \xrightarrow{t_{e_1}} \ldots t_{v_i} \xrightarrow{t_{e_i}} \ldots \xrightarrow{t_{e_{n-1}}} t_{v_n}$，步骤 i 的转移概率定义如下：

$$p(v^{i+1}|v^i_{t_{v_i}},\mathcal{P})=\begin{cases} \dfrac{1}{|N_{t_{v_{i+1}}}(v^i_{t_{v_i}})|} & (v^{i+1}, v^i_{t_{v_i}})\in E, \phi(v^{i+1})=t_{v_{i+1}} \\ 0 & \text{其他} \end{cases} \tag{6.25}$$

其中 $v^i_{t_{v_i}}$ 表示类型为 t_{v_i} 的节点 $v \in V$，$N_{t_{v_{i+1}}}(v^i_{t_{v_i}})$ 表示节点 $v^i_{t_{v_i}}$ 的 $t_{v_{i+1}}$ 类型的邻居。元路径指导的随机游走策略确保不同类型节点之间的语义关系可以恰当地融入 HHNE 中。

为了在双曲空间中保持节点与其邻居之间的相似度，HHNE 使用庞加莱球模型中的距离来测量它们的相似度。给定节点特征表示 $\theta_i, \theta_j \in \mathbb{D}^d$，庞加莱球中的距离由下式给出：

$$d_{\mathbb{D}}(\theta_i, \theta_j) = \cosh^{-1}\left(1 + 2\frac{\|\theta_i - \theta_j\|^2}{(1 - \|\theta_i\|^2)(1 - \|\theta_j\|^2)}\right) \tag{6.26}$$

值得注意的是，由于庞加莱球是在度量空间中定义的，庞加莱球中的距离满足三角不等式，可以很好地保留异质图中的传递性。HHNE 使用概率来描述节点 c_t 和节点 v 成为邻居的可能性，如下所示：

$$p(v|c_t; \Theta) = \sigma[-d_{\mathbb{D}}(\theta_v, \theta_{c_t})]$$

其中 $\sigma(x) = \dfrac{1}{1 + \exp(-x)}$。HHNE 通过最大化如下概率对图结构进行建模：

$$\arg\max_{\Theta} \sum_{v \in V} \sum_{c_t \in C_t(v)} \log p(v|c_t; \Theta) \tag{6.27}$$

为了实现高效优化，HHNE 利用了文献 [21] 中提出的负采样，它通过采样少量负样本以增强正样本的影响。对于给定的节点 v，HHNE 旨在最大化 v 与其邻居 c_t 之间的相似度，同时最小化 v 与其负样本节点 n 之间的相似度。因此，目标函数公式(6.27)可以改写如下：

$$\mathcal{L}(\Theta) = \log \sigma[-d_{\mathbb{D}}(\theta_{c_t}, \theta_v)] + \sum_{m=1}^{M} \mathbb{E}_{n^m \sim P(n)}\{\log \sigma[d_{\mathbb{D}}(\theta_{n^m}, \theta_v)]\} \tag{6.28}$$

其中 $P(n)$ 是一个预定义的采样分布。

3. 优化

由于模型的参数存在于具有黎曼流形结构的庞加莱球中，因此反向传播梯度是黎曼梯度。这意味着基于欧几里得空间的优化（$\theta_i \leftarrow \theta_i + \eta\nabla^E_{\theta_i}\mathcal{L}(\Theta)$）是没办法直接使用的。另一方面，HHNE 可以通过黎曼随机梯度下降（RSGD）[1] 优化公式(6.28)。令 $\mathcal{T}_{\theta_i}\mathbb{D}^d$ 表示特征为 $\theta_i \in \mathbb{D}^d$ 的节点的切空间，HHNE 可以计算关于 $\mathcal{L}(\Theta)$ 的黎曼梯度 $\nabla^R_{\theta_i}\mathcal{L}(\Theta) \in \mathcal{T}_{\theta_i}\mathbb{D}^d$。使用 RSGD，HHNE 可以通过最大化公式(6.28)来进行优化，并且节点特征可以通过下式更新：

$$\theta_i \leftarrow \exp_{\theta_i}(\eta\nabla^R_{\theta_i}\mathcal{L}(\Theta)) \tag{6.29}$$

其中 $\exp_{\theta_i}(\cdot)$ 是指数映射，由文献 [11] 给出：

$$\exp_{\theta_i}(s) = \frac{\lambda_{\theta_i}\left(\cosh(\lambda_{\theta_i}\|s\|) + \left\langle\theta_i, \frac{s}{\|s\|}\right\rangle\sinh(\lambda_{\theta_i}\|s\|)\right)}{1 + (\lambda_{\theta_i} - 1)\cosh(\lambda_{\theta_i}\|s\|) + \lambda_{\theta_i}\left\langle\theta_i, \frac{s}{\|s\|}\right\rangle\sinh(\lambda_{\theta_i}\|s\|)}\theta_i +$$

$$\frac{\frac{1}{\|s\|}\sinh(\lambda_{\theta_i}\|s\|)}{1 + (\lambda_{\theta_i} - 1)\cosh(\lambda_{\theta_i}\|s\|) + \lambda_{\theta_i}\left\langle\theta_i, \frac{s}{\|s\|}\right\rangle\sinh(\lambda_{\theta_i}\|s\|)}s \tag{6.30}$$

由于庞加莱球是双曲空间的共形模型，即 $g^{\mathbb{D}}_x = \lambda^2_x g^{\mathbb{E}}$，黎曼梯度 ∇^R 是通过将欧几里得梯度 ∇^E 重新缩放为度量张量的倒数获得：

$$\nabla^R_{\theta_i}\mathcal{L} = \left(\frac{1}{\lambda_{\theta_i}}\right)^2\nabla^E_{\theta_i}\mathcal{L} \tag{6.31}$$

此外，公式(6.28)的梯度可以推导如下：

$$\frac{\partial\mathcal{L}}{\partial\theta_{u^m}} = \frac{4}{\alpha\sqrt{\gamma^2 - 1}}\left[\mathbb{I}_v[u^m] - \sigma(-d_{\mathbb{D}}(\theta_{c_t}, \theta_{u^m}))\right]\cdot$$
$$\left[\frac{\theta_{c_t}}{\beta_m} - \frac{\|\theta_{c_t}\|^2 - 2\langle\theta_{c_t}, \theta_{u^m}\rangle + 1}{\beta^2_m}\theta_{u^m}\right] \tag{6.32}$$

$$\frac{\partial\mathcal{L}}{\partial\theta_{c_t}} = \sum_{m=0}^{M}\frac{4}{\beta_m\sqrt{\gamma^2 - 1}}\left[\mathbb{I}_v[u^m] - \sigma(-d_{\mathbb{D}}(\theta_{c_t}, \theta_{u^m}))\right]\cdot$$
$$\left[\frac{\theta_{u^m}}{\alpha} - \frac{\|\theta_{u^m}\|^2 - 2\langle\theta_{c_t}, \theta_{u^m}\rangle + 1}{\alpha^2}\theta_{c_t}\right] \tag{6.33}$$

其中 $\alpha = 1 - \|\theta_{c_t}\|^2$，$\beta_m = 1 - \|\theta_{u^m}\|^2$，$\gamma = 1 + \frac{2}{\alpha\beta}\|\theta_{c_t} - \theta_{u^m}\|^2$，并且当 $m = 0$ 时，$u^0 = v$。$\mathbb{I}_v[u]$ 是指示 u 是否为 v 的指示函数。

6.4.3 实验

1. 实验设置

数据集 实验中使用的两个异质图的基本统计数据见表 6-6。

表 6-6 数据集统计

DBLP	# A	# P	# V	# P-A	# P-V
	14 475	14 376	20	41 794	14 376
MovieLens	#A	#M	#D	#M-A	#M-D
	11 718	9160	3510	64 051	9160

基线方法 HHNE 与以下方法进行了比较：1）同质图表示学习方法，即 Deep-Walk[24]、LINE[27] 和 node2vec[13]；2）异质图表示学习方法，即 metapath2vec[8]；3）双曲图表示学习方法，即 PoincaréEmb[22]。

参数设置 对于基于随机游走的方法 DeepWalk、node2vec、metapath2vec 和 HHNE，我们设置邻居大小为 5，游走长度为 80，每个节点的游走次数为 40。对于 LINE、meta-path2vec、PoincaréEmb 和 HHNE，我们设置负样本数量为 10。对于基于元路径指导的随机游走方法，我们在 DBLP 的网络重建和链路预测实验中使用"APA"作为"P-A"边所需的元路径，使用元路径"APVPA"关系预测"P-V"边。"AMDMA"用于上述 MovieLens 实验中的所有关系。在可视化实验中，为了重点分析"A"和"P"的关系，我们使用"APA"作为元路径。

2. 网络重构

异质图表示学习方法应该确保学习到的特征可以保留原始的异质图结构。我们使用图表示学习方法来学习节点的特征表示，然后对于异质图中每种类型的边，枚举所有可以通过这种边连接的对象对，并计算它们的相似度[18]。最后，我们使用 AUC[9] 来评估每种表示学习方法的性能。例如，对于链接类型"P-A"，我们计算 DBLP 中的所有作者和论文对，并计算每对的相似度。然后使用真实 DBLP 网络中作者和论文之间的链接作为真实情况，计算每种表示学习方法的 AUC 值。

结果见表 6-7，HHNE 始终表现最好。结果表明，HHNE 可以有效地保留原始并重构图结构，尤其是在 P-V 和 M-D 边的重构上。另外，当维度非常小时，HHNE 取得了非常好的结果。这说明异质图下的双曲空间是合理的，当空间维数较小时，双曲空间具有很强的网络建模能力。

3. 链路预测

链路预测旨在根据观察到的异质图结构推断异质图中的未知链接，可用于测试图表示学习方法的泛化性能。实验设置类似于文献 [32]，对于每种类型的边，从图中随机移除 20%，同时确保其余图结构仍然连接。在测试中计算所有节点对的相似度，评估指标使用 AUC。

从表 6-8 中的结果来看，HHNE 在所有维度上都优于基线方法，尤其是在低维度上。结果可以证明 HHNE 的泛化能力。在 DBLP 数据集中，HHNE 在 10 维的结果超过了更高维结果中的所有基线。在 MovieLens 数据集中，2 维的 HHNE 在所有维

表 6-7　网络重构的 AUC 值

数据集	边	维度	DeepWalk	LINE (1st)	LINE (2nd)	node2vec	metapath2vec	PoincaréEmb	HHNE
DBLP	P-A	2	0.6933	0.5286	0.6740	0.7107	0.6686	0.8251	**0.9835**
		5	0.8034	0.5397	0.7379	0.8162	0.8261	0.8769	**0.9838**
		10	0.9324	0.6740	0.7541	0.9418	0.9202	0.8921	**0.9887**
		15	0.9666	0.7220	0.7868	0.9719	0.9500	0.8989	**0.9898**
		20	0.9722	0.7457	0.7600	0.9809	0.9623	0.9024	**0.9913**
		25	0.9794	0.7668	0.7621	0.9881	0.9690	0.9034	**0.9930**
	P-V	2	0.7324	0.5182	0.6242	0.7595	0.7286	0.5718	**0.8449**
		5	0.7906	0.5500	0.6349	0.8019	0.9072	0.5529	**0.9984**
		10	0.8813	0.7070	0.6333	0.8922	0.9691	0.6271	**0.9985**
		15	0.9353	0.7295	0.6343	0.9382	0.9840	0.6446	**0.9985**
		20	0.9505	0.7369	0.6444	0.9524	0.9879	0.6600	**0.9985**
		25	0.9558	0.7436	0.6440	0.9596	0.9899	0.6760	**0.9985**
MoiveLens	M-A	2	0.6320	0.5424	0.6378	0.6402	0.6404	0.5231	**0.8832**
		5	0.6763	0.5675	0.7047	0.6774	0.6578	0.5317	**0.9168**
		10	0.7610	0.6202	0.7739	0.7653	0.7231	0.5404	**0.9211**
		15	0.8244	0.6593	0.7955	0.8304	0.7793	0.5479	**0.9221**
		20	0.8666	0.6925	0.8065	0.8742	0.8189	0.5522	**0.9239**
		25	0.8963	0.7251	0.8123	0.9035	0.8483	0.5545	**0.9233**
	M-D	2	0.6626	0.5386	0.6016	0.6707	0.6589	0.6213	**0.9952**
		5	0.7263	0.5839	0.6521	0.7283	0.7230	0.7266	**0.9968**
		10	0.8246	0.6114	0.6969	0.8308	0.8063	0.7397	**0.9975**
		15	0.8784	0.6421	0.7112	0.8867	0.8455	0.7378	**0.9972**
		20	0.9117	0.6748	0.7503	0.9186	0.8656	0.7423	**0.9982**
		25	0.9345	0.7012	0.7642	0.9402	0.8800	0.7437	**0.9992**

表 6-8　链路预测的 AUC 值

数据集	边	维度	DeepWalk	LINE(1st)	LINE(2nd)	node2vec	metapath2vec	PoincaréEmb	HHNE
DBLP	P-A	2	0.5813	0.5090	0.5909	0.6709	0.6536	0.6742	**0.8777**
		5	0.7370	0.5168	0.6351	0.7527	0.7294	0.7381	**0.9041**
		10	0.8250	0.5427	0.6510	0.8469	0.8279	0.7699	**0.9111**
		15	0.8664	0.5631	0.6582	0.8881	0.8606	0.7743	**0.9111**
		20	0.8807	0.5742	0.6644	0.9037	0.8740	0.7806	**0.9106**
		25	0.8878	0.5857	0.6782	0.9102	0.8803	0.7830	**0.9117**
	P-V	2	0.7075	0.5160	0.5121	0.7369	0.7059	0.8257	**0.9331**
		5	0.7197	0.5663	0.5216	0.7286	0.8516	0.8878	**0.9409**
		10	0.7292	0.5873	0.5332	0.7481	0.9248	0.9113	**0.9619**
		15	0.7325	0.5896	0.5425	0.7583	0.9414	0.9142	**0.9625**
		20	0.7522	0.5891	0.5492	0.7674	0.9504	0.9185	**0.9620**
		25	0.7640	0.5846	0.5512	0.7758	0.9536	0.9192	**0.9612**
MoiveLens	M-A	2	0.6278	0.5053	0.5712	0.6349	0.6168	0.5535	**0.7715**
		5	0.6353	0.5636	0.5874	0.6402	0.6212	0.5779	**0.8255**
		10	0.6680	0.5914	0.6361	0.6700	0.6332	0.5984	**0.8312**
		15	0.6791	0.6184	0.6442	0.6814	0.6382	0.5916	**0.8319**
		20	0.6868	0.6202	0.6596	0.6910	0.6453	0.5988	**0.8318**
		25	0.6890	0.6256	0.6700	0.6977	0.6508	0.5995	**0.8309**
	M-D	2	0.6258	0.5139	0.6501	0.6299	0.6191	0.5856	**0.8520**
		5	0.6482	0.5496	0.6607	0.6589	0.6332	0.6290	**0.8967**
		10	0.6976	0.5885	0.7499	0.7034	0.6687	0.6518	**0.8984**
		15	0.7163	0.6647	0.7756	0.7241	0.6702	0.6715	**0.9007**
		20	0.7324	0.6742	0.7982	0.7412	0.6746	0.6821	**0.9000**
		25	0.7446	0.6957	0.8051	0.7523	0.6712	0.6864	**0.9018**

度上都超过了基线方法。此外，LINE(1st) 和 PoincaréEmb 都优化一阶邻居的相似性，LINE(1st) 将图表示到欧几里得空间中，而 PoincaréEmb 将图表示到双曲空间中。在大多数情况下，PoincaréEmb 的性能优于 LINE(1st)，尤其是在维度低于 10 的情况下，表明将图在双曲空间进行特征表示的优越性。由于 HHNE 可以保留高阶网络结构并处理异质图中不同类型的节点，因此 HHNE 比 PoincaréEmb 更有效。

关于 HHNE 的详细介绍可以参阅文献 [31]。

6.5　本章小结

在本章中，我们介绍了三种新兴的异质图表示学习方法。为了产生更有价值的负样本，我们介绍了 HeGAN，该方法基于对抗性原理，旨在学习保留语义特征并具有鲁棒性的节点表示。针对大规模异质图，HeteSamp 使用重要性采样加速大规模异质图表示学习。此外，对于双曲空间特征表示，HHNE 尝试在双曲空间中学习异质图的特征表示，并使用相关优化策略来优化双曲表示学习。我们希望将来有更多深度学习的新技术应用到异质图表示学习，来进一步发现异质图丰富的语义。

参考文献

[1] Bonnabel, S., et al.: Stochastic gradient descent on Riemannian manifolds. IEEE Trans. Automat. Contr. **58**(9), 2217-2229 (2013)

[2] Cai, X., Han, J., Yang, L.: Generative adversarial network based heterogeneous bibliographic network representation for personalized citation recommendation. In: Thirty-Second AAAI Conference on Artificial Intelligence, pp. 5747-5754 (2018)

[3] Cannon, J.W., Floyd, W.J., Kenyon, R., Parry, W.R., et al.: Hyperbolic geometry. Flavors Geom. **31**, 59-115 (1997)

[4] Cen, Y., Zou, X., Zhang, J., Yang, H., Zhou, J., Tang, J.: Representation learning for attributed multiplex heterogeneous network. In: Proceedings of the 25th ACM SIGKDD International Conference on Knowledge Discovery and Data Mining (KDD), pp. 1358-1368 (2019)

[5] Chen, J., Ma, T., Xiao, C.: FastGCN: Fast learning with graph convolutional networks via importance sampling. In: Proceedings of the Conference ICLR (2018). arXiv preprint arXiv:1801.10247

[6] Dai, Q., Li, Q., Tang, J., Wang, D.: Adversarial network embedding. In: Proceedings of the AAAI Conference on Artificial Intelligence (AAAI), pp. 2167-2174 (2018)

[7] Dhingra, B., Shallue, C., Norouzi, M., Dai, A., Dahl, G.: Embedding text in hyperbolic spaces. In: Proceedings of the Twelfth Workshop on Graph-Based Methods for Natural Language Processing (TextGraphs), pp. 59-69 (2018)

[8] Dong, Y., Chawla, N.V., Swami, A.: metapath2vec: Scalable representation learning for heterogeneous networks. In: Proceedings of the 23rd ACM SIGKDD International Conference on Knowledge Discovery and Data Mining (KDD), pp. 135-144 (2017)

[9] Fawcett, T.: An introduction to roc analysis. Pattern Recogn. Lett. **27**(8), 861-874 (2006)

[10] Fu, T.y., Lee, W.C., Lei, Z.: Hin2vec: Explore meta-paths in heterogeneous information networks for representation learning. In: Proceedings of the 2017 ACM on Conference on Information and Knowledge Management (CIKM), pp. 1797-1806 (2017)

[11] Ganea, O., Becigneul, G., Hofmann, T.: Hyperbolic entailment cones for learning hierarchical embeddings. In: International Conference on Machine Learning (ICML), pp. 1646-1655 (2018)

[12] Goodfellow, I., Pouget-Abadie, J., Mirza, M., Xu, B., Warde-Farley, D., Ozair, S., Courville, A., Bengio, Y.: Generative adversarial nets. In: Advances in Neural Information Processing Systems (NeurIPS), pp. 2672-2680 (2014)

[13] Grover, A., Leskovec, J.: node2vec: Scalable feature learning for networks. In: Proceedings of the 22nd ACM SIGKDD International Conference on Knowledge Discovery and Data Mining (KDD), pp. 855-864 (2016)

[14] Hamilton, W.L., Ying, Z., Leskovec, J.: Inductive representation learning on large graphs. In: Proceedings of the 31st International Conference on Neural Information Processing Systems, pp. 1025-1035 (2017)

[15] He, X., Liao, L., Zhang, H., Nie, L., Hu, X., Chua, T.S.: Neural collaborative filtering. In: Proceedings of the 26th International Conference on World Wide Web (WWW), pp. 173-182 (2017)

[16] Hu, B., Fang, Y., Shi, C.: Adversarial learning on heterogeneous information networks. In: Teredesai, A., Kumar, V., Li, Y., Rosales, R., Terzi, E., Karypis, G. (eds.) Proceedings of the 25th ACM SIGKDD International Conference on Knowledge Discovery and Data Mining (KDD), pp. 120-129 (2019)

[17] Huang, W., Zhang, T., Rong, Y., Huang, J.: Adaptive sampling towards fast graph representation learning. In: Advances in Neural Information Processing Systems (NeurIPS), pp. 4563-4572 (2018)

[18] Huang, Z.,Mamoulis, N.: Heterogeneous information network embedding for meta path based proximity. arXiv preprint arXiv:1701.05291 (2017)

[19] Ji, Y., Yin, M., Yang, H., Zhou, J., Zheng, V.W., Shi, C., Fang, Y.: Accelerating large-scale heterogeneous interaction graph embedding learning via importance sampling. ACM Trans. Knowl. Discov. Data **15**(1), 1-23 (2020)

[20] Krioukov, D., Papadopoulos, F., Kitsak, M., Vahdat, A., Boguná, M.: Hyperbolic geometry of complex networks. Phys. Rev. E **82**(3), 036106 (2010)

[21] Mikolov, T., Sutskever, I., Chen, K., Corrado, G.S., Dean, J.: Distributed representations of words and phrases and their compositionality. In: Advances in Neural Information Processing Systems (NIPS), pp. 3111-3119 (2013)

[22] Nickel, M., Kiela, D.: Poincaré embeddings for learning hierarchical representations. Adv. Neural Inf. Proces. Syst. **30**, 6338-6347 (2017)

[23] Pan, S., Hu, R., Long, G., Jiang, J., Yao, L., Zhang, C.: Adversarially regularized graph autoencoder for graph embedding. In: Proceedings of the Twenty-Seventh International Joint Conference on Artificial Intelligence (IJCAI-18), pp. 2609-2615 (2018)

[24] Perozzi, B., Al-Rfou, R., Skiena, S.: Deepwalk: Online learning of social representations. In: Proceedings of the 20th ACM SIGKDD International Conference on Knowledge Discovery and Data Mining (KDD), pp. 701-710 (2014)

[25] Reed, S., Akata, Z., Yan, X., Logeswaran, L., Schiele, B., Lee, H.: Generative adversarial text to image synthesis. In: International Conference on Machine Learning (ICML), pp. 1060-1069 (2016)

[26] Shi, C., Hu, B., Zhao, X., Yu, P.: Heterogeneous information network embedding for recommendation. IEEE Trans. Knowl. Data Eng. **31**(2), 357-370 (2018)

[27] Tang, J., Qu, M., Wang, M., Zhang, M., Yan, J., Mei, Q.: Line: Large-scale information network embedding. In: Proceedings of the 24th International Conference on World Wide Web (WWW), pp. 1067-1077 (2015)

[28] Wang, H., Wang, J., Wang, J., Zhao, M., Zhang, W., Zhang, F., Xie, X., Guo, M.: GraphGAN: Graph representation learning with generative adversarial nets. In: Proceedings of the AAAI Conference on Artificial Intelligence (AAAI), pp. 2508-2515 (2018)

[29] Wang, J., Yu, L., Zhang, W., Gong, Y., Xu, Y., Wang, B., Zhang, P., Zhang, D.: IRGAN: A minimax game for unifying generative and discriminative information retrieval models. In: Proceedings of the 40th International ACM SIGIR Conference on Research and Development in Information Retrieval (SIGIR), pp. 515-524 (2017)

[30] Wang, X., Ji, H., Shi, C., Wang, B., Ye, Y., Cui, P., Yu, P.S.: Heterogeneous graph attention network. In: The World Wide Web Conference (WWW), pp. 2022-2032 (2019)

[31] Wang, X., Zhang, Y., Shi, C.: Hyperbolic heterogeneous information network embedding. In: Proceedings of the AAAI Conference on Artificial Intelligence (AAAI), pp. 5337-5344 (2019)

[32] Xu, L., Wei, X., Cao, J., Yu, P.S.: Embedding of embedding (EOE): joint embedding for coupled heterogeneous networks. In: Proceedings of the Tenth ACM International Conference on Web Search and Data Mining (WSDM), pp. 741-749 (2017)

[33] Ying, R., He, R., Chen, K., Eksombatchai, P., Hamilton, W.L., Leskovec, J.: Graph convolutional neural networks for web-scale recommender systems. In: Proceedings of the 24th ACM SIGKDD International Conference on Knowledge Discovery and Data Mining (KDD), pp. 974-983 (2018)

[34] Yu, L., Zhang,W.,Wang, J., Yu, Y.: SeqGAN: Sequence generative adversarial nets with policy gradient. In: Proceedings of the AAAI Conference on Artificial Intelligence (AAAI), pp. 2852-2858 (2017)

[35] Yu, W., Zheng, C., Cheng, W., Aggarwal, C.C., Song, D., Zong, B., Chen, H., Wang, W.: Learning deep network representations with adversarially regularized autoencoders. In: Proceedings of the 24th ACM SIGKDD International Conference on Knowledge Discovery and Data Mining (KDD), pp. 2663-2671 (2018)

[36] Zheng, V.W., Sha, M., Li, Y., Yang, H., Fang, Y., Zhang, Z., Tan, K., Chang, K.C.: Heterogeneous embedding propagation for large-scale e-commerce user alignment. In: Proceedings of the 2018 IEEE International Conference on Data Mining (ICDM), pp. 1434-1439 (2018)

[37] Zou, D., Hu, Z., Wang, Y., Jiang, S., Sun, Y., Gu, Q.: Layer-dependent importance sampling for training deep and large graph convolutional networks. In: Advances in Neural Information Processing Systems (NeurIPS), pp. 11247-11256 (2019)

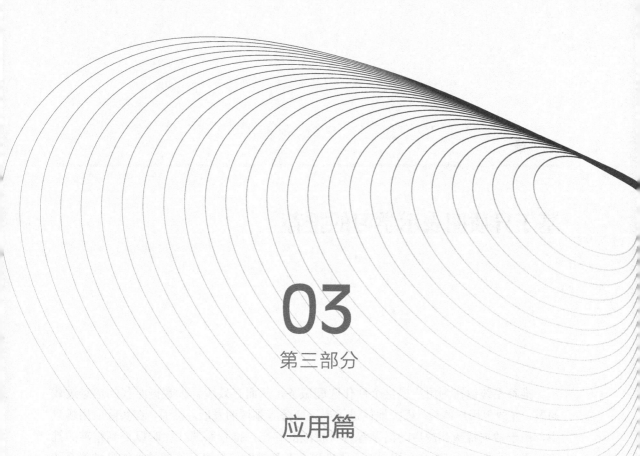

03
第三部分

应用篇

第 7 章

基于异质图表示学习的推荐

推荐系统旨在为用户提供个性化匹配服务，从而有效缓解大数据时代的信息过载问题，并改善用户体验，极大地促进了电子商务等领域的发展。然而，在实际应用场景中，由于数据稀疏和冷启动问题等各种挑战的存在，推荐系统往往难以得到精准的推荐结果。因此，如何充分利用交互、属性以及各种辅助信息提升推荐的性能是推荐系统的核心问题。而异质图（HG）作为一种全面建模复杂系统中丰富结构和语义信息的方法，近年来被广泛应用于各个领域。在本章中，我们将介绍三种基于异质图表示的推荐系统，解决存在于不同现实场景中的独特挑战，包括 Top-N 推荐 (MCRec)、冷启动推荐 (MetaHIN)、作者集识别 (ASI)。推荐方法主要包括 HG 构造、HG 表示学习和基于 HG 表示的推荐模型三个关键组成部分。

7.1 简介

近年来，推荐系统在各种在线服务中扮演着越来越重要的角色[17]，如商品推荐和合作者推荐。传统的推荐方法 (如矩阵分解) 主要是学习一个有效的预测函数来恢复和填充交互矩阵。随着网络服务的快速发展，推荐系统中涌现出各种复杂、异质的辅助数据，虽然这些辅助数据包含丰富信息，但很难直接建模和利用这些复杂的异质信息。

异质图作为一种强大的信息建模方法[31, 29, 28]，在建模数据异质性方面具有高度的灵活性，因此推荐系统已采用异质图来描述丰富的辅助数据。在基于异质图的表示下，推荐问题可以看作异质图上的相似性搜索任务[31]，此类推荐设置由于其对复杂上下文信息建模的优点而广泛应用于各种推荐系统中[9, 39, 30]。尽管现有的基于异质图的推荐方法在一定程度上提升了推荐精度，但在不同的应用中仍然面临着独特的挑战。

在本章中，我们将介绍三种基于异质图表示的推荐系统，包括 Top-N 推荐、冷启动推荐和作者集识别。首先，为了充分挖掘 Top-N 推荐中丰富的上下文信息，MCRec 方法利用基于协同注意力机制的深层神经网络，显式地学习关系以及元路径的表示向量。然后，为了更好地解决推荐中的冷启动问题，MetaHIN 方法在异质图的基础上利用元学习机制，同时从模型层面和数据层面缓解冷启动中的数据稀疏问题。最后，ASI 模型首次系统地研究了作者集识别问题，即识别与给定论文紧密相关的最优作者集合，从模型层面捕获学术作者集识别中复杂的交互关系。

7.2　Top-N 推荐

7.2.1　概述

传统的基于异质信息网络（或异质图）的推荐方法大致上可以分为两类：第一类利用基于路径的语义关系作为推荐相关性[9, 39, 30] 的直接特征；第二类对基于元路径的相似性进行一些转换，以学习有效的转换特征[39, 41]。这两类方法都是通过提取基于元路径的特征来提升用户和商品二元交互的表示的，如图 7-1 所示。虽然上述方法都取得了不错的效果，但它们有两个主要的缺点。首先，这些模型很少在推荐任务中学习路径或元路径的显式表示。其次，它们没有考虑交互中元路径和涉及的用户商品对之间的相互作用。

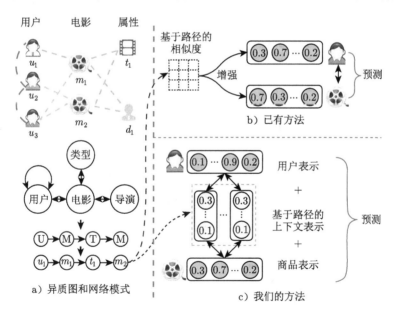

图 7-1　基于异质信息网络的推荐设定说明和我们的模型与已有方法的比较

为了解决这些问题，我们的目标是以一种更加合理有效的方式利用异质信息网络提供的丰富元路径信息来完成排序推荐的任务。我们的主要思想是：1）学习为推荐任务优化的基于元路径的上下文显式表示；2）刻画一种三元的交互模式——〈用户，元路径，商品〉，但是这种解决方案具有挑战性。我们需要考虑三个关键的研究问题：1）

如何设计适合复杂的基于异质信息网络的交互场景的基础架构？2）如何生成有意义的路径实例，构建高质量的基于元路径的上下文？3）如何捕获交互中所涉及的用户商品对与基于元路径的上下文之间的相互影响？

在本节中，我们采用带有协同注意力机制的深度神经网络来构建推荐模型的基本架构，该方法利用丰富的基于元路径的上下文学习特定交互的用户、商品和基于元路径的上下文表示。我们提出了用于推荐的基于元路径上下文的表示（**M**etapath based **C**ontext for **R**ecommendation，**MCRec**）。这是第一个使用基于元路径的上下文并采用三元的神经交互模型来显式建模的异质图推荐工作。

7.2.2　MCRec 模型

1. 模型框架

与现有的只学习用户和商品表示的基于异质信息网络的推荐模型不同，我们显式地将元路径作为上下文融入用户和商品之间的交互。我们的目标是描述一种三元的交互形式——〈用户，元路径，商品〉，而不是建模二元交互——〈用户，商品〉。图 7-2 中给出了该模型的整体架构。为了学习用于推荐的更好的交互函数，我们学习了针对用户、商品及其交互上下文的表示。我们的模型除了学习用户和商品表示的组件外，最重要的是基于元路径的上下文表示。我们首先使用基于优先级的采样技术来选择高质量的路径实例，然后使用层次神经网络将基于元路径的上下文建模为低维嵌入向量。通过协同注意力机制以相互增强的方式进一步改进用户、商品和基于元路径的上下文的原始表示。由于我们的模型集成了基于元路径的上下文，该方法有望获得更好的性能，并提高推荐结果的可解释性。

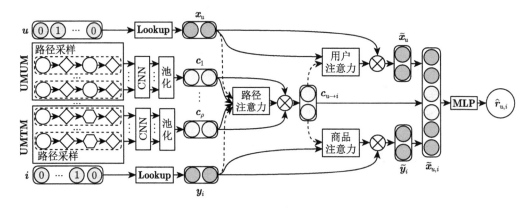

图 7-2　模型的整体架构

2. 描述交互的基于元路径的上下文

基于随机游走的路径采样实例。 现有的异质信息网络表示模型主要采用元路径引导的随机游走策略生成路径实例[8]，对输出节点进行均匀采样。直观地说，在每一步，都应该以更大的概率游走到一个"优先级"更高的邻居，从而一个输出节点可以通过形成更紧密的链接来反映更可靠的语义。因此，我们提出使用类似的预训练技术来计算每个候选输出节点的优先级。首先，我们训练基于特征的矩阵分解框架[6]，该框架在所有可用的历史交互记录上为每个节点学习一个具有历史用户-商品交互记录的隐层表示。我们可以将异质信息网络中与交互相关的实体合并为训练实例的上下文。可以利用学习到的隐层表示计算出路径实例上两个相连节点之间的两两相似性，然后对这些相似性进行平均，从而对候选路径实例进行排序。最后，给定一个元路径，只保留平均相似性最高的 K 个路径实例。

基于元路径的上下文表示。 从多个元路径获得路径实例之后，我们将继续研究如何对这些实例建模基于元路径的上下文的表示。我们的方法自然地遵循一个层次结构：表示单个路径实例 → 表示单条元路径 → 表示聚合的元路径。

给定一个由某条元路径 ρ 产生的路径实例 p，我们让 $\boldsymbol{X}^p \in \mathbb{R}^{L \times d}$ 表示该路径的节点序列拼接而成的嵌入矩阵，其中 L 是路径实例的长度，d 是实体的表示维度。CNN 的结构包括卷积层 (通过卷积运算产生新的特征) 和最大池化层。使用 CNN 学习路径实例 p 的表示的过程如下：

$$\boldsymbol{h}_p = \text{CNN}(\boldsymbol{X}^p; \theta) \tag{7.1}$$

其中，$\boldsymbol{X}^p$ 表示路径实例 p 的矩阵，θ 表示 CNN 中的所有相关参数。

对于元路径嵌入，由于一个元路径可以产生多个路径实例，我们进一步采用最大池化操作来获得一条元路径的嵌入。$\{\boldsymbol{h}_p\}_{p=1}^K$ 表示通过元路径 ρ 选择的 K 条路径实例的嵌入向量。对于元路径 ρ 的嵌入向量 $\boldsymbol{c}_\rho$ 的计算公式如下：

$$\boldsymbol{c}_\rho = \text{max-pooling}(\{\boldsymbol{h}_p\}_{p=1}^K) \tag{7.2}$$

此最大池化操作是在 K 个路径实例的低维表示上执行的，目的是从多个路径实例捕获重要的维度特性。

对于基于元路径的上下文的简单平均表示，我们应用平均池化操作来生成基于聚合元路径的上下文的表示，如下所示：

$$\boldsymbol{c}_{u \to i} = \frac{1}{|\mathcal{M}_{u \to i}|} \sum_{\rho \in \mathcal{M}_{u \to i}} \boldsymbol{c}_\rho \tag{7.3}$$

其中，$\boldsymbol{c}_{u \to i}$ 是基于元路径的上下文的表示，而 $\mathcal{M}_{u \to i}$ 是为当前交互考虑的元路径集合。在这种朴素的表示方法中，每个元路径确实得到了同等的关注，并且基于元路径的上下文表示完全依赖于生成的路径实例。但是它没有考虑所涉及的用户和商品，因此缺乏在不同的交互场景中从不同元路径中捕获语义的能力。

3. 通过协同注意力机制提升交互表示

受计算机视觉和自然语言处理中的注意力机制的启发[24, 38]，我们提出了一种新的协同注意力机制来改进用户、商品和元路径的嵌入向量。

基于元路径的上下文的注意力。　由于不同的元路径在交互中可能具有不同的语义，我们学习用户和商品在元路径上针对交互的注意力权重。给定用户的表示 $\boldsymbol{x}_u$、商品的表示 $\boldsymbol{y}_i$，$\boldsymbol{c}_\rho$ 为元路径 ρ 的上下文表示，我们采用两层架构来实现该注意力机制，如下所示：

$$\boldsymbol{\alpha}_{u,i,\rho}^{(1)} = f(\boldsymbol{W}_u^{(1)} \cdot \boldsymbol{x}_u + \boldsymbol{W}_i^{(1)} \cdot \boldsymbol{y}_i + \boldsymbol{W}_\rho^{(1)} \cdot \boldsymbol{c}_\rho + \boldsymbol{b}^{(1)}) \tag{7.4}$$

$$\alpha_{u,i,\rho}^{(2)} = f(\boldsymbol{w}^{(2)\top} \cdot \boldsymbol{\alpha}_{u,i,\rho}^{(1)} + b^{(2)}) \tag{7.5}$$

其中，$\boldsymbol{W}_*^{(1)}$ 和 $\boldsymbol{b}^{(1)}$ 分别表示第一层的权重矩阵和偏置向量，$\boldsymbol{w}^{(2)}$ 和 $b^{(2)}$ 表示第二层的权重向量和偏置。$f(\cdot)$ 是 ReLU 函数。

使用 softmax 函数对上述所有元路径的注意力分值进行归一化，得到最终的元路径注意力权重，如下所示：

$$\alpha_{u,i,\rho} = \frac{\exp(\alpha_{u,i,\rho}^{(2)})}{\sum_{\rho' \in \mathcal{M}_{u \to i}} \exp(\alpha_{u,i,\rho'}^{(2)})} \tag{7.6}$$

这可以解释为元路径 ρ 对 u 和 i 之间的交互的贡献。在得到元路径的注意力得分 $\alpha_{u,i,\rho}$ 后，我们可以根据以下的加权求和计算增强的基于元路径的上下文：

$$\boldsymbol{c}_{u \to i} = \sum_{\rho \in \mathcal{M}_{u \to i}} \alpha_{u,i,\rho} \boldsymbol{c}_\rho \tag{7.7}$$

其中，$\boldsymbol{c}_\rho$ 表示学习到的元路径 ρ 的表示，见公式 (7.2)。因为每个交互都会产生注意力权重 $\{\alpha_{u,i,\rho}\}$，所以它们是针对交互的，并且能够捕获不同的交互上下文。

用户和商品的注意力。　给定一个用户和一个商品，连接它们的元路径提供了重要的交互上下文，这可能会影响用户和商品的原始表示。给定用户 u 和商品 i 的原始表示 $\boldsymbol{x}_u$ 和 $\boldsymbol{y}_i$，以及用户 u 和商品 i 交互的基于元路径上下文的表示 $\boldsymbol{c}_{u \to i}$，我们使用单层的神经网络来计算用户 u 和商品 i 的注意力向量 $\boldsymbol{\beta}_u$ 和 $\boldsymbol{\beta}_i$，如下所示

$$\boldsymbol{\beta}_u = f(\boldsymbol{W}_u \cdot \boldsymbol{x}_u + \boldsymbol{W}_{u \to i} \cdot \boldsymbol{c}_{u \to i} + \boldsymbol{b}_u) \tag{7.8}$$

$$\boldsymbol{\beta}_i = f(\boldsymbol{W}_i' \cdot \boldsymbol{y}_i + \boldsymbol{W}_{u \to i}' \cdot \boldsymbol{c}_{u \to i} + \boldsymbol{b}_i') \tag{7.9}$$

其中，$\boldsymbol{W}_*$ 和 $\boldsymbol{b}_u$ 分别表示用户注意力层的权重矩阵和偏置向量，而 $\boldsymbol{W}_i'$ 和 $\boldsymbol{b}_i'$ 分别表示商品注意力层的权重矩阵和偏置向量。类似地，$f(\cdot)$ 被设置为 ReLU 函数。然后，用户和商品的最终表示是通过注意力向量的哈达玛积计算获得的，如下所示：

$$\tilde{\boldsymbol{x}}_u = \boldsymbol{\beta}_u \odot \boldsymbol{x}_u \tag{7.10}$$

$$\tilde{\boldsymbol{y}}_i = \boldsymbol{\beta}_i \odot \boldsymbol{y}_i \tag{7.11}$$

此处注意力向量 $\boldsymbol{\beta}_u$ 和 $\boldsymbol{\beta}_i$ 在给定基于元路径的上下文的表示 $\boldsymbol{c}_{u \to i}$[见公式 (7.7)] 下用于提升用户和商品的原始表示。

我们的模型将注意力的两个组成部分结合起来,对用户、商品和基于元路径的上下文的原始表示进行了相互增强。我们将这种注意力机制称为协同注意力。据我们所知,很少有基于异质信息网络的推荐方法能够学习元路径的显式表示,尤其是以一种特定于交互的方式。

4. 整体架构

到目前为止,给定用户 u 和商品 i 之间的交互,我们有用户 u、商品 i 和连接它们的元路径的表示。我们将三个表示向量合并成当前交互的统一表示如下:

$$\widetilde{\boldsymbol{x}}_{u,i} = \tilde{\boldsymbol{x}}_u \oplus \boldsymbol{c}_{u \to i} \oplus \tilde{\boldsymbol{y}}_i \tag{7.12}$$

其中 "$\oplus$" 表示向量的拼接操作,$\boldsymbol{c}_{u \to i}$ 表示 $\langle u, i \rangle$ 的基于元路径的上下文的表示,$\tilde{\boldsymbol{x}}_u$ 和 $\tilde{\boldsymbol{y}}_i$ 分别表示用户 u 和商品 i 增强后的表示,见公式 (7.10) 与公式 (7.11)。$\widetilde{\boldsymbol{x}}_{u,i}$ 从三个方面编码了交互信息:交互的用户、交互的商品和对应的基于元路径的上下文。与文献 [13] 类似,我们将 $\widetilde{\boldsymbol{x}}_{u,i}$ 输入到一个 MLP 组件中,以实现一个用于复杂交互建模的非线性函数,如下所示:

$$\hat{r}_{u,i} = \text{MLP}(\widetilde{\boldsymbol{x}}_{u,i}) \tag{7.13}$$

MLP 组件由两个隐藏层组成,并且激活函数为 ReLU ,输出层为 sigmoid 函数。在神经网络模型可以通过对高层使用少量隐藏单元来学习更多抽象数据特征的前提下[12],我们对 MLP 组件实现了一个塔式结构,将每一层的大小减半。

为模型优化定义合适的目标函数是学习一个好的推荐模型的关键步骤。传统的评分预测任务的推荐模型通常采用平方误差损失[18]。然而,在我们的任务中,我们只有隐含的反馈可用。借鉴文献 [13,33],我们通过负采样技术学习模型的参数,对于一个交互 $\langle u, i \rangle$ 的优化目标可以定义为如下形式:

$$\ell_{u,i} = -\log \hat{r}_{u,i} - E_{j \sim P_{\text{neg}}}[\log(1 - \hat{r}_{u,j})] \tag{7.14}$$

其中,第一项建模了观察到的交互,第二项建模了从噪声分布 P_{neg} 抽样得到的负样本。在 MERec 中,我们将分布 P_{neg} 设置为均匀分布,这也可以很自然地扩展到其他带偏分布,如基于流行度的分布。

7.2.3　实验

1. 实验设置

数据集　我们采用来自不同领域的三个被广泛使用的数据集: Movielens [⊖] 电影数据集,LastFM [⊖] 音乐数据集和 Yelp [⊖] 商务数据集。三个数据集的具体描述见表 7-1,为每个数据集选择的元路径见表 7-2。

⊖　https://grouplens.org/datasets/movielens/。

⊖　https://www.last.fm。

⊖　http://www.yelp.com/dataset challenge/。

表 7-1   三个数据集的统计量

数据集	关系 (A-B)	#A	#B	#A-B
Movielens	User-Movie	943	1682	100 000
	User-User	943	943	47 150
	Movie-Movie	1682	1682	82 798
	Movie-Genre	1682	18	2861
LastFM	User-Artist	1892	17 632	92 834
	User-User	1892	1892	18 802
	Artist-Artist	17 632	17 632	153 399
	Artist-Tag	17 632	11 945	184 941
Yelp	User-Business	16 239	14 284	198 397
	User-User	16 239	16 239	158 590
	Business-City (Ci)	14 267	47	14 267
	Business-Category (Ca)	14 180	511	40 009

表 7-2   每个数据集所选的元路径

数据集	元路径
Movielens	UMUM、UMGM、UUUM、UMMM
LastFM	UATA、UAUA、UUUA、UUA
Yelp	UBUB、UBCaB、UUB、UBCiB

对比方法   在本节中，我们考虑了两类具有代表性的推荐方法：只考虑隐式反馈的基于协同过滤的方法（ItemKNN[27]、BPR[25]、MF[18] 和文献 [13]）和利用丰富的异质信息的基于异质信息网络的方法（SVDFeature$_{hete}$[6]、SVDFeature$_{mp}$、HeteRS[23] 和 FMG$_{rank}$[41]）。为了检验基于优先级的采样策略和协同注意力机制的有效性，我们准备了 MCRec 的三个变种（MCRec$_{rand}$、MCRec$_{avg}$ 和 MCRec$_{mp}$）。MCRec$_{rand}$ 对元路径采用随机的上下文采样策略。MCRec$_{mp}$ 只保留元路径的注意力组件，并删除用户和商品的注意力组件。

参数设置   对于我们提出的 MCRec 模型，将批处理大小设置为 256，学习率设置为 0.001，正则化参数设置为 0.0001，CNN 的卷积核大小设置为 3，用户和商品的表示维数设置为 128，预测因子设置为 32，采样路径实例的数量设置为 5。对于 MF 和 NeuMF，我们遵循文献 [13] 中采取的最优参数和架构。对于其他的比较方法，我们使用 10% 的训练数据作为验证集来选择最优的参数。

度量指标   Top-N 通常采用相似的度量指标。遵循文献 [39, 13]，我们使用排序准确率 (Prec@K)、排序召回率 (Recall@K) 和归一化折扣累积增益 (NDCG@K) 作为评价指标。首先在用户的所有测试商品上取平均值，然后在所有用户上取平均值作为最终结果。为了增加稳定性，我们使用不同的随机分割训练/测试集执行 10 次测试，并展示平均结果。

2. 实验结果比较和分析

为了评价推荐性能，我们将每个数据集的整个用户隐式反馈记录随机分为训练集和测试集，即使用 80% 的反馈记录来预测剩余 20% 的反馈记录 ⊖ 。对于测试集中的每个目标用户，我们随机抽取 50 个与目标用户没有交互记录的负样本。然后，我们对包含正样本和 50 个负样本的列表进行排序。

我们提出的模型和对比方法在三个数据集上的比较结果如表 7-3 所示。实验的主要结果总结如下：1）完整的模型 MCRec 在三个数据集上的性能始终优于所有的对比方法。结果验证了 MCRec 在排序推荐任务中的有效性，说明我们提出的模型采用了一种更为合理有效的方法来利用异质的上下文信息提高推荐性能。2）考虑 MCRec 的三个变体，我们可以发现整体性能顺序如下：MCRec > MCRec_{mp} > MCRec_{avg} > MCRec_{rand}。结果表明了协同注意力机制在两方面能够更好地利用基于元路径的上下文进行推荐。首先，每个元路径的重要性应该依赖于特定的交互，而不是被平等对待（例如，MCRec_{avg}）。其次，元路径为用户和商品之间的交互提供了重要的上下文，这对学习到的用户和商品的表示有潜在的影响。忽略这些影响可能无法实现利用基于元路径的上下文信息的最佳性能（例如，MCRec_{mp}）。此外，虽然 MCRec_{rand} 与其他对比方法相比具有竞争力，但它仍然明显比完整的 MCRec 差。我们的完整模型采用基于优先级的采样策略生成路径实例，而 MCRec_{rand} 采用随机采样的策略。

表 7-3　三个数据集上的有效性实验结果（这里我们将 Prec@10 (%) 简化成 P@10，Recall@10 (%) 简化成 R@10，NDCG@10 (%) 简化成 N@10）

模型	Movielens			LastFM			Yelp		
	P@10	R@10	N@10	P@10	R@10	N@10	P@10	R@10	N@10
ItemKNN	25.8	15.4	56.9	41.6	45.1	79.8	13.9	54.2	53.8
BRP	30.1	19.5	64.6	41.3	44.9	81.0	14.7	55.0	55.5
MF	32.5	20.5	65.1	43.6	46.3	79.2	15.0	53.5	53.2
NeuMF	32.9*	20.9	65.9	45.4	46.8	81.0	15.0	58.6	57.1
SVDFeature_{hete}	31.7	20.2	64.5	45.8	48.4	82.9*	14.0	56.1	52.9
SVDFeature_{mp}	31.1	19.3	65.4	43.9	46.5	81.2	15.2	59.3	59.7*
HeteRS	24.9	16.7	59.7	42.8	44.9	80.3	14.2	56.1	56.0
FMG_{rank}	32.6	21.7*	66.8*	46.3*	49.2*	82.6	15.4*	59.5*	58.6
MCRec_{rand}	32.2	21.0	66.5	45.4	48.0	80.0	15.1	58.4	57.2
MCRec_{avg}	32.7	21.1	66.3	46.5	49.1	83.1	16.0	59.3	60.2
MCRec_{mp}	34.0	22.0	68.3	46.6	49.2	84.3	16.6	63.0	62.3
MCRec	**34.5#**	**22.6#**	**69.0#**	**48.1#**	**50.7#**	**85.3#**	**16.9#**	**63.3#**	**63.0#**

更多的模型描述和实验验证细节参见文献 [15]。

⊖　选择 10% 的训练数据作为验证集来调整参数。

7.3　冷启动推荐

7.3.1　概述

在推荐系统中，通常会因为新用户或新物品的交互数据的高度稀疏性而导致冷启动问题[43]。在该问题中，学习有效的用户或物品表示变得非常困难。在数据层面上，我们可以利用异质信息网络（HIN）[29] 来丰富用户物品交互，提供互补的异质信息，从而缓解冷启动问题。如图 7-3a 所示，以电影推荐场景构建的 HIN 样例可以通过演员和导演捕获电影之间的相互关系以补充现有的用户和电影之间的交互。在 HIN 上，高阶图结构（如元路径[31]，连接两个对象的关系序列）可以有效地捕获上下文语义。例如，元路径用户–电影–演员–电影编码了"与当前用户评级的电影同一个演员主演的电影"的语义上下文。如图 7-3b 所示，基于 HIN 的方法[40, 15] 尝试从数据层面来缓解冷启动问题。

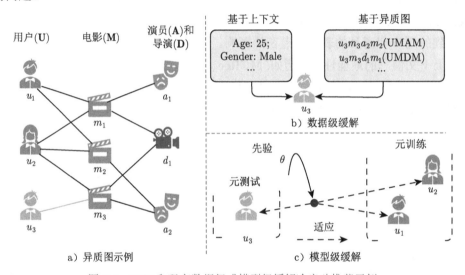

图 7-3　HIN 和现有数据级或模型级缓解冷启动推荐示例

另一方面，在模型层面上，最近的元学习框架[10] 提供了对具有稀疏交互数据的新用户或物品建模的一种新方法[35]。元学习侧重于在不同的学习任务中获得一般知识（即先验知识），以便快速适应具有先验知识和少量训练数据的新学习任务。在某种程度上，冷启动推荐可以表述为一个元学习问题，其中每个任务都是学习一个用户的偏好。元学习器从元训练过程的任务中学习到一个具有较强泛化能力的先验，从而在元测试过程中轻松快速地适应交互数据匮乏的冷启动用户的新任务。如图 7-3c 所示，通过学习如何适应元训练中从现有用户 u_1 和 u_2 得到的先验，冷启动用户 u_3（只有一个电影评级）可以从元测试中的先验 θ 微调而来。

在本节中，我们介绍一种在异质信息网络上基于元学习解决冷启动推荐的方法（**Meta**-learning approach to cold-start recommendation on **H**eterogeneous **I**nformation **N**etworks, MetaHIN）。本方法在数据和模型层面解决冷启动推荐问题，其中学习每个

用户的偏好被视为元学习中的一个任务，并利用 HIN 来增强数据。在数据层面为每个用户增加多方面的语义上下文。也就是说，在特定用户的任务中，除了考虑与用户直接交互的物品外，我们还通过高阶图结构引入与用户语义相关的物品，即元路径。这些相关物品构成了每个任务的语义上下文，可以进一步区分为不同的元路径所隐含的多个方面。在模型层面提出了一种具有语义适应和任务适应的协同适应元学习模型。具体来说，语义方面的适应学习不同方面的语义先验。虽然语义先验源自不同的语义空间，但它们是由全局先验来调节的，以捕获 HIN 上编码上下文的一般知识。此外，为每个任务（即用户）设计了基于任务的适应，以及在不同的语义空间中更新每个用户的偏好，使得在具有相同语义的上下文任务中可以具有相同的语义先验。

7.3.2　MetaHIN 模型

在介绍 MetaHIN 的框架之前，本节首先定义 HIN 上的冷启动问题如下[29]。

冷启动推荐。给定 HIN $G = \{V, E, O, R\}$，让 $V_U, V_I \subset V$ 分别表示用户和物品的集合。给定一组用户和物品之间的评级，即 $\mathcal{R} = \{r_{u,i} \geqslant 0 : u \in V_U, i \in V_I, \langle u, i \rangle \in E\}$，我们的目标是预测用户 u 和物品 i 之间的未知评级 $r_{u,i} \notin \mathcal{R}$。特别是，如果 u 是一个新用户，只有少数现有评级，即 $|\{r_{u',i} \in \mathcal{R} : u' = u\}|$ 很小，则称为用户冷启动（UC）。相应地，如果 i 是一个新物品，则称之为物品冷启动（IC）。如果 u 和 i 都是新节点，则称之为用户物品冷启动（UIC）。

1. 模型框架

如图 7-4 所示，这里提出的 MetaHIN 由两个部件组成：图 7-4a 中所示的语义增强的任务构造器和图 7-4b 中所示的协同适应元学习器。首先，我们设计了一个语义增强的任务构造器，以增强具有异质语义上下文的用户任务的支持集和查询集，其中包括通过 HIN 上的元路径与用户相关的物品。语义上下文本质上是多方面的，因此不同元路径代表异质语义的不同方面。其次，与任务自适应相比，我们设计了语义自适应机制，以便为任务中的不同方面（即元路径）将全局先验 θ 调整为更细粒度的语义先验。全局先验 θ 获取了用于推荐的编码上下文的一般知识，可以利用基础模型 f_θ 实现。因此，我们的协同适应元学习器在支持集上同时执行语义和任务自适应，并进一步优化了查询集上的全局先验。

2. 语义增强的任务构造器

如果用户 u 的任务为 $T_u = (S_u, Q_u)$，则语义增强支持集定义为：

$$S_u = (S_u^R, S_u^P) \tag{7.15}$$

其中 S_u^R 是由用户 u 评分的一组物品，S_u^P 表示基于一组元路径 P 的语义上下文。

对于冷启动场景中的新用户，评分物品集 S_u^R 通常很小，即新用户只有几个评分。对于元训练任务，我们遵循前面的工作[19]，通过对 u 评分的一小部分物品进行抽样来

构造 S_u^R，即 $\{i \in V_I : r_{u,i} \in R\}$，以模拟新用户。

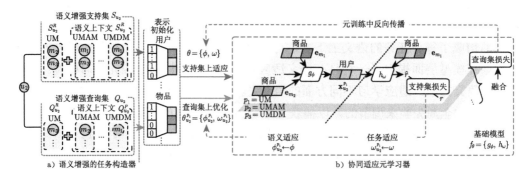

图 7-4   MetaHIN 中任务的元训练过程说明。a）语义增强的任务构造器，其中支持集和查
询集通过基于元路径的异质语义上下文进行扩展。b）协同适应元学习器，在支持
集上具有语义和任务方面的适应，而全局先验 θ 在查询集上得到优化。在元测试
期间，每个任务都遵循相同的过程，除了更新全局先验

另一方面，我们使用语义上下文 S_u^P 将多层面语义编码到任务中。具体来说，给定
一组元路径 P，任一元路径 $p \in P$ 都以用户–物品交互对开头，以物品结尾，长度上限
为 l。例如，在图 7-3a 中，$P = \{\mathrm{UM}, \mathrm{UMAM}, \mathrm{UMDM}, \mathrm{UMUM}\}$，$l = 3$。给定用户–物
品交互对 $\langle u,i \rangle$，我们定义由元路径 p 引导的 $\langle u,i \rangle$ 的语义上下文，如下所示：

$$C_{u,i}^p = \{j : j \in \text{可从 } u\text{–}i \text{ 沿 } p \text{ 访问到的物品}\} \tag{7.16}$$

例如，基于 UMAM 的 $\langle u_2, m_2 \rangle$ 的语义上下文是 $\{m_2, m_3, \cdots\}$。因为在每个任务
中，u 可能与多个物品交互，所以我们为任务 T_u 构建 p 引导的语义上下文：

$$S_u^p = \bigcup_{i \in S_u^R} C_{u,i}^p \tag{7.17}$$

最后，考虑 $P = \{p_1, p_2, ..., p_n\}$ 中的所有元路径，任务 T_u 的语义上下文 S_u^P 定义
如下：

$$S_u^P = (S_u^{p_1}, S_u^{p_2}, \cdots, S_u^{p_n}) \tag{7.18}$$

本质上，S_u^P 是用户 u 通过所有元路径可达的物品集合，这包含了多方面的语义上
下文，其中每个元路径代表一个方面。如图 7-4a 所示，按照元路径 UMAM，用户 u_2
的可达物品为 $\{m_2, m_3, \cdots\}$，它们是由 u_2 以前评价过的电影的同一演员主演的电影。
也就是说，基于 UMAM 的语义上下文将由同一演员主演的电影作为用户偏好的一个
方面。因为用户可能是某个演员的粉丝，喜欢该演员出演的大多数电影。

同样，我们可以构造语义增强的查询集 $Q_u = (Q_u^R, Q_u^P)$。具体来说，Q_u^R 包含用于
计算元训练中任务损失的 u 评分项，或在元测试中进行预测的隐藏评分项；Q_u^P 捕获基
于元路径 P 的语义上下文。注意，在任务 T_u 中，支持集和查询集中具有评分的物品
是互斥的，即 $S_u^R \cap Q_u^R = \emptyset$。

3. 协同适应元学习器

给定语义增强的任务，协同适应元学习器可以同时进行语义和任务适应，以学习细粒度的先验知识。我们设计一个基础模型去捕获全局先验知识，即如何在 HIN 上使用上下文进行学习。编码后的全局先验知识可以进一步适应到任务中的不同语义层面中去。

基础模型。如图 7-4b 所示，基础模型 f_θ 通过上下文聚合 g_ϕ 以得到用户嵌入，然后通过 h_ω 进行偏好预测估计评分，即 $f_\theta = (g_\phi, h_\omega)$。

在上下文聚合中，我们可以通过聚合用户的邻居物品（基于直接交互或元路径），得到用户嵌入，因为用户偏好反映在物品中。参照文献 [19]，我们根据用户和物品的特征初始化它们的嵌入（或者如果没有特征就进行嵌入查找），例如 $e_u \in \mathbb{R}^{d_U}$ 和 $e_i \in \mathbb{R}^{d_I}$，其中 d_U 和 d_I 是嵌入维数。

随后，获得用户 u 的嵌入 x_u，如下所示：

$$x_u = g_\phi(u, C_u) = \sigma\left(\text{mean}(\{We_j + b : j \in C_u\})\right) \tag{7.19}$$

其中 C_u 表示通过直接交互（评分的物品）或元路径（基于元路径的语义上下文）与用户 u 相关的物品的集合，$\text{mean}(\cdot)$ 是平均池，σ 是激活函数（这里我们使用 LeaklyReLU）。g_ϕ 是参数化的上下文聚合函数，$\phi = \{W \in \mathbb{R}^{d \times d_I}, b \in \mathbb{R}^d\}$ 是可训练并用于提取用户偏好的语义信息。当用户特征可用时，x_u 可以与 u 的初始表示 e_u 进行拼接。

在偏好预测中，给定用户 u 的嵌入 x_u 和物品 i 的嵌入 e_i，我们预测用户 u 对物品 i 的评分为：

$$\hat{r}_{ui} = h_\omega(x_u, e_i) = \text{MLP}(x_u \oplus e_i) \tag{7.20}$$

其中 MLP 是两层多层感知器，$\oplus$ 表示拼接。这里 h_ω 是由 ω 参数化的评分预测函数，它包含 MLP 中的权重和偏差。最后，我们降低用户 u 的评分预测损失如下：

$$\mathcal{L}_u = \frac{1}{|\mathcal{R}_u|} \sum_{i \in \mathcal{R}_u} (r_{ui} - \hat{r}_{ui})^2 \tag{7.21}$$

其中 $R_u = \{i : r_{ui} \in R\}$ 表示我们预测的评分，r_{ui} 是物品 i 上 u 的实际评分。

注意，基础模型 $f_\theta = (g_\phi, h_\omega)$ 是一个可用于推荐任务的监督模型，该模型通常需要大量的训练数据来达到预期的性能，但这在冷启动场景中往往是无法实现的。于是，我们将冷启动推荐问题重新定义为元学习问题。具体来说，我们将基础模型 $f_\theta = \{g_\phi, h_\omega\}$ 抽象为如何从 HIN 上的上下文学习用户偏好的先验知识 $\theta = \{\phi, \omega\}$。接下来，我们详细介绍所提出的协同适应元学习器如何学习先验知识。

协同适应。协同适应元学习器的目标是学习先验知识 $\theta = (\phi, \omega)$。它只需几个评分样本便可以快速适应新的用户任务。如图 7-4a 所示，每个任务都增加了多方面的语义上下文。因此，先验知识不仅应该能对任务间共享的全局知识进行编码，还应该能够推广到每个任务内的不同语义方面。为此，我们通过语义层面和任务层面增强元学习器。

对于语义自适应，任务 $\mathcal{T}_u$ 的语义增强支持集 $\mathcal{S}_u$ 与由基于不同的元路径（例如图 7-4 中的 UMAM 和 UMDM）的语义上下文相关联，其中每个元路径代表一个层面的语义信息。语义自适应利用元路径 p（即 $\mathcal{S}_u^p$）的语义上下文来评估预测损失。利用基于元路径 p 得到的损失并通过一个（或多个）梯度下降步骤，全局上下文先验可自适应到元路径 p 的语义空间。

正式地，给定用户 u 的任务 $\mathcal{T}_u$，支持集为 $\mathcal{S}_u = (\mathcal{S}_u^{\mathcal{R}}, \mathcal{S}_u^{\mathcal{P}})$，其中 $\mathcal{S}_u^{\mathcal{P}}$ 由不同元路径 $\mathcal{S}_u^{p_i}$ 组成，如 (7.18) 所示。

给定元路径 $p \in \mathcal{P}$，用户 u 在 p 的语义空间中的嵌入为：

$$\boldsymbol{x}_u^p = g_\phi(u, \mathcal{S}_u^p) \tag{7.22}$$

在 p 的语义空间中，我们可以进一步计算任务中 $\mathcal{S}_u^R$ 的支持集上的损失：

$$\mathcal{L}_{\mathcal{T}_u}(\omega, \boldsymbol{x}_u^p, \mathcal{S}_u^{\mathcal{R}}) = \frac{1}{|\mathcal{S}_u^{\mathcal{R}}|} \sum_{i \in \mathcal{S}_u^{\mathcal{R}}} (r_{ui} - h_\omega(\boldsymbol{x}_u^p, \boldsymbol{e}_i))^2 \tag{7.23}$$

其中，$h_\omega(\boldsymbol{x}_u^p, \boldsymbol{e}_i)$ 表示基于元路径 p 的语义空间中用户 u 对物品 i 的预测评分。

接下来，我们根据任务 T_u 中每个语义空间中 p 的损失进行一个梯度下降，来调整全局上下文先验 ϕ 以获得语义先验 ϕ_u^p。因此，元学习器可以学习各种语义方面的更细粒度的先验知识：

$$\phi_u^p = \phi - \alpha \frac{\partial \mathcal{L}_{T_u}(\omega, \boldsymbol{x}_u^p, S_u^R)}{\partial \phi} = \phi - \alpha \frac{\partial \mathcal{L}_{T_u}(\omega, \boldsymbol{x}_u^p, S_u^R)}{\partial \boldsymbol{x}_u^p} \frac{\partial \boldsymbol{x}_u^p}{\partial \phi} \tag{7.24}$$

其中 α 是语义学习率，而 $\boldsymbol{x}_u^p = g_\phi(u, S_u^p)$ 是 ϕ 的函数。

对于任务自适应，我们建立在自适应的语义先验 ϕ_u^p 之上。之后，任务自适应进一步将全局先验 ω 自适应到任务 T_u 上，该全局先验 ω 编码如何学习 u 的评分预测。

语义先验 ϕ_u^p 随后将支持集上 p 语义空间中的用户 u 嵌入更新为 $\boldsymbol{x}_u^{p\langle S \rangle} = g_{\phi_u^p}(u, \mathcal{S}_u^p)$，它进一步将全局先验 ω 转换到相同的空间：

$$\omega^p = \omega \odot \kappa(\boldsymbol{x}_u^{p\langle S \rangle}) \tag{7.25}$$

其中 $\odot$ 表示向量对应位相乘，$\kappa(\cdot)$ 作为使用完全连接层的转换函数。直观地说，ω 被映射到当前元路径 p 的语义空间中。然后，我们通过一个梯度下降步骤将 ω^p 自适应到任务 T_u：

$$\omega_u^p = \omega^p - \beta \frac{\partial \mathcal{L}_{T_u}(\omega^p, \boldsymbol{x}_u^{p\langle S \rangle}, S_u^R)}{\partial \omega^p} \tag{7.26}$$

其中 β 是任务学习率。

通过语义和任务层面的自适应，我们将全局先验 θ 调整为在任务 T_u 中与语义和任务相关的参数 $\theta_u^p = \{\phi_u^p, \omega_u^p\}$。给定一组元路径 P，通过优化查询集 Q_u 在 P 的所有语义空间中的自适应参数 θ_u^p 来训练元学习器。

即如图 7-4b 所示，全局先验 $\theta = (\phi, \omega)$ 将通过反向传播如下损失函数进行优化：

$$\min_{\theta} \sum_{T_u \in T^{\text{tr}}} L_{T_u}(\omega_u, \boldsymbol{x}_u, Q_u^R) \tag{7.27}$$

其中 ω_u 和 $\boldsymbol{x}_u$ 由多个语义空间（即 P 中的元路径）融合而成。具体来说：

$$\omega_u = \sum_{p \in P} a_p \omega_u^p, \quad \boldsymbol{x}_u = \sum_{p \in P} a_p \boldsymbol{x}_u^{p\langle Q \rangle} \tag{7.28}$$

其中 $a_p = \text{softmax}(-\mathcal{L}_{T_u}(\omega_u^p, \boldsymbol{x}_u^{p\langle Q \rangle}, Q_u^{\mathcal{R}}))$ 是 p 语义空间的权重，$\boldsymbol{x}_u^{p\langle Q \rangle} = g_{\phi_u^p}(u, Q_u^p)$ 是在查询集上聚合 u 的嵌入。由于损失值反映了模型性能[4]，因此可以直观地看出，语义空间中的损失值越大，相应的权重应该越小。

总之，协同自适应元学习器旨在通过多个任务优化全局先验 θ，因此使用自适应参数 $\{\theta_u^p : p \in P\}$ 可以最小化每个元训练任务 T_u 的损失（即"学会学习"），它不使用任务数据直接更新全局先验。特别是，通过协同自适应机制，我们不仅使参数适应每个任务，而且还适应任务中的每个语义层面。

7.3.3 实验

1. 实验设置

数据集 我们在三个基准数据集上进行实验，即 DBook⊖、MovieLens⊖ 和 Yelp⊖，它们均来自可公开访问的数据库。

基线方法 我们将 MetaHIN 与三类方法进行了比较。1）传统方法包括 FM[26]、NeuMF[13] 和 GC-MC[2]。由于它们不能处理 HIN，我们将异质信息（例如，角色）作为用户或物品的特征。2）基于 HIN 的方法，包括 mp2vec[8] 和 HERec[28]。这两种方法都基于元路径，我们使用的元路径与方法中的相同。3）冷启动方法，包括基于内容的 DropoutNet[36]，以及基于元学习的 MeteEmb[21] 和 MeLU[19]。由于它们没有专门针对 HIN 设计，所以我们将异质信息作为用户或物品特征输入到原始模型中。我们遵循文献 [19] 来训练非元学习基线，并将来自元训练任务的所有支持集和查询集中的评分项联合起来。为了处理新用户或新物品，我们使用支持集对训练模型进行微调，并对元测试任务中的查询集进行评估。

评价指标 我们采用了三种广泛使用的评估方法[28, 37, 19]，即平均绝对误差（MAE）、均方误差（RMSE）和秩为 K 的归一化折扣累积增益（NDCG@K）。这里我们使用 $K = 5$。

2. 分析与比较

在本实验中，我们在三种冷启动情景和传统非冷启动情景下，根据经验将 MetaHIN 与几种最先进的基线方法进行比较。表 7-4展示了所有方法与四种推荐方案之间的性能比较。

⊖ https://book.douban.com/。

⊜ https://grouplens.org/datasets/movielens/。

⊜ https://www.yelp.com/dataset challenge/。

表 7-4　在四个推荐场景和三个数据集上的实验结果。MAE 或 RMSE 值越小，NDCG@5 值越大，表示性能越好。最好的数据用黑体表示，次好的用下划线表示

推荐场景	模型	DBook			MovieLens			Yelp		
		MAE↓	RMSE↓	NDCG@5↑	MAE↓	RMSE↓	NDCG@5↑	MAE↓	RMSE↓	NDCG@5↑
现有商品新用户（用户冷启动, UC）	FM	0.7027	0.9158	0.8032	1.0421	1.3236	0.7303	0.9581	1.2177	0.8075
	NeuMF	0.6541	0.8058	0.8225	0.8569	1.0508	0.7708	0.9413	1.1546	0.7689
	GC-MC	0.9061	0.9767	0.7821	1.1513	1.3742	0.7213	0.9321	1.1104	0.8034
	metapath2vec	0.6669	0.8391	0.8144	0.8793	1.0968	0.8233	0.8972	1.1613	0.8235
	HERec	0.6518	0.8192	0.8233	0.8691	0.9916	0.8389	0.8894	1.0998	0.8265
	DropoutNet	0.8311	0.9016	0.8114	0.9291	1.1721	0.7705	0.8557	1.0369	0.7959
	MeteEmb	0.6782	0.8553	0.8527	0.8261	1.0308	0.7795	0.8988	1.0496	0.7875
	MeLU	<u>0.6353</u>	<u>0.7733</u>	<u>0.8793</u>	<u>0.8104</u>	<u>0.9756</u>	<u>0.8415</u>	<u>0.8341</u>	<u>1.0017</u>	<u>0.8275</u>
	MetaHIN	**0.6019**	**0.7261**	**0.8893**	**0.7869**	**0.9593**	**0.8492**	**0.7915**	**0.9445**	**0.8385**
新商品现有用户（商品冷启动, IC）	FM	0.7186	0.9211	0.8342	1.3488	1.8503	0.7218	0.8293	1.1032	0.8122
	NeuMF	0.7063	0.8188	0.7396	0.9822	1.2042	0.6063	0.9273	1.1009	0.7722
	GC-MC	0.9081	0.9702	0.7634	1.0433	1.2753	0.7062	0.8998	1.1043	0.8023
	metapath2vec	0.7371	0.9294	0.8231	1.0615	1.3004	0.6367	0.7979	1.0304	0.8337
	HERec	0.7481	0.9412	0.7827	0.9959	1.1782	0.7312	0.8107	1.0476	0.8291
	DropoutNet	0.7122	0.8021	0.8229	0.9604	1.1755	0.7547	0.8116	1.0301	0.7943
	MeteEmb	0.6741	0.7993	0.8537	<u>0.9084</u>	<u>1.0874</u>	<u>0.8133</u>	0.8055	0.9407	0.8092
	MeLU	<u>0.6518</u>	<u>0.7738</u>	<u>0.8882</u>	0.9196	1.0941	0.8041	<u>0.7567</u>	<u>0.9169</u>	<u>0.8451</u>
	MetaHIN	**0.6252**	**0.7469**	**0.8902**	**0.8675**	**1.0462**	**0.8341**	**0.7174**	**0.8696**	**0.8551**
新商品新用户（用户-商品冷启动, UIC）	FM	0.8326	0.9587	0.8201	1.3001	1.7351	0.7015	0.8363	1.1176	0.8278
	NeuMF	0.6949	0.8217	0.8566	0.9686	1.2832	0.8063	0.9860	1.1402	0.7836
	GC-MC	0.7813	0.8908	0.8003	1.0295	1.2635	0.7302	0.8894	1.1109	0.7923
	metapath2vec	0.7987	1.0135	0.8527	1.0548	1.2895	0.6687	0.8381	1.0993	0.8137
	HERec	0.7859	0.9813	0.8545	0.9974	1.1012	0.7389	0.8274	0.9887	0.8034
	DropoutNet	0.8316	0.8489	0.8012	0.9635	1.1791	0.7617	0.8225	0.9736	0.8059
	MeteEmb	0.7733	0.9901	0.8541	0.9122	1.1088	0.8087	0.8285	0.9476	0.8188
	MeLU	<u>0.6617</u>	<u>0.7752</u>	<u>0.8891</u>	0.9091	<u>1.0792</u>	<u>0.8106</u>	<u>0.7358</u>	<u>0.8921</u>	<u>0.8452</u>
	MetaHIN	**0.6318**	**0.7589**	**0.8934**	**0.8586**	**1.0286**	**0.8374**	**0.7195**	**0.8695**	**0.8521**

FM	0.7358	0.9763	0.8086	1.0043	1.1628	0.6493	0.8642	1.0655	0.7986
NeuMF	0.6904	0.8373	0.7924	0.9249	1.1388	0.7335	0.7611	0.9731	0.8069
GC-MC	0.8056	0.9249	0.8032	0.9863	1.2238	0.7147	0.8518	1.0327	0.8023
metapath2vec	0.6897	0.8471	0.8342	0.8788	1.1006	0.7091	0.7924	1.0191	0.8005
HERec	0.6794	0.8409	0.8411	0.8652	1.0007	0.7182	0.7911	0.9897	0.8101
DropoutNet	0.7108	0.7991	0.8268	0.9595	1.1731	0.7231	0.8219	1.0333	0.7394
MeteEmb	0.7095	0.8218	0.7967	0.8086	1.0149	0.8077	0.7677	0.9789	0.7740
MeLU	0.6519	0.7834	0.8697	0.8084	0.9978	0.8433	0.7382	0.9028	0.8356
MetaHIN	0.6393	0.7704	0.8859	0.7997	0.9491	0.8499	0.6952	0.8445	0.8477

现有商品　现有用户　（无冷启动）

冷启动场景　表 7-4的前三部分给出了三种冷启动场景（UC、IC 和 UIC）的结果。总的来说，我们的 MetaHIN 在三个数据集上的性能始终是所有方法中最好的。例如，在三个数据集上，MetaHIN 比最佳基线方法在 MAE 上分别提高了 3.05%~5.26%、2.89%~5.55% 和 2.22%~5.19%。在不同的基线方法中，尽管包含异质信息作为内容特征，传统方法（如 MF、NeuMF 和 GC-MC）的竞争力还是最低的。这种异质信息的处理并不理想，因为会丢失高阶图结构。由于合并了这样的结构（例如，元路径），所以基于异质图建模的方法性能更好。然而，由于对新用户和新物品的训练数据有限，监督学习方法通常不能有效地执行。

另一方面，元学习方法通常能更好地应对这种情况。特别是，最佳基线方法始终是 MeLU 或 MeteEmb。然而，它们在所有情况下的表现仍然不如我们的 MetaHIN。原因可能是它们都只是将异质信息集成为内容特性，而没有捕获来自元路径等更高阶结构的多方面语义。相反，在 MetaHIN 中，我们执行语义和任务方面的协同适应，不仅能有效地适应任务，而且能适应任务中的不同语义方面。

非冷启动场景　在表 7-4 的最后一部分，我们研究了传统的推荐场景。我们的 MetaHIN 仍然很强大，超过了所有的基线方法。虽然这是一个传统的场景，但数据集总体上仍然非常稀疏。因此，结合语义丰富的 HIN 通常可以缓解数据级别上的稀疏性挑战。MetaHIN 通过协同适应元学习器进一步在模型层面解决了这个问题，从而能够更好地处理稀疏数据。当然，与冷启动方案相比，MetaHIN 相对基线方法的性能提升往往较小，因为稀疏性问题并不严重。

更详细的方法描述和实验验证见文献 [20]。

7.4 作者集识别

7.4.1 概述

异质文献网络近年来受到了大量关注，其中合作者推荐问题是一项重要的任务，其目的是对给定的匿名论文推荐其潜在作者。现有的研究主要是利用论文的网络结构或语义内容来预测论文与作者之间的相关性，忽略了作者之间的关系。通常作者之间的关系是非常重要的，例如为给定的论文寻找潜在的作者集合。因此，在本节中我们首次提出一个新的问题，即作者集识别，并在图 7-5 中说明了问题设定：给定异质文献网络和网络模式作为输入训练模型，使得模型可以输出给定新匿名论文的最佳作者集合。该问题的关键是获取一个关系紧密的潜在作者集，而传统的作者识别问题只是获取匿名论文的潜在作者排序。

作者集识别问题的基本思路是找到一组与匿名论文相关的、联系紧密的作者。因此，我们需要刻画作者与匿名论文以及作者之间的关系。然而，同时考虑这两种关系并非易事。此外，当作者数量很大的时候，作者子集的数量是巨大的，很难从子集中选择出最优子集。也就是说，这个问题有两个挑战：1）如何对匿名论文与作者之间的交互进行建模，同时在异质文献网络中保持作者之间丰富的固有结构信息？2）如何找到与匿名论文密切相关的最优作者集？这是一个 NP 难问题，需要设计一种有效近似算法来解决。

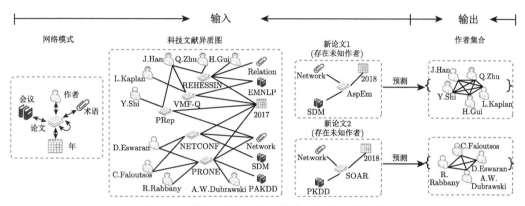

图 7-5 科技文献异质图中的作者集合识别问题

在本节中，我们提出一种新的作者集识别方法（**A**uthor **S**et **I**dentification, ASI）。为了解决以上两方面挑战，本节引入子图发现中近似密度子图中的 quasi-clique 概念，提出一种新颖的基于近似密度子图的最优集合发现方法。具体来说，为了既关注给定论文和作者集合之间的关系，同时又保持作者集合内部之间的内在关系，该方法构建一个新的带权异质文献网络，该网络包含论文和作者两种类型的节点和对应关系（论文–作者和作者–作者）。为了更好地构建带权异质文献网络，该方法采用元路径和表示学习的策略来确定边的权重。因此，新构建的带权异质文献网络不仅包含这两种类型的节点，而且保持了节点之间存在的各种间接关系。为了在构建的带权异质文献网络中发现与给定对象关系最紧密的集合，我们引入近似密度子图中的 quasi-clique 概念，设计启发式的局部搜索方法来寻找最优的近似密度子图，并通过密度函数引导搜索过程。最后，为了更具体地分析论文和作者集合之间的复杂语义，在科技文献领域中的论文作者集合预测问题上进行建模，并给出具体的实验验证和分析。

7.4.2 ASI 模型

为了清晰地阐明对象和集合之间的语义关系，我们先介绍 quasi-clique 概念，并给出相关问题定义，包括最优 quasi-clique 问题、带约束的最优 quasi-clique 问题以及作者集识别问题等。

quasi-clique[34]。如果 $e[S] \geqslant \alpha\binom{|S|}{2}$，即由节点 S 构成的子图的边密度超过临界值 $\alpha \in (0,1)$，则称节点 S 构成的一个集合为 α-quasi-clique。子图的边密度定义为 $e[S]/\binom{|S|}{2}$，其中，$e[S]$ 指由节点 S 构成的子图中的边的数目。

最优 quasi-clique 问题。给定网络 $G = (V, E)$，其中，V 指网络中的所有节点，E 指网络中节点之间的所有关系，目标是找到一个节点集合 $S^* \subseteq V$，使得对所有子集

$S \subseteq V$，有 $f_\alpha(S^*) = e[S] - \alpha\binom{|S|}{2} \geqslant f_\alpha(S)$，称 S^* 是网络 G 的最优 quasi-clique。

带约束的最优 quasi-clique 问题。 给定网络 $G = (V, E)$ 和集合 $Q \subseteq V$，其中，V 指网络中的所有节点，E 指网络中节点之间的所有关系，目标是找到一个节点集合 $S^* \subseteq V$，使得 $f_\alpha(S^*) = \max_{Q \subseteq S \subseteq V} f_\alpha(S)$，称 S^* 是网络 G 带约束的最优 quasi-clique。

作者集识别问题。 给定科技文献异质图 $G = (V, E)$，该网络包含论文以及论文的相关信息（即作者、会议、关键词和年份），目标是建立一个模型来预测指定匿名论文 p 的作者集合 S'_A，使得 S'_A 是候选作者集合 C_A 的所有子集中合作完成论文 p 的近似最优集合，其中，$C_A = \{a_1, a_2, \cdots, a_m\}$ 表示所有候选作者构成的集合。

作者集合预测问题中的 S'_A 和 p 构成的集合可以看作带约束的最优 quasi-clique 问题中的 S^*，p 构成的集合可以看作集合 $Q \subseteq V$，则集合 S'_A 可以看作与给定对象 p 关系最紧密的集合。为了更具体地阐述带约束的最优 quasi-clique 发现方法，本节将其应用在作者集合预测问题中。

1. 模型框架

ASI 的总体架构如图 7-6 所示。给定一个异质文献网络和一篇匿名论文（图 7-6a），我们首先为匿名论文构建一个加权的论文自我中心网络（图 7-6b），然后在加权的论文自我中心网络中找到最优约束拟团（图 7-6c）。下面我们将阐述这两个阶段的基本思路和具体细节：ASI 方法的目标是发现与给定的匿名论文相关并且关联紧密的作者集合。然而，在异质文献网络中，如何整合匿名论文与作者之间的交互，同时保持作者之间丰富的内在结构信息是一个挑战。我们考虑构建一个只包含匿名论文和作者的加权论文自我网络。由于匿名论文与作者之间、作者与作者之间没有直接联系，这里需要设计一种方法来确定这两种边的权值。因此，我们提出任务引导的嵌入方法来学习节点的向量表示，该方法可以通过适当的距离函数来确定边的权值，从而构建加权的论文自我中心网络。然后，把最优作者集合发现问题转换为带有约束的最优 quasi-clique 发现问题，该约束条件意味着所发现的最优拟团必须包含匿名论文的节点，即意味着作者集与匿名论文之间的密切关系。最后，我们提出由密度函数引导的局部搜索启发式方法，以便在构造的网络中发现最优约束拟团。

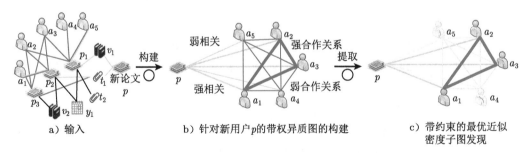

　　a）输入　　　　　　　b）针对新用户 p 的带权异质图的构建　　　　c）带约束的最优近似密度子图发现

图 7-6　ASI 的整体架构（带权异质图的构建和带约束的最优近似密度子图的发现）

2. 基于元路径与表示学习的带权异质图构建

为了降低复杂性，更有针对性地关注匿名论文和候选作者之间的交互关系，同时又能保持科技文献异质图中内在的结构信息，我们只需要关注两种关系，即匿名论文和候选作者之间的关系，以及候选作者之间的关系。因此，我们考虑构建一个新的带权异质图。该网络只包含匿名论文 p 和候选作者两种类型的节点以及它们之间的关系。构建该网络的关键是如何设计最佳的策略来确定网络中两种类型的边权重。为了更清晰地说明边权重的计算方法，本节先定义带权异质图中的相关符号表示。具体来说，对匿名论文 p，用 $G_p = (V, E, W)$ 表示其对应的新构建的带权网络，其中，V 指网络中的所有节点，E 指网络中的所有边，W 代表网络中边的权重。V 包含匿名论文 p 和候选作者两种类型的节点，E 包含匿名论文 p 和任一候选作者 a 之间，以及任意两个候选作者 a_1 和 a_2 之间这两种类型的边，这两种类型边的权重分别记为 w_{pa} 和 $w_{a_1 a_2}$。

为了确定 w_{pa} 和 $w_{a_1 a_2}$，我们设计了元路径和任务引导嵌入式学习相结合的方法。即采用基于元路径的相似性来减少关联性小的边的连通性，记为 $\mathrm{Sim}(p, a|\mathcal{P}_{P \curvearrowright A})$ 和 $\mathrm{Sim}(a_1, a_2|\mathcal{P}_{A \curvearrowright A})$。其中，$\mathcal{P}_{P \curvearrowright A}$ 表示匿名论文 p 和候选作者 a 之间的元路径集合，$\mathrm{Sim}(p, a|\mathcal{P}_{P \curvearrowright A})$ 表示论文和候选作者在给定的元路径集合下的加权相似性分数。$\mathcal{P}_{A \curvearrowright A}$ 表示候选作者之间的元路径集合，$\mathrm{Sim}(a_1, a_2|\mathcal{P}_{A \curvearrowright A})$ 表示候选作者在给定的元路径集合下的加权相似性分数。若 $\mathcal{P}_{P \curvearrowright A} = \{\mathrm{PTPA}\}$，则表示只考虑论文和作者之间的元路径 PTPA。同时采用表示学习的方法来充分利用最初异质图的结构信息，记为任务引导嵌入式方法 TaskGE。与一般目的的嵌入式学习方法不同，TaskGE 方法是基于特定任务的，并且充分利用了作者集合预测问题的两个独特性质。一个是匿名论文和候选作者之间的关系，建模为对象和集合元素方面的嵌入式学习；另一个是候选作者之间的关系，建模为集合元素和集合元素方面的嵌入式学习。基于以上两部分函数，可以确定新构建的带权异质图中边的权重，分别记为 $w_{pa} = \mathrm{Sim}(p, a|\mathcal{P}_{P \curvearrowright A}) \times f(p, a)$ 和 $w_{a_1 a_2} = \mathrm{Sim}(a_1, a_2|\mathcal{P}_{A \curvearrowright A}) \times f(a_1, a_2)$。其中，$f(p, a)$ 和 $f(a_1, a_2)$ 分别表示论文和候选作者以及候选作者之间向量的距离函数，诸如欧几里得距离等。

建模对象和集合元素之间的关系。直觉上，对任一给定的对象，即匿名论文 p，p 和其相应的任一作者 a 的相关性分数应该比 p 和不是其论文的作者 a' 的相关性分数大于一定的界值 ξ。否则，应该给予一定的损失惩罚。这里，采用合页损失来定义对象匿名论文和集合元素候选作者之间的一般函数，如下所示。

$$\mathcal{L}_{R_{P \curvearrowright A}} = \sum_{r \in \mathcal{P}_{P \curvearrowright A}} \mathbb{E}_{<p, a, a'>|r}[\xi + f(p, a) - f(p, a')]_+ \tag{7.29}$$

其中，$[x]_+ = \max(x, 0)$ 表示标准的合页损失函数，ξ 是安全边界值，$<p, a, a'>$ 表示元组 < 论文，正例作者，负例作者 >。r 和 $\mathcal{P}_{P \curvearrowright A}$ 分别表示匿名论文和候选作者之间的任一元路径和元路径的集合。一般而言，为了利用多种信息，可以增加任意匿名论文和候选作者之间的元路径到集合 $\mathcal{P}_{P \curvearrowright A}$ 中。实际上，除了匿名论文和候选作者之间的直接关系，还有很多种间接关系可以利用。例如，$\mathcal{P}_{P \rightsquigarrow A} = \{\text{PA}, \text{PTPA}\}$ 表示不仅考虑论文的直接作者，还要考虑论文的潜在作者，$\mathcal{P}_{P \rightsquigarrow A} = \{\text{PA}\}$ 表示仅考虑论文的直接作者。$f(p, a)$ 是论文 p 和作者 a 之间的度量函数。正如 CML 方法[14] 所阐述的，距离度量比内积具有更好的三角不等式和转移特性。因此，我们采用欧几里得距离来定义距离函数：

$$f(p, a) = \|\boldsymbol{X}_p - \boldsymbol{X}_a\|_2^2 \tag{7.30}$$

其中，$\boldsymbol{X}_p$ 和 $\boldsymbol{X}_a$ 分别表示 p 和 a 的嵌入式向量。对新的匿名论文的向量表示，采用孙怡舟等人[5] 提出的方法来计算其低维向量，即用网络中匿名论文的不同类型的相邻节点的向量加权和表示，计算方法如下所示。

$$\boldsymbol{X}_p = \sum_{t=1}^{n} w_t \boldsymbol{X}_p^t \tag{7.31}$$

其中，n 表示论文 p 的相邻节点的类型数目，$\boldsymbol{X}_p^t$ 表示第 t 种节点类型的向量的均值，$\boldsymbol{X}_p^t = \sum_{i \in N_p^t} \dfrac{\boldsymbol{X}_i}{|N_p^{(t)}|}$，$N_p^{(t)}$ 表示论文 p 的第 t 种类型的节点向量的集合，由于论文引用文献不完整，此处并没有采用论文的参考文献数据。

　　建模集合元素和集合元素之间的关系。 $\mathcal{L}_{R_{P \rightsquigarrow A}}$ 建模了对象论文和集合元素作者之间的关系，本节将阐述如何建模集合元素与集合元素（即作者）之间的关系。一般而言，合作者之间应该比非合作者之间存在着更强的关联关系，也就是说，合作者之间的相关性分数应该比非合作者之间的相关性分数更大。实际上，作者之间也可能存在着诸如元路径 APTPA 所表示的潜在的合作关系。因此，本节定义一个一般性的框架来建模集合元素（即作者）之间的关系，如下所示。

$$\mathcal{L}_{R_{A \rightsquigarrow A}} = \sum_{r \in \mathcal{P}_{A \rightsquigarrow A}} \mathbb{E}_{(a^*, a^+, a^-)|r}[\xi + f(a^*, a^+) - f(a^*, a^-)]_+ \tag{7.32}$$

其中，a^+ 表示 a^* 的任一合作者，a^- 表示任一没有与 a^* 合作过的作者，f 是论文–作者方面的嵌入式学习部分阐明的度量函数，r 表示作者之间的任一元路径，$\mathcal{P}_{A \rightsquigarrow A}$ 表示作者之间元路径的集合，$\mathcal{P}_{A \rightsquigarrow A} = \{\text{APA}\}$ 意味着只考虑作者之间的合作关系。

　　规则化。 Cogswell 等人[7] 提出了一种新颖的规则化方法，称为协方差规则化。该方法最初被用来降低深度神经网络中激活因子之间的相关性。之后，Hsieh 等人[14] 指出，该方法在降低维度之间的关系方面也起着一定作用。正如，协方差可以看作一种维度之间线性冗余的度量，协方差规则化损失的本质是去掉冗余的维度。因此，我们采用协方差规则化损失：

$$\mathcal{L}_{\text{reg}} = \frac{1}{N}(\|\boldsymbol{C}\|_f - \|\text{diag}(\boldsymbol{C})\|_2^2) \tag{7.33}$$

其中，$\|\cdot\|_f$ 是 Frobenius 规则化，$\boldsymbol{C}$ 表示所有的维度 i 和 j 之间的协方差矩阵，$C_{ij} = \frac{1}{N}\sum_{k=1}^{N}(\boldsymbol{X}_k^{(i)} - \boldsymbol{u}_i)(\boldsymbol{X}_k^{(j)} - \boldsymbol{u}_j)$，$\boldsymbol{u}_i = \frac{1}{N}\sum_{k=1}^{N}\boldsymbol{X}_k^{(i)}$，$\boldsymbol{X}_k^{(i)}$ 表示节点 k 的嵌入式向量

的第 i 维。最后，组合以上三部分获得最终的任务引导嵌入式学习目标函数：

$$\mathcal{L} = \mathcal{L}_{R_{P \curvearrowright A}} + \gamma \mathcal{L}_{R_{A \curvearrowright A}} + \lambda \mathcal{L}_{\text{reg}} \tag{7.34}$$

其中，$\mathcal{L}_{\text{reg}}$ 表示避免过拟合的规则化项，λ 是规则化的系数，γ 是调和因子，来控制两部分嵌入式的比重，我们只考虑直接关系，即 $\mathcal{L}_{R_{P \curvearrowright A}}$ 中的 PA 以及 $\mathcal{L}_{R_{A \curvearrowright A}}$ 中的 APA。

为了最小化 $\mathcal{L}$，我们采用基于抽样的最小批量优化方法 Adam[16]。为了获得训练元组 $< p, a, a' >$ 和 $< a^*, a^+, a^- >$，根据不同元路径下的路径实例的比例来获得正样例，这种抽样策略可以避免数量巨大关系的低采样，以及数量较少关系的过采样。对每个抽样正例 $< p, a >$，先固定 p 和相对应的关系，然后随机产生与 p 没有同样关系的节点 a'，获得训练元组 $< p, a, a' >$。类似地，可以先固定 a^* 和相对应的关系获得训练元组 $< a^*, a^+, a^- >$。

3. 带约束的最优近似密度子图发现

关于子图挖掘的许多方法已经被研究，诸如稠密子图挖掘 [11]、quasi-clique 挖掘 [22, 34] 等。通过解决参数最大流问题，最大密度子图发现问题可以在多项式时间内得以解决。例如，Asashiro 等人提出了一种线性时间内近似的贪婪算法[1]。之后，出现了很多关于最大密度子图变体的研究工作[3]。quasi-clique 是最大密度子图中的一个重要概念，指的是子图中节点之间可以不一定必须两两相连通，即允许某些边的缺失。因此，quasi-clique 比严格意义上任意两个节点都必须相连接的子图具有更加广泛的应用。最大密度子图已经在欺诈检测以及社区发现等问题中表现出了很好的性能，我们采用子图发现中的 quasi-clique 来解决最优集合发现问题。

具体来说，为了在构建的带权异质图 $G_p = (V, E, W)$ 中发现匿名论文 p 的作者集合，我们提出了带约束的最优 quasi-clique 发现方法。该方法是对 Tsourakakis 等人[34]提出的局部搜索启发式方法的一个调整。该方法把论文 p 作为初始的节点集合，然后，在设计的密度函数的引导下，重复增加和删除节点两个阶段，直到发现具有最大密度函数的 quasi-clique。算法中设计的密度函数又进一步考虑了两种关系，即论文和候选作者之间的关系以及候选作者之间的关系。

该方法将 p 作为约束条件，这意味着被抽取的子图必须包含节点 p。此外，新构建的带权异质图存在两种类型的边。最简单的方法是给两种边分配同样的重要性，实际上，两种类型边的重要性可能是不同的。因此，我们引入一个变量 β 来调整这两种不同类型边的重要性。同时，该方法也对密度函数进行调整以适应新构建的带权网络，计算方法如公式 (7.35) 所示。

$$g_{\alpha, \beta}(S) = \beta \sum_{(i,j) \in D_{PA}} w_{ij} + \sum_{(k,l) \in D_{AA}} w_{kl} - \alpha \binom{|S|}{2} \tag{7.35}$$

其中，S 表示网络 G_p 的节点子集，有 $S \subseteq V$，$|S|$ 表示 S 构成的子图中节点的数目，w_{ij} 表示子图中节点 i 和 j 之间边的权重，D_{PA} 表示子图中论文和作者之间边的集合，

D_{AA} 表示子图中作者之间边的集合。β 控制论文和作者之间边的重要性，α 是一个常数。公式 (7.35) 的前两部分支持具有丰富边的子图，第三部分惩罚直径大的子图。

7.4.3　实验

1. 实验设置

数据集　AMiner[33] 是一个经典的文献网络。我们从中抽取两个 1954 年到 2015 年的数据子集，记为 AMiner-I 和 AMiner-II。AMiner-I 是数据挖掘领域中某些重要会议的数据集合，包括 KDD、ICDM、SDM、CIKM 和 PKDD 这 5 个会议。AMiner-II 是包含人工智能（AI）、数据挖掘（DM）、数据库（DB）和信息系统（IS）这四个领域的数据集合。对于每个领域，抽取其中比较有影响力的重要会议⊖。

基线方法　为了检验所提方法的有效性，我们比较了以下三种有代表性的方法。1）相似性度量方法：该方法指的是通过元路径 PTPA 和 PCPA 间接地连接论文和候选作者，然后再根据相似性度量分数值对候选作者进行排序，我们采用路径实例数作为相似性度量分数值。2）特征工程方法：该方法根据文献 [5] 中的特征工程方法设计，主要抽取了论文和作者对的 17 个主要特征，然后选择 logistic 回归、支持向量机和贝叶斯等机器学习方法对候选作者进行排序。3）HetNetE[5]：该方法是孙怡舟等人[5] 最近针对作者确认问题提出的，其先通过特定任务和一般网络嵌入式模型来学习节点的低维向量表示，然后再用低维向量预测给定论文的作者。

参数设置　对于我们的方法 ASI，设置嵌入式维度为 128，负采样的数目为 2，安全边界 ξ 为 2，学习比率为 0.00001，训练的批量数据的规模为 200，规则化惩罚系数 λ 为 10，平衡因子 γ 为 1.0，α 为 0.01，β 为 0.1。对于 HetNetE 和特征工程的方法，设置最优的参数。在 HetNetE 方法中，三条元路径 APC、APW 和 APP 被联合使用。另外，为公平起见，在 HetNetE 和 ASI 方法中，当计算新论文的向量表示的时候，由于引用数据的缺失，两种方法都没有采用节点的引用类型数据。

2. 评估标准

我们采用准确率（P）、召回率（R）、F1 分数、Jaccard 系数（J）、平均准确率均值（MAP）以及 RMSE 作为评价指标。1）P 反映的是所返回作者集合的准确率，指的是返回的作者集合中正确作者的比例。$P = \dfrac{|S'_A \cap S_A|}{|S'_A|}$，其中，$S'_A$ 表示返回的作者集合，或者是返回的前 k 个作者（即 $P@k$），S_A 是正确的作者集合。2）R 反映的是返回的正确作者在所有正确的作者集合中的比例，$R = \dfrac{|S'_A \cap S_A|}{|S_A|}$。3）F1 是 P 和 R 的调和均值，$\text{F1} = \dfrac{2PR}{P+R}$。4）Jaccard 系数是两个集合之间交集和并集的比例，度

⊖　AI: ICML、AAAI、IJCAI、NIPS。DM: KDD、WSDM、ICDM、PKDD。DB: SIGMOD、VLDB、ICDE。IS: SIGIR、CIKM。

量的是两个集合之间的相似性，$J = \dfrac{|S'_A \cap S_A|}{|S'_A \cup S_A|}$。5）MAP 计算的是在不同的 k 下 AP 的均值。$\text{AP} = \dfrac{\sum_{i=1}^{k} p@i \times \text{rel}_i}{\#\ \text{正确作者数量}}$，如果排序在第 i 位的作者的返回结果是正确的，则 $\text{rel}_i = 1$，否则为 0。6）RMSE 度量的是模型返回的作者数目和实际的作者数目之间的差异性，$\text{RMSE} = \sqrt{\dfrac{\sum(|S'_A| - |S_A|)^2}{|m|}}$，其中 m 是测试论文的数目，S'_A 和 S_A 分别是返回作者以及实际作者的数目。

3. 实验结果

本节通过作者集合预测实验来分析提出方法的性能，把 2014 年以前出版的论文当作训练集，把 2014 年和 2015 年出版的论文当作测试集。对每篇匿名论文来说，对所有作者进行排序是很耗时的。因此，本节采用文献 [5] 的策略，对测试集中的每篇论文，随机抽取负例作者和论文的实际作者构成 100 个候选作者。然后，对每篇匿名论文，只对这 100 个候选作者进行排序。方法 ASI 也选择这 100 个候选作者来构建新的带权异质图，将所有测试论文上的平均结果作为每个指标的最终值。

表 7-5 和表 7-6 展示了在两个数据集上的有效性实验结果，其中，粗体表示每个度量指标下的最优值，↑ 表示越高越好，↓ 表示越低越好，"Avg." 表示不同方法的平均排序。从两个表中可以看出：1）本节提出的方法 ASI 跟对比方法相比几乎在所有评价指标上都占优，除了 R 和 MAP 之外。在 P、J 和 F1 评价指标上，方法 ASI 的性能提升平均有 15%。尽管在评价指标 R 上，ASI 没有达到最优值，但是其性能跟最优值也是非常接近的。2）本节提出的方法 ASI 可以自动确定给定论文的作者数目，这种特性通过评价指标 RMSE 也可以进一步揭示。总而言之，方法 ASI 不仅可以为给定的匿

表 7-5　在 AMiner-I 数据集上的有效性实验结果

方法			评价指标						Avg.
			P (↑)	R (↑)	J (↑)	F1 (↑)	MAP (↑)	RMSE (↓)	
Top-5	相似性度量方法	PTPA	0.2716 (2)	0.5007 (7)	0.2310 (2)	0.3356 (2)	**0.6109** (1)	0.1714 (2)	2.67
		PCPA	0.2098 (7)	0.3937 (11)	0.1680 (7)	0.2614 (7)	0.4718 (9)	0.1714 (2)	7.16
	特征工程方法	LR	0.2160 (5)	0.3915 (12)	0.1827 (6)	0.2657 (4)	0.4834 (7)	0.1714 (2)	6.00
		SVM	0.2493 (3)	0.4562 (9)	0.2154 (4)	0.3081 (3)	0.5451 (3)	0.1714 (2)	4.00
		Bayesian	0.2209 (4)	0.4075 (10)	0.1888 (5)	0.2733 (5)	0.4951 (6)	0.1714 (2)	5.33
	HetNetE		0.2123 (6)	0.3870 (13)	0.1669 (8)	0.2616 (6)	0.4571 (11)	0.1714 (2)	7.66
Top-10	相似性度量方法	PTPA	0.1555 (9)	0.5779 (2)	0.1454 (10)	0.2365 (9)	0.5897 (2)	0.5023 (3)	5.83
		PCPA	0.1388 (11)	0.5066 (5)	0.1257 (13)	0.2110 (11)	0.4517 (12)	0.5023 (3)	9.10
	特征工程方法	LR	0.1358 (13)	0.5005 (8)	0.1270 (12)	0.2059 (13)	0.4664 (10)	0.5023 (3)	9.83
		SVM	0.1629 (8)	**0.5988** (1)	0.1538 (9)	0.2477 (8)	0.5296 (4)	0.5023 (3)	5.50
		Bayesian	0.1364 (12)	0.5010 (6)	0.1277 (11)	0.2069 (12)	0.4767 (8)	0.5023 (3)	8.67
	HetNetE		0.1506 (10)	0.5347 (3)	0.2269 (3)	0.2275 (10)	0.4435 (13)	0.5023 (3)	7.00
ASI			**0.4589** (1)	0.5284 (4)	**0.4009** (1)	**0.4712** (1)	0.5295 (5)	**0.1123** (1)	2.00

表 7-6   在 AMiner-II 数据集上的有效性实验结果

方法			评价指标						Avg.
			P (↑)	R (↑)	J (↑)	F1 (↑)	MAP (↑)	RMSE (↓)	
Top-5	相似性度量方法	PTPA	0.3391 (2)	0.5899 (6)	0.2886 (2)	0.4108 (2)	0.7165 (3)	0.2880 (2)	2.83
		PCPA	0.3287 (3)	0.5743 (8)	0.2776 (4)	0.3986 (3)	0.6595 (6)	0.2880 (2)	4.33
	特征工程方法	LR	0.3113 (4)	0.5400 (9)	0.2645 (5)	0.3769 (4)	0.6605 (5)	0.2880 (2)	4.83
		SVM	0.2202 (7)	0.4553 (12)	0.1674 (11)	0.2803 (9)	**0.9948** (1)	0.2880 (2)	7.00
		Bayesian	0.2964 (5)	0.5144 (10)	0.2491 (6)	0.3587 (5)	0.6458 (8)	0.2880 (2)	6.00
	HetNetE		0.2645 (6)	0.4561 (11)	0.2078 (7)	0.3191 (6)	0.6021 (12)	0.2880 (2)	7.33
Top-10	相似性度量方法	PTPA	0.1927 (8)	**0.6624** (1)	0.1795 (8)	0.2884 (7)	0.6913 (4)	0.8536 (3)	5.16
		PCPA	0.1913 (9)	0.6531 (2)	0.1778 (9)	0.2860 (8)	0.6363 (10)	0.8536 (3)	6.83
	特征工程方法	LR	0.1857 (10)	0.5779 (7)	0.1729 (10)	0.2775 (10)	0.6382 (9)	0.8536 (3)	8.16
		SVM	0.1101 (13)	0.4553 (12)	0.0943 (13)	0.1702 (13)	0.9948 (1)	0.8536 (3)	5.00
		Bayesian	0.1786 (11)	0.6157 (4)	0.1661 (12)	0.2673 (11)	0.6227 (11)	0.8536 (3)	8.66
	HetNetE		0.1720 (12)	0.6350 (3)	0.2858 (3)	0.2564 (12)	0.5602 (13)	0.8536 (3)	7.66
ASI			**0.5981** (1)	0.6019 (5)	**0.4943** (1)	**0.5720** (1)	0.6566 (7)	**0.2058** (1)	2.66

名论文确定具有紧密关系的作者集合,而且可以自动确定作者集合的数目。3)我们也可以看到的是,基于元路径 PTPA 的相似性度量方法在作者集合发现上具有很好的性能,这也进一步表明关键词在论文作者集合发现任务中起着重要作用。

更多的方法细节和实验内容详见文献 [42]。

7.5   本章小结

近年来,为了充分利用推荐系统中涌现的复杂、异质的辅助数据,异质图已经被广泛应用以缓解推荐系统中的数据稀疏和冷启动问题等各种挑战。在本章中,我们介绍了三种基于异质图表示学习的推荐系统,分别解决了在不同现实场景中的挑战。具体地,我们研究了 Top-N 推荐场景,并提出了一种基于三种神经交互模型的异质图表示的推荐框架 MCRec。此外,我们还研究了推荐中的冷启动问题,提出了一种基于元学习的异质图表示学习方法 MetaHIN。最后,我们研究了文献推荐中的作者集识别问题,并提出了方法 ASI 来解决该问题。在未来的工作中,我们将考虑如何结合更多的辅助多模态信息来提高性能。此外,我们将把异质图表示方法扩展到其他更具挑战性的应用中。

参考文献

[1] Asahiro, Y., Iwama, K., Tamaki, H., Tokuyama, T.: Greedily finding a dense subgraph. Journal of Algorithms 34(2), 203-221 (2000)

[2] Berg, R.v.d., Kipf, T.N., Welling, M.: Graph convolutional matrix completion. arXiv preprint arXiv:1706.02263 (2017)

[3] Bhaskara, A., Charikar, M., Chlamtac, E., Feige, U., Vijayaraghavan, A.: Detecting high log densities: an o (n 1/4) approximation for densest ksubgraph. In: TOC, pp. 201-210. ACM (2010)

[4] Chai, T., Draxler, R.R.: Root mean square error (RMSE) or mean absolute error (MAE)?-arguments against avoiding RMSE in the literature. Geosci. Model Dev. 7(3), 1247-1250 (2014)

[5] Chen, T., Sun, Y.: Task-guided and path-augmented heterogeneous network embedding for author identification. In: Proceedings of the Tenth ACM International Conference on Web Search and Data Mining (WSDM), pp. 295-304. ACM, New York (2017)

[6] Chen, T., Zhang, W., Lu, Q., Chen, K., Zheng, Z., Yu, Y.: SVDFeature: a toolkit for featurebased collaborative filtering. J. Mach. Learn. Res. **13**, 3619-3622 (2012)

[7] Cogswell, M., Ahmed, F., Girshick, R., Zitnick, L., Batra, D.: Reducing overfitting in deep networks by decorrelating representations. arXiv preprint arXiv:1511.06068 (2015)

[8] Dong, Y., Chawla, N.V., Swami, A.: metapath2vec: Scalable representation learning for heterogeneous networks. In: Proceedings of the 23rd ACM SIGKDD International Conference on Knowledge Discovery and Data Mining (KDD), pp. 135-144 (2017)

[9] Feng, W., Wang, J.: Incorporating heterogeneous information for personalized tag recommendation in social tagging systems. In: Proceedings of the 18th ACM SIGKDD International Conference on Knowledge Discovery and Data Mining (KDD), pp. 1276-1284 (2012)

[10] Finn, C., Abbeel, P., Levine, S.: Model-agnostic meta-learning for fast adaptation of deep networks. In: International Conference on Machine Learning (ICML), pp. 1126-1135 (2017)

[11] Giatsidis, C., Thilikos, D.M., Vazirgiannis, M.: Dcores: measuring collaboration of directed graphs based on degeneracy. Knowledge and information systems 35(2), 311-343 (2013)

[12] He, K., Zhang, X., Ren, S., Sun, J.: Deep residual learning for image recognition. In: Proceedings of the IEEE Conference on Computer Vision and Pattern Recognition (CVPR), pp. 770-778 (2016)

[13] He, X., Liao, L., Zhang, H., Nie, L., Hu, X., Chua, T.S.: Neural collaborative filtering. In: Proceedings of the 26th International Conference on World Wide Web (WWW), pp. 173-182 (2017)

[14] Hsieh, C.K., Yang, L., Cui, Y., Lin, T.Y., Belongie, S., Estrin, D.: Collaborative metric learning. In: Proceedings of the 26th International Conference on World Wide Web (WWW), pp. 193-201 (2017)

[15] Hu, B., Shi, C., Zhao, W.X., Yu, P.S.: Leveraging meta-path based context for Top-N recommendation with a neural co-attention model. In: Proceedings of the 24th ACM SIGKDD International Conference on Knowledge Discovery and Data Mining (KDD), pp. 1531-1540 (2018)

[16] Kingma, D.P., Ba, J.: Adam: A method for stochastic optimization. In: Third International Conference on Learning Representations (2015)

[17] Koren, Y., Bell, R.: Advances in collaborative filtering. In: Recommender Systems Handbook, pp. 77-118 (2015)

[18] Koren, Y., Bell, R., Volinsky, C.: Matrix factorization techniques for recommender systems. Computer **42**(8), 30-37 (2009)

[19] Lee, H., Im, J., Jang, S., Cho, H., Chung, S.: MeLU: Meta-learned user preference estimator for cold-start recommendation. In: Proceedings of the 25th ACM SIGKDD International Conference on Knowledge Discovery and Data Mining (KDD), pp. 1073-1082 (2019)

[20] Lu, Y., Fang, Y., Shi, C.: Meta-learning on heterogeneous information networks for coldstart recommendation. In: Proceedings of the 26th ACM SIGKDD International Conference on Knowledge Discovery and Data Mining (SIGKDD), pp. 1563-1573 (2020)

[21] Pan, F., Li, S., Ao, X., Tang, P., He, Q.: Warm up cold-start advertisements: Improving CTR predictions via learning to learn ID embeddings. In: Proceedings of the 42nd International ACM SIGIR Conference on Research and Development in Information Retrieval (SIGIR), pp. 695-704 (2019)

[22] Pei, J., Jiang, D., Zhang, A.: On mining crossgraph quasicliques. In: KDD, pp. 228-238. ACM (2005)

[23] Pham, T.A.N., Li, X., Cong, G., Zhang, Z.: A general recommendation model for heterogeneous networks. IEEE Trans. Knowl. Data Eng. **28**, 3140-3153 (2016)

[24] Phan, M.C., Sun, A., Tay, Y., Han, J., Li, C.: NeuPL: Attention-based semantic matching and pair-linking for entity disambiguation. In: Proceedings of the 2017 ACM on Conference on Information and Knowledge Management (CIKM), pp. 1667-1676 (2017)

[25] Rendle, S., Freudenthaler, C., Gantner, Z., Schmidt-Thieme, L.: BPR: Bayesian personalized ranking from implicit feedback. In: Proceedings of the Twenty-Fifth Conference on Uncertainty in Artificial Intelligence (UAI) (2009)

[26] Rendle, S., Gantner, Z., Freudenthaler, C., Schmidt-Thieme, L.: Fast context-aware recommendations with factorization machines. In: Proceedings of the 34th International ACM SIGIR Conference on Research and Development in Information Retrieval (SIGIR), pp. 635-644 (2011)

[27] Sarwar, B., Karypis, G., Konstan, J., Riedl, J.: Item-based collaborative filtering recommendation algorithms. In: Proceedings of the 10th International Conference on World Wide Web (WWW), pp. 285-295 (2001)

[28] Shi, C., Hu, B., Zhao, W.X., Yu, P.S.: Heterogeneous information network embedding for recommendation. IEEE Trans. Knowl. Data Eng. **31**(2), 357-370 (2018)

[29] Shi, C., Li, Y., Zhang, J., Sun, Y., Philip, S.Y.: A survey of heterogeneous information network analysis. IEEE Trans. Knowl. Data Eng. **29**, 17-37 (2017)

[30] Shi, C., Zhang, Z., Luo, P., Yu, P.S., Yue, Y., Wu, B.: Semantic path based personalized recommendation on weighted heterogeneous information networks. In: Proceedings of the 24th ACM International on Conference on Information and Knowledge Management (CIKM), pp. 453-462 (2015)

[31] Sun, Y., Han, J., Yan, X., Yu, P.S.,Wu, T.: PathSim: Meta path-based top-k similarity search in heterogeneous information networks. Very Large Data Base Endowment 4, 992-1003 (2011)

[32] Tang, J., Qu, M., Wang, M., Zhang, M., Yan, J., Mei, Q.: Line: Large-scale information network embedding. In: Proceedings of the 24th International Conference on World Wide Web (WWW), pp. 1067-1077 (2015)

[33] Tang, J., Zhang, J., Yao, L., Li, J., Zhang, L., Su, Z.: ArnetMiner: extraction and mining of academic social networks. In: Proceedings of the 14th ACM SIGKDD International

Conference on Knowledge Discovery and Data Mining (SIGKDD), pp. 990-998. ACM, New York (2008)

[34] Tsourakakis, C., Bonchi, F., Gionis, A., Gullo, F., Tsiarli, M.: Denser than the densest subgraph: extracting optimal quasi-cliques with quality guarantees. In: Proceedings of the 19th ACM SIGKDD International Conference on Knowledge Discovery and Data Mining (SIGKDD), pp. 104-112. ACM, New York (2013)

[35] Vartak, M., Thiagarajan, A., Miranda, C., Bratman, J., Larochelle, H.: A meta-learning perspective on cold-start recommendations for items. In: Advances in Neural Information Processing Systems (NeurIPS), pp. 6904-6914 (2017)

[36] Volkovs, M., Yu, G., Poutanen, T.: DropoutNet: Addressing cold start in recommender systems. In: Advances in Neural Information Processing Systems (NeurIPS), pp. 4957-4966 (2017)

[37] Wang, X., He, X., Wang, M., Feng, F., Chua, T.: Neural graph collaborative filtering. In: Proceedings of the 42nd international ACM SIGIR conference on Research and development in Information Retrieval (SIGIR), pp. 165-174 (2019)

[38] Xu, K., Ba, J., Kiros, R., Cho, K., Courville, A., Salakhudinov, R., Zemel, R., Bengio, Y.: Show, attend and tell: Neural image caption generation with visual attention. In: International Conference on Machine Learning (ICML), pp. 2048-2057 (2015)

[39] Yu, X., Ren, X., Sun, Y., Gu, Q., Sturt, B., Khandelwal, U., Norick, B., Han, J.: Personalized entity recommendation: a heterogeneous information network approach. In: Proceedings of the Tenth ACM International Conference on Web Search and Data Mining (WSDM), pp. 283-292 (2014)

[40] Zhang, Y., Ai, Q., Chen, X., Croft, W.B.: Joint representation learning for top-n recommendation with heterogeneous information sources. In: Proceedings of the 2017 ACM on Conference on Information and Knowledge Management (CIKM), pp. 1449-1458 (2017)

[41] Zhao, H., Yao, Q., Li, J., Song, Y., Lee, D.L.: Meta-graph based recommendation fusion over heterogeneous information networks. In: Proceedings of the 23rd ACM SIGKDD International Conference on Knowledge Discovery and Data Mining (KDD), pp. 635-644 (2017)

[42] Zheng, Y., Shi, C., Kong, X., Ye, Y.: Author set identification via quasi-clique discovery. In: Proceedings of the 28th ACM International Conference on Information and Knowledge Management (CIKM), pp. 771-780 (2019)

[43] Zhu, Y., Lin, J., He, S., Wang, B., Guan, Z., Liu, H., Cai, D.: Addressing the item cold-start problem by attribute-driven active learning. IEEE Trans. Knowl. Data Eng. **32**(4), 631-644 (2019)

第 8 章

基于异质图表示学习的文本挖掘

异质图表示技术有许多实际应用。即使是通常被建模为序列数据的自然语言，也可以通过一些技术将其构建为异质图，从而可以更广泛而准确地捕捉文本中单词、实体、主题、实例或其他组成成分之间的复杂交互。在本章中，我们重点总结异质图表示技术在文本挖掘中的应用。特别地，下面介绍几种基于异质图的文本挖掘方法，包括用于短文本分类的 HGAT、用于新闻推荐的 GUND 和 GNewsRec。在基于异质图表示的文本挖掘领域，主要方法都包含两个关键组成部分：基于自然语言的异质图构建方法和基于所构建异质图的异质图表示算法。下面我们也将从这两个部分对每种方法进行介绍。

8.1 简介

随着在线社交媒体和电子商务的快速发展，互联网上的文本语料规模急剧增长，其中包括查询、评论、推文等短文本[30]，也包括新闻、文章、论文等长文本。因此，迫切需要对其进行准确分析。例如，作为最基本的任务之一，文本分类可以将这些文本语料分为若干个组，从而便于存储和快速检索[1, 22]。而新闻推荐可以帮助用户避免信息过载，帮助用户快速找到自己感兴趣的内容[5, 43, 35]。

然而，很多文本分析任务都会面临数据稀疏的问题[26, 41]。幸运的是，图，尤其是异质图，在引入额外信息和建模对象之间的交互方面有着强大的能力。因此，研究人员探索将文本构建成一个合适的异质图，其中包含不同类型的对象（例如单词、实体、主题、实例和文档的其他组成部分等）和将对象连接在一起的一种或多种类型的边，这可能有利于缓解数据稀疏问题，并改进许多自然语言处理任务。此外，不同的任务也会遇到一些独有的挑战，这些挑战也可以通过正确构造的异质图和精心设计的异质图表示方法来解决。

在本章中，我们将重点介绍针对前面提及的两个典型任务（短文本分类和新闻推荐）的方法。具体来说，在短文本分类任务中，除了数据稀疏的挑战外，还存在歧义性、缺少标注数据等问题。为了解决这些问题，我们将在 8.2 节介绍一种用于半监督短文本分类任务的异质图注意力网络[18]，名为 **HGAT**。在长文本方面，在新闻推荐任务中，为了解决现有方法忽略潜在主题信息和用户长短期兴趣的问题，我们将在 8.3 节介绍一种名为 **GNewsRec** 的图神经新闻推荐模型[11]。此外，我们还将在 8.4 节介绍另一种无监督下对用户偏好进行解耦表示的图神经新闻推荐方法，名为 **GNUD**[12]，其进一步考虑了用户的多样性偏好。

8.2 短文本分类

8.2.1 概述

短文本分类可以广泛应用于许多领域，如情感分析、新闻标记/分类、查询意图分类等[1, 22]。然而，由于以下挑战，短文本分类并非易事。首先，短文本在语义上通常是稀疏的、有歧义的、缺乏上下文的[26]。尽管已经有研究者提出了一些方法来合并一些附加信息，例如实体[39, 37]，但它们无法考虑关系信息，例如实体之间的语义关系。其次，有标注的训练数据非常有限，导致传统和神经网络的监督方法[38, 15, 50, 28, 29] 很难正常使用。因此，如何充分利用有限的标注数据和大量的无标注数据成为短文本分类的关键问题[1]。最后，由于附加信息被整合到模型中以解决稀疏问题，不同信息的多粒度重要性也需要进行捕捉，并降低噪声信息的权重，从而实现更准确的分类。

在本节中，我们将介绍一种基于异质图神经网络的方法（Heterogeneous Graph ATtention Network，**HGAT**[18]），它将自动构建一个异质图，并通过信息传播来充分利用有限的标注数据和大量的无标注数据。具体来说，首先提出一个灵活的异质图框架，以对短文本进行建模，该框架能够整合任何类型的附加信息（例如，实体和主题），同时捕获文本和这些附加信息之间丰富的关系信息。然后，提出一个新的基于双层注意力机制的异质图注意力网络（HGAT），用于嵌入表示该异质图从而进行短文本分类。HGAT 方法还考虑了不同节点的类型异质性。此外，包括节点级和类型级的双层注意力机制将同时捕获不同相邻节点对当前节点的重要性（从而降低噪声信息的权重）和不同节点（信息）类型的重要性。最后，通过大量的实验结果证明所提出的 HGAT 模型在 6 个基准数据集上都明显优于 7 个最先进的方法。

8.2.2 短文本异质图建模

我们首先介绍用于建模短文本的异质图框架，它可以引入任何额外的辅助信息，同时捕获文本和辅助信息之间丰富的关系信息。通过这种方式，短文本的稀疏性问题就可以得到有效缓解。

先前的研究工作已经尝试利用潜在主题[49] 和知识库中的外部知识（例如实体）来丰富短文本的语义[39, 37]。但是，这些工作没有考虑语义关系的信息，例如实体之间的关系。该短文本异质图框架则可以在灵活地引入任何外部信息的同时，还能建模它们之间丰富的关系信息。

这里考虑两类外部信息，也就是主题和实体。如图 8-1所示，我们构造一个异质图 $\mathcal{G} = (\mathcal{V}, \mathcal{E})$，其中节点包括短文本 $D = \{d_1, \cdots, d_m\}$、主题 $T = \{t_1, \cdots, t_K\}$ 和实体 $E = \{e_1, \cdots, e_n\}$，即 $\mathcal{V} = D \cup T \cup E$。边 $\mathcal{E}$ 表示它们之间的关系。具体的构造细节如下所示。

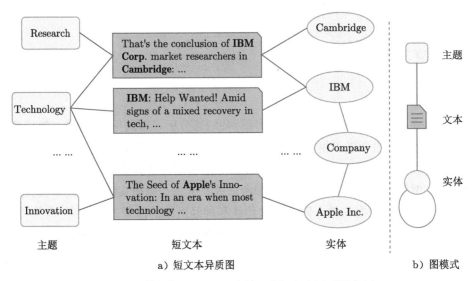

图 8-1　数据集 AGNews 中的一个短文本异质图实例

首先，使用 LDA[3] 挖掘潜在主题 T 以丰富短文本的语义信息。每个主题 $t_i = (\theta_1, \cdots, \theta_w)$（$w$ 表示词表大小）由整个词表上的单词概率分布表示。将每个文本分配给具有最大概率的 P 个主题，即在该文本和被分配的主题之间建立一条边。

然后，识别文本 D 中出现的实体 E，并使用实体链接工具 TAGME⊖将它们链接到 Wikipedia。如果某文本包含某个实体，则在该文本和实体之间建立一条边。这里将实体名作为一个完整的单词，并使用基于 Wikipedia 语料库的 word2vec⊖学习实体的向量表示。为了进一步丰富短文本的语义，考虑实体之间的关系：如果基于两个实体的嵌入表示计算得到的相似性得分（余弦相似度）高于预定义的阈值 δ，则在它们之间建立一条边。

通过引入主题、实体和关系，我们丰富了短文本的语义信息，从而可以极大地帮助后续的分类任务。例如，如图 8-1所示，短文本 "the seed of Apple's Innovation: In an era when most technology ..." 通过 "Technology（技术）" 这个主题与实体 "Apple

⊖ https://sobigdata.d4science.org/group/tagme/。
⊖ https://code.google.com/archive/p/word2vec/。

Inc." 和 "Company（公司）" 的关系在语义上得到丰富。因此，它可以被高置信度地正确分类为 "Business（商业）"。

8.2.3　HGAT 模型

接下来将介绍提出的 HGAT 模型（如图 8-2 所示），基于包括节点级别和类型级别在内的新型双层注意力机制，HGAT 可学得异质图中节点的嵌入表示。具体地，HGAT 利用异质图卷积来考虑不同种类信息的异质性。此外，双层注意力机制捕获不同相邻节点的重要性（降低噪声信息的权重）以及不同节点（信息）类型对特定节点的重要性。最后，它通过输出层预测文本的类别。

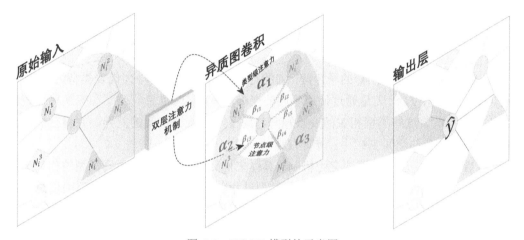

图 8-2　HGAT 模型的示意图

首先介绍 HGAT 中的异质图卷积，它考虑了节点（信息）的异质类型。

众所周知，GCN[16] 是一种多层神经网络，它直接在同质图上运算，并根据其邻域的属性诱导融合得到当前节点的嵌入表示。形式化地，考虑图 $\mathcal{G} = (\mathcal{V}, \mathcal{E})$，其中 $\mathcal{V}$ 和 $\mathcal{E}$ 分别表示节点和边的集合。令 $\boldsymbol{X} \in \mathbb{R}^{|\mathcal{V}| \times q}$ 是包含节点特征 $\boldsymbol{x}_v \in \mathbb{R}^q$ 的矩阵（每行 $\boldsymbol{x}_v$ 是节点 v 的特征向量）。对于图 $\mathcal{G}$，引入它的包含自连接的邻接矩阵 $\boldsymbol{A'} = \boldsymbol{A} + \boldsymbol{I}$，以及对应的度矩阵 $\boldsymbol{M}$，即 $\boldsymbol{M}_{ii} = \sum_j \boldsymbol{A'}_{ij}$。从而每层的传播规则如下所示：

$$\boldsymbol{H}^{(l+1)} = \sigma(\tilde{\boldsymbol{A}} \cdot \boldsymbol{H}^{(l)} \cdot \boldsymbol{W}^{(l)}) \tag{8.1}$$

这里 $\tilde{\boldsymbol{A}} = \boldsymbol{M}^{-\frac{1}{2}} \boldsymbol{A'} \boldsymbol{M}^{-\frac{1}{2}}$ 表示对称标准化的邻接矩阵。$\boldsymbol{W}^{(l)}$ 是一个与层相关的参数矩阵。$\sigma(\cdot)$ 表示非线性激活函数，例如 ReLU。$\boldsymbol{H}^{(l)} \in \mathbb{R}^{|\mathcal{V}| \times q}$ 表示节点在第 l 层的隐藏层表示。初始 $\boldsymbol{H}^{(0)} = \boldsymbol{X}$。

遗憾的是，由于节点存在异质性，GCN 不能直接应用于短文本异质图。具体来说，在异质图中有三种类型的节点：短文本、主题和实体。对于文本 $d \in D$，使用 TF-IDF 向量作为其特征向量 $\boldsymbol{x}_d$。对于主题 $t \in T$，使用词表上的单词分布表示主题

$x_t = \{\theta_i\}_{i=[1,w]}$。对于每个实体，为了充分利用相关的信息，这里通过拼接其实体嵌入表示和维基百科中实体描述的 TF-IDF 向量来表示实体 x_v。

将 GCN 调整到适用于异质图的一种直接的方法是，针对节点的不同类型 $\mathcal{T} = \{\tau_1, \tau_2, \tau_3\}$，对它们各自的特征空间作直和（即正交地拼接），从而得到一个更大的特征空间。例如，每个节点被表示为一个稀疏特征向量，其中对应于其他类型的无关维度上均置 0。我们把这种将 GCN 适应性改造到异质图的基本方法命名为 GCN-HIN。然而，由于它本质上仍然忽略了不同信息类型的异质性，它的效果并不理想。

为了解决这个问题，我们提出了异质图卷积，它考虑了各种类型信息的异质性，并利用类型相关的变换矩阵将它们投射到公共的隐式空间中。

$$H^{(l+1)} = \sigma\left(\sum_{\tau\in\mathcal{T}} \tilde{A}_\tau \cdot H_\tau^{(l)} \cdot W_\tau^{(l)}\right) \tag{8.2}$$

其中 $\tilde{A}_\tau \in \mathbb{R}^{|\mathcal{V}|\times|\mathcal{V}_\tau|}$ 是 $\tilde{A}$ 的子矩阵，它的行代表全部的节点，列代表类型为 τ 的邻节点。节点表示 $H^{(l+1)}$ 是通过使用不同的变换矩阵 $W_\tau^{(l)} \in \mathbb{R}^{q^{(l)}\times q^{(l+1)}}$ 变换特征矩阵 $H_\tau^{(l)}$ 后获得的。这些类型相关的变换矩阵考虑了不同特征空间的差异，并将它们投影到某个隐式的公共空间 $\mathbb{R}^{q^{(l+1)}}$。初始 $H_\tau^{(0)} = X_\tau$。

然后，我们提出了双层注意力机制。具体来说，给定某节点，不同类型的相邻节点可能对其具有不同的影响，例如，相同类型的相邻节点一般会携带更有用的信息，另外，相同类型下的不同邻节点也会具有不同的重要性。为了捕获节点级别和类型级别的不同重要性，我们设计了一种新颖的双层注意力机制，具体如下。

类型级注意力　给定一个特定节点 v，类型级注意力机制学习它不同类型的邻节点的重要性。具体地，首先定义类型 τ 的嵌入表示为 $h_\tau = \sum_{v'} \tilde{A}_{vv'} h_{v'}$，即类型为 τ 的全部邻节点 $v' \in \mathcal{N}_v$ 的特征之和。然后基于当前节点的特征表示 h_v 和类型的嵌入表示，计算类型级注意力得分：

$$a_\tau = \sigma(\mu_\tau^\top \cdot [h_v||h_\tau]) \tag{8.3}$$

其中 μ_τ 是注意力机制中的参数向量，它根据类型 τ 使用不同的参数向量，$||$ 表示"拼接"操作，$\sigma(\cdot)$ 表示激活函数，例如 Leaky ReLU。

然后使用 softmax 函数沿着类型归一化注意力得分，可以得到最终的类型级注意力权重：

$$\alpha_\tau = \frac{\exp(a_\tau)}{\sum_{\tau'\in\mathcal{T}}\exp(a_{\tau'})} \tag{8.4}$$

节点级注意力　节点级注意力机制旨在捕获相同类型下的不同相邻节点的重要性并减少噪声节点的权重。形式化地，给定 τ 类型的特定节点 v 及其类型为 τ' 的邻近节点 $v' \in \mathcal{N}_v$，可以根据节点的嵌入表示 h_v 和 $h_{v'}$ 计算节点 v' 的节点级注意力得分 $\alpha_{\tau'}$：

$$\alpha_{vv'} = \sigma(\nu^\top \cdot \alpha_{\tau'}[h_v||h_{v'}]) \tag{8.5}$$

其中 $\boldsymbol{\nu}$ 是注意力机制中的参数向量。然后使用 softmax 函数归一化注意力得分，得到最终的节点级注意力权重：

$$\beta_{vv'} = \frac{\exp(b_{vv'})}{\sum_{i \in \mathcal{N}_v} \exp(b_{vi})} \tag{8.6}$$

最后，将包括类型级和节点级注意力的双层注意力机制纳入异质图卷积中，即，用如下所示的传播规则替换公式 (8.2)：

$$\boldsymbol{H}^{(l+1)} = \sigma\left(\sum_{\tau \in \mathcal{T}} \boldsymbol{\mathcal{B}}_\tau \cdot \boldsymbol{H}_\tau^{(l)} \cdot \boldsymbol{W}_\tau^{(l)}\right) \tag{8.7}$$

这里，$\boldsymbol{\mathcal{B}}_\tau$ 表示注意力矩阵，其中第 v 行第 v' 列的元素就是公式 (8.6) 中定义的 $\beta_{vv'}$。

在经过 L 层 HGAT 之后，可以获得异质图中节点（包括短文本）的嵌入表示。然后将短文本的嵌入表示 $\boldsymbol{H}^{(L)}$ 送到输出层进行分类。形式化地，

$$\boldsymbol{Z} = \text{softmax}(\boldsymbol{H}^{(L)}) \tag{8.8}$$

在模型训练中采用训练集上的交叉熵损失和参数的 L2 正则化作为损失函数，即

$$\mathcal{L} = -\sum_{i \in D_{\text{train}}} \sum_{j=1}^{C} \boldsymbol{Y}_{ij} \cdot \log \boldsymbol{Z}_{ij} + \eta \|\Theta\|_2 \tag{8.9}$$

其中 C 是分类类别的个数，D_{train} 是作为训练集的短文本集合，$\boldsymbol{Y}$ 是对应的分类指示矩阵，Θ 是模型参数，η 是正则化因子。使用梯度下降法进行模型优化。

8.2.4 实验

1. 实验设置

数据集 我们在 6 个基准短文本数据集上进行大量实验，这 6 个数据集为：**AG-News**，该数据集采用自文献 [50]。我们从中随机选取了 4 种类别下的共 6000 条新闻。**Snippets**，该数据集由文献 [26] 发布。它由网络搜索引擎返回的搜索快照组成；**Ohsumed**⊖，我们使用了由文献 [48] 发布的基准书目分类数据集，其中删除了具有多个标签的文档。为了进行短文本分类，仅使用标题进行实验。**TagMyNews**，我们使用文献 [33] 发布的基准分类数据集中的新闻标题进行实验，其中包含来自 Really Simple Syndication（RSS）的英语新闻。**MR**[25]，这是一个电影评论数据集，其中每个评论只包含一个句子[25]。每个句子都带有正面或负面的标注，以用于二元情感分类。**Twitter**，该数据集由一个 Python 库 NLTK⊖提供，这也是一个二元情感分类数据集。

⊖ http://disi.unitn.it/moschitti/corpora.htm。
⊖ https://www.nltk.org/。

对于每个数据集，为每类随机选择 40 个带标注的短文本，其中一半用于训练，另一半用于验证。按照文献 [16] 中的实验设置，剩下的全部文本都用于测试，这些文档在训练期间也将被当作未标注的文本。

最后按如下方式预处理所有数据集：删除非英文字符、停用词和出现少于 5 次的低频词。表 8-1 显示了数据集的统计信息，包括文本数、平均每个文本中的单词数、实体数以及类别数。在这些数据集中，大多数文本（大约 80%）都包含实体。

表 8-1　数据集的统计信息

	文本数	单词数	实体数	类别数
AGNews	6000	18.4	0.9 (72%)	4
Snippets	12 340	14.5	4.4 (94%)	8
Ohsumed	7400	6.8	3.1 (96%)	23
TagMyNews	32 549	5.1	1.9 (86%)	7
MR	10 662	7.6	1.8 (76%)	2
Twitter	10 000	3.5	1.1 (63%)	2

基线方法　为了全面评估所提出的半监督短文本分类方法，我们将其与以下 9 种最先进的方法进行比较：

支持向量机（SVM）分类器，分别使用 TF-IDF 特征和 LDA 特征[3]，并且分别记作 **SVM+TFIDF** 和 **SVM+LDA**。卷积神经网络（CNN）[15] 的两种变体：1）**CNN-rand**，即使用的词向量为随机初始化的；2）**CNN-pretrain**，即词向量是使用基于维基百科语料预训练的。长短期记忆模型（LSTM[20]）分使用和不使用预训练的词向量两种，分别记为 **LSTM-rand** 和 **LSTM-pretrain**。一种用于文本数据的半监督表示学习方法 **PTE**[31]。首先基于三个包含单词、文本和标签的异构二分图学习单词的嵌入表示，然后计算单词嵌入表示的平均作为文本的嵌入表示，从而进行文本分类。**TextGCN**[48] 将文本语料建模为包含文本和单词作为节点的图，并应用 GCN 进行文本分类。**HAN**[42] 首先通过预定义的元路径，将异质图转换为几个同类子网络，然后应用图注意力网络来学习嵌入异质图。为了公平起见，所有上述基线方法，例如 SVM、CNN 和 LSTM，都使用了实体信息。

参数设置　我们根据在验证集上获得的最佳结果，选择 K、T 和 δ 的参数值。为了构建短文本异质图，在数据集 AGNews、TagMyNews、MR 和 Twitter 中为 LDA 设置主题数 $K=15$，在 Snippets 上设置 $K=20$，在 Ohsumed 上设置 $K=40$。对于所有数据集，每个文本都被分配给具有最大概率的前 $P(P=2)$ 个主题。实体之间的相似性阈值 δ 设置为 0.5。根据先前的研究工作[32]，将模型 HGAT 和其他神经模型的隐藏维度设置为 $d=512$，预训练的单词嵌入表示的维度为 100，并将 HGAT、GCN-HIN 和 TextGCN 的层数 L 设置为 2。对于模型训练，学习率为 0.005，Dropout 为 0.8，正则化因子 $\eta=5\times10^{-6}$。使用早停法以避免过拟合。

2. 实验结果

表 8-2显示了 6 个基准数据集上不同方法的分类准确率。可以看到，本节介绍的方法明显优于所有对比方法，这表明了该方法在半监督短文本分类问题上的有效性。传统的 SVM 方法基于人为设计的特征，比随机初始化词向量的深度模型（即大多数情况下的 CNN-rand 和 LSTM-rand）实现了更好的分类性能。而使用预训练词向量的 CNN-pretrain 和 LSTM-pretrain 有了显著的提升，并且超过了 SVM。基于图的 PTE 模型与 CNN-pretrain 和 LSTM-pretrain 相比效果较差。原因可能是 PTE 是基于词共现信息来学习文本嵌入，然而在短文本分类中，词共现信息是极度稀疏的。基于图神经网络的模型 TextGCN 和 HAN 与深度模型 CNN-pretrain 和 LSTM-pretrain 相比，则达到了可比的结果。模型 HGAT 始终超过所有最先进的模型，并拉开了较大差距，这表明了提出的方法的有效性。原因概括如下：1）我们设计提出了一个灵活易扩展的异质图框架，用于对短文本进行建模，可以引入任意类型的外部信息以丰富语义；2）新的 HGAT 模型基于一种新颖的双层注意力机制，学得了异质图的嵌入表示，以用于短文本分类。其中注意力机制不仅可以捕获不同相邻节点的重要性（并减少噪声信息的权重），而且可以捕获不同节点类型的重要性。

表 8-2　6 个标准数据集上不同模型的测试准确率 (%)。次好的结果用下划线表示。符号 * 表示模型在 t-检验中明显优于其他对比方法 $(p < 0.01)$

数据集	SVM +TFIDF	SVM +LDA	CNN -rand	CNN -pretrain	LSTM -rand	LSTM -pretrain	PTE	TextGCN	HAN	HGAT
AGNews	57.73	65.16	32.65	67.24	31.24	66.28	36.00	<u>67.61</u>	62.64	**72.10***
Snippets	63.85	63.91	48.34	77.09	26.38	75.89	63.10	<u>77.82</u>	58.38	**82.36***
Ohsumed	41.47	31.26	35.25	32.92	19.87	28.70	36.63	<u>41.56</u>	36.97	**42.68***
TagMyNews	42.90	21.88	28.76	57.12	25.52	<u>57.32</u>	40.32	54.28	42.18	**61.72***
MR	56.67	54.69	54.85	58.32	52.62	<u>60.89</u>	54.74	59.12	57.11	**62.75***
Twitter	54.39	50.42	52.58	56.34	54.80	<u>60.28</u>	54.24	60.15	53.75	**63.21***

3. 变种实验

本小节将 HGAT 模型与它的一些变体进行比较，以验证模型每个模块的有效性。如表 8-3所示，HGAT 模型将与其四种变体进行比较。基础模型 GCN-HIN，通过拼接不同类型信息的特征空间，直接将 GCN 应用于所构造的短文本异质图。它没有显式地考虑各种信息类型的异质性。HGAT w/o ATT 则通过前述的异质图卷积来考虑信息的异质性，该卷积利用不同的变换矩阵将不同类型的信息投射到隐式的公共空间。HGAT-Type 和 HGAT-Node 则在此基础上分别仅考虑类型级注意力机制和节点级注意力机制。可以从表 8-2中看到，HGAT w/o ATT 在所有数据集上始终优于 GCN-HIN，证明了所提出的异质图卷积的有效性，因为它考虑了各种信息类型的异质性。HGAT-Type 和 HGAT-Node 通过捕获不同信息的重要性（减少噪声信息的权重）进一步改进了 HGAT w/o ATT。而 HGAT-Node 显示了比 HGAT-Type 更好的性能，表明节点级注意力更为重要。最后，通过考虑异质性并同时应用包括节点级和类型级的双层注意力机制，HGAT 达到了明显优于所有变体的效果。

表 8-3   变体的测试准确率（%）

数据集	GCN-HIN	HGAT w/o ATT	HGAT-Type	HGAT-Node	HGAT
AGNews	70.87	70.97	71.54	71.76	**72.10***
Snippets	76.69	80.42	81.68	81.93	**82.36***
Ohsumed	40.25	41.31	41.95	42.17	**42.68***
TagMyNews	56.33	59.41	60.78	61.29	**61.72***
MR	60.81	62.13	62.27	62.31	**62.75***
Twitter	61.59	62.35	62.95	62.45	**63.21***

4. 案例分析

如图 8-3所示，以 AGNews 中的一个短文本为例（它被正确分类为体育类）来说明 HGAT 的双重注意力机制。类型级注意力为短文本本身赋予了高权重（0.7），而对实体和主题分配了较低权重（0.2 和 0.1），这意味着文本本身的特征对实体和主题的分类贡献更多。节点级注意力为相邻节点分配了不同的权重，其中属于同一类型的节点的节点级权重总和为 1。如图所示，实体 e_3（Atlanta Braves，棒球队）、e_4（Dodger Stadium，棒球馆）、e_1（Shawn Green，棒球运动员）的权重高于 e_2（洛杉矶，大多数时候指城市）。主题 t_1（game）和 t_2（win）对于将文本分类为体育类具有几乎相同的重要性。案例研究表明，我们提出的双层注意力机制可以捕获多种粒度的关键信息，并减少噪声信息的权重，从而得到更好的分类效果。

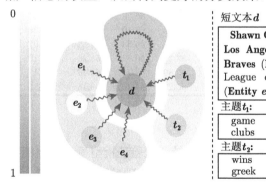

图 8-3   双层注意力机制的可视化：包括节点级注意力（以红色显示）和类型级注意力（以蓝色显示）。每个主题 t 由具有最高概率的前 10 个单词表示（见彩插）

更多的方法细节和实验内容详见文献 [18] 和文献 [47]。

8.3   融合长短期兴趣建模的新闻推荐

8.3.1   概述

随着新闻文章的爆炸性增长，个性化的新闻推荐因为能够让用户快速找到自己感兴趣的文章，已经越来越受到业界和学术界的关注 [5, 43, 35]。虽然现有的新闻推荐方法[5, 34, 14, 35, 51, 13, 6, 17] 已经取得了良好的性能，但由于大多数方法无法广泛利用新闻推荐系统中的高阶结构信息 (例如 U-D-T-D-U 隐含相似的用户倾向于阅读相似的新闻文章信息)，导致存在数据稀疏问题。此外，它们中的大多数还忽略了潜在主题信息，而这些信息有助于揭示用户的兴趣并缓解用户–新闻交互的稀疏性。我们有如下直觉，用户点击次数很少的新闻项可以以主题作为桥接聚合更多信息。此外，现有的新闻推荐方法也没有考虑用户的长期兴趣和短期兴趣。用户通常具有相对稳定的长期兴趣，但也可能在某些时间上被某些事物所吸引，即短期兴趣。例如，用户可能会持续关注政治事件，这是一项长期兴趣。相比之下，某些突发新闻事件（例如恐怖袭击）通常只会引起暂时的兴趣。

在本节中，我们提出了一种图神经网络推荐方法（**Graph Neural News Recommendation model, GNewsRec**）。具体地，首先构建一个异质图来显式地建模用户、新闻和潜在主题之间的交互。附加的主题信息将有助于捕获用户的兴趣，并缓解用户–新闻交互的稀疏性问题。然后设计一个新颖的异质图神经网络学习用户和新闻表示，通过在图上传播特征表示来编码高阶结构信息。通过异质图中完整的用户点击历史学习到的用户嵌入能够捕获用户的长期兴趣。此外，该方法还设计了融合注意力的长短期记忆模型[10, 19]，通过最近的阅读历史来建模用户最近的短期兴趣。

8.3.2 问题形式化

本节的新闻推荐问题可以举例说明如下。给定 K 个用户 $U = \{u_1, u_2, \cdots, u_K\}$ 与 M 条新闻 $I = \{d_1, d_2, \cdots, d_M\}$ 的点击历史记录。根据用户的隐式反馈，有用户–新闻交互矩阵 $Y \in \mathbb{R}^{K \times M}$，其中 $y_{u,d} = 1$ 表示用户 u 点了新闻 d，否则 $y_{u,d} = 0$。另外，从带有时间戳的点击历史记录中可以得到特定用户 u 最近的点击序列 $s_u = \{d_{u,1}, d_{u,2}, \cdots, d_{u,n}\}$，其中 $d_{u,j}$ 是用户 u 点击的第 j 条新闻。

给定用户–新闻交互矩阵 Y 和用户最近的点击序列 S，新闻推荐的目标是预测用户 u 是否对他/她以前没有见过的新闻 d 有潜在的兴趣。本节以新闻的标题和概要 (新闻页面内容中给定的一组实体 E 及其实体类型 C) 为特征。每个新闻标题 T 包含一个单词序列 $T = \{w_1, w_2, \cdots, w_m\}$，概要包含一个实体序列 $E = \{e_1, e_2, \cdots, e_n\}$ 以及对应的实体类型 $C = \{c_1, c_2, \cdots, c_n\}$，其中 c_j 是第 j 个实体 e_j 的实体类型。

8.3.3 GNewsRec 模型

本节将简要介绍融合长期和短期兴趣建模的异质图神经新闻推荐模型 GNewsRec。该模型充分利用了用户和新闻之间的高阶结构信息，首先建立包含用户、新闻、主题的异质图，然后利用 GNN 传播嵌入信息获取高阶表示。如图 8-4所示，GNewsRec 模型包含三个主要部分：用于文本信息提取的 CNN、用于用户长期兴趣建模和新闻建模的 GNN，以及用于用户短期兴趣建模的基于注意力的 LSTM 模型。第一部分是通过 CNN 从新闻标题和概要中提取新闻特征。第二部分构建具有完整用户点击历史记录的用户–新闻–主题异质图，并应用 GNN 编码高阶结构信息。附加的潜在主题信息可以缓解用户–新闻的稀疏性，因为用户点击较少的新闻项目可以通过主题作为桥梁而聚合更多的信息。在图上具有完整的用户点击历史时学习到的用户嵌入能够建模相对稳定的用户长期兴趣。第三部分通过一个基于注意力的 LSTM 模型编码最近的阅读历史来建模用户的短期兴趣。最后将用户的长期和短期兴趣结合起来得到用户最终表示，然后将其与候选新闻表示进行比较以进行推荐。后续我们将对这三个部分进行详细介绍。

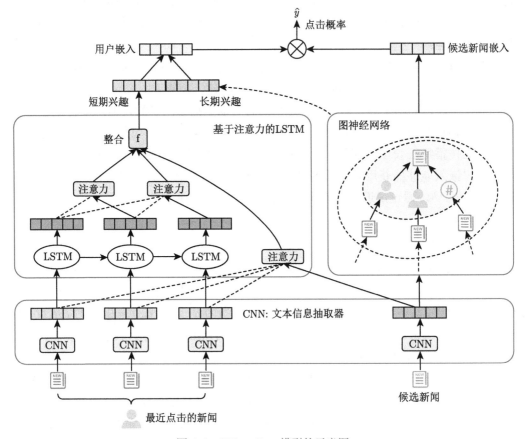

图 8-4　GNewsRec 模型的示意图

1. 文本信息提取器

我们使用两个并行的 CNN 作为新闻文本信息提取器，分别以新闻的标题和概要作为输入，学习新闻的标题级和概要级表示。这两个表示的拼接作为新闻的最终文本特征表示。

具体来说，新闻标题可以表示为 $\boldsymbol{T} = [\boldsymbol{w}_1, \cdots, \boldsymbol{w}_m]^\top$，概要可以表示为 $\boldsymbol{P} = [\boldsymbol{e}_1, f(\boldsymbol{c}_1), \boldsymbol{e}_2, f(\boldsymbol{c}_2), \cdots, \boldsymbol{e}_n, f(\boldsymbol{c}_n)]^\top$，其中 $\boldsymbol{P} \in \mathbb{R}^{2n \times k_1}$，$k_1$ 是实体嵌入向量的维数，$f(\boldsymbol{c}) = \boldsymbol{W}_c\,\boldsymbol{c}$ 是转换函数，$\boldsymbol{W}_c \in \mathbb{R}^{k_1 \times k_2}$ 是可训练的变换矩阵，k_2 是实体类型嵌入向量的维数。标题 $\boldsymbol{T}$ 和概要 $\boldsymbol{P}$ 分别被输入两个具有独立权重参数的并行 CNN 中。由此通

过这两个并行 CNN 分别获得其特征表示 $\widetilde{\boldsymbol{T}}$ 和 $\widetilde{\boldsymbol{P}}$。最后将 $\widetilde{\boldsymbol{T}}$ 和 $\widetilde{\boldsymbol{P}}$ 拼接起来作为最终的新闻文本特征表示，如下：

$$\boldsymbol{d} = f_c([\widetilde{\boldsymbol{T}}; \widetilde{\boldsymbol{P}}]) \tag{8.10}$$

其中，$\boldsymbol{d} \in \mathbb{R}^D$，$f_c$ 是一个全连接层。

2. 用户长期兴趣建模与新闻建模

为了对用户长期兴趣和新闻进行建模，本方法首先构建一个包含用户完整历史点击记录的用户–新闻–主题异质图。引入的主题信息可以帮助更好地表明用户的兴趣，并缓解用户–新闻交互的稀疏性。然后利用图卷积网络在图上传播节点特征来学习用户和新闻的嵌入表示，编码用户和新闻之间的高阶信息。

用户–新闻–主题异质图　潜在的主题信息将被整合到新闻文章中，以更好地表明用户的兴趣，缓解用户–新闻稀疏问题。因此，本节构造一个异质无向图 $G = (V, R)$，如图 8-5左侧所示，其中 V 和 R 分别是节点集和边集。此图包含三种类型的节点：用户 U、新闻 I 和主题 Z。主题 Z 可以通过主题模型 LDA[3] 来挖掘。

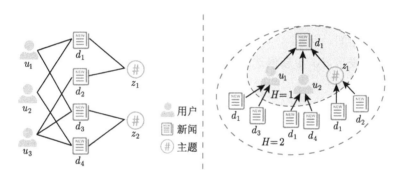

图 8-5　用户–新闻–主题异质图（左）和双层 GNN（右）

如果用户 u 点击了新闻条目 d，则建立用户–新闻边，即 $y_{u,d} = 1$。对于每条新闻 d，本算法可以通过 LDA 得到其主题分布，然后将新闻文档 d 和最大概率主题 z 建立连接：$\theta_d = \{\theta_{d,i}\}_{i=1,\cdots,\mathcal{K}}, \sum_{i=1}^{\mathcal{K}} \theta_i = 1$。

需要注意的是，在测试过程中，本算法可以根据 LDA 模型推断新文档的主题[23]。这样就可以将图中不存在的新文档通过主题与构造好的图连接起来，然后通过图卷积更新其嵌入。因此，引入的主题信息可以缓解因用户–新闻交互的稀疏性带来的冷启动问题。

异质图卷积网络　在构建的异质用户–新闻–主题图的基础上，利用 GNN[9, 36, 40] 通过传播嵌入来捕获用户与新闻的高阶关系。以下是计算单个 GNN 层学习某节点表示的一般形式：

$$\boldsymbol{h}_{\mathcal{N}_v} = \text{AGGREGATE}(\{\boldsymbol{W}^t \boldsymbol{h}_u^t, \forall u \in \mathcal{N}_v\}) \tag{8.11}$$

$$\boldsymbol{h}_v = \sigma(\boldsymbol{W} \cdot \boldsymbol{h}_{\mathcal{N}_v} + \boldsymbol{b}) \tag{8.12}$$

其中 AGGREGATE 是聚合函数，它聚合来自相邻节点的信息，这里使用的是均值聚合函数，它简单地取相邻节点向量的平均值。$\mathcal{N}_v$ 表示某个节点 v 的邻居集合，$\boldsymbol{W}^t$ 是将不同类型节点 $\boldsymbol{h}_u^t$ 变换到同一空间的可学习转换矩阵。$\boldsymbol{W}$ 和 $\boldsymbol{b}$ 分别是一个 GNN 层的权值矩阵和偏置向量，用于更新中心节点 $\boldsymbol{h}_v$ 的嵌入向量。

具体而言，考虑用户 u 和新闻 d 候选对，GNewsRec 使用 $U(d)$ 和 $Z(d)$ ⊖ 分别表示与新闻文档 d 直接相连的用户和主题集合。在真实应用场景中，$U(d)$ 的大小对于不同新闻文档可能有较大的差异，为了保持每个批次的计算模式固定和高效性，对每篇新闻 d 统一采样一组固定大小的邻居 $|S(d)| = L_u$ ⊖，而不是使用其完整的邻居。

根据公式 (8.11) 和公式 (8.12)，为了刻画新闻 d 的拓扑结构，首先计算其所有采样邻居的线性平均组合：

$$\boldsymbol{d}_\mathcal{N} = \frac{1}{|S(d)|} \sum_{u \in S(d)} \boldsymbol{W}_u \boldsymbol{u} + \frac{1}{|Z(d)|} \sum_{z \in Z(d)} \boldsymbol{W}_z \boldsymbol{z} \tag{8.13}$$

其中，$\boldsymbol{u} \in \mathbb{R}^D$ 和 $\boldsymbol{z} \in \mathbb{R}^D$ 分别是新闻 d 的相邻用户和主题的嵌入表示。$\boldsymbol{u}$ 和 $\boldsymbol{z}$ 都是随机初始化，d 则使用文本信息提取器获取的文本特征嵌入进行初始化。$\boldsymbol{W}_u \in \mathbb{R}^{D \times D}$ 和 $\boldsymbol{W}_z \in \mathbb{R}^{D \times D}$ 分别是用户和主题的可学习转换矩阵，它将用户和主题从不同的空间映射到新闻嵌入空间。

然后用邻域表示 $\boldsymbol{d}_\mathcal{N}$ 更新候选新闻表示：

$$\tilde{\boldsymbol{d}} = \sigma(\boldsymbol{W}^1 \cdot \boldsymbol{d}_\mathcal{N} + \boldsymbol{b}^1) \tag{8.14}$$

其中，σ 为非线性函数 ReLU，$\boldsymbol{W}^1 \in \mathbb{R}^{D \times D}$ 和 $\boldsymbol{b}^1 \in \mathbb{R}^D$ 分别为 GNN 第一层的变换矩阵和偏置向量。

上文介绍的是一个单层的 GNN，候选新闻的最终表示仅依赖于它的一阶邻居。为了捕获用户和新闻之间的高阶关系，可以将 GNN 从一层扩展到多层，以更广更深的方式传播嵌入。如图 8-5所示，二阶新闻嵌入向量可以由如下方式得到：首先利用公式 (8.11) 和公式 (8.12) 分别对用户和主题各自相邻的新闻聚合，得到其一跳的邻居用户嵌入向量 $\boldsymbol{u}_l$ 和主题嵌入向量 $\boldsymbol{z}$，然后将 $\boldsymbol{u}_l$ 和 $\boldsymbol{z}$ 进行聚合，得到二阶新闻表示 $\tilde{\boldsymbol{d}}$。一般来说，H 阶新闻表示是其初始表示与 H 跳邻居表示的混合。

通过 GNN 可以得到经过高阶信息编码的最终用户和新闻嵌入 $\boldsymbol{u}_l$ 和 $\tilde{\boldsymbol{d}}$。通过完整的用户点击历史学习到的用户嵌入应该能够捕获相对稳定的长期用户兴趣。但是，我们认为用户可能会短暂被某些东西所吸引，即用户具有短期的兴趣，这也应该在个性化新闻推荐中考虑。

3. 用户短期兴趣建模

在本小节中，我们将介绍如何通过基于注意力的 LSTM 模型，使用用户最近的点击历史来建模用户的短期兴趣，其中不仅关注新闻内容，而且关注新闻的阅读顺序信息。

⊖　这里假设每条新闻只有一个主题，即 $|Z(d)|=1$。
⊖　如果 $|U(d)| < L_u$，$S(d)$ 的元素可能重复。如果 $U(d) = \emptyset$，则 $S(d) = \emptyset$。

内容上的注意力机制　给定用户 u 和他/她最近点击的 l 条新闻 $\{d_1, d_2, \cdots, d_l\}^{\ominus}$，模型将采用注意力机制来建模用户最近点击的新闻对候选新闻 d 的不同影响：

$$\boldsymbol{u}_j = \tanh(\boldsymbol{W}'\boldsymbol{d}_j + \boldsymbol{b}') \tag{8.15}$$

$$\boldsymbol{u} = \tanh(\boldsymbol{W}\boldsymbol{d} + \boldsymbol{b}) \tag{8.16}$$

$$\alpha_j = \frac{\exp(\boldsymbol{v}^\top(\boldsymbol{u} + \boldsymbol{u}_j))}{\sum_j \exp(\boldsymbol{v}^\top(\boldsymbol{u} + \boldsymbol{u}_j))} \tag{8.17}$$

$$\boldsymbol{u}_c = \sum_j \alpha_j \boldsymbol{d}_j \tag{8.18}$$

其中 $\boldsymbol{u}_c$ 是用户当前基于内容的兴趣表示，α_j 是影响力大小，$\boldsymbol{W}'$, $\boldsymbol{W} \in \mathbb{R}^{D \times D}$，$\boldsymbol{d}_j$, $\boldsymbol{b}_w$, $\boldsymbol{b}_t$, $\boldsymbol{v}^\top \in \mathbb{R}^D$，$D$ 是嵌入向量的维度。

时序上的注意力机制　除了使用注意力机制来建模用户当前基于内容的兴趣外，模型还关注最近阅读新闻的点击时序信息，因此使用基于注意力的 LSTM[10] 来捕获时序特征。

如图 8-4所示，LSTM 将用户最近点击的新闻嵌入作为输入，输出用户的序列特征表示。由于每个用户当前的点击会受到之前交互历史的影响，因此将上文介绍的注意力机制 (内容上的注意力机制) 应用于 LSTM 输出的每个隐含状态 $\boldsymbol{h}_j$ 与其之前的隐含状态 $\{\boldsymbol{h}_1, \boldsymbol{h}_2, \cdots, \boldsymbol{h}_{j-1}\}$ （$\boldsymbol{h}_j = \text{LSTM}(\boldsymbol{h}_{j-1}, \boldsymbol{d}_j)$）上来获得不同时刻的序列特征表示 $\boldsymbol{s}_j(j = 1, \cdots, l)$。这些特征 $(\boldsymbol{s}_1, \cdots, \boldsymbol{s}_l)$ 通过 CNN 融合，最终得到用户关于最近 l 条点击历史的序列特征表示 $\widetilde{\boldsymbol{s}}$。

将用户当前基于内容的兴趣表示与序列特征表示拼接输入到一个全连接层中，得到用户最终的短期兴趣嵌入：

$$\boldsymbol{u}_s = \boldsymbol{W}_s[\boldsymbol{u}_c; \widetilde{\boldsymbol{s}}] \tag{8.19}$$

其中 $\boldsymbol{W}_s \in \mathbb{R}^{D \times 2D}$ 是参数矩阵。

4. 预测与模型优化

最后，通过对用户的长期和短期兴趣嵌入向量的拼接进行线性变换，得到用户的最终表示：

$$\boldsymbol{u} = \boldsymbol{W}[\boldsymbol{u}_l; \boldsymbol{u}_s] \tag{8.20}$$

其中 $\boldsymbol{W} \in \mathbb{R}^{d \times 2d}$。

然后将最终用户嵌入 $\boldsymbol{u}$ 与候选新闻嵌入 $\widetilde{\boldsymbol{d}}$ 输入一个全连接层以预测用户 u 点击新闻 d 的概率：

$$\hat{y} = DNN(\boldsymbol{u}, \widetilde{\boldsymbol{d}}) \tag{8.21}$$

$\ominus$　如果用户点击历史序列的长度小于 l，使用零进行填充。

为了训练优化所提出的模型 GNewsRec，我们从现有的观察到的阅读历史中选择正样本，从未观察到的阅读记录中选择等量的负样本。一个训练样本记为 $X = (u, x, y)$，其中 x 是预测是否点击的候选新闻。对于每个正样本，$y = 1$，否则 $y = 0$。经过模型计算之后，每个输入样本都得到一个用户是否点击候选新闻 x 的估计概率 $\hat{y} \in [0, 1]$。这里使用交叉熵作为损失函数：

$$\mathcal{L} = -\Big\{ \sum_{X \in \Delta^+} y \log \hat{y} + \sum_{X \in \Delta^-} (1 - y) \log(1 - \hat{y}) \Big\} + \lambda \|W\|_2 \qquad (8.22)$$

其中 Δ^+ 是正样本集，Δ^- 是负样本集，$\|W\|_2$ 是所有可训练参数的 L2 正则化，λ 为惩罚权重。此外，还采用 dropout 和早停来避免过拟合。

8.3.4　实验

1. 实验设置

数据集　我们在一个真实的新闻数据集 Adressa⊖[7] 上进行实验。数据来自用户的点击日志，包含来自挪威新闻门户大约 2000 万次页面访问以及 270 万次点击的子样本。这里使用两个简化版本：Adressa-1week 和 Adressa-10week，分别收集一周 (2017年 1 月 1 日至 2017 年 1 月 7 日) 和 10 周 (2017 年 1 月 1 日至 2017 年 3 月 11 日)的新闻点击日志。参照文献 [51]，对于每个事件，只选择 (sessionStart, sessionStop)⊖、用户 id、新闻 id、时间戳、新闻标题和概要用于构建数据集。具体来说，首先按时间顺序对新闻进行排序。对于 Adressa-1week 数据集，将第一个 5 天的历史数据用于构建图，其中这 5 天里最近点击的 l 条新闻用于短期兴趣建模，第 6 天的数据用于构建训练样本 <u, d>。最后一天 20% 的数据用于验证，80% 的数据用于测试。需要注意的是，在测试阶段，将使用前 6 天的训练数据重建异质图，并使用这 6 天内最近点击的 l 条新闻来建模用户短期兴趣。同样，对于 Adressa-10week 数据集，在训练阶段，将使用前 50 天的数据来构建图，接下来 10 天的数据用于生成训练数据，最后 10 天 20% 的数据用于验证，80% 的数据用于测试。最终数据集的统计信息如表 8-4所示。

表 8-4　数据集的统计信息

计数	Adressa-1week	Adressa-10week
用户数	537 627	590 673
新闻数	14 732	49 994
事件数	2 527 571	23 168 411
词表数	116 603	279 214
实体类型数	11	11
标题中的平均单词数	4.03	4.10
新闻中的平均单词数	22.11	21.29

⊖　http://reclab.idi.ntnu.no/dataset/。

⊖　sessionStart 和 sessionStop 决定了会话的边界。

基线方法　我们在实验中使用了当前最先进的方法作为对比方法：**DMF**[45] 是一种深度矩阵分解模型，利用多个非线性层来处理用户和物品的原始评分向量。它忽略新闻内容，将隐性反馈作为输入。**DeepWide**[4] 是一个结合线性模型 (Wide) 和前馈神经网络 (Deep)，同时对低层和高层特征交互进行建模的深度学习模型。在本文中，使用新闻标题和概要的拼接作为特征。**DeepFM**[8] 也是一个通用的深度推荐模型，它融合了一个因子分解机的组件和一个深度神经网络的组件，通过共享输入来建模低层和高层特征交互。在本节使用和 DeepWide 一样的输入。**DKN**[35] 是一个基于内容的深度推荐框架，它通过一个多通道 CNN 融合了新闻的语义级和知识级表示。在本节，参考 **DAN**[51]，将新闻标题建模为语义级表示，将概要信息建模为知识级表示。DAN 是一种基于注意力的深度新闻推荐算法，它通过考虑用户的点击序列信息来改进 DKN。所有的对比方法都基于深度神经网络。DMF 是一种基于协同过滤的模型，而其他模型都是基于内容的。

2. 性能实验

在本节中，我们在两个数据集上进行实验，将所提模型与最先进的对比模型进行比较，以 AUC 和 F1 作为评价指标，实验结果如表 8-5所示。可以看到，所提模型对比最优的基线方法，在 F1 和 AUC 上都分别提高了 10.67% 和 2.37%。我们将模型的显著优势归结于以下三个方面：1) 所提模型构建了一个异质的用户–新闻–主题图，并且使用异质图神经网络更好地编码了用户和新闻嵌入的高阶信息。2) 模型既考虑了用户的长期兴趣，又考虑了用户的短期兴趣。3) 在异质图中引入主题信息，可以更好地反映用户的兴趣，即使只有很少用户点击的新闻仍然可以通过主题聚合相邻的信息，从而缓解用户–新闻交互的稀疏性问题。我们还发现，所有基于内容的模型都比基于协同过滤的模型具有更好的性能。这是因为新闻推荐问题存在冷启动问题，基于协同过滤的方法不能很好地解决此问题。而该模型作为一个混合模型，可以结合基于内容的推荐算法和基于协同过滤的模型的优点。此外，没有用户点击的新文档也可以通过主题连接到现有的图中，并通过 GNN 更新它们的嵌入。综合以上因素，所提出的模型可以获得更好的性能。

表 8-5　不同模型的对比结果

模型	Adressa-1week		Adressa-10week	
	AUC(%)	F1(%)	AUC(%)	F1(%)
DMF	55.66	56.46	53.20	54.15
DeepWide	68.25	69.32	73.28	69.52
DeepFM	69.09	61.48	74.04	65.82
DKN	75.57	76.11	74.32	72.29
DAN	75.93	74.01	76.76	71.65
GNewsRec	**81.16**	**82.85**	**78.62**	**81.01**

3. 变种实验

进一步，我们对比 GNewsRec 的不同变体，以证明所提模型在以下方面的设计有效性：GNN 学习带有高阶结构信息编码的用户和新闻嵌入，结合用户长期和短期兴趣以及引入主题信息。结果如表 8-6所示。当删除用于建模长期用户兴趣和新闻的 GNN 模块时，性能会有很大下降。该模块通过构造异质图并应用 GNN 在图上传播嵌入，在图中编码了高阶关系，这证明了本模型的优越性。去掉短期兴趣建模模块将在 AUC 和 F1 方面降低约 2%。这说明同时考虑用户的长期和短期兴趣是必要的。与没有主题信息的变体模型相比，GNewsRec 在这两个指标上都取得了显著的改进。这是因为主题信息可以缓解用户–新闻稀疏性带来的冷启动问题，只有很少用户点击的新文档可以通过主题聚合相邻的信息。

表 8-6　GNewsRec 的变种方法对比

模型变种	Adressa-1week		Adressa-10week	
	AUC(%)	F1(%)	AUC(%)	F1(%)
移除 GNN 的 GNewsRec	75.93	74.01	76.76	71.65
移除短期兴趣建模的 GNewsRec	79.00	80.53	77.03	80.21
移除主题信息的 GNewsRec	79.27	80.73	77.21	80.32
GNewsRec	**81.16**	**82.85**	**78.62**	**81.01**

更多的方法细节和实验内容详见文献 [11]。

8.4　偏好解耦的新闻推荐系统

8.4.1　概述

新闻推荐的一个核心问题是学习更好的用户和新闻表示。现有的深度学习方法[24, 35, 44, 51, 2] 通常只关注新闻内容，很少考虑用户–新闻交互中潜在的高阶关系带来的协同信号。捕获用户和新闻之间的高阶连接可以进一步利用结构特征来减轻稀疏性，从而提高推荐性能[41]。例如，如图 8-6所示，高阶关系 u_1–d_1–u_2 表示 u_1 和 u_2 之间的行为相似性，因此可以将 d_3 推荐给 u_2，因为 u_1 浏览了 d_3，而 d_1–u_2–d_4 则暗示了 d_1 和 d_4 可能有相似的目标用户。此外，用户可能因其偏好的多样性点击不同的新闻。现实世界中的用户新闻交互源于高度复杂的潜在偏好因素。例如，如图 8-6所示，u_2 可能由于对娱乐新闻的偏好点击 d_1，而由于对政治的兴趣选择 d_4。在图上聚集邻居信息时，应当考虑邻居在不同潜在偏好因素下的不同重要性。学习能够识别并解耦这些潜在的偏好因素的表示可以增强表达能力和可解释性，但是，关于新闻推荐的现有工作仍未对此做进一步探索。

为了解决上述问题，本节将用户–新闻交互建模为二部图，并提出一种具有无监督偏好解耦的新颖的图神经新闻推荐模型（**G**raph **N**eural **N**ews Recommendation Model with Unsupervised preference **D**isentanglement，**GNUD**）。通过图来传播用户和新闻表示，模型能够捕获用户–新闻交互背后的高阶连接关系。此外，通过邻域路由机制将学习的表示进行解耦，该邻域路由机制动态识别可能引起用户和新闻之间交互的潜在偏好因素，并将新闻分配到特定子空间中。为了使每个纠缠的子空间能够独立反映某一个偏好，还设计了一种新颖的偏好正则器，来最大化信息理论中度量两个随机变量之间依赖性的互信息，从而增强偏好因素和解耦嵌入之间的关系，这进一步增强了用户和新闻的表示。

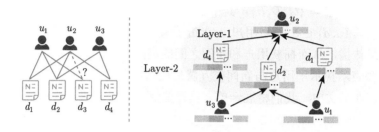

图 8-6　用户–新闻交互图和高阶连接关系的示意图。用户和新闻的表示根据潜在的偏好因素被解耦

8.4.2　GNUD 模型

新闻推荐问题可以如下形式化。给定用户新闻历史交互 $\{(u,d)\}$，模型旨在预测用户 u_i 是否会点击之前从未见过的候选新闻 d_j。接下来将首先介绍新闻内容信息提取器，该提取器的目的是从新闻内容中学习新闻表示 $\boldsymbol{h}_d$。然后详细介绍所提出的具有无监督偏好解耦的图神经模型 GNUD，以进行新闻推荐。模型不仅利用了用户–新闻交互图上的高阶结构信息，还考虑了导致用户和新闻之间点击行为的不同潜在偏好因素。最后还引入了一种新颖的偏好正则器，以强制让每个解耦的子空间更加独立地反映某一个偏好因素。

1. 新闻内容信息提取器

对于一篇新闻 d，考虑标题 T 和内容概要 P（新闻内容中给定的一组实体 E 及其对应的实体类型 C）作为特征。实体 E 及其对应的实体类型 C 已在数据集中给出。每个新闻标题 T 包含一个单词序列 $T = \{w_1, w_2, \cdots, w_m\}$。每个内容概要 P 包含一系列实体，定义为 $E = \{e_1, e_2, \cdots, e_p\}$，相应实体类型 $C = \{c_1, c_2, \cdots, c_p\}$。记标题特征表示为 $\boldsymbol{T} = [\boldsymbol{w}_1, \boldsymbol{w}_2, \cdots, \boldsymbol{w}_m]^\top \in \mathbb{R}^{m \times n_1}$，实体集的特征表示为 $\boldsymbol{E} = [\boldsymbol{e}_1, \boldsymbol{e}_2, \cdots, \boldsymbol{e}_p]^\top \in \mathbb{R}^{p \times n_1}$，实体类型特征表示 $\boldsymbol{C} = [\boldsymbol{c}_1, \boldsymbol{c}_2, \cdots, \boldsymbol{c}_p]^\top \in \mathbb{R}^{p \times n_2}$。其中 $\boldsymbol{w}$、$\boldsymbol{e}$ 和 $\boldsymbol{c}$ 分别表示词 w、实体 e、实体类型 c 的特征向量。n_1 和 n_2 是词（实体）和实体类型的向量维度。这些特征表示可以从大规模语料预训练或者随机初始化得到。根据文献 [51]，内容概要向量定义为 $\boldsymbol{P} = [\boldsymbol{e}_1, g(\boldsymbol{c}_1), \boldsymbol{e}_2, g(\boldsymbol{c}_2), \cdots, \boldsymbol{e}_p, g(\boldsymbol{c}_p)]^\top$，$\boldsymbol{P} \in \mathbb{R}^{2p \times n_1}$。$g(\boldsymbol{c})$ 是转换函数，$g(\boldsymbol{c}) = \boldsymbol{M}_c \boldsymbol{c}$，其中 $\boldsymbol{M}_c \in \mathbb{R}^{n_1 \times n_2}$ 是一个可训练的转换矩阵。

参照 DAN[51]，我们使用两个并行卷积神经网络（PCNN），将新闻的标题 $\boldsymbol{T}$ 和内容概要 $\boldsymbol{P}$ 作为输入，学习新闻的标题级别和内容概要级别表示 $\widehat{\boldsymbol{T}}$ 和 $\widehat{\boldsymbol{P}}$。最后，将 $\widehat{\boldsymbol{T}}$ 和 $\widehat{\boldsymbol{P}}$ 连接起来，并通过一个全连接层 f 获得最终新闻表示 $\boldsymbol{h}_d$：

$$\boldsymbol{h}_d = f([\widehat{\boldsymbol{T}}; \widehat{\boldsymbol{P}}]) \tag{8.23}$$

2. 异质图编码器

如图 8-7所示，为了捕获用户–新闻交互的高阶连接关系，在本方法中，将用户–新闻交互建模为二部图 $\mathcal{G} = \{\mathcal{U}, \mathcal{D}, \mathcal{E}\}$，其中 $\mathcal{U}$ 和 $\mathcal{D}$ 分别是用户和新闻的集合，$\mathcal{E}$ 是边集合，每条边 $e = (u, d) \in \mathcal{E}$ 表示用户 u 点击了新闻 d。GNUD 模型通过图上用户和新闻之间的信息传播，从而捕获用户和新闻之间的高阶关系。此外，GNUD 还学习了解耦表示，这些表示揭示了用户与新闻交互背后的潜在偏好因素，从而增强了表达能力和可解释性。在下文中，我们将展示单个具有偏好解耦功能的图卷积层。

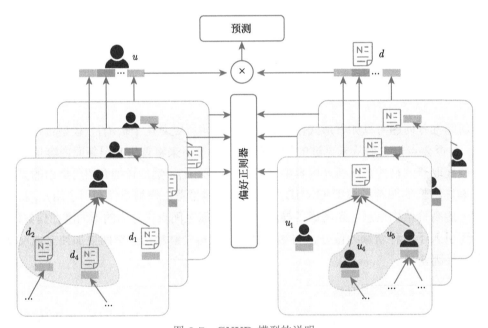

图 8-7　GNUD 模型的说明

偏好解耦的图卷积层　给定用户–新闻二部图 $\mathcal{G}$，其中用户特征 $\boldsymbol{h}_u$ 随机初始化，新闻特征 $\boldsymbol{h}_d$ 由新闻内容信息提取器获得，图卷积层旨在通过聚集节点 u 的邻居特征来学习节点 u 的表示 $\boldsymbol{y}_u$：

$$\boldsymbol{y}_u = \text{Conv}(\boldsymbol{h}_u, \{\boldsymbol{h}_d : (u, d) \in \mathcal{E}\}) \tag{8.24}$$

考虑用户的点击行为可能是由不同的潜在偏好因素引起的，我们提出学习一个 $\text{Conv}(\cdot)$ 层，输出 $\boldsymbol{y}_u$ 和 $\boldsymbol{y}_d$ 的解耦表示。每个解耦的部分反映了一个与用户或新闻有关的偏好因素。解耦用户和新闻表示可以增强表达能力和可解释性。现假设有 K

个因素，我们希望 $\boldsymbol{y}_u$ 和 $\boldsymbol{y}_d$ 由独立的 K 个部分组成：$\boldsymbol{y}_u = [\boldsymbol{z}_{u,1}, \boldsymbol{z}_{u,2}, \cdots, \boldsymbol{z}_{u,K}]$，$\boldsymbol{y}_d = [\boldsymbol{z}_{d,1}, \boldsymbol{z}_{d,2}, \cdots, \boldsymbol{z}_{d,K}]$，其中 $\boldsymbol{z}_{u,k}$ 和 $\boldsymbol{z}_{d,k} \in \mathbb{R}^{l_{\text{out}}/K}$ $(1 \leqslant k \leqslant K)$ (l_{out} 是 $\boldsymbol{y}_u$ 和 $\boldsymbol{y}_d$ 的维度)，分别刻画用户 u 和新闻 d 的与第 k 个偏好因素相关的第 k 个方面。注意接下来将只关注用户 u，描述其表示 $\boldsymbol{y}_u$ 的学习过程。新闻 d 同理。

给定一个 u-相关的节点 $i \in \{u\} \bigcup \{d : (u, d) \in \mathcal{E}\}$，使用一个特定子空间的投影矩阵 $\boldsymbol{W}_k$，将特征向量 $\boldsymbol{h}_i \in R^{l_{\text{in}}}$ 映射到第 k 个偏好相关的子空间：

$$s_{i,k} = \frac{\text{ReLU}(\boldsymbol{W}_k^\top \boldsymbol{h}_i + \boldsymbol{b}_k)}{\| \text{ReLU}(\boldsymbol{W}_k^\top \boldsymbol{h}_i + \boldsymbol{b}_k) \|_2} \tag{8.25}$$

其中，$\boldsymbol{W}_k \in \mathbb{R}^{l_{\text{in}} \times \frac{l_{\text{out}}}{K}}$，$\boldsymbol{b}_k \in \mathbb{R}^{\frac{l_{\text{out}}}{K}}$。注意 $s_{u,k}$ 不等同于最终 u 的第 k 段表示 $\boldsymbol{z}_{u,k}$，因为到目前为止并没有挖掘任何的邻居新闻信息。为了构建 $\boldsymbol{z}_{u,k}$，需要挖掘 $s_{u,k}$ 同其邻居特征 $\{s_{d,k} : (u, d) \in \mathcal{E}\}$ 的信息。模型的主要设计直觉是，在构造描述 u 第 k 个方面的 $\boldsymbol{z}_{u,k}$ 时，应该仅使用由于偏好因素 k 而与用户 u 连接的邻居新闻 d，而并非所有邻居节点。这里应用邻域路由算法[21] 来识别由于偏好因素 k 而连接到 u 的相邻新闻的子集。

邻域路由算法　邻域路由算法通过迭代分析用户及其点击的新闻形成的潜在子空间，来推断用户-新闻交互背后的潜在偏好因素。形式化地，令 $r_{d,k}$ 为用户 u 由于因素 k 点击新闻 d 的概率。同时使用新闻 d 去构造 $\boldsymbol{z}_{u,k}$ 的概率。$r_{d,k}$ 是一个未知的隐变量，可以在迭代过程中进行推断。迭代过程的动机如下：在给定 $\boldsymbol{z}_{u,k}$ 的情况下，可以通过衡量第 k 个子空间下用户 u 与点击新闻 d 之间的相似度来获得潜在变量 $\{r_{d,k} : 1 \leqslant k \leqslant K, (u, d) \in \mathcal{E}\}$ 的值，其计算见公式 (8.26)。初始值 $\boldsymbol{z}_{u,k} = s_{u,k}$。另一方面，在获得潜在变量 $\{r_{d,k}\}$ 之后，可以通过聚集点击新闻信息来估计 $\boldsymbol{z}_{u,k}$，该估计值计算见公式 (8.27)：

$$r_{d,k}^{(t)} = \frac{\exp(\boldsymbol{z}_{u,k}^{(t)\top} s_{d,k})}{\sum_{k'=1}^{K} \exp(\boldsymbol{z}_{u,k}^{(t)\top} s_{d,k})} \tag{8.26}$$

$$\boldsymbol{z}_{u,k}^{(t+1)} = \frac{s_{u,k} + \sum_{d:(u,d) \in \mathcal{G}} r_{d,k}^{(t)} s_{d,k}}{\| s_{u,k} + \sum_{d:(u,d) \in \mathcal{G}} r_{d,k}^{(t)} s_{d,k} \|_2} \tag{8.27}$$

其中迭代次数 $t = 0, \cdots, T - 1$。经过 T 轮迭代，输出 $\boldsymbol{z}_{u,k}^{(T)}$ 为用户 u 的最终在第 k 个子空间下的表示，从而获得 $\boldsymbol{y}_u = [\boldsymbol{z}_{u,1}, \boldsymbol{z}_{u,2}, \cdots, \boldsymbol{z}_{u,K}]$。

以上展示了具有偏好解耦功能的单个图卷积层，该层卷积了来自一阶邻居的信息。为了从高阶邻域捕获信息并学习高层级的特征，将多个卷积层堆叠起来。特别地，我们使用 L 层，并获得最终的用户 u 的解耦表示 $\boldsymbol{y}_u^{(L)} \in \mathbb{R}^{K\Delta n}$ ($K\Delta n = l_{\text{out}}$) 和新闻 d 的表示 $\boldsymbol{y}_d^{(L)}$，其中 Δn 是解耦子空间的维度。

偏好正则器　自然地，我们希望每个解耦的子空间都能独立地反映某一个潜在偏好因素。由于训练数据中没有明确的标签来指示用户的偏好，因此设计了一种新颖的偏好正则器，最大化信息理论中两个随机变量之间的相关性，从而增强偏好因素和解耦的表示之间的关系。根据文献 [46]，互信息最大化可以转换为以下形式。

给定用户 u 的第 k 个潜在子空间的表示 $(1 \leqslant k \leqslant K)$，偏好正则器 $P(k|\boldsymbol{z}_{u,k})$ 用于估计 $\boldsymbol{z}_{u,k}$ 属于第 k 个子空间（即第 k 个偏好）的概率：

$$P(k|\boldsymbol{z}_{u,k}) = \text{softmax}(\boldsymbol{W}_p \cdot \boldsymbol{z}_{u,k} + \boldsymbol{b}_p) \tag{8.28}$$

其中，$\boldsymbol{W}_p \in \mathbb{R}^{K \times \Delta n}$，$P(\cdot)$ 中的参数在用户与新闻之间共享。

3. 模型训练

最后再添加一个全连接层，即：

$$\boldsymbol{y}'_u = \boldsymbol{W}^{(L+1)^\top} \cdot \boldsymbol{y}_u^{(L)} + \boldsymbol{b}^{(L+1)} \tag{8.29}$$

其中 $\boldsymbol{W}^{(L+1)} \in \mathbb{R}^{K\Delta n \times K\Delta n}$，$\boldsymbol{b}^{(L+1)} \in \mathbb{R}^{K\Delta n}$。我们可以使用简单的点积来计算新闻点击概率分数，由以下公式计算得到：

$$\hat{s}\langle u, d \rangle = \boldsymbol{y}'^\top_u \cdot \boldsymbol{y}'_d \tag{8.30}$$

一旦获得点击概率分数 $\hat{s}\langle u, d \rangle$，就可以利用真实标签 $y_{u,d}$ 为训练样本 (u, d) 定义如下的基本损失函数：

$$\mathcal{L}_1 = -[y_{u,d}\ln(\hat{y}_{u,d}) + (1 - y_{u,d})\ln(1 - \hat{y}_{u,d})] \tag{8.31}$$

其中 $\hat{y}_{u,d} = \sigma(\hat{s}\langle u, d \rangle)$。然后为 u 和 d 添加一个偏好正则项，损失函数为：

$$\mathcal{L}_2 = -\frac{1}{K}\sum_{k=1}^{K}\sum_{i \in \{u,d\}} \ln P(k|\boldsymbol{z}_{i,k})[k] \tag{8.32}$$

整体的训练损失可以重写为：

$$\mathcal{L} = \sum_{(u,d) \in \mathcal{T}_{\text{train}}} ((1-\lambda)\mathcal{L}_1 + \lambda\mathcal{L}_2) + \eta\|\Theta\| \tag{8.33}$$

其中 $\mathcal{T}_{\text{train}}$ 是训练集。对每一个正样本 (u, d)，负样本从 u 没有见过的新闻里采样得到。λ 是一个平衡参数，η 是正则参数，$\|\Theta\|$ 表示所有可训练的参数。

请注意，在训练和测试期间，没有被任何用户点击过的新闻将视为图中的孤立节点。其表示仅基于内容特征 $\boldsymbol{h}_d$ 而不进行邻居聚合，仍可以通过公式 (8.25) 进行解耦。

8.4.3 实验

1. 实验设置

我们采用和 8.3 节相同的数据集。同时，前面 8.3 节中所提的基准方法以及以下方法也将在此进一步与 GNUD 比较。

LibFM[27]，一种基于特征的矩阵分解方法，将新闻标题和内容概要的 TF-IDF 向量拼接起来作为输入。

CNN[15]，运用两个并行的 CNN 分别将新闻标题和内容概要中的单词序列拼接起来得到特征，从用户的点击历史记录中学习用户表示。

DSSM[13]，一种深度结构的语义模型。在本实验中，将用户点击的新闻建模为查询（query），将候选新闻建模为文档（document）。

GNewsRec[11]，一种基于图神经网络的方法，结合了长期和短期兴趣建模来进行新闻推荐。

2. 不同方法比较

表 8-7总结了不同方法之间的比较。可以观察到，GNUD 模型在两个不同大小数据集上均优于所有最新的基线方法。GNUD 在两个数据集上相对于最佳深度神经模型 DKN 和 DAN 的提升均超过了 6.45%（AUC）和 7.79%（F1）。主要原因是模型充分利用了用户–新闻交互图中的高阶结构信息，从而更好地学习了用户和新闻的表示。与最佳基线方法 GNewsRec 相比，GNUD 模型在两个数据集的 AUC（提升分别为 +2.85% 和 +4.59%）和 F1（分别为 + 1.05% 和 +0.08%）指标上都表现更好。这是因为所提模型考虑了导致用户–新闻交互的潜在偏好因素，并学习了发现和解耦这些潜在偏好因素的表示，从而增强了表达能力。从表 8-7中还可以看到，所有基于内容的方法都优于基于 CF 的模型 DMF。这是因为基于 CF 的方法受到冷启动问题的影响，而大多数新闻都是新出现的。除了 DMF 之外，所有基于深度神经网络的基线方法（例如 CNN、DSSM、DeepWide、DeepFM 等）都大大优于 LibFM，这表明深度模型可以捕获更多潜在的但十分有用的用户和新闻特征。DKN 和 DAN 通过结合外部知识并应用动态注意力机制来进一步提升性能。

表 8-7　新闻推荐方法性能比较

方法	Adressa-1week		Adressa-10week	
	AUC	F1	AUC	F1
LibFM	61.20±1.29	59.87±0.98	63.76±1.05	62.41±0.72
CNN	67.59±0.94	66.33±1.44	69.07±0.95	67.78±0.69
DSSM	68.61±1.02	69.92±1.13	70.11±1.35	70.96±1.56
DeepWide	68.25±1.12	69.32±1.28	73.28±1.26	69.52±0.83
DeepFM	69.09±1.45	61.48±1.31	74.04±1.69	65.82±1.18
DMF	55.66±0.84	56.46±0.97	53.20±0.89	54.15±0.47
DKN	75.57±1.13	76.11±0.74	74.32±0.94	72.29±0.41
DAN	75.93±1.25	74.01±0.83	76.76±1.06	71.65±0.57
GNewsRec	81.16±1.19	82.85±1.15	78.62±1.38	81.01±0.64
GNUD w/o Disen	78.33±1.29	79.09±1.22	78.24±0.13	80.58±0.45
GNUD w/o PR	83.12±1.53	81.67±1.56	80.61±1.07	80.92±0.31
GNUD	**84.01±1.16**	**83.90±0.58**	**83.21±1.91**	**81.09±0.23**

3. GNUD 变体的比较

为了进一步证明模型 GNUD 设计的有效性，我们在模型的变体之间进行对比。从表 8-7 的最后三行可以看到，当去除偏好解耦后，GNUD w/o Disen 模型（不具有偏好解耦的 GNUD）的性能在 AUC 指标上会大幅度下降 5.68% 和 4.97%（两个数据集上的 F1 上分别为 4.81% 和 0.51%）。该现象表明了用户和新闻的偏好解耦表示的有效性和必要性。与不带 PR 的 GNUD（不带正则器的 GNUD）相比，引入正则器项可加强每个解耦的嵌入子空间的独立性，从而分别反映单一的偏好，它可以在 AUC（分别为 + 0.89% 和 + 2.6%）以及 F1（分别为 + 2.23% 和 +0.17%）上带来性能提升。

4. 案例分析

为了直观地展示模型的有效性，我们随机抽样用户 u，并从测试集中提取其日志。用户 u 的表示被解耦到 $K = 7$ 个子空间，随机采样其中 2 个子空间。对于每一个，都可视化用户 u 最关注的新闻（$r_{d,k}$ 大于阈值）。如图 8-8 所示，不同的子空间反映了不同的偏好因素。例如，一个子空间（蓝色）与"能源"相关，因为头两个新闻包含诸如"石油工业""氢"和"风能"之类的关键字。另一个子空间（绿色）可能指向有关"健康饮食"的潜在偏好因素，因为相关新闻包含诸如"健康""维生素"和"蔬菜"之类的关键字。关于家庭的新闻 d_3 在两个子空间中的概率都较低，因此它不属于这两个偏好因素。

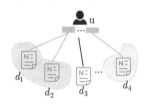

新闻	关键词
d_1	norway oljebransjen(石油工业)、norskehavet(海)、helgelandskysten(海岸)、hygen(氢)、energy(能源)、trondheim(城市)
d_2	Statkraft(电力公司)、trønderenergi(能源公司)、snillfjord(峡湾)、trondheimsfjorden(峡湾)、vindkraft(风能)、energy(能源)
d_3	Bolig(住宅)、hage(花园)、hjemme(家)、fossen(瀑布)、hus(房子)、home(家)
d_4	health-and-fitness(健康和健身)、mørk sjokolade(黑巧克力)、vitaminrike(维生素)、olivenolje(橄榄油)、grønnsaker(蔬菜)、helse(健康)

图 8-8　用户点击新闻的可视化，这些新闻属于不同的解耦空间（不同的偏好因素）。每条新闻将通过 6 个关键词来说明（见彩插）

更多细节内容和实验验证可以参考文献 [12]。

8.5　本章小结

近年来，基于异质图的文本挖掘已经成为一个非常热门的学术研究和工业应用方向。考虑异质图在集成额外辅助信息和对象之间的关系进行建模这两个方面的强大能力，其已经被广泛探索以缓解在许多任务和应用中都相对普遍的数据稀疏等问题。因此，异质图的构建方法和对应的异质图表示方法逐渐引起了文本挖掘领域更多研究人员的关注。在本章中，我们介绍了三种文本挖掘方法：HGAT、GNewsRec 和 GUND，分别构建了一个异质图来对输入的短文本或长新闻进行建模，随后相应设计的异质图神经网络就可以更好地利用文本和辅助信息并实现最优效果。

　　未来，我们可以考虑使用异质图建模来探索更多其他的自然语言处理任务，例如关系提取、问答等。此外，将图结构的外部知识（例如知识图谱）整合到其他自然语言处理任务中以寻求进一步的效果提升也是一个非常有价值的研究方向。

参考文献

[1] Aggarwal, C.C., Zhai, C.: A survey of text classification algorithms. In: Mining Text Data, pp. 163-222. Springer, Berlin (2012)

[2] An, M., Wu, F., Wu, C., Zhang, K., Liu, Z., Xie, X.: Neural news recommendation with long- and short-term user representations. In: Proceedings of the 57th Annual Meeting of the Association for Computational Linguistics (ACL), pp. 336-345 (2019)

[3] Blei, D.M., Ng, A.Y., Jordan, M.I.: Latent Dirichlet allocation. J. Mach. Learn. Res. 3(Jan), 993-1022 (2003)

[4] Cheng, H.T., Koc, L., Harmsen, J., Shaked, T., Chandra, T., Aradhye, H., Anderson, G., Corrado, G., Chai, W., Ispir, M., et al.: Wide and deep learning for recommender systems. In: Proceedings of the 1st Workshop on Deep Learning for Recommender Systems (DLRS@RecSys), pp. 7-10 (2016)

[5] Das, A.S., Datar, M., Garg, A., Rajaram, S.: Google news personalization: scalable online collaborative filtering. In: Proceedings of the 16th International Conference on World Wide Web (WWW), pp. 271-280 (2007)

[6] De Francisci Morales, G., Gionis, A., Lucchese, C.: From chatter to headlines: harnessing the real-time web for personalized news recommendation. In: Proceedings of the fifth ACM International Conference on Web Search and Data Mining (WSDM), pp. 153-162 (2012)

[7] Gulla, J.A., Zhang, L., Liu, P., Özgöbek, Ö., Su, X.: The Adressa dataset for news recommendation. In: Proceedings of the International Conference on Web Intelligence (ICWI), pp. 1042-1048 (2017)

[8] Guo, H., Tang, R., Ye, Y., Li, Z., He, X.: DeepFM: a factorization-machine based neural network for CTR prediction. In: Proceedings of the Twenty-Sixth International Joint Conference on Artificial Intelligence (IJCAI), pp. 1725-1731 (2017)

[9] Hamilton, W., Ying, Z., Leskovec, J.: Inductive representation learning on large graphs. In: Proceedings of the 31st International Conference on Neural Information Processing Systems (NIPS), pp. 1024-1034 (2017)

[10] Hochreiter, S., Schmidhuber, J.: Long short-term memory. Neural Comput. 9(8), 1735-1780 (1997)

[11] Hu, L., Li, C., Shi, C., Yang, C., Shao, C.: Graph neural news recommendation with long-term and short-term interest modeling. Inf. Process. Manage. 57(2), 102142 (2020)

[12] Hu, L., Xu, S., Li, C., Yang, C., Shi, C., Duan, N., Xie, X., Zhou, M.: Graph neural news recommendation with unsupervised preference disentanglement. In: Proceedings of the 58th Annual Meeting of the Association for Computational Linguistics (ACL), pp. 4255-4264 (2020)

[13] Huang, P.S., He, X., Gao, J., Deng, L., Acero, A., Heck, L.: Learning deep structured semantic models for web search using clickthrough data. In: Proceedings of the 22nd ACM

International Conference on Information and Knowledge Management (CIKM), pp. 2333-2338 (2013)

[14] IJntema, W., Goossen, F., Frasincar, F., Hogenboom, F.: Ontology-based news recommendation. In: Proceedings of the 2010 EDBT/ICDT Workshops, p. 16 (2010)

[15] Kim, Y.: Convolutional neural networks for sentence classification. In: Proceedings of the 2014 Conference on Empirical Methods in Natural Language Processing (EMNLP), pp. 1746-1751 (2014)

[16] Kipf, T.N.,Welling, M.: Semi-supervised classification with graph convolutional networks. In: Proceedings of the Conference ICLR (2017)

[17] Li, L., Wang, D., Li, T., Knox, D., Padmanabhan, B.: Scene: a scalable two-stage personalized news recommendation system. In: Proceedings of the 34th International ACM SIGIR Conference on Research and Development in Information Retrieval (SIGIR), pp. 125-134 (2011)

[18] Linmei, H., Yang, T., Shi, C., Ji, H., Li, X.: Heterogeneous graph attention networks for semi-supervised short text classification. In: Proceedings of the 2019 Conference on Empirical Methods in Natural Language Processing and the 9th International Joint Conference on Natural Language Processing (EMNLP-IJCNLP), pp. 4821-4830 (2019)

[19] Liu, M., Wang, X., Nie, L., Tian, Q., Chen, B., Chua, T.S.: Cross-modal moment localization in videos. In: Proceedings of the 26th ACM International Conference on Multimedia (MM), pp. 843-851 (2018)

[20] Liu, P., Qiu, X., Huang, X.: Recurrent neural network for text classification with multi-task learning. In: Proceedings of the Twenty-Fifth International Joint Conference on Artificial Intelligence (IJCAI), pp. 2873-2879 (2016)

[21] Ma, J., Cui, P., Kuang, K.,Wang, X., Zhu, W.: Disentangled graph convolutional networks. In: International Conference on Machine Learning (ICML), pp. 4212-4221 (2019)

[22] Meng, Y., Shen, J., Zhang, C., Han, J.: Weakly-supervised neural text classification. In: Proceedings of the 27th ACM International Conference on Information and Knowledge Management (CIKM), pp. 983-992 (2018)

[23] Newman, D., Smyth, P.,Welling,M., Asuncion, A.U.: Distributed inference for latent Dirichlet allocation. In: Advances in Neural Information Processing Systems (NIPS), pp. 1081-1088 (2008)

[24] Okura, S., Tagami, Y., Ono, S., Tajima, A.: Embedding-based news recommendation for millions of users. In: Proceedings of the 23rd ACM SIGKDD International Conference on Knowledge Discovery and Data Mining (KDD), pp. 1933-1942 (2017)

[25] Pang, B., Lee, L.: Seeing stars: Exploiting class relationships for sentiment categorization with respect to rating scales. In: Proceedings of the 43rd Annual Meeting of the Association for Computational Linguistics (ACL), pp. 115-124 (2005)

[26] Phan, X.H., Nguyen, L.M., Horiguchi, S.: Learning to classify short and sparse text and web with hidden topics from large-scale data collections. In: Proceedings of the 17th International Conference on World Wide Web (WWW), pp. 91-100 (2008)

[27] Rendle, S.: Factorization machines with LIBFM. ACM Trans. Intell. Syst. Technol. 3(3), 57 (2012)

[28] Shimura, K., Li, J., Fukumoto, F.: HFT-CNN: learning hierarchical category structure for multi-label short text categorization. In: Proceedings of the 2018 Conference on Empirical Methods in Natural Language Processing (EMNLP), pp. 811-816. Brussels, Belgium (2018)

[29] Sinha, K., Dong, Y., Cheung, J.C.K., Ruths, D.: A hierarchical neural attention-based text classifier. In: Proceedings of the 2018 Conference on Empirical Methods in Natural Language Processing (EMNLP), pp. 817-823. Brussels, Belgium (2018)

[30] Song, G., Ye, Y., Du, X., Huang, X., Bie, S.: Short text classification: A survey. J. Multimedia 9(5), 635 (2014)

[31] Tang, J., Qu, M., Mei, Q.: PTE: Predictive text embedding through large-scale heterogeneous text networks. In: Proceedings of the 24th ACM SIGKDD International Conference on Knowledge Discovery and Data Mining (KDD), pp. 1165-1174 (2015)

[32] Vaswani, A., Shazeer, N., Parmar, N., Uszkoreit, J., Jones, L., Gomez, A.N., Kaiser, L.u., Polosukhin, I.: Attention is all you need. In: Advances in Neural Information Processing Systems (NIPS), pp. 5998-6008 (2017)

[33] Vitale, D., Ferragina, P., Scaiella, U.: Classification of short texts by deploying topical annotations. In: European Conference on Information Retrieval (ECIR), pp. 376-387 (2012)

[34] Wang, C., Blei, D.M.: Collaborative topic modeling for recommending scientific articles. In: Proceedings of the 17th ACM SIGKDD International Conference on Knowledge Discovery and Data Mining (KDD), pp. 448-456 (2011)

[35] Wang, H., Zhang, F., Xie, X., Guo, M.: DKN: Deep knowledge-aware network for news recommendation. In: Proceedings of the 2018 World Wide Web Conference (WWW), pp. 1835-1844 (2018)

[36] Wang, H., Zhao, M., Xie, X., Li, W., Guo, M.: Knowledge graph convolutional networks for recommender systems. In: Proceedings of the World Wide Web (WWW), pp. 3307-3313 (2019)

[37] Wang, J., Wang, Z., Zhang, D., Yan, J.: Combining knowledge with deep convolutional neural networks for short text classification. In: Proceedings of the Twenty-Sixth International Joint Conference on Artificial Intelligence (IJCAI), pp. 2915-2921 (2017)

[38] Wang, S., Manning, C.D.: Baselines and bigrams: Simple, good sentiment and topic classification. In: Proceedings of the 50th Annual Meeting of the Association for Computational Linguistics (ACL), pp. 90-94 (2012)

[39] Wang, X., Chen, R., Jia, Y., Zhou, B.: Short text classification using Wikipedia concept based document representation. In: Proceedings of the 2013 International Conference on Information Technology and Applications (ICITA), pp. 471-474 (2013)

[40] Wang, X., He, X., Cao, Y., Liu, M., Chua, T.S.: KGAT: Knowledge graph attention network for recommendation. In: Proceedings of the 25th ACM SIGKDD International Conference on Knowledge Discovery and Data Mining (KDD), pp. 950-958 (2019)

[41] Wang, X., He, X., Wang, M., Feng, F., Chua, T.S.: Neural graph collaborative filtering. In: Proceedings of the 42nd international ACM SIGIR conference on Research and development in Information Retrieval (SIGIR), pp. 165-174 (2019)

[42] Wang, X., Ji, H., Shi, C., Wang, B., Ye, Y., Cui, P., Yu, P.S.: Heterogeneous graph attention network. In: The World Wide Web Conference (WWW), pp. 2022-2032 (2019)

[43] Wang, X., Yu, L., Ren, K., Tao, G., Zhang, W., Yu, Y.,Wang, J.: Dynamic attention deep model for article recommendation by learning human editors' demonstration. In: Proceedings of the 23rd ACM SIGKDD International Conference on Knowledge Discovery and Data Mining (KDD), pp. 2051-2059 (2017)

[44] Wu, C.,Wu, F., An,M., Huang, J., Huang, Y., Xie, X.: NPA: Neural news recommendation with personalized attention. In: Proceedings of the 25th ACM SIGKDD International Conference on Knowledge Discovery and Data Mining (KDD), pp. 2576-2584 (2019)

[45] Xue, H.J., Dai, X., Zhang, J., Huang, S., Chen, J.: Deep matrix factorization models for recommender systems. In: Proceedings of the Twenty-Sixth International Joint Conference on Artificial Intelligence (IJCAI), pp. 3203-3209 (2017)

[46] Yang, C., Sun, M., Yi, X., Li, W.: Stylistic Chinese poetry generation via unsupervised style disentanglement. In: Proceedings of the 2018 Conference on Empirical Methods in Natural Language Processing (EMNLP), pp. 3960-3969 (2018)

[47] Yang, T., Hu, L., Shi, C., Ji, H., Li, X., Nie, L.: HGAT: Heterogeneous graph attention networks for semi-supervised short text classification. ACM Trans. Inf. Syst. 39(3), 1-29 (2021)

[48] Yao, L.,Mao, C., Luo, Y.: Graph convolutional networks for text classification. In: Proceedings of the AAAI Conference on Artificial Intelligence (AAAI), pp. 7370-7377 (2019)

[49] Zeng, J., Li, J., Song, Y., Gao, C., Lyu, M.R., King, I.: Topic memory networks for short text classification. In: Proceedings of the 2018 Conference on Empirical Methods in Natural Language Processing (EMNLP), pp. 3120-3131 (2018)

[50] Zhang, X., Zhao, J., LeCun, Y.: Character-level convolutional networks for text classification. Adv. Neural Inf. Proces. Syst. 28, 649-657 (2015)

[51] Zhu, Q., Zhou, X., Song, Z., Tan, J., Guo, L.: Dan: Deep attention neural network for news recommendation. In: Proceedings of the AAAI Conference on Artificial Intelligence (AAAI), vol. 33, pp. 5973-5980 (2019)

第 9 章

基于异质图表示学习的工业应用

由于异质对象和交互在许多实际应用领域中无处不在，因此异质图表示学习技术与实际应用场景密切相关。在工业系统中部署的异质图表示方法应该考虑捕获对象之间的复杂交互以及解决现实系统中存在的独特挑战，例如大规模、动态性和多源信息。在本章中，我们重点总结应用在工业系统中的异质图表示技术。具体而言，我们介绍几个在真实场景中表现良好的案例，以证明异质图表示技术在解决工业级问题中的所起到的作用，包括套现用户检测、意图推荐、分享推荐和朋友增强推荐。对于工业级应用，我们更关注两个关键部分：用工业级数据构成异质图以及异质图上的图表示技术。

9.1 简介

异质对象及其关系在许多工业级应用中无处不在。例如，在电子商务推荐系统中，有用户、商品和商店对象，并且这些对象之间通常存在三元交互。但是，如果我们使用一个同质图来对此类数据进行建模，类型信息将不可避免地被忽略。幸好异质图是一个可以在不丢失异质信息的情况下对如此复杂的数据进行建模的优秀工具。

现有的工业应用方法大致可以归纳为两大类。第一类专注于对历史用户行为数据进行复杂的特征工程，这种方法是费力的。另一类是所涉及的对象及其交互通常被视为同质图，并且采用同质图方法来学习节点表示。这种方法在很大程度上忽略了异质信息，然而异质信息对于某些场景是非常重要的。

在本章中，我们将介绍几个异质图表示技术在两类重要工业应用中的成功应用案例。第一类任务是套现用户检测，旨在预测用户是否会进行提现交易。我们提出一种新颖的基于分层注意力机制的套现用户检测模型（名为 **HACUD**），以从构建的异质图中学习用户的特征。第二类任务就是推荐。我们首先研究意图推荐任务，并且提出了一种基于元路径引导的意图推荐嵌入方法（名为 **MEIRec**），该方法利用多个元路径从三重交互异质图中聚合节点信息。此外，基于异质图神经网络的分享推荐模型（名为 **HGSRec**）首先研究了分享推荐任务。该任务旨在预测用户是否会将一个商品分享给朋友。最后，我们研究了一种新颖的朋友增强推荐。与前面提到需要预定义元路径的方法不同，我们提出了一种新颖的社会影响注意力神经网络（名为 **SIAN**），它不需要手动选择元路径。接下来，我们将详细介绍每个案例。

9.2　套现用户检测

9.2.1　概述

　　套现欺诈是指以非法或不诚实的手段谋取现金收益，现已成为各类信用支付服务的主要欺诈行为，其严重影响了信用支付服务的安全性。套现用户检测的目标是预测用户未来是否会进行提现交易。因此，这个问题可以表述为一个二元分类问题。

　　传统的解决方案是首先对每个用户进行细致的特征工程，然后基于这些特征训练分类器，例如基于树模型或神经网络。然而，这种方法主要是根据某个用户的统计特征进行预测，很少充分挖掘用户之间的交互关系，而这些交互关系可能有利于解决提现用户检测问题。事实上，用户之间的交互对于提现用户检测问题很重要。图 9-1a 展示了一个信用支付服务的一般场景，其中有三类对象：用户、商家和设备。除了属性信息外，这些对象还具有丰富的交互信息，例如用户之间的资金转移关系、用户与设备之间的登录关系、用户与商户之间的交易关系等。提现用户不仅具有异常特征，而且在交互关系中表现异常。

　　为了解决这些问题，本章提出了一种预测用户将来是否会进行提现交易的异质图方法，该方法采用基于层次注意力机制的套现用户检测模型（HACUD）。HACUD 的基本思想是充分利用交互关系，即在属性异质信息图中借助基于元路径的邻居来显著增强对象的特征表示。HACUD 假设对象的特征表示除了内在特征外，还由其邻居的特征构成。我们提出了基于元路径的邻居的概念来利用属性异质图中丰富的结构信息。接下来将具体介绍 HACUD。

9.2.2　预备知识

　　定义 1（属性异质图）　一个属性异质信息图可以表示为 $\mathcal{G} = \{\mathcal{V}, \mathcal{E}, \boldsymbol{X}\}$，它包含一个节点集合 $\mathcal{V}$、一个边集合 $\mathcal{E}$ 和一个属性信息矩阵⊖ $\boldsymbol{X} \in \mathbb{R}^{|\mathcal{V}| \times k}$。属性异质图同时含

⊖　在本文中，我们将节点原始的特征离散化到相同维度的特征空间。

有一个节点映射函数 $\phi:\mathcal{V}\rightarrow\mathcal{A}$ 和一个边映射函数 $\varphi:\mathcal{E}\rightarrow\mathcal{R}$。其中，$\mathcal{A}$ 和 $\mathcal{R}$ 是预先定义的节点类型和边类型集合，并且满足 $|\mathcal{A}|+|\mathcal{R}|>2$。

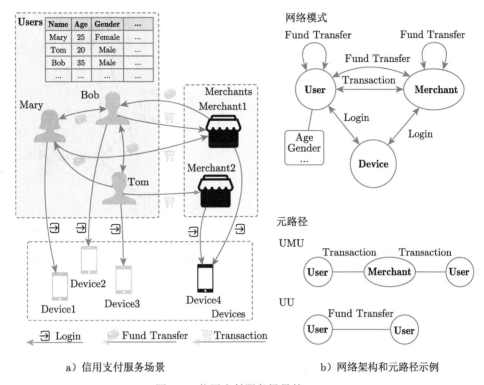

a）信用支付服务场景　　　　　　　　　b）网络架构和元路径示例

图 9-1　信用支付服务场景的 AHG

定义 2（基于元路径的邻居）　给定异质信息图中的一个用户 u 和一条元路径 ρ，基于元路径的邻居可以定义为异质图中用户 u 在给定元路径 ρ 下的聚合邻居的集合。

例子 1　如图 9-1a 所示，我们构建了一个属性异质图来建模经常发生套现欺诈的信用支付服务场景。它由多种对象（例如用户 U、商户 M、设备 D）和多种关系（例如用户之间的资金转移关系以及用户与商户之间的交易关系）组成。图 9-1b 是对应的网络模式和元路径范例。在属性异质图中，两个用户可能通过多条元路径相连，例如："用户-(资金转账)-用户（UU）"，"用户-(交易)-商户-(交易)-用户（UMU）"。此外，Marry 基于元路径 UMU 的邻居可以是商户和 Bob。

9.2.3　HACUD 模型

1. 模型框架

图 9-2 展示了模型的整体架构。首先，该模型基于不同的元路径为每个用户聚合邻居，以整合属性异质图中多个方面的结构信息。然后对原始特征进行变换和融合，以更好地进行表征学习。考虑不同的特征和元路径具有不同的重要性，采用了分层注意力机制来刻画用户对特征和元路径的偏好。

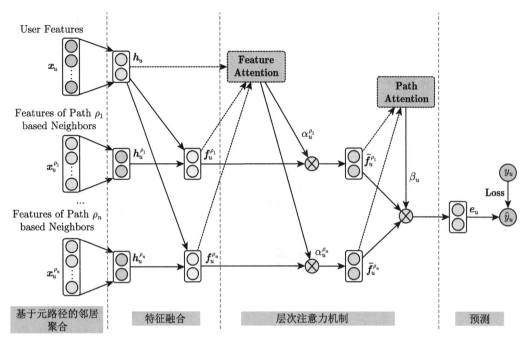

图 9-2   提出的模型架构

2. 基于元路径的邻居聚合

与最近的属性网络的表示学习[15, 31] 类似，HACUD 聚合基于各条元路径的邻居节点特征来表示中心节点的特征。对于每个用户 u，可以按如下公式得到该用户基于元路径 ρ 的聚合特征：

$$\boldsymbol{x}_u^\rho = \sum_{j \in \mathcal{N}_u^\rho} w_{uj}^\rho \boldsymbol{x}_j \tag{9.1}$$

其中，$\mathcal{N}_u^\rho$ 表示节点 j 基于元路径 ρ 的邻居集合，$\boldsymbol{x}_j$ 表示节点 j 的属性信息向量。对于带权图，$w_{uj} > 0$，对于无权图，$w_{uj} = 1$。

3. 特征融合

对于每一个用户 u，可以得到该用户自身的特征向量 $\boldsymbol{x}_u$，同时，还可以获得该用户基于多条元路径的邻居聚合特征的集合 $\{\boldsymbol{x}_u^\rho\}_{\rho \in \mathcal{P}}$，其中 $\mathcal{P}$ 表示元路径的集合。为了更好地进行表示学习，设置了一个特征融合模块来转换和融合原始的特征表示。

首先，将原始的稀疏特征映射为低维的稠密表示，由此可以分别得到用户 u 的隐层表示以及该用户基于不同元路径的隐层表示（即为 $\boldsymbol{h}_u$ 和 $\boldsymbol{h}_u^\rho$），如下所示：

$$\boldsymbol{h} = \boldsymbol{W} \cdot \boldsymbol{x}_u + \boldsymbol{b}, \ \boldsymbol{h}_u^\rho = \boldsymbol{W}^\rho \cdot \boldsymbol{x}_u^\rho + \boldsymbol{b}^\rho \tag{9.2}$$

其中，$\boldsymbol{W}^* \in \mathbb{R}^{D \times d}$ 和 $\boldsymbol{b}^* \in \mathbb{R}^d$ 分别表示权重矩阵和偏置向量。D 表示原始特征空间的维度[⊖]，而 d 表示隐层表示的维度。然后，将用户的隐层表示和该用户基于每一条元路

⊖   在数据处理节点，我们将用户原始的属性值离散成稀疏的 D 维特征。

径的隐层表示融合并且添加一个全连接层来实现复杂的交互。对于一个元路径 ρ，我们形式化上述过程，按如下的公式来获得用户基于元路径 ρ 的融合表示 $\boldsymbol{f}_u^\rho$：

$$\boldsymbol{f}_u^\rho = \text{ReLU}(\boldsymbol{W}_F^\rho g(\boldsymbol{h}_u, \boldsymbol{h}_u^\rho) + \boldsymbol{b}_F^\rho) \tag{9.3}$$

其中，$\boldsymbol{W}_F^\rho \in \mathbb{R}^{d \times 2d}$ 和 $\boldsymbol{b}_F^\rho \in \mathbb{R}^d$ 分别表示基于元路径 ρ 的权重矩阵和偏置向量。$g(\cdot, \cdot)$ 是融合函数，可以是拼接、加和或者按元素乘操作（在实现中是拼接操作）。

4. 层次注意力机制

从直觉上来说，不同的用户应该会对不同的元路径以及不同的属性信息有不同的偏好，即一个用户可能会对不同的基于元路径的方面特征有不同的倾向。另外，不同的属性值也会对预测任务有不同的影响。由于注意力机制在各种各样的机器学习任务中表现出有效性[4, 30]，我们设计了一个层次注意力机制来捕获用户对于特征和元路径的偏好。

特征注意力：　因为不同的特征可能并不会对预测任务有同等的影响，所以我们基于每条元路径为每一个特征值学习一个注意力权重。给定用户的隐层表示 $\boldsymbol{h}_u$ 和该用户基于元路径 ρ 的融合表示 $\boldsymbol{f}_u^\rho$，采用两层的神经网络来实现特征层面上的注意力机制，如下所示：

$$\boldsymbol{v}_u^\rho = \text{ReLU}(\boldsymbol{W}_f^1[\boldsymbol{h}_u; \boldsymbol{f}_u^\rho] + \boldsymbol{b}_f^1) \tag{9.4}$$

$$\alpha = \text{ReLU}(\boldsymbol{W}_f^2 \boldsymbol{v}_u^\rho + \boldsymbol{b}_f^2) \tag{9.5}$$

其中，$\boldsymbol{W}_f^*$ 和 $\boldsymbol{b}_f^*$ 分别表示权重矩阵和偏置向量，$[;,;]$ 表示两个向量的拼接。根据标准的神经注意力机制的设定，采用 softmax 函数来标准化上述的注意力分数来获得最后的注意力权重，如下所示：

$$\hat{\alpha}_{u,i}^\rho = \frac{\exp(\alpha_{u,i}^\rho)}{\sum_{j=1}^K \exp(\alpha_{u,j}^\rho)} \tag{9.6}$$

然后，用户 u 基于元路径 ρ 的最后的表示可以按如下的公式求得：

$$\widetilde{\boldsymbol{f}}_u^\rho = \hat{\boldsymbol{\alpha}}_u^\rho \odot \boldsymbol{f}_u^\rho \tag{9.7}$$

其中，$\odot$ 表示哈达玛乘积。

路径注意力：根据文献 [19]，可以学到不同元路径上的注意力权重。具体来说，将用户 u 基于元路径 ρ 的注意力权重定义如下：

$$\beta_{u,\rho} = \frac{\exp(\boldsymbol{z}^{\rho\top} \cdot \widetilde{\boldsymbol{f}}_u^C)}{\sum_{\rho' \in \mathcal{P}} \exp(\boldsymbol{z}^{\rho'\top} \cdot \widetilde{\boldsymbol{f}}_u^C)} \tag{9.8}$$

其中，$\boldsymbol{z}^\rho \in \mathbb{R}^{|\mathcal{P}|*d}$ 表示元路径 ρ 下的注意力向量，$\widetilde{\boldsymbol{f}}_u^C$ 表示用户 u 基于所有元路径的表示（即为 $\widetilde{\boldsymbol{f}}_u^\rho$）的拼接。计算得到路径的注意力权重 $\beta_{u,\rho}$ 后，用户基于属性异质信息

网络的最后的表示可以按如下的公式求得：

$$e_u = \sum_{\rho \in \mathcal{P}} \beta_{u,\rho} \odot \widetilde{\boldsymbol{f}}_u^{\rho} \tag{9.9}$$

其中，$\widetilde{\boldsymbol{f}}_u^{\rho}$ 表示用户 u 基于元路径 ρ 的最后的表示，见公式 (9.7)。

5. 模型学习

最后，将获得的最后的用户表示（即为 e_u）作为多层全连接网络的输入：

$$\boldsymbol{z}_u = \mathrm{ReLU}(\boldsymbol{W}_L \cdots \mathrm{ReLU}(\boldsymbol{W}_1 \cdot \boldsymbol{e}_u + \boldsymbol{b}_1) + \boldsymbol{b}_L) \tag{9.10}$$

其中，$\boldsymbol{W}_*$ 和 $\boldsymbol{b}_*$ 分别表示每一层的权重矩阵和偏置向量。而用户的套现概率可以由如下的公式计算得到：

$$p_u = \frac{1}{1 + \exp(-(\boldsymbol{w}_p^{\top} \boldsymbol{z}_u + b_p))} \tag{9.11}$$

其中，$\boldsymbol{w}_p$ 和 b_p 分别表示权重向量和偏置。用最大似然估计作为目标函数：

$$\mathcal{L}(\Theta) = \sum_{\langle u, y_u \rangle \in \mathcal{D}} (y_u \log(p_u) + (1 - y_u) \log(1 - p_u)) + \lambda ||\Theta||_2^2 \tag{9.12}$$

其中，y_u 和 p_u 分别表示用户 u 的真实的类别标签和预测的套现概率。Θ 表示提出的模型的参数集合，λ 表示规则化系数。

9.2.4　实验

1. 实验设置

数据集　我们在蚂蚁金服提供的蚂蚁花呗的真实数据集上进行实验。从该数据集中抽取了两个子数据集进行模型的评估。这两个子数据集一个是十天的数据，另一个是一个月的数据。模型可以预测用户在未来某一天的套现概率。在我们的数据集中，将正样本定义为在一个月内存在套现行为的用户，将负样本定义为一个月内从未有疑似套现行为的用户。经过预处理，构造了一个属性异质信息图，包括 65 750 000 个用户、510 000 个商户。另外，该网络也包括 77 400 000 个用户之间的转账关系、20 640 000 个用户与商户的交易关系。

评价指标　使用在推荐中被广泛采用的 **AUC**（即 Area Under the ROC Curve）指标来衡量各个模型在套现用户检测和推荐上的性能。

实现细节　HACUD 使用两个隐藏层进行预测，使用 xavier 初始化器[8] 随机初始化模型参数，并且选择 RMSProp[23] 作为优化器。此外，批大小设置为 256，学习率设置为 0.002，正则化参数 λ 设置为 0.01。

2. 有效性对比

表 9-1 中报告了所提出的方法和对比方法的比较结果，并给出了不同的隐层表示的维度 d 下的结果。

表 9-1 有效性实验结果 (d 为节点表示的维度)。值越大表示性能越好

算法	AUC							
	十天数据集				一个月数据集			
	$d=16$	$d=32$	$d=64$	$d=128$	$d=16$	$d=32$	$d=64$	$d=128$
Node2vec	0.5893	0.5913	0.5926	0.5930	0.5980	0.6063	0.6009	0.6021
metapath2vec	0.5914	0.5903	0.5917	0.5920	0.6005	0.5976	0.5995	0.5983
Node2vec + Fea	0.6455	0.6464	0.6510	0.6447	0.6541	0.6561	0.6607	0.6518
metapath2vec + Fea	0.6456	0.6429	0.6469	0.6485	0.6550	0.6552	0.6523	0.6545
Structure2vec	0.6537	0.6556	0.6598	0.6545	0.6641	0.6632	0.6657	0.6678
GBDT	0.6389	0.6389	0.6389	0.6389	0.6467	0.6467	0.6467	0.6467
$\text{GBDT}_{\text{Struct}}$	0.6948	0.6948	0.6948	0.6948	0.6968	0.6968	0.6968	0.6968
HACUD	**0.7066**	**0.7115**	**0.7056**	**0.7049**	**0.7132**	**0.7160**	**0.7109**	**0.7154**

实验结果的主要发现总结如下：

1）提出的模型优于所有基线方法，说明提出的模型采用了一种更有效的方式来利用交互关系和属性信息，从而提高了检测推荐性能。

2）在这些对比方法中，整体性能的顺序总结如下：基于（标签 + 属性 + 结构）的方法（即 $\text{GBDT}_{\text{Struct}}$，Structure2vec）＞基于（属性 + 结构）的方法（即 Node2vec + Fea，metapath2vec + Fea）＞只基于属性或者结构的方法（即 Node2vec，metapath2vec，GBDT）。结果表明，通过融合更多的信息，可以获得更好的性能。此外，结构信息 (即交互关系) 确实有助于性能的提高。

3）比较 GBDT 的两个变种（即传统的 GBDT 和 $\text{GBDT}_{\text{Struct}}$）可以发现，$\text{GBDT}_{\text{Struct}}$ 显著优于传统的 GBDT 和其他对比方法，这进一步证明了异质图中基于元路径的邻居提供的结构特性的贡献。

3. 层次注意力机制的影响

HACUD 的主要贡献之一是学习用户对特性和元路径的偏好的层次注意力机制。为了检验其有效性，将所提出的模型与其两个变体进行比较，分别为 $\text{HACUD}_{\backslash\text{PathAtt}}$（没有路径注意力的 HACUD 模型）和 $\text{HACUD}_{\backslash\text{PathAtt+FeaAtt}}$（没有路径和特征注意力的 HACUD 模型）。根据图 9-3 中的性能比较，发现整体性能顺序如下：HACUD ＞ $\text{HACUD}_{\backslash\text{PathAtt}}$ ＞ $\text{HACUD}_{\backslash\text{PathAtt+FeaAtt}}$。结果表明，层次注意力机制能够从两个方面更好地利用用户特征和元路径生成的特征。首先，不同的元路径对套现用户的检测推荐有不同的贡献，因此不能平等地对待。其次，每个用户倾向于对每个元路径的不同属性赋予不同的重要性。忽略这些影响可能无法充分利用属性和结构信息来实现良好的性能。

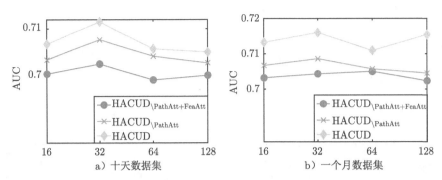

图 9-3   层次注意力的性能比较（d 为节点表示的维度）（见彩插）

4. 不同元路径的影响

此外，图 9-4 还给出了另一个关于基于单个元路径和相应平均注意力值的实验性能数据。正如所观察到的，HACUD 不同元路径的重要性是不一样的，即重要的元路径往往会吸引更多的注意力。换句话说，提出的 HACUD 模型可以让不同的用户更关注于合适的元路径。

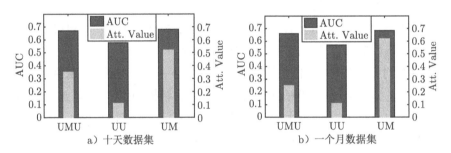

图 9-4   不同元路径的性能比较及对应的注意力权重（见彩插）

更多有关该方法的描述和实验可以参考文献 [11]。

9.3   意图推荐

9.3.1   概述

随着移动互联网的发展，在很多电商 App（如淘宝、亚马逊）中都出现了一种新颖的推荐服务，名为意图推荐，其目的是在用户打开一个电子商务 App 时，根据用户的历史行为在搜索框中自动推荐用户意图（表现为几个词）。图 9-5a 展示了一个手机淘宝 App 上的意图推荐示例。根据用户历史信息，当用户打开应用程序时，一个意图（例如 "air jordan"）将在搜索框中自动被推荐。如果用户点击搜索按钮，就将跳转到相应的物品列表页面。

在本章中，意图推荐定义如下：在没有查询输入的情况下，自动根据用户的历史行为为用户推荐个性化意图。在所研究的应用场景中，意图被呈现为查询，其由几个单词或关键词组成，简单而直接地反映用户意图。现有的意向推荐方法，如淘宝、亚马逊所用的，通常会提取手工制作的特征，然后将这些特征输入到一个分类器，例如 GBDT[7] 和 XGBoost[3]。这些方法严重依赖领域知识且需要费力的特征工程工作。此外，它们只利用用户和查询的属性和统计信息，未能充分利用丰富的对象之间的交互信息。但是，交互信息在实际系统中非常丰富，对于捕捉用户意图非常重要。

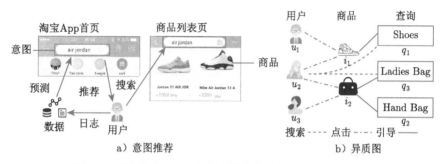

图 9-5 手机淘宝 App 上的意图推荐示例及相应的异质图

异质图作为一种通用的信息建模方法，由多种类型的对象和链接组成，已广泛应用于许多数据挖掘任务[21, 20, 11]。在本章中，首先提出用异质图对意图推荐系统进行建模，通过它可以灵活地利用其丰富的交互信息。如图 9-5b 所示，显然，异质图清楚地展示了意图推荐（例如，用户、物品和查询）及其交互关系。此外，本章提出了一种新的元路径引导的嵌入方法（名为 **MEIRec**），用于意向推荐。为了充分利用丰富的交互，针对意图推荐中的信息，我们提出使用异质图神经网络学习用户和查询的结构特征的表示。具体来说，我们提出元路径引导的邻居来聚合丰富的邻居信息，同时根据不同类型的邻居信息的特点设计不同的聚合函数。另外，设计了一个统一关键词嵌入机制，旨在显著减小参数空间的维数。使用现有系统中使用的静态特征，以及从交互信息中学习到的用户和查询的嵌入，构建了一个意图推荐预测模型。

9.3.2 问题形式化

定义 3（意图推荐） 给定一个集合 $<\mathcal{U}, \mathcal{I}, \mathcal{Q}, \mathcal{W}, \mathcal{A}, \mathcal{B}>$，其中 $\mathcal{U} = \{u_1, \cdots, u_p\}$ 表示 p 个用户的集合，$\mathcal{I} = \{i_1, \cdots, i_q\}$ 表示 q 个物品的集合，$\mathcal{Q} = \{q_1, \cdots, q_r\}$ 表示 r 个查询的集合，$\mathcal{W} = \{w_1, \cdots, w_n\}$ 表示 n 个关键词的集合，$\mathcal{A}$ 表示和对象关联的属性，$\mathcal{B}$ 表示不同类型对象之间交互行为。在所研究应用中，一个查询 $q \in \mathcal{Q}$ 或者一个物品 $i \in \mathcal{I}$，是由几个关键词 $w \in \mathcal{W}$ 组成的。意图推荐的目的是推荐最相关的意图（查询）$q \in \mathcal{Q}$ 给一个用户 $u \in \mathcal{U}$。

例子 2 以图 9-5a 为例，对于一个用户 $u \in \mathcal{U}$，当其刷新这个应用时，平台可以利用信息 $\mathcal{A}$ 和 $\mathcal{B}$ 来计算 u 对于一个候选查询 $q \in \mathcal{Q}$ 的偏好得分，并且给用户 u 推荐具有最高得分的查询作为该用户的意图。值得注意的是，推荐的查询通过利用用户历史交互信息反映了用户的意图。

9.3.3 MEIRec 模型

1. 模型框架

提出的 MEIRec 模型的基本思想是设计一个异质图神经网络来丰富用户和查询的表示。借助基于意图推荐系统构建的异质图，MEIRec 利用元路径来指导不同步长邻居的选择，并设计了异质图神经网络以获得丰富的用户和查询嵌入。此外，因为查询和物品标题由少量关键词构成，所以统一的关键词嵌入用来表示不同类型的对象，以减少参数学习。

图 9-6 展示了 MEIRec 的整体架构。首先，使用包含 $<user, item, query>$ 的三元对象异质图作为输入。然后，使用统一关键词嵌入来生成物品和查询的初始嵌入。接下来，通过一个异质图神经网络来聚合元路径引导的邻居的信息，以学习用户和查询的嵌入。之后，我们分别基于不同的元路径融合用户和查询的嵌入。最后，通过用户和查询的融合嵌入，加上用户和查询的静态特征，预测得出用户搜索特定查询的概率。以下部分将会详细说明这些步骤。

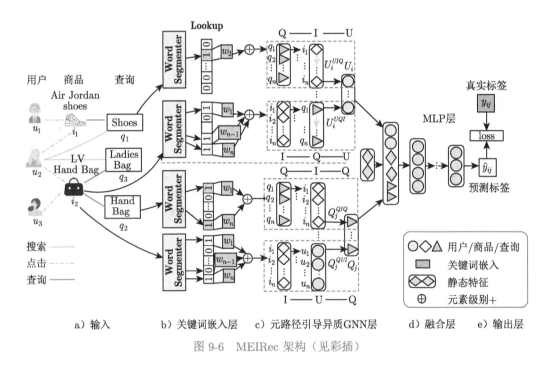

图 9-6　MEIRec 架构（见彩插）

2. 统一关键词嵌入

在以前基于神经网络的推荐中，每个用户或查询都应该有一个唯一的嵌入。在意图推荐场景中，有数十亿的用户和查询。如果采用传统的协同过滤或基于神经网络的方法来表示所有用户和查询，将使参数的数量变得非常巨大。请注意，查询和物品的标题都是由关键词构成的，并且关键词的数量并不多。因此，我们建议用少量关键词嵌入来表示查询和物品。这时只需要学习关键词嵌入，而不是所有的对象嵌入。这种方法能够显著减少参数的数量。

具体来说，从查询和物品的标题中提取关键词[⊖]，构建词库 $\mathcal{W} = \{w_1, w_2, \cdots, w_{n-1}, w_n\}$。请注意，查询和物品（即它们的标题）都是几个关键词的组合。例如，如图 9-6a 和 9-6b 所示，查询 "Hand Bag" 由词条 "Hand" 和 "Bag" 构成，物品 "LV Hand Bag" 由词条 "LV""Hand" 和 "Bag" 构成。由于词库 $\mathcal{W}$ 的数量远小于查询和用户的数量，统一词条嵌入可以显著减少参数数量，更重要的是，以前从未搜索过的新查询也可以用这些词来表示。

3. 元路径引导的异质图神经网络

受基于本地邻居生成节点嵌入的 GCN 的基本思想的启发[14, 26]，提出一个元路径引导的异质图神经网络。也就是说，利用元路径来获取对象的不同步长邻居，用户和查询的嵌入是它们在不同元路径下的邻居的聚合。

在图 9-7 中展示了一个示例来说明这个过程。这里描述如何基于多条元路径（例如 UIQ 和 UQI）获取用户 u_2 的嵌入 U_2。接下来，说明如何沿路径 UIQ 聚合邻居信息。首先使用统一关键词嵌入来获得查询的初始嵌入。然后聚合元路径引导的邻居以获得用户 u_2 的元路径引导嵌入。根据图 9-5b 中的网络结构，得到 u_2 的 1 步邻居集合，$\mathcal{N}^1_{\text{UIQ}}(u_2) = \{i_1, i_2\}$。对于邻居集 $\mathcal{N}^1_{\text{UIQ}}(u_2)$ 中的每个节点 i_k，提取其 2 步邻居集 $\mathcal{N}^2_{\text{UIQ}}(u_2) = \{q_1, q_2, q_3\}$。在获得 u_2 的 1 步和 2 步邻居集后，聚合 2 步邻居的嵌入以获得 1 步邻居的嵌入。最后，聚合 1 步邻居 $\{i_1, i_2\}$ 的嵌入以获得用户 u_2 的嵌入 U_2^{UIQ}。按照这个过程，可以得到 u_2 的不同元路径引导的嵌入，例如 U_2^{UQI}。然后聚合所有元路径引导的嵌入以获得 u_2 的最终嵌入（即 U_2）。

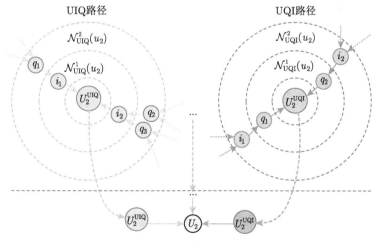

图 9-7　元路径引导的信息聚合的示例

⊖　关键词是重要的单词或短语。使用 AliWS（阿里巴巴词分割器）对查询和物品的标题进行切分，选择包含丰富含义的重要词或短语。

4. 用户建模

在提出的模型中,通过元路径引导的异质图神经网络聚合了不同步长邻居的信息,获得了用户 u_i 的表示 U_i。在本节中,将详细展示 MEIRec 如何对用户嵌入进行建模。

如图 9-6c 中的上框所示,为了得到用户 u_i 的嵌入 U_i,我们选择从目标用户开始的元路径。首先沿着元路径搜索不同步长的邻居,然后一步一步地聚合邻居的嵌入。以元路径 UIQ(表示用户点击被查询引导过的物品)为例,我们可以获取用户 u_i 的不同步长邻居。在得到 1 步和 2 步邻居集后,聚合 2 步邻居(查询)的嵌入以获得 1 步邻居(物品)嵌入,比如,基于元路径 UIQ 将包含在 $\mathcal{N}_{\text{UIQ}}^1(u_i)$ 中物品 i_j 的嵌入 I_j^{UIQ} 表示为:

$$I_j^{\text{UIQ}} = g(E_{q_1}, E_{q_2}, \cdots) \tag{9.13}$$

其中 $g(\cdot)$ 是平均聚合函数。而且查询 $\{q_1, q_2, \cdots\}$ 是物品 i_j 的邻居。

接下来,聚合 1 步邻居(物品)的表示以获得用户 u_i 的嵌入 U_i^{UIQ}:

$$U_i^{\text{UIQ}} = g(I_1^{\text{UIQ}}, I_2^{\text{UIQ}}, \cdots) \tag{9.14}$$

其中物品 $\{i_1, i_2, \cdots\}$ 是用户 u_i 的邻居。由于用户点击查询或物品带有时间戳,因此将用户的邻居(即物品或查询)建模为序列数据,并利用 LSTM[2] 来聚合它们。

然后,通过聚合基于不同的元路径 $\{\rho_1, \rho_2, \cdots, \rho_k\}$ 的嵌入来获得融合的用户嵌入:

$$U_i = g(U_i^{\rho_1}, U_i^{\rho_2}, \cdots, U_i^{\rho_k}) \tag{9.15}$$

其中 ρ 是从用户开始的元路径。

5. 查询建模

和用户聚合相似,同样基于元路径 $\{\rho_1, \rho_2, \cdots, \rho_k\}$ 获得融合的查询嵌入 Q_i:

$$Q_i = g(Q_i^{\rho_1}, Q_i^{\rho_2}, \cdots, Q_i^{\rho_k}) \tag{9.16}$$

其中 ρ 是从查询开始的元路径。

6. 优化目标

在提出的模型中,预测用户 u_i 搜索查询 q_j 的概率 $\hat{y}_{ij}$ 取值在 $[0, 1]$ 范围内,以确保输出值是一个概率。通过聚合用户和查询的邻居,我们得到用户 u_i 的融合用户嵌入 U_i 和查询 q_j 的融合查询嵌入 Q_j。此外,还有传统方法中使用的原始静态特征,包括用户(查询)的属性和来自交互信息的静态特征。我们将这些静态特征提供给多层感知机(MLP)以获得静态特征 S_{ij} 的表示。然后拼接用户、查询和静态特征的嵌入以融合它们。最后,将融合嵌入输入 MLP 层以获得预测分数 $\hat{y}_{ij}$:

$$\hat{y}_{ij} = \text{sigmoid}(f(U_i \oplus Q_j \oplus S_{ij})) \tag{9.17}$$

其中 $f(\cdot)$ 是只有一个输出的 MLP 层，sigmoid$(\cdot)$ 是 sigmoid 层，$\oplus$ 是向量拼接操作。

模型的损失函数是单点损失函数：

$$J = \sum_{i,j \in \mathcal{Y} \cup \mathcal{Y}^-} (y_{ij}\log\hat{y}_{ij} + (1 - y_{ij})\log(1 - \hat{y}_{ij})) \tag{9.18}$$

其中 y_{ij} 是实例的标签（即 1 或 0），$\mathcal{Y}$ 和 $\mathcal{Y}^-$ 分别是正负实例集。

9.3.4 实验

1. 实验设置

数据集 从 Android 和 iOS 版的手机淘宝 App 中收集了一个真实世界的大规模数据集。我们首先为用户和查询提取静态特征。然后根据 10 天内收集的交互数据构建了一个异质图。离线实验中使用了 5 天内的交互数据。具体来说，收集到的数据集中的每个原始交互记录都包含 < 用户，查询，时间戳，标签 >，表示推荐的查询已在时间戳处显示给用户，并且标签指示用户是否点击了推荐的查询。此外，使用不同时间段的训练数据（从 1 到 5 天）来预测下一天的情况。因此，将三个不同尺度的数据集标记为 1-day、3-day 和 5-day。数据集的详细统计见表 9-2。

表 9-2 数据集的统计信息

数据集	1-day	3-day	5-day
训练集大小（正例）	2 000 000	6 000 000	9 999 999
训练集大小（所有）	8 000 000	23 999 998	39 999 997
验证集大小（正例）	2 000 000	2 000 000	1 949 143
验证集大小（所有）	7 999 997	8 000 000	7 949 142
训练用户	4 792 621	11 489 531	16 419 735
训练查询	871 133	1 653 865	2 163 574
验证用户	4 819 489	4 809 497	4 790 912
验证查询	876 636	859 488	787 672
在验证集中的新用户	3 666 692	2 613 695	2 064 564
密度	4.8×10^{-7}	3.1×10^{-7}	2.8×10^{-7}

基线方法和评价指标 为了验证提出的模型的有效性，我们使用具有不同特征设置的行业中流行的模型（即 LR、DNN 和 GBDT）和流行的基于神经网络的模型 NeuMF 作为基线方法。特别地，LR/DNN/GBDT + DW/MP 表示输入用户和查询的静态特征以及由 DeepWalk（DW）[18]/metapath2vec（MP）[5] 预训练得到的结构特征到 LR/DNN/GBDT 模型中。在实验中，使用 AUC[16] 来评价不同模型的性能以进行比较。较大的 AUC 值意味着更好的性能。

2. 离线实验

表 9-3 报告了 MEIRec 和基线方法的性能。

表 9-3 不同方法的 AUC 比较。"*"表示基线方法的最佳性能。所有方法的最佳结果以
粗体表示。最后一行表示与最佳基线方法相比，所提出的方法获得的改进百分比

方法	1-day				3-day				5-day			
	40%	60%	80%	100%	40%	60%	80%	100%	40%	60%	80%	100%
NeuMF	0.6014	0.6066	0.6136	0.6143	0.6168	0.6218	0.6249	0.6291	0.6172	0.6224	0.6246	0.6295
LR	0.6854	0.6838	0.6884	0.6889	0.6844	0.6863	0.6857	0.6865	0.6817	0.6831	0.6827	0.6836
LR+DW	0.6878	0.6904	0.6898	0.6930	0.6888	0.6896	0.6898	0.6900	0.6838	0.6842	0.6863	0.6867
LR+MP	0.6918	0.6936	0.6950	0.6969	0.6919	0.6930	0.6933	0.6933	0.6874	0.6890	0.6898	0.6899
DNN	0.6939	0.6981	0.6991	0.6997	0.6966	0.6985	0.6999	0.7008	0.6996	0.7011	0.7017	0.7029
DNN+DW	0.6962	0.6980	0.7003	0.7024	0.7005	0.7017	0.7024	0.7030	0.7017	0.7029	0.7040	0.7047
DNN+MP	0.6984	0.6992	0.7024	0.7057	0.7025	0.7040	0.7051	0.7057	0.7017	0.7044	0.7060	0.7069
GBDT	0.7071	0.7071	0.7067	0.7073	0.7070	0.7071	0.7072	0.7071	0.7067	0.7068	0.7072	0.7066
GBDT+DW	0.7114	0.7119	0.7112*	0.7118*	0.7109	0.7106	0.7106	0.7104	0.7109	0.7112	0.7109	0.7114
GBDT+MP	0.7122*	0.7127*	0.7110	0.7111	0.7123*	0.7122*	0.7122*	0.7124*	0.7118*	0.7114*	0.7114*	0.7120*
MEIRec	**0.7273**	**0.7302**	**0.7339**	**0.7346**	**0.7352**	**0.7369**	**0.7380**	**0.7390**	**0.7372**	**0.7401**	**0.7409**	**0.7425**
提升	2.1%	2.5%	3.2%	3.2%	3.2%	3.5%	3.6%	3.7%	3.6%	4.0%	4.1%	4.3%

实验结果的主要发现总结如下：

1）MEIRec 显著优于所有用于比较的基线方法。与基线方法的最佳性能（即 GBDT +
MP 或 GBDT + DW，在表 9-3 中用"*"表示）相比，MEIRec 在三个数据集上提升
了 2.1%~4.3% 。结果表明 MEIRec 通过同时使用静态和结构特征获得了最好的结果。
因此提出的模型采用了更全面的方式来利用静态特征和交互关系，从而提高预测性能。

2）在这些基线方法中，整体性能的顺序如下：在方法级别，GBDT > DNN > LR >
NeuMF。由于 NeuMF 无法学习新用户的嵌入和验证集中出现的新查询，新对象的嵌
入将是随机变量，这使得 NeuMF 的性能最差。而在特征层面，基于（静态特征 + 异
构嵌入）的方法 >（静态特征 + 同构嵌入）方法 > 静态特征的方法。这个排名表明融
合更多信息通常可以获得更好的性能。在这两个层面上，我们得出结论，选择模型在意
图推荐中起着关键作用，采用适当的方法融合更多信息可以显著提高性能。因此，由于
异质 GNN 模型和利用丰富的异构交互，MEIRec 实现了最佳性能。

3）随着数据规模的增加，提出的模型对于基线方法的提升也在增加（从 2.1% 到
4.3%）。结果进一步证实了提出的模型对于大规模数据集更具可扩展性。

3. 在线实验

为了进一步评估所提出的模型，在手机淘宝 App 中进行了在线实验。在线进行了
分桶测试（即 A/B 测试），以测试用户对提出的模型和基线方法的响应。我们为基线选
择一个桶，为提出的模型选择另一个桶。并且选择 GBDT 模型进行比较，因为 GBDT
有在实际系统中使用。使用 CTR、Unique Click⊖和 UCTR 指标来评估在线性能，其
中 CTR 和 UCTR = Unique Click/Unique Visitor 表示点击率和访问率的变化。

结果如表 9-4 所示。可以发现，与 GBDT 相比，MEIRec 在所有指标上都实现了性

⊖ 执行点击的访问者数量。

能提升，这表明结合交互信息可以更好地捕获用户潜在意图。提出的模型在 Android、iOS 和 Total 的点击率上分别获得了 0.70%、4.79% 和 1.54% 的提升。由于 CTR 是衡量点击次数与展示次数的比值，所以 CTR 的提升说明了提出的模型可以极大地提升用户的搜索体验。此外，UCTR 指标表示有多少独立访问者点击了推荐的查询，Android、iOS 和 Total 分别提高了 2.07%、5.43% 和 2.66%。UCTR 的改进表明提出的模型在吸引新用户进行搜索查询方面具有优势。

表 9-4 在线 A/B 测试结果

数据	方法	CTR	Unique Click	UCTR
Android	GBDT	1.746%	256 116	13.939%
	MEIRec	1.758%	260 634	14.229%
	提升	0.70%	1.76%	2.07%
iOS	GBDT	0.7687%	62 462	5.2579%
	MEIRec	0.8056%	65 895	5.5436%
	提升	4.79%	5.50%	5.43%
Total	GBDT	1.4035%	318 578	10.5252%
	MEIRec	1.4252%	326 529	10.8052%
	提升	1.54%	2.50%	2.66%

更详细的方法描述和实验验证见文献 [6]。

9.4 分享推荐

9.4.1 概述

随着社交电商的发展，分享推荐作为一种全新的推荐范式，已经逐渐兴起并引起了大量研究者的兴趣。具体而言，分享推荐旨在预测用户是否会分享物品给其好友这个三元交互行为。这样的推荐需求在电子商务中无处不在。分享推荐显著不同于传统推荐，如物品推荐[25] 和好友推荐[27]。如图 9-8 所示，物品推荐旨在给用户推荐物品 [本质最大化概率 $P(i_2|u_2)$]，而好友推荐旨在给用户推荐好友 [本质最大化概率 $P(u_4|u_2)$]。同时也不同于传统二元推荐，分享推荐旨在预测 〈用户，物品，好友〉的三元交互行为，这本质上是最大化概率 $P(u_3|u_2, i_3)$。

综合考虑三元分享行为的特点，为了实现精准的分享推荐，需要解决如下的挑战：1）**丰富异质信息**。分享推荐涉及丰富的异质信息，包括用户物品之间的复杂交互及其丰富属性。2）**复杂三元交互**。不同于传统二元推荐，如物品推荐 $\langle u_2, i_2 \rangle$ 和好友推荐 $\langle u_2, u_4 \rangle$，分享推荐建模了 $\langle u_2, i_3, u_3 \rangle$ 的交互。3）**非对称分享行为**。分享行为是非对称的，而且不可逆。这意味着如果交换用户和好友的角色，分享行为可能不会发生。

本节首次建模三元分享推荐问题并提出基于异质图神经网络的分享推荐模型（**HGSRec**）。HGSRec 首先将分享推荐场景建模为一个属性异质图，然后学习 u, i, v

的表示，进而预测分享行为发生的概率 $\langle u,i,v \rangle$。具体来说，HGSRec 首先通过编码节点特征来初始化节点表示，然后设计一个三元异质图神经网络来聚合丰富的交互信息并学习 u,i,v 的表示。进一步地，一个对偶协同注意力机制充分考虑物品 i 的影响来动态融合用户 u 和好友 v 的多个表示，进而提升 $\langle u,i,v \rangle$ 的适配性。最后，传递性三元组表示 $\langle u,i,v \rangle$ 刻画了非对称性并用于预测分享行为是否发生。

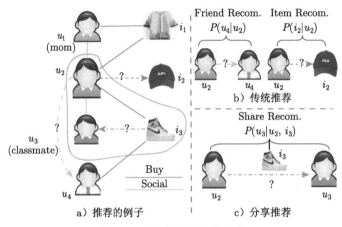

图 9-8   分享推荐与传统推荐

9.4.2   问题形式化

定义 4（分享推荐）   给定分享推荐场景 [以属性异质图 $\mathcal{G} = (\mathcal{V}, \mathcal{E}, \boldsymbol{X})$ 来描述]，分享推荐旨在预测 $\langle u,i,v \rangle$ 之间的三元分享行为。具体而言，分享推荐的目标是预测用户 $u \in \mathcal{V}_U$ 是否会将物品 $i \in \mathcal{V}_I$ 分享给其好友 $v \in \mathcal{F}(u)$，其中 $\langle u,i \rangle \in \mathcal{E}_O$。这本质上是最大化概率 $\arg\max_v P(v|u,i)$。分享行为的标签 $y_{u,i,v} \in \{0,1\}$ 表明分享行为是否真实发生。

例子 3   图 9-9a 展示了分享推荐场景下的属性异质图。这里用户 u_2 有 2 个朋友 [$\mathcal{F}(u_2) = \{u_1, u_3\}$]。元路径[22] 是一种连接节点对的组合式关系，其能够抽取不同的语义信息。如图 9-9b 所示，User$\xrightarrow{\text{buy}}$Item$\xrightarrow{\text{buy}}$User（简写为U-b-I-b-U）代表了共同购买关系，User$\xrightarrow{\text{view}}$Item$\xrightarrow{\text{view}}$User（简写为U-v-I-v-U）代表了共同浏览的关系，User$\xrightarrow{\text{social}}$User（简写为U-s-U）代表了用户之间的社交关系，User$\xrightarrow{\text{buy}}$Item（简写为U-b-I）代表了购买关系。如图 9-8c 所示，分享推荐旨在预测用户 u_2 是否会分享一双鞋子 i_3 给其好友 $u_3 \in \mathcal{F}(u_2)$，这本质上最大化了概率 $P(u_3|u_2, i_3)$。

9.4.3   HGSRec 模型

1. 模型框架

为了求解分享推荐问题,本节提出了基于异质图神经网络的分享推荐模型 HGSRec,其核心思想是学习 u,i,v 的向量表示并基于神经网络来预测分享行为的发生概率。如

图 9-10 所示，HGSRec 模型的核心设计包括：特征表示、三元异质图神经网络、对偶协同注意力机制和传递性三元组表示。

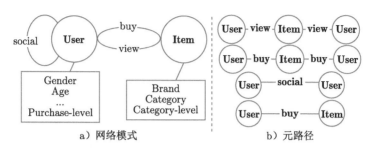

a）网络模式　　　　　　　b）元路径

图 9-9　分享推荐场景的抽象描述

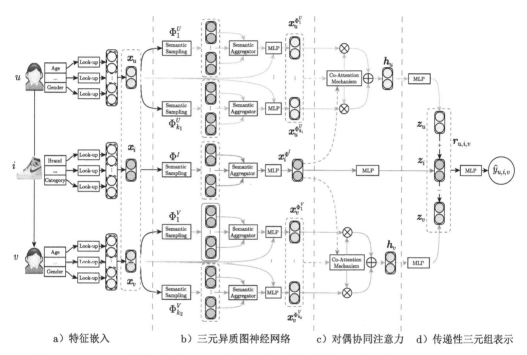

a）特征嵌入　　b）三元异质图神经网络　　c）对偶协同注意力　　d）传递性三元组表示

图 9-10　HGSRec 的模型架构。a) 通过特征表示来初始化用户或者物品的表示。b) 通过三元异质图神经网络来更新节点表示。c) 通过对偶协同注意力机制来动态融合节点表示。d) 通过传递性三元组表示来刻画非对称分享行为

2. 特征表示

首先，HGSRec 模型以特征表示初始化的形式来初始化节点表示。不同于 ID 表示，以特征表示的形式来初始化节点表示有如下优点：1）在实际工业场景下，新节点（新的用户或者新上架的物品）会经常产生，特征表示可以高效地生成未见过节点的表示。2）特征的个数是远远小于节点的个数的。因此，特征表示可以大幅度降低模型参数的数量。具体而言，针对第 k 个节点特征 $f_k \in \mathbb{R}^{|f_k|*1}$，特征矩阵初始化为 $\boldsymbol{M}^{f_k} \in \mathbb{R}^{d*|f_k|}$。其中，$|f_k|$ 表示特征 f_k 的可能取值个数，d 代表特征表示的维度。以用户 u 及其第 k

个特征 $u^{f_k^U}$ 为例，特征映射过程可以表示为：

$$e_u^{f_k^U} = M^{f_k^U} u^{f_k^U} \tag{9.19}$$

其中，$e_u^{f_k^U}$ 是用户 u 的第 k 个特征的向量表示。综合考虑用户的所有特征，用户 u 的初始表示 $\boldsymbol{x}_u$ 为：

$$\boldsymbol{x}_u = \sigma\left(\boldsymbol{W}_U \cdot \left(\mathop{\|}_{k=1}^{|f^U|} \boldsymbol{e}_u^{f_k^U}\right) + \boldsymbol{b}_U\right) \tag{9.20}$$

其中，$\|$ 代表拼接操作，$\boldsymbol{W}_U$ 和 $\boldsymbol{b}_U$ 分别代表权重矩阵和偏置向量。类似地，可以利用特征表示来初始化物品和好友的表示。注意，这里好友 v 本质上也是一个用户。

3. 三元异质图神经网络

针对分享行为中的用户、物品和好友，本节设计了三元异质图神经网络来分别学习它们的表示，分别为 $\mathrm{HeteGNN}^U$、$\mathrm{HeteGNN}^I$ 和 $\mathrm{HeteGNN}^V$。

给定一个用户 u 和 k_1 条用户相关的元路径 $\{\Phi_1^U, \Phi_2^U, \cdots, \Phi_{k_1}^U\}$，$\mathrm{HeteGNN}^U$ 可以学习到 k_1 组不同语义下的用户表示 $\{\boldsymbol{x}_u^{\Phi_1^U}, \boldsymbol{x}_u^{\Phi_2^U}, \cdots, \boldsymbol{x}_u^{\Phi_{k_1}^U}\}$。

$$\boldsymbol{x}_u^{\Phi_1^U}, \boldsymbol{x}_u^{\Phi_2^U}, \cdots, \boldsymbol{x}_u^{\Phi_{k_1}^U} = \mathrm{HeteGNN}^U(u; \Phi_1^U, \Phi_2^U, \cdots, \Phi_{k_1}^U) \tag{9.21}$$

具体来说，给定一个用户 u 和相应的元路径 Φ^U，以采样的固定数量的邻居 $\mathcal{N}_u^{\Phi^U}$ 为输入，语义聚合器 $\mathrm{SemAgg}_u^{\Phi^U}$ 可以聚合邻居信息并得到用户 u 在特定语义下的节点表示 $\boldsymbol{x}_u^{\mathcal{N}_u^{\Phi^U}}$，如下所示：

$$\boldsymbol{x}_u^{\mathcal{N}_u^{\Phi^U}} = \mathrm{SemAgg}_u^{\Phi^U}(\{\boldsymbol{x}_n | \forall n \in \mathcal{N}_u^{\Phi^U}\}) \tag{9.22}$$

考虑效率，语义聚合器 $\mathrm{SemAgg}_u^{\Phi^U}$ 没有选取非常耗时的注意力加权聚合器[24, 26]，而是采用了更加简单高效的平均池化（MeanPooling）来加速聚合过程，如下所示：

$$\boldsymbol{x}_u^{\mathcal{N}_u^{\Phi^U}} = \mathrm{MeanPooling}(\{\boldsymbol{x}_n | \forall n \in \mathcal{N}_u^{\Phi^U}\}) \tag{9.23}$$

为了显式强调节点自身的特性，这里将用户 u 和其在元路径下的表示 $\boldsymbol{x}_u^{\mathcal{N}_u^{\Phi^U}}$ 进行拼接，并通过神经网络进行映射得到用户 u 在特定语义下的表示 $\boldsymbol{x}_u^{\Phi^U}$。

$$\boldsymbol{x}_u^{\Phi^U} = \sigma(\boldsymbol{W}^{\Phi^U} \cdot (\boldsymbol{x}_u \| \boldsymbol{x}_u^{\mathcal{N}_u^{\Phi^U}}) + \boldsymbol{b}^{\Phi^U}) \tag{9.24}$$

其中，$\boldsymbol{W}^{\Phi^U}$ 和 $\boldsymbol{b}^{\Phi^U}$ 分别是针对元路径 Φ^U 的权重矩阵和偏置向量。给定一系列用户相关的元路径 $\{\Phi_1^U, \Phi_2^U, \cdots, \Phi_{k_1}^U\}$，可以得到一组用户表示 $\{\boldsymbol{x}_u^{\Phi_1^U}, \boldsymbol{x}_u^{\Phi_2^U}, \cdots, \boldsymbol{x}_u^{\Phi_{k_1}^U}\}$，其能够从不同方面来描述用户的多样特性。同样，$\mathrm{HeteGNN}^V$ 可以学习到朋友 v 的多个表示 $\{\boldsymbol{x}_v^{\Phi_1^V}, \boldsymbol{x}_v^{\Phi_2^V}, \cdots, \boldsymbol{x}_v^{\Phi_{k_2}^V}\}$。对于物品 i 来说，其性质相对稳定单一。这里只选取一条元路径来学习物品 i 的表示，即：$\boldsymbol{x}_i^{\Phi^I} = \mathrm{HeteGNN}^I(i)$。

4. 对偶协同注意力机制

给定一组语义特定的节点表示（如 $\{\boldsymbol{x}_u^{\Phi_1^U}, \boldsymbol{x}_u^{\Phi_2^U}, \cdots, \boldsymbol{x}_u^{\Phi_{k_1}^U}\}$）后，对偶协同注意力机制旨在建模三元组 $\langle u, i, v \rangle$ 之间的复杂交互并对其进行融合，进而提升整个分享行为的适配性。具体来说，对偶协同注意力机制充分考虑不同物品的影响来对用户和好友的多个表示进行加权融合，进一步提升特定分享行为的适配性和预测准确度，其包括两个部分：用户和物品之间的协同注意力 $\text{CoAtt}_{U,I}$，好友与物品之间的协同注意力 $\text{CoAtt}_{V,I}$。这强化了特定分享行为中 $\langle u, i, v \rangle$ 的动态依赖关系，有效提升了三元组的适配性。

以用户 u 和物品 i 为例，协同注意力 $\text{CoAtt}_{U,I}$ 旨在为用户 u 学习其在特定分享行为下的一组交互权重，即：对偶协同注意力权重系数 $\{w_{u,i}^{\Phi_1^U}, w_{u,i}^{\Phi_2^U}, \cdots, w_{u,i}^{\Phi_{k_1}^U}\}$，如下所示：

$$w_{u,i}^{\Phi_1^U}, w_{u,i}^{\Phi_2^U}, \cdots, w_{u,i}^{\Phi_{k_1}^U} = \text{CoAtt}_{U,I}(\boldsymbol{x}_u^{\Phi_1^U}, \cdots, \boldsymbol{x}_u^{\Phi_{k_1}^U}, \boldsymbol{x}_i^{\Phi^I}) \tag{9.25}$$

具体来说，首先将 u 和 i 在特定语义下的表示进行拼接，然后通过多层全连接神经网络将其投影到对偶协同注意力空间。通过计算投影后的节点表示与协同注意力向量 $\boldsymbol{q}_{U,I}$ 的相似度，可以学习用户 u 在多条元路径下表示的权重。分享行为 $\langle u, i \rangle$ 中用户 u 在元路径 Φ_m^U 下的权重为 $\alpha_{u,i}^{\Phi_m^U}$，如下所示：

$$\alpha_{u,i}^{\Phi_m^U} = \boldsymbol{q}_{U,I}^{\top} \cdot \sigma(\boldsymbol{W}^{U,I} \cdot (\boldsymbol{x}_u^{\Phi_m^U} || \boldsymbol{x}_i^{\Phi^I}) + \boldsymbol{b}^{U,I}) \tag{9.26}$$

其中，$\boldsymbol{W}^{U,I}$ 和 $\boldsymbol{b}^{U,I}$ 分别为针对 $\text{CoAtt}_{U,I}$ 的权重矩阵和偏置向量。对元路径的重要性进行 softmax 归一化，即可得到元路径 Φ_m^U 的协同注意力权重 $w_{u,i}^{\Phi_m^U}$，如下所示：

$$w_{u,i}^{\Phi_m^U} = \frac{\exp(\alpha_{u,i}^{\Phi_m^U})}{\sum_{m=1}^{k_1} \exp(\alpha_{u,i}^{\Phi_m^U})} \tag{9.27}$$

其中，$w_{u,i}^{\Phi_m^U}$ 可以认为是元路径 Φ_m^U 在促进分享行为 $\langle u, i, v \rangle$ 发生方面的贡献程度。较大的 $w_{u,i}^{\Phi_m^U}$ 意味着用户 u 在元路径 Φ_m^U 下的表示与物品 i 适配度更高，也为分享行为的发生提供了更高的贡献。最后，通过对多条元路径下用户 u 的表示进行加权，我们就可以得到最终的用户 u 的表示 $\boldsymbol{h}_u$，如下所示：

$$\boldsymbol{h}_u = \sum_{m=1}^{k_1} w_{u,i}^{\Phi_m^U} \cdot \boldsymbol{x}_u^{\Phi_m^U} \tag{9.28}$$

很明显，协同注意力权重是随着物品 i 的变化而变化的，进而导致 $\boldsymbol{h}_u$ 随着物品 i 的变化而动态变化。

同样，协同注意力机制 $\text{CoAtt}_{V,I}$ 可以学习好友 v 的多个表示的注意力权重 $\{w_{v,i}^{\Phi_1^V}, w_{v,i}^{\Phi_2^V}, \cdots, w_{v,i}^{\Phi_{k_2}^V}\}$ 并对其进行加权融合，进而得到最终的好友表示 $\boldsymbol{h}_v$。因为这里只选择了一条物品相关的元路径来学习物品表示，所以物品 i 融合后的表示 $\boldsymbol{h}_i$ 实际就是 $\boldsymbol{x}_i^{\Phi^I}$。

5. 传递性三元组表示

为了预测分享行为 $\langle u,i,v \rangle$ 是否发生，需要融合 $\boldsymbol{h}_u, \boldsymbol{h}_i, \boldsymbol{h}_v$ 来建立 $\langle u,i,v \rangle$ 的联合表示。为了统一度量不同类型节点表示，这里首先将三元组 $\langle U,I,V \rangle$ 中不同类型的节点用 3 个类型特定的投影转换网络（如 $\mathrm{MLP}^U, \mathrm{MLP}^I, \mathrm{MLP}^V$）将其投影到同一个空间，如下所示：

$$\boldsymbol{z}_u = \mathrm{MLP}^U(\boldsymbol{h}_u),\ \boldsymbol{z}_i = \mathrm{MLP}^I(\boldsymbol{h}_i),\ \boldsymbol{z}_v = \mathrm{MLP}^V(\boldsymbol{h}_v) \tag{9.29}$$

受关系传递的启发[1]，这里提出了一种传递性三元组表示，其可以显式地刻画分享行为的非对称性和物品的传递性，如下所示：

$$\boldsymbol{r}_{u,i,v} = |\boldsymbol{z}_u + \boldsymbol{z}_i - \boldsymbol{z}_v| \tag{9.30}$$

其中，$|\cdot|$ 代表取绝对值操作。然后，利用单层全连接神经网络将 $\boldsymbol{r}_{u,i,v}$ 投影为预测分数 $\hat{y}_{u,i,v}$，如下所示：

$$\hat{y}_{u,i,v} = \sigma(\boldsymbol{W} \cdot \boldsymbol{r}_{u,i,v} + b) \tag{9.31}$$

其中，$\boldsymbol{W}$ 和 b 分别代表权重向量和偏置标量。最后，通过计算交叉熵损失函数即可优化整个模型。

$$L = \sum_{u,i,v \in \mathcal{D}} \left(y_{u,i,v} \log \hat{y}_{u,i,v} + (1 - y_{u,i,v}) \log(1 - \hat{y}_{u,i,v}) \right) \tag{9.32}$$

其中，$y_{u,i,v}$ 代表三元组的标签（即分享行为是否发生），$\mathcal{D}$ 代表整个数据集。

9.4.4　实验

1. 实验设置

数据集　这里搜集了 2019/10/09 到 2019/10/14 期间淘宝大社区中用户的真实分享行为作为数据集。每个样本包含一个三元组 $\langle u,i,v \rangle$ 及对应的标签 $y_{u,i,v} \in \{0,1\}$。这里选取了 3 条元路径（U-s-U、U-b-I-b-U、U-v-I-v-U）来学习用户表示，1 条元路径 U-b-I 来学习物品表示。在离线实验上，采样前 3/4/5 天的数据作为训练集（**3-days**、**4-days** 和 **5-days**），训练集后一天（如 2019/10/14）的数据集作为验证集。进一步地，这里将训练集按照不同比例（40%~100%）进行划分，来对各个算法进行充分的实验验证。数据集统计信息见表 9-5。

表 9-5　数据集统计信息

数据集	3-days	4-days	5-days
#Train $\langle u,i,v \rangle$	3 324 367	4 443 996	5 611 531
#Train Users	1 064 426	1 315 126	1 546 017
#Train Items	537 048	679 784	818 290
#Valid $\langle u,i,v \rangle$		1 401 395	
#Valid Users		539 959	
#Valid Items		247 907	

对比方法　对比方法包括基于特征的模型（如 LR，、DNN 和 XGBoost[3]）和图神经网络模型（如 GraphSAGE[10]、IGC[32] 和 MEIRec[6]）。由于 IGC 和 MEIRec 无法处理三元推荐问题，这里将其扩展为三元版本 (如 IGC+ 和 MEIRec+) 来进行分享推荐。为了验证 HGSRec 中各个模块的有效性，将 HGSRec 的两个变种（HGSRec\att 和 HGSRec\tra）也作为对比算法。

评价指标及参数设置　由于分享行为的正负样本差距较大，这里选取了 AUC 作为所有模型的评价指标。HGSRec 的超参数设置如下：优化器为 RMSprop，特征表示维度为 8，节点表示维度为 128，批大小为 1024，学习率为 0.01，随机 drop 比例为 0.6。对于异质图神经网络，其分别通过U-s-U、U-v-I-v-U 和 U-b-I-b-U 来采样 5、10、2 个邻居来学习用户的多个表示；通过 U-b-I 采样 50 个邻居来学习物品表示。对于树模型 XGBoost，树的深度设置为 6，树的个数设置为 10。

2. 离线实验

如表 9-6 所示，3 个离线数据集上的大量实验充分验证了 HGSRec 模型在分享推荐场景下的有效性。具体的实验观察和结论如下：1）在所有的数据集上，HGSRec 均明显优于对比方法，AUC 提升幅度高达 11.7%~14.5%。这有力地证明了 HGSRec 在建模三元分享推荐任务中的有效性。2）大部分的图神经网络（如 GraphSAGE、IGC 和 MEIRec）明显优于传统的基于特征的方法（LR、DNN 和 XGBoost），这证明了结构信息在学习节点表示中的重要性。深度对比这些算法可以发现，如果对其进行扩展（如三元版本的 IGC+ 和 MEIRec+），其表现会大幅度上升。这进一步验证了三元建模在分享推荐中的重要性。3）对比 HGSRec 及其变种算法，可以发现 HGSRec 取得了最好的效果。HGSRec\att 的退化验证了对偶协同注意力机制的重要性，而 HGSRec\tra 效果退化验证了传递性三元组表示的重要性。需要注意的是，HGSRec\tra 的退化程度更高，这说明传递性三元组表示对于建模分享推荐更为重要。

表 9-6　离线有效性实验

模型	3-days				4-days				5-days			
	40%	60%	80%	100%	40%	60%	80%	100%	40%	60%	80%	100%
LR	67.56	67.62	67.26	67.69	67.58	67.65	67.68	67.72	67.62	67.67	67.72	67.74
XGBoost	72.04	72.14	72.13	72.18	72.08	72.11	72.15	72.49	72.72	72.54	71.78	72.14
DNN	71.30	71.20	71.67	72.03	71.04	71.33	71.48	71.80	70.96	71.12	71.46	71.51
SAGE	70.55	70.97	70.86	70.89	69.82	69.69	70.46	71.03	69.11	69.66	71.25	71.06
IGC	62.23	61.78	62.20	62.25	61.87	62.30	63.11	63.17	62.60	62.91	63.11	63.15
IGC+	73.15	73.37	73.92	74.34	73.87	73.99	74.22	74.51	74.14	74.22	74.53	74.79
MEIRec	64.94	65.10	65.30	65.53	65.45	65.55	65.66	65.72	65.19	65.58	66.20	65.63
MEIRec+	76.82	77.40	77.06	78.29	76.97	77.75	76.87	76.36	76.58	77.29	76.63	77.66
HGSRec\att	86.63	86.95	87.16	87.26	87.00	87.27	87.31	87.51	87.11	87.23	87.34	87.59
HGSRec\tra	78.17	79.10	79.50	79.95	76.40	79.12	77.09	79.63	78.22	78.89	78.83	81.37
HGSRec	**86.84**	**87.20**	**87.36**	**87.45**	**87.05**	**87.39**	**87.43**	**87.69**	**87.27**	**87.53**	**87.72**	**87.92**
提升幅度 (%)	13.0	12.7	13.4	11.7	13.1	12.4	13.7	14.8	14.0	13.2	14.5	13.2

3. 注意力分析

对偶协同注意力机制能够针对不同物品的特点，实现动态地融合用户和好友的多个表示，这有助于提升分享行为的适配性。同时，深入分析对偶协同注意力权重系数有助于更好地理解分享推荐结果。这里，首先以箱图的形式来对对偶协同注意力进行宏观层面的分析。图 9-11a 展示了用户的协同注意力权重系数的分布。可以看出，不同元路径注意力权重的分布是不同的。在所有元路径中，U-b-I-b-U 的注意力权重分数明显具有较高的方差，说明元路径U-b-I-b-U 是对于所有用户来说最重要的关系。这是由于它是和用户的购买行为最相关的，也可以展现出最真实的用户偏好。U-b-I-b-U 的高方差也暗示了其对不同的用户的重要性的差异。这间接反映了对偶协同注意力的有效性，因为其能根据用户的差异来赋予多样的权重。图 9-11b 展示了 HGSRec 模型在单个元路径下的表现及相应的注意力权重系数的均值。与注意力分布的结果一致，元路径 U-b-I-b-U 仍然是最有用的元路径 (AUC 最高)。同时，HGSRec 模型也学习到了其重要性并赋予了最高的注意力权重。

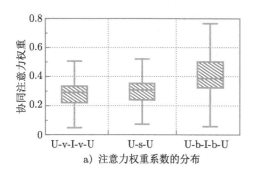

a) 注意力权重系数的分布

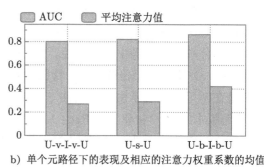

b) 单个元路径下的表现及相应的注意力权重系数的均值

图 9-11　注意力权重分析（见彩插）

4. 在线实验

进一步地，HGSRec 被部署到淘宝分享场景并通过在线 A/B 实验验证其有效性。考虑实际的在线 A/B 实验的一些问题，我们做如下的工程改造：1）存储和处理大规模数据的能力。为了内存高效，分享推荐的系统是以邻接列表的形式存储在 MaxCompute 上。2）异常分享行为的过滤。我们需要过滤异常分享行为，如一个用户在 24 小时内分享超过 1000 个物品给其好友。3）新特征和缺失特征的问题。节点的新特征每天都会更新。因此，我们利用哈希函数来对特征进行过滤。当哈希碰撞发生的时候会带来微弱的性能损失。缺失特征用一个特殊字符 token 进行填充。

图 9-12 展示了从 2020/01/08 到 2020/02/02（总共 25 天）的在线实验结果。UCTR（UCTR = Unique Click/Unique Visitor）衡量算法带来的真实点击量，被广泛应用于模型的在线评估。UCTR 越大，模型的表现越好。从长期工业级场景下的在线 A/B 实验结果来看，HGSRec 模型可以持续显著优于原先的在线算法。

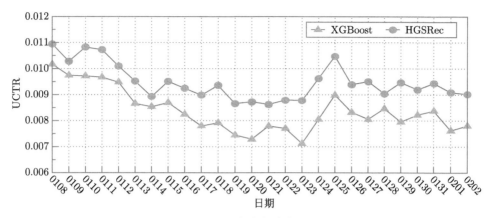

图 9-12　在线实验结果

更详细的方法描述和实验验证请参阅文献 [12]。

9.5　好友增强推荐

9.5.1　概述

随着在线社交网络的兴起，人们更愿意在社交平台上表达自己的观点并与好友共享信息。好友成为重要的信息来源和高质量的信息过滤器。受社交影响力在推荐方面的巨大成功启发，有人提出了一种新的推荐方式，称为 "好友增强推荐"（Friend-Enhanced Recommendation，FER），其大大增强了推荐系统中好友对用户行为的影响力。相较于传统的社交化推荐，好友增强推荐有两个主要区别：1）鉴于好友可以看作高质量的信息过滤器，为用户提供高质量的商品，好友增强推荐只为用户推荐好友交互过的商品（读过的文章）；2）与某一商品交互过的所有好友都会显式地展示给当前用户，即当前用户已知哪些好友与当前物品有过交互。

近些年，好友增强的推荐系统被广泛使用，例如微信的 "看一看" 文章推荐。图 9-13 展示了一个微信 "看一看" 场景下的形式化示例。对于每一个用户–物品对，好友增强的推荐显式地展示已经和当前物品交互过的好友集合，这个集合被定义为：针对当前商品，当前用户的好友推荐圈（Friend Referral Circle，FRC）。在好友增强的推荐场景中，多个因素导致了用户的行为。用户阅读/点击一篇文章的原因可能来自：1）其自身对文章的兴趣（文章本身）；2）专家的推荐（文章–好友的组合）；3）对某一好友的关注（好友）。在好友增强的推荐场景中，用户有窥探好友在看的内容的倾向，而非仅仅看自己本身感兴趣的内容。甚至可以说，社交推荐关注于结合社交信息去推荐物品，而好友增强的推荐旨在推荐物品和好友的组合。

作为好友增强推荐的关键特性，显式的好友推荐圈为该推荐场景带来了两个挑战：1）如何从多方面的异质因素中提取关键信息；2）如何利用显式的好友推荐圈信息。具体来说，一种新颖的社交影响力专注的神经网络（SIAN）被提出，SIAN 将好友增强推荐定义为异质社交图上的用户–物品交互预测任务，该任务将丰富的异质信息灵活地集成到异质对象及其交互连接中。首先，它特别设计了一个注意力特征聚合器，同时考虑节点级和类型级的特征聚合，以学习用户和物品的表示向量。然后实现了一个社交影响力耦合器，以建模通过显式好友推荐圈传播的耦合影响力，该耦合器利用注意力机制将多种因素（例如，好友和物品）的影响力耦合在一起。总体而言，SIAN 模型捕获了好友增强的推荐场景中有价值的多方面因素，从而成功地从异质图和显式好友推荐圈中提取了用户的最基本偏好。

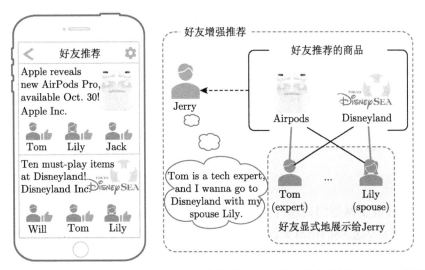

图 9-13   好友增强的推荐场景。左侧显示了推荐给 Jerry 的两篇文章的场景，下面是与两篇文章交互（共享、喜欢等）的好友（例如 Tom）。右侧显示了好友增强推荐问题的形式化，其中仅推荐好友交互过的文章，并且与该项目进行交互的好友被显式地展示给用户

9.5.2　预备知识

定义 5（异质社交网络）　异质社交网络定义为 $\mathcal{G} = (\mathcal{V}, \mathcal{E})$，其中 $\mathcal{V} = \mathcal{V}_U \cup \mathcal{V}_I$ 和 $\mathcal{E} = \mathcal{E}_F \cup \mathcal{E}_R$ 分别是节点和边的集合。$\mathcal{V}_U$ 和 $\mathcal{V}_I$ 分别是用户和物品的集合。对于 $u, v \in \mathcal{V}_U$，$\langle u, v \rangle \in \mathcal{E}_F$ 表示用户之间的好友关系。对于 $u \in \mathcal{V}_U$ 和 $i \in \mathcal{V}_I$，$\langle u, i \rangle \in \mathcal{E}_R$ 表示 u 和 i 之间的交互关系。通过添加属性特征或边关系，可以将异质社交网络进一步扩展为异质信息网络。

定义 6（好友推荐圈）　给定一个异质社交网络 $\mathcal{G} = (\mathcal{V}, \mathcal{E})$，对于一个从未交互过的物品 i（即 $\langle u, i \rangle \notin \mathcal{E}_R$），用户 u 的好友推荐圈可以定义为 $\mathcal{C}_u(i) = \{v | \langle u, v \rangle \in \mathcal{E}_F \cap \langle v, i \rangle \in \mathcal{E}_R\}$，这里 v 被称作用户 u 的有影响力的好友。

定义 7（好友增强推荐）　给定异质社交图 $\mathcal{G} = (\mathcal{V}, \mathcal{E})$ 和用户 u 针对未交互物品 i 的好友推荐圈 $\mathcal{C}_u(i)$，好友增强的推荐旨在预测用户 u 是否对物品 i 有潜在的偏好。也就是，学习预测函数 $\hat{y}_{ui} = \mathcal{F}(\mathcal{G}, \mathcal{C}_u(i); \Theta)$，其中 $\hat{y}_{ui}$ 是用户 u 和物品 i 交互的可能

性，Θ 是模型参数。

9.5.3 SIAN 模型

1. 模型框架

如图 9-14 所示，SIAN 利用异质社交网络建模好友增强的推荐场景。除了用户和物品的向量表示（例如，$\boldsymbol{h}_u$ 表示用户 Jerry 的嵌入向量，$\boldsymbol{h}_i$ 是 Disneyland 相关的文章的表示向量），SIAN 还通过耦合有影响力的好友与物品来学习社交影响力的低维向量表示（即 $\boldsymbol{h}_{ui}$）。通过学习用户、物品和耦合的社交影响力的向量表示，最终 SIAN 预测用户 u 和物品 i 之间交互的概率 $\hat{y}_{ui}$。具体来说，对于异质社交网络中的每个节点，都装备带有节点级和类型级的注意力特征聚合器。在每个级别，SIAN 设计一种注意力机制来区分和捕获邻居和类型的潜在关联性，这种分层的注意力机制使得 SIAN 模型能够更细粒度地编码多方面的异质信息。此外，SIAN 不需要任何先验知识用于手动选择元路径。然后，在 SIAN 中，设计了一个社交影响力耦合器，其用来捕获一个有影响力好友（例如 Tom）和一个物品（例如 Disneyland 相关的文章）的耦合影响力，从而量化它们的耦合影响力程度。最后，带有注意力地融合来自好友推荐圈内的多个耦合影响力，以表示整个好友推荐圈对当前用户和物品的影响。

2. 注意力特征聚合器

注意力特征聚合器旨在学习用户和物品的嵌入表示。考虑相同类型的不同邻居可能对特征聚合的贡献是不同的，并且不同类型包含多方面的信息，因此这里设计了分层的节点级和类型级的注意力特征聚合器。节点级聚合以细粒度的方式分别对用户/物品特征进行聚合建模，而类型级聚合则捕获异质的类型信息。

节点级注意力聚合：给定用户 u，定义 $\mathcal{N}_u = \mathcal{N}_u^{t_1} \cup \mathcal{N}_u^{t_2} \cup \cdots \cup \mathcal{N}_u^{t_{|\mathcal{T}|}}$ 为邻居集合，其是 $|\mathcal{T}|$ 个类型邻居集合的并集。对于 $t \in \mathcal{T}$ 类型邻居，在 t 类型空间的特征聚合定义为如下函数：

$$\boldsymbol{p}_u^t = \text{ReLU}\left(\boldsymbol{W}_p\left(\sum_{k \in \mathcal{N}_u^t} \alpha_{ku} \boldsymbol{x}_k\right) + \boldsymbol{b}_p\right) \tag{9.33}$$

其中 $\boldsymbol{p}_u^t \in \mathbb{R}^d$ 是用户 u 在 t 类型空间聚合后的隐含表示，$\boldsymbol{x}_k \in \mathbb{R}^d$ 是邻居节点 k 的初始表示，其可以随机初始化或由给定特征初始化。这里的 $\boldsymbol{W}_p \in \mathbb{R}^{d \times d}$ 和 $\boldsymbol{b}_p \in \mathbb{R}^d$ 分别是神经网络的权重和偏置向量。α_{ku} 是邻居节点 k 对于 u 的特征聚合的贡献：

$$\alpha_{ku} = \frac{\exp(f([\boldsymbol{x}_k \oplus \boldsymbol{x}_u]))}{\sum_{k' \in \mathcal{N}_u^t} \exp(f([\boldsymbol{x}_{k'} \oplus \boldsymbol{x}_u]))} \tag{9.34}$$

这里 $f(\cdot)$ 是一个由 ReLU 激活的两层神经网络，$\oplus$ 表示向量拼接操作。显然，α_{ku} 数值越大，邻居节点 k 对用户 u 的特征聚合的贡献就越大。给定多种类型的邻居，可以得到不同类型空间内邻居的聚合特征，即一个节点表示的集合：$\{\boldsymbol{p}_u^{t_1}, \cdots, \boldsymbol{p}_u^{t_{|\mathcal{T}|}}\}$。

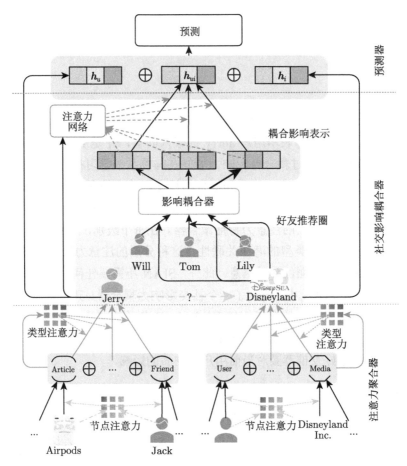

图 9-14   SIAN 模型总览

类型级注意力聚合: 由于每个节点多方面信息有不同的偏好, 给定一个用户 u 以及其在不同类型空间的节点级特征聚合表示, SIAN 学习不同类型的权重并聚合不同类型的特征:

$$h_u = \text{ReLU}\left(W_h \sum_{t \in \mathcal{T}} \beta_{tu} p_u^t + b_h\right) \tag{9.35}$$

其中 $h_u \in \mathbb{R}^d$ 是 u 的隐含表示。$\{W_h \in \mathbb{R}^{d \times d}, b_h \in \mathbb{R}^d\}$ 是模型参数。由于多类型的邻居包含多方面信息, 并且这些信息是互相关联的, β_{tu} 表示类型 t 对于节点 u 的特征聚合的权重。对于 u, 通过拼接邻居特征聚合的向量表示, 定义如下的权重:

$$\beta_{tu} = \frac{\exp(a_t^\top [p_u^{t_1} \oplus p_u^{t_2} \oplus \cdots \oplus p_u^{t_{|\mathcal{T}|}}])}{\sum_{t' \in \mathcal{T}} \exp(a_{t'}^\top [p_u^{t_1} \oplus p_u^{t_2} \oplus \cdots \oplus p_u^{t_{|\mathcal{T}|}}])} \tag{9.36}$$

其中 $a_t \in \mathbb{R}^{|\mathcal{T}|d}$ 是共享于所有用户的类型感知向量。基于上式, 多种类型邻居特征的聚合可以为用户捕获丰富的多方面信息, 并且 a_t 编码了每个类型的全局偏好性。同样地, 对于每个物品 i, 可以通过注意力特征聚合器得到其隐含表示 h_i。

3. 社交影响力耦合器

耦合的影响力表示：文献 [13] 中的研究表明，人类的行为受到多种因素的影响。在好友增强的推荐场景中，用户 u 是否与物品 i 进行交互不仅由物品本身或用户好友决定，好友和物品的同时出现可能会产生更大的影响。正如前文示例（图 9-13），当 Jerry 面对与科技技术相关的文章时，专家（例如 Tom）和物品（例如 AirPods 相关的文章）之间的耦合比配偶和科技文章之间的耦合具有更大的影响力，但与娱乐相关的文章可能会发生相反的情况。因此，给定用户 u、物品 i 和好友推荐圈 $\mathcal{C}_u(i)$，可以将每个好友 $v \in \mathcal{C}_u(i)$ 和物品 i 的影响力耦合为：

$$c_{\langle v,i \rangle} = \sigma(\boldsymbol{W}_c \phi(\boldsymbol{h}_v, \boldsymbol{h}_i) + \boldsymbol{b}_c) \tag{9.37}$$

其中 $\boldsymbol{h}_v$ 和 $\boldsymbol{h}_i$ 是用户 v 和物品 i 特征聚合后的向量表示。$\phi(\cdot, \cdot)$ 表示一个融合函数，可以是逐元素的相乘、相加或者拼接（这里采用拼接）。显然，公式 (9.37) 耦合了物品 i 和有影响力的好友 v 的特征，因此有能力捕获两者的影响力。

影响力强度：基于耦合的影响力表示 $c_{\langle v,i \rangle}$，接下来的目标是获得耦合影响力对用户 u 的影响强度。由于影响强度取决于用户 u，因此将用户的表示向量 $\boldsymbol{h}_u$ 整合到影响力中：

$$d'_{u \leftarrow \langle v,i \rangle} = \sigma(\boldsymbol{W}_2(\sigma(\boldsymbol{W}_1 \phi(c_{v,i}, \boldsymbol{h}_u) + \boldsymbol{b}_1)) + \boldsymbol{b}_2) \tag{9.38}$$

其中 $\{\boldsymbol{W}_1, \boldsymbol{W}_2, \boldsymbol{b}_1, \boldsymbol{b}_2\}$ 是一个两层神经网络的参数。接下来，影响力强度可以通过归一化上述影响力得到，其表示了在推荐物品 i 时，好友 v 对用户 u 的行为的影响力：

$$d_{u \leftarrow \langle v,i \rangle} = \frac{\exp(d'_{u \leftarrow \langle v,i \rangle})}{\sum_{v' \in \mathcal{C}_u(i)} \exp(d'_{u \leftarrow \langle v',i \rangle})} \tag{9.39}$$

由于好友的影响力从好友推荐圈中传播而来，SIAN 模型进一步提出融合好友推荐圈内所有好友对用户 u 的影响：

$$\boldsymbol{h}_{ui} = \sum_{v \in \mathcal{C}_u(i)} d_{u \leftarrow \langle v,i \rangle} c_{\langle v,i \rangle} \tag{9.40}$$

由于耦合影响力表示 $c_{\langle v,i \rangle}$ 融合有影响力好友以及物品的隐含因素，公式 (9.40) 保证了隐含表示 $\boldsymbol{h}_{ui}$ 可以有效地编码在好友推荐圈内传播的社交影响力。

4. 行为预测及模型训练

基于用户、物品以及耦合的影响力表示，将三者拼接并送入两层神经网络中：

$$\boldsymbol{h}_o = \sigma(\boldsymbol{W}_{o_2}(\sigma(\boldsymbol{W}_{o_1}([\boldsymbol{h}_u \oplus \boldsymbol{h}_{ui} \oplus \boldsymbol{h}_i]) + \boldsymbol{b}_{o_1}) + \boldsymbol{b}_{o_2}) \tag{9.41}$$

接下来，通过一个回归层，可以预测得到用户–物品的交互概率：

$$\hat{y}_{ui} = \text{sigmoid}(\boldsymbol{w}_y^\top \cdot \boldsymbol{h}_o + b_y) \tag{9.42}$$

最终，通过优化下面的交叉熵损失函数训练优化模型：

$$-\sum_{\langle u,i \rangle \in \mathcal{E}_R} (y_{ui} \log \hat{y}_{ui} + (1 - y_{ui}) \log (1 - \hat{y}_{ui})) + \lambda \|\Theta\|_2^2 \tag{9.43}$$

其中 y_{ui} 是真实交互标签，λ 是用于避免过拟合的 L2 正则化参数。

9.5.4 实验

1. 实验设置

数据集　本实验在两个数据集上评估模型，表 9-7 汇总了数据集的统计信息。

表 9-7　数据集统计信息

数据集	节点	节点数	关系	关系数
Yelp	User (U)	8163	User-User	92 248
	Item (I)	7900	User-Item	36 571
FWD	User (U)	72 371	User-User	8 639 884
	Article (A)	22 218	User-Article	2 465 675
	Media (M)	218 887	User-Media	1 368 868
			Article-Media	22 218

❑ **Yelp**⊖ 是一个既包含交互又包含社交关系的电商评论数据集。在本实验中，首先随机采样一组用户，对于每个用户 u，根据给定的用户–用户好友关系和用户–物品交互关系构造一组好友推荐圈，其中好友推荐圈为空集合的交互数据被过滤掉。

❑ **Friends Watching Data（FWD）**　抽取自微信"看一看"文章推荐场景。在该数据中，每个用户或物品（即文章）关联一些特征（例如年龄或文本内容向量）。

对比方法　在该实验中，将 SIAN 模型与四类代表性的方法进行了比较，包括：1）基于特征/结构的方法，即 MLP、DeepWalk[18]、node2vec[9] 和 metapath2vec[5]。2）基于特征或结构融合的方法，即 DeepWalk+fea、node2vec+fea 和 metapath2vec+fea。在该实验中，将模型学习到的节点嵌入表示和原始特征拼接，并将其输入 logistic 回归以预测用户–物品交互概率。3）图神经网络方法，即 GCN[14]、GAT[24] 和 HAN[26]。在该实验中，利用这些模型学习节点的向量表示，然后预测用户–物品交互概率。4）社会化推荐方法，即 TrustMF[29] 和 DiffNet[28]，在该实验中，采用对应论文建议的模型结构和参数预测用户–物品的交互概率。

参数设置　在该实验中，对于每个数据集，训练集、验证集和测试集的比例为 7:1:2。这里所提出的 SIAN 模型利用 PyTorch 实现，并采用 Adam 优化方法进行梯度下降优化。对于模型中的超参数，根据验证集上的 AUC 指标，该实验使用网格搜

⊖ https://www.yelp.com/dataset challenge/。

索将学习率、批处理大小和正则化参数分别设置为 0.001、1024 和 0.0005。对于对比方法，该实验按照其原始论文中的设置优化模型参数。最后，对于所有方法，该实验都会报告它们在不同向量维度（32 维和 64 维）下的性能。

2. 实验结果及分析

在该实验中，采用三个广泛使用的评价指标 AUC、F1 和 Accuracy 来评估用户–物品交互预测的性能。表 9-8 报告了模型在不同维度的节点嵌入表示下的性能，从中可以得到以下一些发现。

表 9-8　行为预测实验结果

数据集	模型	AUC		F1		Accuracy	
		$d = 32$	$d = 64$	$d = 32$	$d = 64$	$d = 32$	$d = 64$
Yelp	MLP	0.6704	0.6876	0.6001	0.6209	0.6589	0.6795
	DeepWalk	0.7693	0.7964	0.6024	0.6393	0.7001	0.7264
	node2vec	0.7903	0.8026	0.6287	0.6531	0.7102	0.7342
	metapath2vec	0.8194	0.8346	0.6309	0.6539	0.7076	0.7399
	DeepWalk+fea	0.7899	0.8067	0.6096	0.6391	0.7493	0.7629
	node2vec+fea	0.8011	0.8116	0.6634	0.6871	0.7215	0.7442
	metapath2vec+fea	0.8301	0.8427	0.6621	0.6804	0.7611	0.7856
	GCN	0.8022	0.8251	0.6779	0.6922	0.7602	0.7882
	GAT	0.8076	0.8456	0.6735	0.6945	0.7783	0.7934
	HAN	0.8218	0.8476	0.7003	0.7312	0.7893	0.8102
	TrustMF	0.8183	0.8301	0.6823	0.7093	0.7931	0.8027
	DiffNet	<u>0.8793</u>	<u>0.8929</u>	<u>0.8724</u>	<u>0.8923</u>	<u>0.8698</u>	<u>0.8905</u>
	SIAN	**0.9486***	**0.9571***	**0.8976***	**0.9128***	**0.9096***	**0.9295***
FWD	MLP	0.5094	0.5182	0.1883	0.1932	0.2205	0.2302
	DeepWalk	0.5587	0.5636	0.2673	0.2781	0.1997	0.2056
	node2vec	0.5632	0.5712	0.2674	0.2715	0.2699	0.2767
	metapath2vec	0.5744	0.5834	0.2651	0.2724	0.4152	0.4244
	DeepWalk+fea	0.5301	0.5433	0.2689	0.2799	0.2377	0.2495
	node2vec+fea	0.5672	0.5715	0.2691	0.2744	0.3547	0.3603
	metapath2vec+fea	0.5685	0.5871	0.2511	0.2635	0.4698	0.4935
	GCN	0.5875	0.5986	0.2607	0.2789	0.4782	0.4853
	GAT	0.5944	0.6006	0.2867	0.2912	0.4812	0.4936
	HAN	0.5913	0.6025	0.2932	0.3011	0.4807	0.4937
	TrustMF	0.6001	0.6023	0.3013	0.3154	0.5298	0.5404
	DiffNet	<u>0.6418</u>	<u>0.6594</u>	<u>0.3228</u>	<u>0.3379</u>	<u>0.6493</u>	<u>0.6576</u>
	SIAN	**0.6845***	**0.6928***	**0.3517***	**0.3651***	**0.6933***	**0.7018***

1）在配对 t 检验下（$p < 0.01$），在两个数据集上，针对不同评价指标，SIAN 模型的表现均优于所有对比方法。这表明在好友增强推荐场景下的多方面因素中，SIAN 模型可以很好地建模用户的核心兴趣点。这些性能提升既得益于从节点级和类型级的注意力特征聚合生成的高质量节点表示，也得益于本节所提出的社交影响力耦合器，它可以挖掘出用户对社交好友的偏好。此外，预测效果在不同维度上的一致提升证明了 SIAN 对于节点的表示维度具有较好的鲁棒性。

2）与图神经网络方法相比，SIAN 模型的性能显著提升证明了节点级和类型级注意力特征聚合的有效性。特别是，SIAN 的性能优于 HAN，而后者也是为具有两级聚合的异质信息网络而设计的。这是因为 SIAN 中的类型级别关注多个方面聚合捕获的异质信息，而不受 HAN 中使用的预定义元路径的限制。而且，这些改进也表明了 SIAN 中社交影响力耦合器在好友增强推荐中的重要性。

3）社会化推荐的对比方法也取得了较好的表现，这进一步证实了社交影响力在好友增强推荐中的重要性。与仅将社交关系视为辅助信息的其他基于图神经网络的模型相比，SIAN 模型的显著提升意味着好友推荐圈可能在好友增强推荐中占据主导地位，应谨慎建模。特别是，SIAN 取得了最佳性能，也再次证明了社交影响力耦合器在为好友增强推荐场景编码各种社交因素时的能力。

3. 社交影响力分析

以上实验已经验证了好友推荐圈是好友增强推荐中最重要的因素。但是，好友可能会从不同方面（例如权威度、亲密性或兴趣相似度）影响用户行为。接下来，该实验将展示不同的用户属性如何通过社交影响力耦合器的影响力强度来影响好友增强推荐场景中的用户行为。由于在 FWD 数据中具有详细的用户属性信息，因此本实验在该数据集上进行分析。

评估设定　社交影响力耦合器中的影响力强度反映了不同好友的重要性。在为用户 u 推荐物品 i 的情况下，假设具有最高影响力的好友 v（即 $d_{u \leftarrow \langle v,i \rangle}$）是最有影响力的好友，并且 v 的所有属性信息值对其影响力的贡献都是相等的。给定用户属性信息和一个用户组，该实验通过计算该组用户的好友推荐圈中所有好友的属性值来定义背景分布（background distribution），即在真实推荐场景下的曝光分布。而通过计算用户组中影响力强度最大的好友的属性值来定义影响分布（influence distribution），即 SIAN 的预测分布情况。因此，背景分布代表该用户组中好友的普遍特征，而影响分布则代表用户组内最有影响力好友的特征。如果两个分布完全一致，那么此属性不是影响用户组的关键社交因素。反之，两个分布之间的差异意味着该属性在多大程度上是关键的社交因素，以及其差异如何影响用户行为。

结果分析　在图 9-15 中，报告了在四个不同属性下（即权威度、年龄、性别和地理位置）的两个分布，并有以下发现。

1）在图 9-15a 中，可以观察到用户行为受到更具权威性的好友的影响，而与用户自己的权威度无关。在权威度各不相同的所有三个用户组中，影响分布中的高权威比例大于背景分布中的高权威比例。例如，在中等权威度用户组中，顶部的红色块（高权威度影响分布）大于顶部的蓝色块（高权威度背景分布），这意味着高权威好友对中等权威用户具有更大的影响力。结果并不令人惊讶，因为用户通常更容易受到权威人士的影响，这与常识相符。该实验结果还揭示了好友增强推荐场景中的一个有趣现象，即有时用户会更多地关注老板或某一权威人士的喜好，而不是他们自己的实际喜好。

2）该实验还对其他用户属性进行了分析。可以发现，用户很容易受到与自己相似的好友的影响。具体来说，图 9-15b 表明人们喜欢同龄人推荐的物品（即微信文章），特别是对于年轻人和老年人。同时，图 9-15c 和图 9-15d 显示用户倾向于观看具有相同性别或位置的好友推荐的文章。在协同过滤中广泛采用的基于用户相似性的推荐，即使在好友增强的推荐场景中也仍然是存在的。

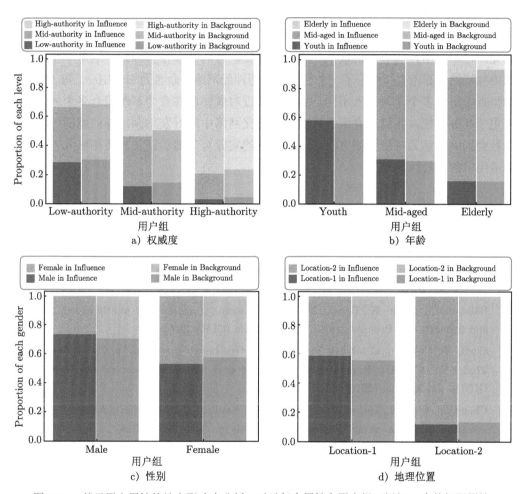

图 9-15 基于用户属性的社交影响力分析。对于每个属性和用户组（例如 a 中的权限属性和低权限用户组），左图表示影响分布，而右图表示背景分布。在每个栏中，每个不同颜色段的高度指示属性值在影响或背景分布中的比例

总而言之，尽管不同的社交因素对目标用户有各种影响，但没有一个因素占主导地位，这进一步显示了好友增强推荐场景的复杂性。在这种情况下，SIAN 对用户–物品交互预测的显著提升表明它可以很好地捕获好友增强场景中的多方面社交因素，这可能有助于理解可解释的推荐。

更详细的方法描述和实验验证请参阅文献 [17]。

9.6 本章小结

由于异质图表示技术具有融合异质信息的强大能力，因此它成为将异质图分析应用于实际系统的主要技术之一。本章介绍了几种将异质图表示技术应用到电子商务系统和在线社交网络的先进方法。具体而言，我们首先针对套现用户检测问题介绍了 HACUD，这是一种层次化异质图神经网络方法。该模型通过分层注意力机制来提取用户的结构特征。然后，我们针对一个在电子商务系统中出现的称为意图推荐的新问题，介绍了一种新的基于元路径引导的异质图神经网络方法 MEIRec。MEIRec 模型通过多个预定义的元路径学习用户和查询的嵌入。接下来，我们针对分享推荐问题，这是一个社交电商中独特的推荐范式，介绍了一个三元异质图神经网络，命名为 HGSRec。与 MEIRec 模型直接拼接多个学习嵌入不同，该方法通过对偶协同注意力机制聚合多个嵌入。除了电子商务系统，我们还介绍了针对在线社交网络中的好友增强推荐问题的一种新颖的社会影响注意力神经网络方法。这些方法的实验可靠地验证了异质图嵌入方法在实际应用中的有效性。

参考文献

[1] Antoine, B., Nicolas, U., Alberto, G.D., Jason, W., Oksana, Y.: Translating embeddings for modeling multi-relational data. In: Advances in Neural Information Processing Systems, pp. 2787-2795 (2013)

[2] Bahdanau, D., Cho, K., Bengio, Y.: Neural machine translation by jointly learning to align and translate. In: Proceedings of the Conference ICLR (2015)

[3] Chen, T., Guestrin, C.: XGBoost: a scalable tree boosting system. In: Proceedings of the 22nd ACM SIGKDD International Conference on Knowledge Discovery and Data Mining (KDD), pp. 785-794 (2016)

[4] Cheng, Z., Ding, Y., He, X., Zhu, L., Song, X., Kankanhalli, M.: A3ncf: An adaptive aspect attention model for rating prediction. In: IJCAI, pp. 3748-3754 (2018)

[5] Dong, Y., Chawla, N.V., Swami, A.: metapath2vec: scalable representation learning for heterogeneous networks. In: Proceedings of the 23rd ACM SIGKDD International Conference on Knowledge Discovery and Data Mining (KDD), pp. 135-144 (2017)

[6] Fan, S., Zhu, J., Han, X., Shi, C., Hu, L., Ma, B., Li, Y.: Metapath-guided heterogeneous graph neural network for intent recommendation. In: Proceedings of the 25th ACM SIGKDD International Conference on Knowledge Discovery and Data Mining (KDD), pp. 2478-2486 (2019)

[7] Friedman, J.H.: Greedy function approximation: a gradient boosting machine. Ann. Stat. **29**(5), 1189-1232 (2001)

[8] Glorot, X., Bengio, Y.: Understanding the difficulty of training deep feedforward neural networks. In: Proceedings of the Thirteenth International Conference on Artificial Intelligence and Statistics. JMLR Workshop and Conference Proceedings (AISTATS), pp. 249-256 (2010)

[9]　Grover, A., Leskovec, J.: node2vec: scalable feature learning for networks. In: Proceedings of the 22nd ACM SIGKDD International Conference on Knowledge Discovery and Data Mining (KDD), pp. 855-864 (2016)

[10]　Hamilton, W.L., Ying, R., Leskovec, J.: Inductive representation learning on large graphs. In: NeurIPS, pp. 1024-1034 (2017)

[11]　Hu, B., Zhang, Z., Shi, C., Zhou, J., Li, X., Qi, Y.: Cash-out user detection based on attributed heterogeneous information network with a hierarchical attention mechanism. In: Proceedings of the AAAI Conference on Artificial Intelligence (AAAI), pp. 946-953 (2019)

[12]　Ji, H., Zhu, J.,Wang, X., Shi, C.,Wang, B., Tan, X., Li, Y., He, S.:Who you would like to share with? A study of share recommendation in social e-commerce. In: Proceedings of the AAAI Conference on Artificial Intelligence (AAAI) (2021)

[13]　Jolly, A.: Lemur social behavior and primate intelligence. Science **153**(3735), 501-506 (1966)

[14]　Kipf, T.N.,Welling, M.: Semi-supervised classification with graph convolutional networks. In: International Conference on Learning Representations (ICLR) (2017)

[15]　Liang, J., Jacobs, P., Sun, J., Parthasarathy, S.: Semi-supervised embedding in attributed networks with outliers. In: Proceedings of the 2018 SIAM International Conference on Data Mining. Society for Industrial and Applied Mathematics (SDM), pp. 153-161 (2018)

[16]　Lobo, J.M., Jiménez-Valverde, A., Real, R.: AUC: a misleading measure of the performance of predictive distribution models. Glob. Ecol. Biogeogr. **17**(2), 145-151 (2008)

[17]　Lu, Y., Xie, R., Shi, C., Fang, Y.,Wang,W., Zhang, X., Lin, L.: Social influence attentive neural network for friend-enhanced recommendation. In: Proceedings of The European Conference on Machine Learning and Principles and Practice of Knowledge Discovery in Databases, Ghent (ECML-PKDD) (2020)

[18]　Perozzi, B., Al-Rfou, R., Skiena, S.: DeepWalk: online learning of social representations. In: Proceedings of the 20th ACM SIGKDD International Conference on Knowledge Discovery and Data Mining (KDD) (2014)

[19]　Qu, M., Tang, J., Shang, J., Ren, X., Zhang, M., Han, J.: An attention-based collaboration framework for multi-view network representation learning. In: Proceedings of the 2017 ACM on Conference on Information and Knowledge Management (CIKM), pp. 1767-1776 (2017)

[20]　Shi, C., Hu, B., Zhao, W.X., Philip, S.Y.: Heterogeneous information network embedding for recommendation. IEEE Trans. Knowl. Data Eng. **31**(2), 357-370 (2019)

[21]　Shi, C., Li, Y., Zhang, J., Sun, Y., Philip, S.Y.: A survey of heterogeneous information network analysis. IEEE Trans. Knowl. Data Eng. **29**(1), 17-37 (2017)

[22]　Sun, Y., Han, J., Yan, X., Yu, P.S.,Wu, T.: PathSim: meta path-based top-k similarity search in heterogeneous information networks. In: Proceedings of the VLDB Endowment, pp. 992-1003 (2011)

[23]　Tieleman, T., Hinton, G.: Lecture 6.5-rmsprop: divide the gradient by a running average of its recent magnitude. COURSERA Neural Netw. Mach. Learn. **4**(2), 26-31 (2012)

[24]　Veličković, P., Cucurull, G., Casanova, A., Romero, A., Liò, P., Bengio, Y.: Graph attention networks. In: Proceedings of the Conference ICLR (2018)

[25]　Wang, X., He, X., Wang, M., Feng, F., Chua, T.S.: Neural graph collaborative filtering. In: Proceedings of the 42nd International ACM SIGIR Conference on Research and Development in Information Retrieval (SIGIR), pp. 165-174 (2019)

[26] Wang, X., Ji, H., Shi, C., Wang, B., Ye, Y., Cui, P., Yu, P.S.: Heterogeneous graph attention network. In: The World Wide Web Conference (WWW), pp. 2022-2032 (2019)

[27] Wang, Z., Liao, J., Cao, Q., Qi, H., Wang, Z.: Friendbook: a semantic-based friend recommendation system for social networks. IEEE Trans. Mob. Comput. **14**(3), 538-551 (2014)

[28] Wu, L., Sun, P., Fu, Y., Hong, R., Wang, X., Wang, M.: A neural influence diffusion model for social recommendation. In: Proceedings of the 42nd International ACM SIGIR Conference on Research and Development in Information Retrieval (SIGIR), pp. 235-244 (2019)

[29] Yang, B., Lei, Y., Liu, J., Li, W.: Social collaborative filtering by trust. In: IEEE Transactions on Pattern Analysis and Machine Intelligence, pp. 1633-1647 (2016)

[30] You, Q., Jin, H., Wang, Z., Fang, C., Luo, J.: Image captioning with semantic attention. In: IEEE Conference on Computer Vision and Pattern Recognition, pp. 4651-4659 (2016)

[31] Zhang, Z., Yang, H., Bu, J., Zhou, S., Yu, P., Zhang, J., Ester, M., Wang, C.: ANRL: attributed network representation learning via deep neural networks. In: Proceedings of the Twenty- Seventh International Joint Conference on Artificial Intelligence (IJCAI), pp. 3155-3161 (2018)

[32] Zhao, J., Zhou, Z., Guan, Z., Zhao, W., Ning, W., Qiu, G., He, X.: Intentgc: a scalable graph convolution framework fusing heterogeneous information for recommendation. In: KDD, pp. 2347-2357 (2019)

04
第四部分

平台篇

第 10 章

异质图表示学习平台与实践

由于异质图（**Heterogeneous Graph，HG**）的异质性、不规则性和稀疏性，使得构建一个异质图表示学习模型十分具有挑战性。一个易用且友好的框架对于初学者了解并深入该领域非常重要。本章将介绍 OpenHGNN，一个可以帮助我们在预先设计好的框架下构建 HG 模型的工具包。我们将介绍三个经典 HG 模型的构建过程，具体为：HAN，该模型首次将注意力机制引入异质图神经网络；RGCN，一种使用 GCN 处理多关系图进行建模的模型；HERec，一种将异质图嵌入应用于推荐的方法。

10.1 简介

图是一种不规则结构的数据，与图像等规则的结构数据不同，传统深度学习平台（例如 TensorFlow[1]、PyTorch[6] 等）无法直接计算图数据。并且图通常是大规模且高度稀疏的，这也增加了使用这些框架的难度。为了解决这些问题，基于大多数图神经网络（**Graph Neural Network，GNN**）所遵循的消息传递范式，一些框架（例如 DGL[9]、PyG[3] 等）已经被开发出来以支持图上的张量计算，极大地方便了工程人员和研究人员实现 GNN 模型。

然而，由于异质图远比同质图复杂，且异质图神经网络 (Heterogeneous Graph Neural Network，**HGNN**) 的设计范式也更复杂，大多数现有的图学习框架对实现 HGNN 都不够友好，甚至不支持 HG 数据。在这里，我们将要介绍 OpenHGNN⊖，这

⊖ https://github.com/BUPT-GAMMA/OpenHGNN。

是一个由北京邮电大学 GAMMA Lab[⊖]开发的基于 DGL 和 PyTorch 的 HGNN 开源工具包。OpenHGNN 是专为异质图表示学习而设计开发的，它内置了众多常见的模型和数据集，并且具有高效、易用和可扩展的特点。

在本章中，我们将介绍如何在实践中基于 OpenHGNN 构建 HGNN 模型。我们首先会简单介绍一下主流的深度学习平台和图学习框架，然后介绍基于 OpenHGNN 进行开发的流程，最后介绍使用 OpenHGNN 开发的三个异质图神经网络模型实例（HAN[10]、HERec[8]、RGCN[7]）。

10.2　基础平台

下面要介绍的平台有深度学习平台、图机器学习平台、异质图表示学习平台三种。这三种平台具有层次递进的关系，即图机器学习平台建立在深度学习平台之上，异质图表示学习平台建立在图机器学习平台之上。这三种平台的应用场景越来越集中明确，对异质图模型的开发而言也越来越友好和方便。

10.2.1　深度学习平台

深度学习平台是一系列抽象了底层硬件和软件栈、向深度学习开发人员提供高层 API 的软件。它们基本都支持基于 GPU 加速计算，并对矩阵乘法等常见计算操作进行了效率优化，显著加快了机器学习程序的计算速度。图机器学习平台往往也是基于这些深度学习平台构建的。

1. TensorFlow

TensorFlow[1] 是一个端到端的开源机器学习平台。它最初由谷歌机器智能研究组织的谷歌大脑团队开发，用于机器学习和深度神经网络的研究。现在它已经是一个较为通用的平台，可以广泛应用于其他各种领域。它也是最早的深度学习平台之一，并且时至今日仍在蓬勃发展。

TensorFlow 拥有一个全面、灵活的生态系统，包含各种工具、库和一个活跃的社区。研究者可利用它轻松编写新的模型，开发者也可以利用它轻松构建和部署机器学习应用程序。TensorFlow 提供了稳定的 Python API 和 C++ API，并为其他语言（如 Java 和 JavaScript）提供后向兼容 API。TensorFlow 包含的模块可以分为训练模块和部署模块，其架构如图 10-1 所示。

深度学习平台的初学者可能会对 TensorFlow 中计算图的概念感到困惑。实际上，许多其他深度学习平台也有类似的概念，故我们在此一并进行阐述。计算图是一种数据结构，可以在没有 Python 源代码的情况下进行保存、执行和恢复。计算图执行增强了无 Python 情况下的可移植性，而且往往具有更好的性能。同时用户也可以选择 eager

⊖　https://github.com/BUPT-GAMMA。

模式执行 TensorFlow 程序，即像普通 Python 程序一样逐行执行命令。相比较而言，eager 模式具有灵活性高，易于学习的优点，而图模式则执行起来更为高效。

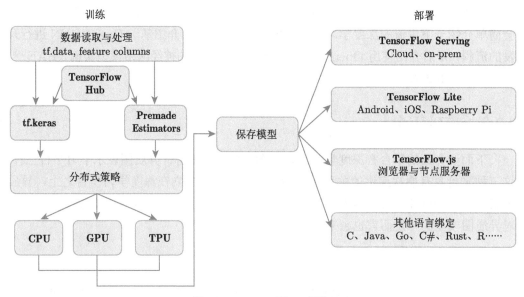

图 10-1 TensorFlow 架构

TensorFlow 具有以下特性：

❑ **易用**。TensorFlow 具有多个抽象级别，用户可以根据需要进行合适的选择。比如，TensorFlow 和机器学习的初学者可使用高抽象级别的 Keras API 来轻松构建一个模型。对于大型的机器学习训练任务，TensorFlow 还提供了分发策略 API，用于在不同硬件配置的机器上进行分布式训练而无须更改模型定义。

❑ **多环境下的生产力**。TensorFlow 可以直接、稳定地用于生产环境。无论是在服务器、边缘设备还是 Web 上，无论使用什么语言或平台，使用 TensorFlow 训练和部署模型都比较容易。TensorFlowExtended（TFX）可用于搭建一套完整的生产流程；TensorFlow Lite 可以支持在移动设备和边缘设备上进行推理；TensorFlow.js 则支持在 JavaScript 环境中训练和部署模型。

❑ **灵活的科研平台**。作为一个学术界常用的平台，TensorFlow 经常被用于编写最新的模型，并且拥有良好的速度和性能。借助 Keras Functional API 和 Model Subclassing API 等功能，TensorFlow 可以灵活地创建复杂的拓扑结构并实现对其的控制。TensorFlow 还具有由许多附加的库和模型构成的生态系统以供开展各种实验，包括 Ragged Tensors、TensorFlow Probability、Tensor2Tensor 和 BERT。

2. PyTorch

PyTorch[6] 是一个基于 Torch library 的开源机器学习框架，最初是由 Facebook 的人工智能研究实验室（FAIR）开发的。尽管 PyTorch 的第一个版本比 TensorFlow 晚了大约一年，但是近几年它的用户数量有着一个快速的上升趋势。

PyTorch 同样有着强大 GPU 加速张量运算的特性。因此，它也可以用来替代 Numpy，以充分发挥 GPU 的性能。PyTorch 拥有反向自动差分技术，用户可以在没有延迟和额外开销的情况下任意改变网络的行为。基于这些特点，它已经成长为一个兼具灵活性和速度的深度学习研究平台。

PyTorch 和 TensorFlow 通常被认为是最著名的两个深度学习平台。它们在一开始可能风格迥异，但慢慢有了越来越多的相似特性。例如，在 TensorFlow 1.x 中并没有 eager 模式，这使得调试当时的 TensorFlow 代码非常困难。而现在 PyTorch 和 TensorFlow 都拥有了图模式和 eager 模式。

PyTorch 具有以下特性：

- ❑ 功能强大。借助 TorchScript，PyTorch 在 eager 模式下拥有易用性和灵活性，同时在 C++ 运行时环境中可以无缝过渡到图模式以获得更快的速度、更好的优化和更多的功能。TorchServe 是一个用以大规模部署 PyTorch 模型的易用工具。TorchServer 支持多模型服务、日志记录、各种性能指标和为应用程序集成创建 RESTful 端点等功能，并且云和环境对其是透明的。PyTorch 还支持异步执行以及可从 Python 和 C++ 访问的点对点通信，这一特性有助于进行分布式训练。

- ❑ 稳健的生态系统。一个由活跃的研究人员和开发人员组成的社区为 PyTorch 构建了一个有着丰富工具和库的生态系统，这可以进一步扩展 PyTorch，并对从计算机视觉到强化学习领域的几乎所有机器学习开发给予支持。PyTorch 还支持以标准 ONNX 格式导出模型，以直接访问 ONNX 兼容的平台、运行时环境、可视化工具等。此外，PyTorch 在主流云平台上也得到了很好的支持，倚仗其拥有的预构建映像、多 GPU 上大规模训练和以生产规模运行模型等能力，给用户提供易用的开发环境和高度的延展性。

- ❑ C++ 前端。除了 Python，PyTorch 还提供了一个 C++ 前端。它虽是一个 C++ 接口，但依然遵循 Python 前端的设计和架构。C++ 前端旨在支持对高性能、低延迟和 bare metal 的 C++ 应用程序的研究。

3. MXNet

Apache MXNet[2] 是一个开源的深度学习软件框架，由 Apache 软件基金会开发。与这里介绍的其他三个深度学习平台不同，MXNet 并没有一个单一的公司或机构背景。

与 PyTorch 的设计理念类似，MXNet 同样兼顾效率和灵活性。它允许用户将符号式和命令式编程混合在一起使用，以最大限度地提高效率和生产力。MXNet 的核心在于其包含一个动态的依赖调度器,可使符号和命令式操作自动、动态并行化。在这个调度器之上的图形优化层则使符号执行速度更快且更为节省内存。

MXNet 具有以下特性:

❑ 混合式前端。MXNet 提供了混合功能,可以简单地从命令模式切换到符号模式。

❑ 分布式训练。MXNet 支持多 GPU 或多主机训练,且具有接近线性的延展效率。MXNet 最近还引入了对 Uber 开发的分布式学习框架 Horovod 的支持。

❑ 支持八种编程语言。MXNet 支持 8 种编程语言。它与 Python 深度集成,还支持 Scala、Julia、Clojure、Java、C++、R 和 Perl 这 7 种语言。结合混合功能,用户可以从 Python 非常平滑地过渡到用其他语言进行部署,从而提升生产效率。

4. 飞桨

飞桨(PaddlePaddle)[⊖]是一个源于工业实践的开源深度学习平台。它是百度公司基于其深度学习的技术研究和行业应用的经验而开发的。

飞桨的一个突出特点是与工业界有着密切的联系。飞桨拥有丰富的开源算法,特别是拥有一些已经集成到平台中的预训练模型,有助于该平台在工业场景中的应用。

飞桨具有以下特性:

❑ 便捷的部署方式。飞桨同样支持声明式和命令式这两种编程范式,并且其网络结构在一定程度上可以自动设计。甚至在某些场景下,自动设计的模型可以胜过人类专家。

❑ 大规模训练。飞桨支持工业开发中常见的千亿级特征和万亿级参数规模。

❑ 多终端部署。飞桨兼容多个开源框架训练出的模型,可以部署到多种终端,且拥有较快的推理速度。

10.2.2　图机器学习平台

早些年,在没有图机器学习平台的情况下,开发者和研究人员不得不在上述深度学习平台上开发图机器学习模型。然而,上述平台以张量为中心的视角与图的视角之间存在着显著的语义差异。另外,还有图上的运算和现有的内存访问模式之间不匹配的问题,这是由于图往往具有稀疏性的特点,但深度学习平台一般只为稠密张量操作优化底层的并行硬件。因此,为了抽象和集成这些深度学习平台并提供简洁的编程接口,图机器学习平台近年来得以蓬勃发展。

1. DGL

DGL(Deep Graph Library)是一个用于图深度学习的易于使用、高性能和可扩展的 Python 包。它可用于在现有深度学习框架之上轻松实现图神经网络模型。DGL 的主要赞助商包括 AWS、NSF、NVIDIA 和 Intel。

⊖　https://paddlepaddle.org.cn。

深度学习平台的选择对 DGL 是透明的,这意味着如果深度图模型是端到端应用程序的一个组件,则其余逻辑可以以任何主流的平台实现,如 PyTorch、Apache MXNet 或 Tensor-Flow。DGL 还提供了对消息传递的通用控制,支持扩展到数亿个节点和边的多 GPU/CPU 训练,并且借助自动分批特性和深度优化的稀疏矩阵内核进行了效率上的优化。

DGL 具有以下特性:

❏ 多底层框架。DGL 的底层平台可以是 PyTorch、TensorFlow 和 MXNet 中的任意一个。用户可以选择自己熟悉的深度学习平台,以便在更短时间内掌握 DGL 的用法。

❏ 支持 GPU。DGL 以面向对象的方式提供了一个强大的图类,以将结构数据和功能耦合起来,且其对象放在 GPU 或 CPU 上均可。DGL 还提供了多种在图对象上进行运算的函数,包括用于图形神经网络的高效且可定制的消息传递原语。

❏ 丰富的模型、模块和基准算法。DGL 拥有一系列多种多样的 GNN 模型的示例实现。研究人员可以查找想要的模型并加以创新,或将其用作实验的基准。此外,DGL 还提供了许多最先进的 GNN 层和模块,供用户基于它们构建自己新的模型架构。

❏ 高延展性和高性能。DGL 将 GNN 的计算模式提炼成一些适用于大规模并行化的通用稀疏张量运算。DGL 还深度优化了整个软件栈,以减少通信、内存消耗和同步方面的开销。因此,在跨多个 GPU 或多台机器的大规模图上使用 DGL 训练模型是比较方便的,甚至可以轻松扩展到十亿级别的图上。

2. PyG

PyG[3](PyTorch Geometric)是一个基于 PyTorch 构建的用于对不规则结构的输入数据(例如图、点云和流形)进行深度学习的库。

PyG 中包含许多论文中介绍的图和其他不规则结构的深度学习方法(这些方法也称为几何深度学习)。它还包含易于使用的 mini-batch 加载器,用于在许多小图和单个大图上进行操作。PyG 还拥有多 GPU 支持,大量常见的基准数据集,GraphGym 实验管理器以及用于训练任意图、3D mesh 或点云的变换器。与 DGL 不同的是,PyG 只能使用 PyTorch 作为其底层平台。

PyG 具有以下特性:

❏ 对 PyTorch 用户友好。PyG 对 PyTorch 用户来说是尤其友好的。它使用以张量为中心的 API,并保持与 PyTorch 接近的设计原则。

❏ 全面的 GNN 模型库。PyG 还包含全面且维护良好的 GNN 模型库。大多数最先进的图神经网络架构都已由库的开发人员或论文作者本人实现。

❏ 高度灵活。现有的 PyG 模型可以很容易地被扩展,以便用户进行 GNN 方面的研究。由于其易于使用的消息传递 API、运算符和函数,对现有模型进行修改或创建新架构都是比较简单的。

10.2.3　异质图表示学习平台

虽然上述图机器学习平台看起来已经足够强大，但基于异质图的表示学习还有其独特性。为了处理异质节点类型和关系类型并挖掘其背后丰富的语义信息，异质图模型通常比普通图模型更复杂，而许多主流的异质模型并没有集成到上述图机器学习平台中。此外，异质模型的训练过程通常也比较复杂，初学者代码实现起来比较困难。

OpenHGNN[⊖] 是基于 DGL 和 PyTorch 的异质图神经网络开源工具包，由北京邮电大学的 GAMMA Lab 开发，其主要模块有 Trainerflow 和超参数调优等，其中 Trainerflow 又包含数据集模块（Dataset）、模型模块（Model）和任务模块（Task），如图 10-2 所示。这些模块的功能和相互关系将在下一节中详细说明。

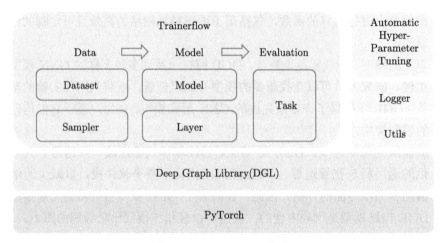

图 10-2　OpenHGNN 架构

OpenHGNN 在异质图模型领域的各个方面对用户都有较大的帮助。阅读其提供的模型代码可以让用户更清楚模型的细节，理解 Trainerflow 的架构可以让用户更熟悉异质图的任务，简洁易用的用户接口可以让用户方便灵活地构建自己的新模型。并且，研究人员用单行命令就可以测试一个基线模型的性能。下面是一个例子：

```
python main.py -m GTN -d imdb4GTN -t node_classification -g 0
```

OpenHGNN 具有以下特性：

❑ 丰富的模型。OpenHGNN 提供了许多主流的开源异质模型，如 HAN、HetGNN[12] 和 GTN[11]。借助组织良好、注释明晰的模型代码，用户可以更方便地学习或修改这些异质模型。

❑ 高扩展性。OpenHGNN 拥有高度的可扩展性。它将所有这些模型统一到一个由 Model 和 Task 组成的单一框架中，下一节将详细说明这一点。OpenHGNN 将 Dataset、Trainerflow 和 Model 很好地解耦开，因此用户可以自定义其中之

　　⊖　https://github.com/BUPT-GAMMA/OpenHGNN。

一而不会影响其他部分。例如，如果用户想要实现自己的一个 Model，则无须实现 Trainerflow，只需写一个模型类即可。

❑ 高效性。OpenHGNN 的运算效率由其底层 DGL 的高效 API 所保证。

10.3　异质图表示学习实践

在这一部分，我们将介绍如何在实践中构建基于 OpenHGNN 的异质图学习模型。OpenHGNN 主要包含三部分：**Trainerflow**、**Model** 和 **Task**。它们之间的关系如图 10-3 所示。Trainerflow 包含 Model 和 Task，其功能是在给定数据集上训练和评估模型。其中 Model 是一个编码器，它将输出给定异质图的节点嵌入，而 Task 则使节点嵌入和下游任务之间建立了联系。

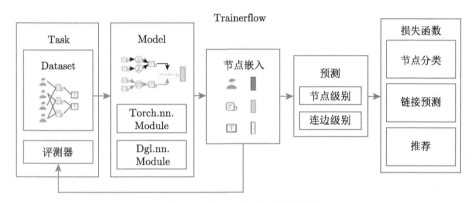

图 10-3　OpenHGNN 流程图

在本节接下来的部分，我们将按以下顺序介绍如何从零开始构建新模型：

❑ 构建数据集。这部分将介绍如何构建 OpenHGNN 未集成的新数据集。我们将首先介绍如何创建一个 `dgl.heterograph` 对象，然后将其集成到 OpenHGNN 中。

❑ 构建 Trainerflow。并非所有 HGNN 模型都遵循统一的训练程序。在这一部分，我们将介绍如何实现模型，以及如果需要，如何再为其构建一个新的 Trainerflow。

❑ 实践示例。最后一部分是三个模型（即 HAN[10]、RGCN[7]、HERec[8]）的代码实现。

10.3.1　构建数据集

为了更好地介绍基于 OpenHGNN 实现模型的流程，我们首先介绍 OpenHGNN 的数据结构和如何进行数据预处理。我们已经将多个异质图数据集提前处理并集成到 OpenHGNN 中。许多数据集可以在运行实验之前由命令行直接指定，这些数据集使用广泛，涵盖了学术网络（例如，ACM、DBLP、AMiner）、信息网络（例如 IMDB、LastFM）和推荐图（例如，Amazon、MovieLens、Yelp）。

在实现模型或测试现有模型性能之前，我们需要检查 OpenHGNN 是否支持需要的数据集。如果不支持，那么我们首先应该做的是构建一个新的数据集。在本节中，我们以 ACM[10] 数据集的节点分类任务为例来说明这个过程。

我们首先介绍一个关于如何构建节点分类数据集的例子。在 DGL 中，HG 是如下所示的一系列关系子图。每个关系名称都是一个与关系子图相关的字符串（源节点类型、边类型、目标节点类型）。下面的代码片段是在 DGL 中创建异质图的示例：

```
>>> import dgl
>>> import torch as th

>>> # Create a heterograph with 3 node types and 3 edge types.
>>> graph_data = {
...     ('drug','interacts','drug'): (th.tensor([0,1]), th.tensor([1,2])),
...     ('drug','interacts','gene'): (th.tensor([0,1]), th.tensor([2,3])),
...     ('drug','treats','disease'): (th.tensor([1]), th.tensor([2]))
... }
>>> g = dgl.heterograph(graph_data)
>>> g.ntypes
['disease', 'drug', 'gene']
>>> g.etypes
['interacts', 'interacts', 'treats']
>>> g.canonical_etypes
[('drug', 'interacts', 'drug'),
 ('drug', 'interacts', 'gene'),
 ('drug', 'treats', 'disease')]
```

我们通常建议使用 'h' 作为特征名称：

```
>>> g.nodes['drug'].data['h'] = th.ones(3, 1)
```

DGL 分别提供了 dgl.save_graphs 和 dgl.load_graphs 两个函数用于以二进制格式保存和加载异质图，我们可以使用 dgl.save_graphs 将图存入磁盘：

```
>>> dgl.save_graphs("demo_graph.bin", g)
```

现在已经创建了一个包含数据集的二进制文件，我们应该将其移动到目录 openhgnn/dataset/ 中。数据集将在 NodeClassificationDataset.py 被加载，并且还需要一些额外的信息。例如 category、num_classes 和 multi_label（如果必要）应该分别被设为 'drug'、3 和 False，分别表示要预测的节点类型、节点类数以及任务是否为多标签分类任务：

```
>>> if name_dataset == 'demo_graph':
...     data_path = './openhgnn/dataset/demo_graph.bin'
...     g, _ = load_graphs(data_path)
...     g = g[0].long()
...     self.category = 'drug'
```

```
...    self.num_classes = 3
...    self.multi_label = False
```

在原始的 ACM 数据集中，存在 4 种类型的节点和 8 种类型的边。节点类型包括 **paper**、**author**、**subject** 和 **term**。每个节点都有一个唯一的 ID 和一个用于标识节点类型的类型 ID。以 **paper** 为例，在原始的 txt 文件中，每行代表了一个节点。这个文件的格式如下：

```
0     'Influence and correlation...'  0   "1,1,1..."
1     'Efficient semi-streaming...'   0   "0,1,0..."
...
3025 'IMohammad Mahdian'              1   "1,1,1..."
3026 'Ravi Kumar'                     1   "1,1,1..."
...
```

第一列是节点 ID，第二列是节点名称，第三列是节点类型 ID，最后一列是节点特征。相同节点的特征维度保持一致。节点类型的元信息如下所示：

```
{
    "node type":
    {
        "0": "paper",
        "1": "author",
        "2": "subject",
        "3": "term"
    }
}
```

在包含边数据的原始文件中，每行代表一条边。原始文件的格式如下所示：

```
0 179  0 1.0
0 2697 0 1.0
1 2523 0 1.0
1 2589 0 1.0
...
```

注意节点的 ID 是连续的。以 **paper-cite-paper** 为例，它包含源 ID、目的 ID、边类型 ID（例如 0 代表 paper-cite-paper，同时 7 代表 term-paper）以及每条边的权重（在 ACM 数据集中，每条边的权重都是 1.0）。以第一行为例，第一行代表了一条从节点 0 到节点 179 的边，这条边的节点 ID 为 0，边的权重为 1.0。边类型的元信息如下所示：

```
{
    "link type": {
        "0": {
            "start": 0,
```

```
        "end": 0,
        "meaning": "paper-cite-paper"
    },
    ...
    "7": {
        "start": 3,
        "end": 0,
        "meaning": "term-paper"
    }
  }
}
```

最后有一个节点标签的文件，每行代表了目标节点 ID、节点类型和它的分类。格式如下所示：

```
622   0 2
1923 0 0
951   0 0
1957 0 1
```

例如，节点622所代表的论文属于数据挖掘领域，而节点1923所代表的论文发表在数据库领域。需要注意只有目标节点有分类（这里 paper 是目标节点类型），因此第二列的所有元素有相同的值0。节点分类的元信息如下：

```
{
    "node type": {
        "0": {
            "0": "database",
            "1": "wireless communication",
            "2": "data mining"
        }
    }
}
```

在下一个部分，我们首先展示如何生成一个能够转换为 DGL 异质图数据结构的字典。我们可以用如下代码来实现：

```
>>> meta_graphs = {}
>>> for i in range(8):
...     edge = edges[edges[2] == i]
...     source_node = edge.iloc[:,0].values - np.min(edge.iloc[:,0].values)
...     target_node = edge.iloc[:,1].values - np.min(edge.iloc[:,1].values)
...     meta_graphs[(node_info[str(link_info[str(i)]['start'])],
...                 link_info[str(i)]['meaning'],
...                 node_info[str(link_info[str(i)]['end'])])]
...         = (torch.tensor(source_node), torch.tensor(target_node))
```

然后可以用dgl.heterograph函数来构建一个异质图数据对象：

```
>>> g = dgl.heterograph(meta_graphs)
```

接下来的代码可以直接存储节点特征到图上：

```
>>> g.nodes['paper'].data['h'] = torch.FloatTensor(paper_feature)
>>> g.nodes['author'].data['h'] = torch.FloatTensor(author_feature)
>>> g.nodes['subject'].data['h'] = torch.FloatTensor(subject_feature)
>>> dgl.save_graphs("acm.bin", g)
```

最后，我们可以通过以下代码输出处理后的图的具体细节：

```
>>> import dgl
>>> g = dgl.load_graphs('acm.bin')
>>> print(g)
Graph(num_nodes={'author':5959, 'paper':3025, 'subject':56, 'term':1902},
    num_edges={('author', 'author-paper', 'paper'): 9949,
              ('paper', 'paper-author', 'author'): 9949,
              ('paper', 'paper-cite-paper', 'paper'): 5343,
              ('paper', 'paper-ref-paper', 'paper'): 5343,
              ('paper', 'paper-subject', 'subject'): 3025,
              ('paper', 'paper-term', 'term'): 255619,
              ('subject', 'subject-paper', 'paper'): 3025,
              ('term', 'term-paper', 'paper'): 255619},
    metagraph=[('author', 'paper', 'author-paper'),
              ('paper', 'author', 'paper-author'),
              ('paper', 'paper', 'paper-cite-paper'),
              ('paper', 'paper', 'paper-ref-paper'),
              ('paper', 'subject', 'paper-subject'),
              ('paper', 'term', 'paper-term'),
              ('subject', 'paper', 'subject-paper'),
              ('term', 'paper', 'term-paper')])
```

至此，被存储的二进制的图结构文件可以直接被 OpenHGNN 用来训练模型。

10.3.2　构建 Trainerflow

Model 起到图编码器的功能，即给定一个异质图及其节点特征，Model 将返回一个包含节点嵌入的字典。一般情况下，它仅允许输出参与损失函数计算的目标节点的嵌入。Model 主要由两部分组成：模型初始化函数（_init_）和前向传播函数（forward）。每个模型都继承了BaseModel类，并且必须实现类方法build_model_from_args。这样，两个名为 args和hg的参数可用于构建具有模型特定超参数的自定义模型。所以需要在模型中实现函数build_model_from_args。下面是一个例子：

```
class RGAT(BaseModel):
    @classmethod
    def build_model_from_args(cls, args, hg):
    return cls(in_dim=args.hidden_dim,
                out_dim=args.hidden_dim,
                h_dim=args.out_dim,
```

```
                etypes=hg.etypes,
                num_heads=args.num_heads,
                dropout=args.dropout)
```

需要注意的是，在 OpenHGNN 中，我们在模型之外预处理了数据集的特征。具体来说，我们为每种节点类型应用一个带偏差的线性层，将所有节点特征映射到共享特征空间。所以模型中`forward`的参数`h_dict`不是原始的，模型不需要特征预处理。

1. Trainerflow

Trainerflow 包含 Model 和 Task，是预先设计的工作流的抽象，该工作流在给定的数据集上训练和评估模型以供特定用途。如图 10-3 所示，里面描述了 Trainerflow 的整个训练过程。一个 Trainerflow 对象包括 **Task**、**Model**、**Optimizer** 和 **Dataloader** 以执行训练过程。主要训练过程由函数`train`完成，单个训练步骤由`_full_train_step`函数及其 mini-batch 版本`_mini_train_step`执行。经过一个或几个训练步骤后，可以使用`_test_step`函数来测试模型在验证集的性能以选择最佳模型参数。

OpenHGNN 一共有三个主要的 Trainerflow，分别是：**node_classification_flow**，专为半监督节点分类模型而设计；**link_prediction**，专为链接预测任务而设计；**recommendation**，用于推荐场景。一些需要特殊训练过程的模型（例如 HetGNN[12]、HeGAN[4] 等）有单独的 Trainerflow。一般情况下，如果采用了特殊的损失函数或加速采样方法，则需要指定的 Trainerflow。

下面的代码示例描述了 Trainerflow 如何在 OpenHGNN 中组织和工作。

```python
class Trainerflow(BaseFlow):
    def train():
        # _full_train_step()
        # _test_step()
    def _full_train_step():
        # output = model(input)
        # loss = loss_fn(output, label)
        # loss.backward()
        # optimizer.step()
    def _test_step():
        # task.evaluate()
```

2. Task

Task 模块封装了几个与任务相关的对象，包括 **Dataset**、**Evaluator**、**Labels** 和 **dataset_split**。Dataset 包含封装为 DGLGraph 对象的异质图，以及节点/边特征和额外的特定数据集相关信息。Evaluator 利用模型的预测结果和真实标签来给出评估结果，这可以通过调用函数`evaluate`来完成。`get_graph`函数将返回 DGLGraph 对象，`get_labels`函数将返回真实标签。OpenHGNN 支持三种任务，包括**节点分类**、**链接预测**和**推荐**。

3. 在 OpenHGNN 中注册

在使用 OpenHGNN 训练模型之前，我们首先要做的是用`@register_model(New_model)` 函数将模型在 OpenHGNN 中注册。下面是一个例子：

```
from openhgnn.models import BaseModel, register_model
@register_model('New_model')
class New_model(BaseModel):
    # Implementation details
```

不同的模型的训练过程各不相同，有些模型需要一个特定的 Trainerflow。与模型的注册过程类似，我们需要使用`@register_trainer("New_trainer")`注册 Trainerflow。下面是一个例子：

```
from openhgnn.trainerflow import BaseFlow, register_flow
@register_flow('New_trainer')
class New_trainer(BaseFlow):
    # Implementation details
```

更详细的基于 OpenHGNN 的开发过程请参考官方文档$^\ominus$。在本节的剩余部分，我们将介绍几个基于 OpenHGNN 实现的模型示例。

10.3.3　HAN 实践

HAN 是一个首次在异质图中提出了基于分层注意力机制的异质图神经网络模型，包含节点级注意力和语义级注意力。具体来说，节点级注意力的目标是学习在一个元路径下，一个节点的周围邻居对它的重要性。数学公式如下：

$$\alpha_{ij}^{\Phi} = \text{softmax}_j\left(e_{ij}^{\Phi}\right) = \frac{\exp\left(\sigma\left(\boldsymbol{a}_{\Phi}^{\top} \cdot \left[\boldsymbol{h}_i' \| \boldsymbol{h}_j'\right]\right)\right)}{\sum_{k \in \mathcal{N}_i^{\Phi}} \exp\left(\sigma\left(\boldsymbol{a}_{\Phi}^{\top} \cdot \left[\boldsymbol{h}_i' \| \boldsymbol{h}_k'\right]\right)\right)}$$

$$\boldsymbol{z}_i^{\Phi} = \prod_{k=1}^{K} \sigma\left(\sum_{j \in \mathcal{N}_i^{\Phi}} \alpha_{ij}^{\Phi} \boldsymbol{h}_j'\right)$$

语义级注意力能够学习到不同元路径的重要性。数学公式如下：

$$\boldsymbol{Z} = \mathcal{F}_{att}(Z^{\Phi_1}, Z^{\Phi_2}, ..., Z^{\Phi_P})$$

有了在节点级别和语义级别学习到的重要性分数，所提出的模型能够以一种分层注意力的方式，聚合元路径下邻居节点的特征信息，然后生成节点嵌入表示。在后面的部分中，我们将展示如何使用 OpenHGNN 来实现它。

$\ominus$　https://openhgnn.readthedocs.io/en/latest/。

1. HAN 基础模型

我们可以仿照 10.3.2 节创建一个HAN模型。这里我们会讲述 HAN 源码中的各个功能模块，并且讲解异质图中信息传递的过程和数学定义。我们通过build_model_from _args类方法和其他的函数如__init__实现。下面是我们的代码：

```
@register_model('HAN')
class HAN(BaseModel):
    @classmethod
    def build_model_from_args(cls, args, hg):
        if args.meta_paths is None:
            meta_paths = extract_metapaths(args.category, hg.canonical_etypes)
        else:
            meta_paths = args.meta_paths

        return cls(meta_paths=meta_paths,
                   category=args.category,
                   in_size=args.hidden_dim,
                   hidden_size=args.hidden_dim,
                   out_size=args.out_dim,
                   num_heads=args.num_heads,
                   dropout=args.dropout)

    def __init__(self, meta_paths, category, in_size, hidden_size, out_size, num_heads, dropout):
        super(HAN, self).__init__()
        self.category = category
        self.layers = nn.ModuleList()
        self.layers.append(HANLayer(meta_paths, in_size, hidden_size,
        num_heads[0], dropout))
        for l in range(1, len(num_heads)):
            self.layers.append(
                HANLayer(meta_paths, hidden_size * num_heads[l-1],
                        hidden_size, num_heads[l], dropout)
            )
        self.linear = nn.Linear(hidden_size * num_heads[-1], out_size)

    def forward(self, g, h_dict):
        h = h_dict[self.category]
        for gnn in self.layers:
            h = gnn(g, h)

        return {self.category: self.linear(h)}
```

这部分代码是 HAN 模型的整体结构。__init__函数将初始化模型，forward将原始特征信息编码成新特征信息。一般来说，模型应该以字典的形式输出所有的节点嵌入表示，并且允许只输出参与损失计算的目标节点嵌入表示。

2. HANLayer

HAN 主要由两部分构成，**节点级注意力**和**语义级注意力**。我们在 OpenHGNN 中实现的模型将这两部分集成在HANLayer中。

```
class HANLayer(nn.Module):
    def __init__(self, meta_paths, in_size, out_size,
                 layer_num_heads, dropout):
        super(HANLayer, self).__init__()
        self.meta_paths = meta_paths
        # One GAT layer for each meta path based adjacency matrix
        self.gat_layers = nn.ModuleList()
        semantic_attention = SemanticAttention(in_size=out_size * layer_num_heads)
        self.model = MetapathConv(
            meta_paths,
            [GATConv(in_size, out_size, layer_num_heads, dropout,
                     activation=F.elu, allow_zero_in_degree=True)
            for _ in meta_paths],
            semantic_attention
        )
        self._cached_graph = None
        self._cached_coalesced_graph = {}
    def forward(self, g, h):
        if self._cached_graph is None or self._cached_graph is not g:
            self._cached_graph = g
            self._cached_coalesced_graph.clear()
            for meta_path in self.meta_paths:
                self._cached_coalesced_graph[meta_path] = \
                    dgl.metapath_reachable_graph(g, meta_path)
        h = self.model(self._cached_coalesced_graph, h)

        return h
```

Metapath Subgraph Extraction　我们使用 DGL 已经封装好的`dgl.metapath_reachable_graph(g,meta_path)`API 根据元路径来将异质图分解为多个同质图并且提取出来。例如：

```
g = dgl.heterograph({
    ('A', 'AB', 'B'): ([0, 1, 2], [1, 2, 3]),
    ('B', 'BA', 'A'): ([1, 2, 3], [0, 1, 2])})
new_g = dgl.metapath_reachable_graph(g, ['AB', 'BA'])
new_g.edges(order='eid')
# (tensor([0, 1, 2]), tensor([0, 1, 2]))
```

这部分代码是 HAN 模型的核心组成部分。HANLayer继承于nn.Module，描述了 HAN 整体的聚合过程。我们使用 DGL 封装好的GATConv来实现节点级注意力机制，并且通过MetapathConv来实现语义级注意力，将在后面介绍它。

通过节点级注意力机制的聚合，我们会得到基于不同元路径的节点嵌入表示，表示的数量与提前确定好的元路径的数量相同。同时，我们在节点级注意力方面使用了多头注意力机制，并且通过将学到的表示进行拼接来提高模型的表示能力。然后基于不同的元路径，我们进行语义级注意力融合来学习不同元路径下的权重。MetapathConv的代码如下所示：

```
class MetapathConv(nn.Module):
    def __init__(self, meta_paths, mods, macro_func, **kargs):
        super(MetapathConv, self).__init__()
        # One GAT layer for each meta path based adjacency matrix
        self.mods = nn.ModuleList(mods)
        self.meta_paths = meta_paths
        self.SemanticConv = macro_func

    def forward(self, g_list, h):
        for i, meta_path in enumerate(self.meta_paths):
            new_g = g_list[meta_path]
            semantic_embeddings.append(self.mods[i](new_g, h).flatten(1))

        return self.SemanticConv(semantic_embeddings)
```

self.SemanticConv是一个聚合函数，可以融合不同元路径下的节点嵌入表示信息，通过它我们将得到最终的节点嵌入表示。SemanticConv的代码如下所示：

```
class SemanticAttention(nn.Module):
    def __init__(self, in_size, hidden_size=128):
        super(SemanticAttention, self).__init__()

        self.project = nn.Sequential(
            nn.Linear(in_size, hidden_size),
            nn.Tanh(),
            nn.Linear(hidden_size, 1, bias=False)
        )

    def forward(self, z, nty=None):
        if len(z) == 0:
            return None
        z = torch.stack(z, dim=1)
        w = self.project(z).mean(0)                  # (M, 1)
        beta = torch.softmax(w, dim=0)               # (M, 1)
        beta = beta.expand((z.shape[0],) + beta.shape) # (N, M, 1)

        return (beta * z).sum(1)                     # (N, D * K)
```

通过注意力机制聚合所有元路径下的信息，我们会得到最终的节点嵌入表示。

10.3.4 RGCN 实践

RGCN[7] 首先提出了将 GCN[5] 框架应用于建模关系数据，这促进了图神经网络在异质图中的应用。在 RGCN 中，我们对每个关系子图执行图卷积操作以生成子关系表示。然后我们可以对这些子关系表示加权求和，其中权重是每种关系下节点的归一化入度，这是 RGCN 的关键。我们可以将上面所述总结为以下公式：

$$h_i^{(l+1)} = \sigma\left(\sum_{r\in\mathcal{R}}\sum_{j\in\mathcal{N}_i^r}\frac{1}{c_{i,r}}W_r^{(l)}h_j^{(l)} + W_0^{(l)}h_i^{(l)}\right)$$

OpenHGNN 使用 DGL 中的基于消息传递机制的方法来实现 RCN 层。在这部分中，我们侧重于描述 RGCN 的接口代码以及卷积的代码。下面是 RGCN 模型在 OpenHGNN 中的接口：

```
def __init__(self, in_dim, h_dim, out_dim, etypes, num_bases,
             num_hidden_layers=1, dropout=0, use_self_loop=False)
```

下面是RelGraphConvLayer的代码：

```
self.conv = dglnn.HeteroGraphConv({
        rel: dglnn.GraphConv(in_feat, out_feat, norm='right',
        weight=False, bias=False)for rel in rel_names
    })
```

HeteroGraphConv函数接收包含所有子图的卷积模型的一个字典作为参数。DGL给出了HeteroGraphConv实现的伪代码：

```
outputs = {nty : [] for nty in g.dsttypes}
# Apply submodules on their associating relation graphs in parallel
for relation in g.canonical_etypes:
    stype, etype, dtype = relation
    dstdata = relation_submodule(g[relation], ...)
    outputs[dtype].append(dstdata)

# Aggregate the results for each destination node type
rsts = {}
for ntype, ntype_outputs in outputs.items():
    if len(ntype_outputs) != 0:
        rsts[ntype] = aggregate(ntype_outputs)

return rsts
```

self.conv在 forward 函数中被调用，代码如下所示：

```
def forward(self, g, inputs):
    g = g.local_var()
    if self.use_weight:
        weight = self.basis() if self.use_basis else self.weight
        wdict = {self.rel_names[i]: {'weight': w.squeeze(0)}
                 for i, w in enumerate(th.split(weight, 1, dim=0))}
    else:
        wdict = {}

    if g.is_block:
        inputs_src = inputs
        inputs_dst = {k: v[:g.number_of_dst_nodes(k)] for k, v in inputs.items()}
    else:
        inputs_src = inputs_dst = inputs

    hs = self.conv(g, inputs_src, mod_kwargs=wdict)
```

forward函数接收一个包含 HeteroGraphConv 函数的输入参数inputs。字典 inputs_src包含了每种节点类型的节点特征，同时字典wdict是子关系的权重字典，这个权重字典被用于线性或者非线性变换中。

10.3.5　HERec 实践

HERec 是首个使用网络嵌入方法从异质信息网络中提取有效信息并将这些信息用于排序预测的尝试。HERec 主要由两个重要部分组成：基于元路径的随机游走模型和 skip-gram 模型。作为 HERec 的实践，我们将聚焦于前者，即基于元路径的随机游走模型。最早的 HERec 模型使用了与 metapath2vec 模型类似的随机游走模型。我们将介绍如何实现这两种随机游走的方式。

1. HERec 随机游走

如在 10.3.3 节中提到的那样，我们使用dgl.metapath_reachable_graph(g, meta_path)函数提取元路径下的同质子图。对于一个同质图而言，我们可以使用随机游走函数dgl.sampling.random_walk生成随机游走轨迹。

一个随机游走的例子　g1将从源节点 [0, 1, 2, 0] 中生成 4 条路径，并且每条路径有 5 个节点。代码如下：

```
>>> g1 = dgl.graph(([0, 1, 1, 2, 3], [1, 2, 3, 0, 0]))
>>> dgl.sampling.random_walk(g1, [0, 1, 2, 0], length=4)
(tensor([[0, 1, 2, 0, 1],
         [1, 3, 0, 1, 3],
         [2, 0, 1, 3, 0],
         [0, 1, 2, 0, 1]]), tensor([0, 0, 0, 0, 0]))
```

以 ACM 数据集为例，我们提取两个元路径子图，对应元路径分别是 PAP 和 PSP，PAP 子图可以通过随机游走生成相应轨迹：

```
>>> PAP = ['paper-author', 'author-paper']
>>> PSP = ['paper-subject', 'subject-paper']
>>> pap_subgraph = dgl.metapath_reachable_graph(hg, PAP)
Graph(num_nodes=3025, num_edges=29767,
      ndata_schemes={'test_mask': Scheme(shape=(), dtype=torch.uint8),
      'train_mask': Scheme(shape=(), dtype=torch.uint8),
      'label': Scheme(shape=(), dtype=torch.float32),
      'h': Scheme(shape=(1902,), dtype=torch.float32)}
      edata_schemes={})
>>> psp_subgraph = dgl.metapath_reachable_graph(hg, PSP)
Graph(num_nodes=3025, num_edges=2217089,
      ndata_schemes={'test_mask': Scheme(shape=(), dtype=torch.uint8),
      'train_mask': Scheme(shape=(), dtype=torch.uint8),
      'label': Scheme(shape=(), dtype=torch.float32),
      'h': Scheme(shape=(1902,), dtype=torch.float32)}
      edata_schemes={})
>>> pap_traces = dgl.sampling.random_walk(pap_subgraph,
```

```
...       torch.arange(pap_subgraph.num_nodes()), length=4)
(tensor([[   0,    0,   20, 1807,  734],
        [   1,  773,    5,    1, 2576],
        [   2, 2519, 2701,  616,  616],
        ...,
        [3022, 1678, 3022,  275,  275],
        [3023, 3023, 3023, 3023, 3023],
        [3024, 3024, 3024, 3024, 3024]]), tensor([0, 0, 0, 0, 0]))
>>> psp_traces = dgl.sampling.random_walk(psp_subgraph,
...       torch.arange(psp_subgraph.num_nodes()), length=4)
(tensor([[   0,   75,   75,  586,  716],
        [   1, 1764, 2512, 1468, 1641],
        [   2,  189, 2786,  737, 2743],
        ...,
        [3022, 2641,  347,  684, 2923],
        [3023,  722, 2707, 2394, 1380],
        [3024, 1450,  235,  803, 1884]]), tensor([0, 0, 0, 0, 0]))
```

并且对得到的轨迹，我们可以通过 skip-gram 模型生成节点嵌入。最后，我们融合这两个元路径下的"paper"节点嵌入得到最终的节点嵌入。

2. Metapath 随机游走

我们还可以直接根据给定的元路径从一组起始节点生成随机游走轨迹：

```
>>> g2 = dgl.heterograph({
...       ('user','follow','user'): ([0, 1, 1, 2, 3], [1, 2, 3, 0, 0]),
...       ('user','view','item'): ([0, 0, 1, 2, 3, 3], [0, 1, 1, 2, 2, 1]),
...       ('item','viewed-by','user'): ([0, 1, 1, 2, 2, 1],
...                                     [0, 0, 1, 2, 3, 3])
... })
>>> dgl.sampling.random_walk(g2, [0, 1, 2, 0],
...       metapath=['follow', 'view', 'viewed-by'] * 2)
(tensor([[0, 1, 1, 1, 2, 2, 3],
        [1, 3, 1, 1, 2, 2, 2],
        [2, 0, 1, 1, 3, 1, 1],
        [0, 1, 1, 0, 1, 1, 3]]), tensor([0, 0, 1, 0, 0, 1, 0]))
```

再次以 ACM 数据集为例，我们将根据元路径 PAPAP 生成随机游走轨迹：

```
>>> dgl.sampling.random_walk(
...       hg, torch.arange(hg.num_nodes('paper')),
...       metapath=['paper-author', 'author-paper']*2)
(tensor([[   0,    1,  731,    1,   20],
        [   1,    3,    1,    5,    1],
        [   2,    7,  229,   12,    4],
        ...,
        [3022, 3774, 1678, 3775, 1678],
        [3023, 5915, 2998, 5915, 2998],
        [3024, 5956, 3024, 5955, 3024]]), tensor([1, 0, 1, 0, 1]))
```

10.4 本章小结

　　HGNN 的实现是初学者入门的一个主要障碍。虽然一些模型的源代码已经公布，但理解并将其应用到新的任务中对于初学者来说仍比较困难。借助 OpenHGNN 工具包，我们可以轻松编写一个新模型并测试它在各个数据集上的表现。本章主要介绍了异质图神经网络工具包 OpenHGNN 以及在其上实现新模型的流程。我们还提供了三个具有代表性的异质图学习模型示例。第一个模型是 HAN，这是第一个将注意力机制引入 HGNN 的模型；第二个是 RGCN，这是第一个使用 GCN 对多关系图进行建模的模型；最后一个是 HERec，它将异质图嵌入应用于推荐场景。对于 OpenHGNN 内置模型和数据集，我们只需一个命令即可运行模型；而对于非内置模型或数据集，实现和测试的过程也十分简单。目前，OpenHGNN 仍处于积极开发中，未来版本将包含更多特性和更多模型（包括图嵌入方法）。有关 OpenHGNN 的更多详细信息，请访问网站 https://github.com/BUPT-GAMMA/OpenHGNN。

参考文献

[1] Abadi, M., Agarwal, A., Barham, P., Brevdo, E., Chen, Z., Citro, C., Corrado, G.S., Davis, A., Dean, J., Devin, M., Ghemawat, S., Goodfellow, I., Harp, A., Irving, G., Isard, M., Jia, Y., Jozefowicz, R., Kaiser, L., Kudlur, M., Levenberg, J., Mané, D., Monga, R., Moore, S., Murray, D., Olah, C., Schuster, M., Shlens, J., Steiner, B., Sutskever, I., Talwar, K., Tucker, P., Vanhoucke, V., Vasudevan, V., Viégas, F., Vinyals, O., Warden, P., Wattenberg, M., Wicke, M., Yu, Y., Zheng, X.: TensorFlow: large-scale machine learning on heterogeneous systems (2015). https://www.tensorflow.org/.Software available from tensorflow.org

[2] Chen, T., Li, M., Li, Y., Lin, M., Wang, N., Wang, M., Xiao, T., Xu, B., Zhang, C., Zhang, Z.: Mxnet: A flexible and efficient machine learning library for heterogeneous distributed systems. Preprint. arXiv:1512.01274 (2015)

[3] Fey, M., Lenssen, J.E.: Fast graph representation learning with PyTorch Geometric. In: ICLR Workshop on Representation Learning on Graphs and Manifolds (2019)

[4] Hu, B., Fang, Y., Shi, C.: Adversarial learning on heterogeneous information networks. In: Proceedings of the 25th ACM SIGKDD International Conference on Knowledge Discovery & Data Mining, pp. 120-129 (2019)

[5] Kipf, T.N.,Welling, M.: Semi-supervised classification with graph convolutional networks. In: ICLR (2017)

[6] Paszke, A., Gross, S., Massa, F., Lerer, A., Bradbury, J., Chanan, G., Killeen, T., Lin, Z., Gimelshein, N., Antiga, L., Desmaison, A., Kopf, A., Yang, E., DeVito, Z., Raison, M., Tejani, A., Chilamkurthy, S., Steiner, B., Fang, L., Bai, J., Chintala, S.: Pytorch: An imperative style, high-performance deep learning library. In: Wallach, H., Larochelle, H., Beygelzimer, A., d'Alché-Buc, F., Fox, E., Garnett, R. (eds.) Advances in Neural Information Processing Systems, vol. 32. Curran Associates, Inc., Red Hook (2019). https://proceedings.neurips.cc/paper/2019/file/bdbca288fee7f92f2bfa9f7012727740-Paper.pdf

[7] Schlichtkrull, M., Kipf, T.N., Bloem, P., Van Den Berg, R., Titov, I., Welling, M.: Modeling relational data with graph convolutional networks. In: European Semantic Web Conference, pp. 593-607. Springer, Berlin (2018)

[8] Shi, C., Hu, B., Zhao, W.X., Yu, P.S.: Heterogeneous information network embedding for recommendation. IEEE Trans. Knowl. Data Eng. **31**(2), 357-370 (2018)

[9] Wang, M., Zheng, D., Ye, Z., Gan, Q., Li, M., Song, X., Zhou, J., Ma, C., Yu, L., Gai, Y., Xiao, T., He, T., Karypis, G., Li, J., Zhang, Z.: Deep graph library: a graph-centric, highly-performant package for graph neural networks. Preprint. arXiv:1909.01315 (2019)

[10] Wang, X., Ji, H., Shi, C., Wang, B., Ye, Y., Cui, P., Yu, P.S.: Heterogeneous graph attention network. In: The World Wide Web Conference, pp. 2022-2032 (2019)

[11] Yun, S., Jeong, M., Kim, R., Kang, J., Kim, H.J.: Graph transformer networks. In: Advances in Neural Information Processing Systems, pp. 11960-11970 (2019)

[12] Zhang, C., Song, D., Huang, C., Swami, A., Chawla, N.V.: Heterogeneous graph neural network. In: KDD '19: Proceedings of the 25th ACM SIGKDD International Conference on Knowledge Discovery & Data Mining, pp. 793-803 (2019)

第11章

未来研究方向

近年来，异质图表示取得了巨大的成功，这表明它是一种强大的图分析范式。然而，它仍然是一个新兴而有前途的研究领域。在这一章中，我们首先对本书做一个总结，然后阐述一些高阶的主题，其中包括具有挑战性的研究问题，以及一系列未来可能的研究方向。其中一个主要的潜在方向是探索保持异质图的内在结构或特性的基础性工作。另一个方向是整合机器学习中广泛使用或新出现的技术，以进一步增强异质图在更多关键领域的适用性。

11.1 简介

异质图表示技术极大地促进了异质图分析和相关应用。本书对最新的异质图表示方法进行了全面的研究。我们系统地总结了现有方法，并且还整理了广泛使用的数据集以及资源。然后，在本书的第一部分，介绍了最新的异质图表示技术。具体来说，我们首先介绍了几种经典的结构保持的异质图方法。这些方法大多数通过异质图中的最基本的元素保留了异质结构，这些基本元素包括元路径、关系和网络模式。此外，属性信息通常被引入来丰富节点的特征。异质图神经网络自然地提供了一种将属性与结构信息相结合的方法。除了静态异质图，我们还介绍了动态异质图神经网络方法，主要侧重于以有效的方式更新节点表示或在考虑演化顺序的同时学习节点表示。在本书第二部分，我们在几个流行的应用中充分展示了异质图融合丰富的异质相互作用的必要性。推荐是此类流行的应用之一，因为用户和物品的交互可以自然地构建为异质图。具体地，我们用三个最新的基于异质图的推荐方法证明了集成异质信息的有效性。另一个有趣的应用是使用异质图克服文本挖掘中的数据稀疏问题。我们总结了这些利用异质图的强大功能整合额外信息的方法，从而展示了异质图表示方法在文本挖掘中的优越性。更重要的是，本书的一个独特之处在于我们不仅总结了基于公开的学术数据提出的方法，而且还总结了应用于实际系统的方法。这些方法进一步促进了异质图方法在工业生产中的应用。希望本书可以提供一个清晰的蓝图和关键异质图表示技术的总结，以帮助感兴趣的读者以及希望继续在该领域工作的研究人员。

在本章中，我们将指出一些关于异质图表示的有前景的研究方向。保留异质图结构和特性被认为是最重要的编码异质信息的基本方法之一。我们指出了更多比较基础但容易被忽略的方法，例如模态或网络模式保留方法，以及捕获异质图中动态性和不确定性特性的方法等。除了浅层方法，深层图神经网络也是近年来出现的一个研究主题。自监督学习和预训练是图神经网络中出现的新研究方向。我们指出它们也值得在异质图神经网络中进行探索。此外，为了进一步提升异质图表示方法在更多关键领域的可靠性，整合额外的知识使异质图表示方法更加公平、稳健、可解释和稳定是很重要的。最后但也同样重要的是，我们相信进一步探索更多潜在的异质图表示方法在工业界的应用同样具有广阔的前景。

11.2　保持异质图结构

异质图表示方法的成功建立在异质图结构保持的基础之上。这也启发了许多异质图表示方法利用不同的异质图结构信息，其中最典型的是元路径[8, 30]。沿着这条技术路线，元图结构自然被考虑[41]。然而，异质图远不止这些结构。在现实世界中，选择最合适的元路径仍然非常具有挑战性。一个不正确的元路径将从根本上阻碍异质图表示方法的性能。我们是否可以探索其他技术，例如，使用模态[42, 15]或网络模式[43]来捕获异质图结构，同样值得探索。此外，如果我们重新思考传统图表示的目标，即用度量空间中的距离或相似性替换结构信息，一个值得探索的研究方向是，我们是否可以设计一种可以自适应学习这些距离或相似性的异质图表示方法，而不是使用预定义的元路径或元图。

11.3　捕获异质图特性

如前所述，目前许多异质图表示方法主要考虑结构信息。然而，一些可以为异质图建模提供额外的有用信息的特性尚未得到充分考虑。其中一个典型特性是异质图的动态性，即现实世界中的异质图总是随着时间的推移而演变。尽管文献 [37] 提出了动态异质图的增量学习，动态异质图表示仍面临巨大挑战。例如，文献 [1] 只提出了一个浅层模型，极大地限制了其表示能力。如何在深度学习框架中学习动态异质图的表示值得我们去探索。另一个特性是异质图的不确定性，即异质图的产生通常是多方面的，节点可能在一个异质图中包含不同的语义。传统上，学习单个向量表示通常无法很好地捕获这种不确定性。高斯分布可以自然地表示不确定性[17, 45]，当前异质图表示方法在很大程度上忽略了该特性表示方法。这是改善异质图表示的一个有潜力的方向。

11.4 异质图上的图深度学习

我们见证了图神经网络的巨大成功和影响，其中大部分现有的图神经网络被用于同质图[18, 33]。最近，异质图神经网络已经引起了相当大的关注[36, 40, 10, 6]。

一个自然的疑问是，图神经网络和异质图神经网络之间的本质区别是什么？因此，目前严重缺乏对异质图神经网络的更多理论分析。例如，人们普遍认为图神经网络存在过度平滑问题[19]，那么异质图神经网络也会有这样的问题吗？如果答案是肯定的，因为它们通常包含多种聚合策略[36, 40]，那么是什么因素导致异质图神经网络存在过度平滑问题。此外，一些研究人员还推导出了图神经网络的训练误差和测试误差的泛化边界[21, 20]，并分析了主导泛化误差的关键因素。因此，另一个值得考虑的问题是，什么是影响异质图表示方法泛化能力的关键因素？元路径或聚合函数？

除了理论分析，新技术的设计也很重要。自监督学习是最重要的方向之一。它使用预训练任务来训练神经网络，从而减少对手动标签的依赖[23]。考虑标签稀缺的实际情况，自监督学习可以极大地有益于无监督和半监督学习，并且已经在同质图表示上展现出其优越性[34, 31, 26, 39]。因此，探索异质图表示的自监督学习有望进一步促进该领域的发展。

另一个重要方向是异质图神经网络的预训练[14, 28]。如今，各种异质图神经网络都是独立设计的，即所提出的方法通常对于某些特定的任务效果很好，但却没有考虑跨不同任务的迁移能力。在处理新的异质图或任务时，我们需要从头开始训练一个异质图表示方法，这既耗时又需要大量标签。在这种情况下，如果有一个经过良好预训练的具有强泛化能力的异质图神经网络，可以通过少量标签进行微调，以降低时间和标签成本。

11.5 异质图表示方法的可靠性

除了介绍与异质图相关的属性和技术外，我们还关注异质图表示技术中的其他问题，如公平性、鲁棒性和可解释性。考虑大多数方法都是黑盒方法，异质图表示技术的可靠性是一项重要的未来工作。

公平的异质图表示 通过异质图方法学习到的表示有时与某些属性高度相关，例如年龄或性别，这可能放大预测结果[3, 9]中的社会刻板印象。因此，学习到一个公平或去偏的表示是一个重要的研究方向。一些现有工作对同质图表示[3, 29]的公平性进行了研究。然而，异质图的公平性仍然是一个尚未解决的问题，将成为未来重要的研究方向。

鲁棒的异质图表示 异质图表示的鲁棒性一直是一个重要的问题[26]，尤其体现在对抗攻击方向上。由于许多实际的应用是基于异质图构造的，异质图表示的鲁棒性成为一个亟待解决的问题。探索异质图表示的缺点以及如何增强异质图表示来提高鲁棒性有待进一步研究。

可解释的异质图表示　除此之外，在一些风险感知场景中，如欺诈检测[13]和生物医学[5]，模型或表示的可解释性很重要。异质图的一个显著优势是它包含丰富的语义，为提高异质图神经网络的可解释性带来更多可能。此外，最近出现的解耦学习[25, 24]将表示划分到不同的潜在空间，进而提高可解释性。近年来，图神经网络的后解释模型引起了广泛的关注[27]，建立异质图神经网络的后解释模型来解释这些方法的预测机制是非常必要的。

稳定的异质图表示　大多数异质图表示方法都假设训练图和测试图来自相同的分布。然而，不同环境下的真实数据收集渠道（例如位置、时间、实验条件等[12]）导致分布滑移增加的情况是非常常见的，这导致实际应用中上述假设往往无法满足。考虑异质图表示方法的泛化能力，提高异质图表示方法在未知测试环境下的稳定性是非常必要的。人们认为因果变量和关系在不同的环境中是不变的。所以近年来，一些文献旨在在表示学习[1]中探索这些变量。在不可知环境下将因果学习与异质图表示方法相结合来提高异质图表示方法的稳定性，这将是一个很有前途的方向。

11.6　更多的现实应用

许多基于异质图的应用已经进入了图表示的时代。本书阐明了异质图表示方法在电子商务和网络安全方面的强大性能。探索异质图表示在其他领域的能力在未来具有很大的潜力。例如，在软件工程领域，测试样本、申请表单和问题表单之间存在复杂的关系，可以自然地将其建模为异质图。因此，异质图表示有望为这些新领域开辟广阔的前景，成为很有前途的分析工具。另一个领域是生物系统，它也可以自然地建模为异质图。一个典型的生物系统包含许多类型的对象，如基因表达、化学、原型和微生物。基因表达与表型[32]之间也存在多种关系。异质图结构作为一种分析工具已经应用到了生物系统中，这说明异质图表示有望提供更有效的结果。对于另一个领域，即交通预测，数据通常由异质对象组成，并以时空形式存在，例如，小汽车、交通信号灯等。因此在考虑时空信息的同时，用异质图来建模这些复杂的数据是很自然的。

除此之外，由于异质图神经网络的复杂度相对较大，且其技术难以并行化，因此很难将现有的异质图神经网络应用到大规模工业场景上。例如，电子商务推荐中的节点数可能达到 10 亿[44]。因此，在不同应用场景下发展相关技术，同时解决可扩展性和效率方面的挑战将是非常有前途的。

11.7　其他

我们将在本节仔细讨论一些没有在前面的章节阐述的未来工作方向。

双曲异质图表示　最近的一些研究指出，图的潜在空间可能是非欧几里得的，例如在双曲空间[4]中。人们对双曲图/异质图表示进行了一些尝试，结果是相当有效的[7, 22, 38]。然而，如何设计一个有效的双曲异质图神经网络仍然具有挑战性，这可能是另一个值得研究的方向。

异质图结构学习   在当前的异质图表示框架下，异质图通常是预先构建的，它独立于异质图表示方法。这可能会导致输入的异质图不适用于最终的任务。异质图结构学习可以进一步将异质图结构与异质图表示相结合，达到相互促进的效果。

异配异质图表示   目前的异质图表示方法集中在同配性网络的应用上。由于相关的网络表示研究拓展到了异配网络[2, 46]，寻找异配异质图并探索如何将同质网络表示的设计原理和范式推广到异质图表示将是一件有趣的事情。

与知识图谱的联系   知识图表示在知识推理[16]方面具有巨大的潜力。然而，目前通常会将知识图表示和异质图表示分开研究。近年来，知识图谱表示已成功应用于其他领域，如推荐系统[11, 35]。如何将知识图表示与异质图表示相结合，并将知识整合到异质图表示中，是值得研究的方向。

参考文献

[1] Bian, R., Koh, Y.S., Dobbie, G., Divoli, A.: Network embedding and change modeling in dynamic heterogeneous networks. In: Proceedings of the 42nd International ACM SIGIR Conference on Research and Development in Information Retrieval (SIGIR), pp. 861-864. ACM, New York (2019)

[2] Bo, D.,Wang, X., Shi, C., Shen, H.: Beyond low-frequency information in graph convolutional networks. In: Proceedings of the AAAI Conference on Artificial Intelligence (AAAI) (2021)

[3] Bose, A.J., Hamilton, W.L.: Compositional fairness constraints for graph embeddings. In: International Conference on Machine Learning (ICML), pp. 715-724 (2019)

[4] Bronstein, M.M., Bruna, J., LeCun, Y., Szlam, A., Vandergheynst, P.: Geometric deep learning: Going beyond Euclidean data. IEEE Signal Process. Mag. **34**(4), 18-42 (2017)

[5] Cao, Y., Peng, H., Philip, S.Y.: Multi-information source HIN for medical concept embedding. In: Pacific-Asia Conference on Knowledge Discovery and Data Mining (PAKDD), pp. 396-408 (2020)

[6] Cen, Y., Zou, X., Zhang, J., Yang, H., Zhou, J., Tang, J.: Representation learning for attributed multiplex heterogeneous network. In: Proceedings of the 25th ACM SIGKDD International Conference on Knowledge Discovery and Data Mining (KDD). ACM, New York (2019)

[7] Chami, I., Ying, Z., Ré, C., Leskovec, J.: Hyperbolic graph convolutional neural networks. In: Advances in Neural Information Processing Systems (NeurIPS), pp. 4869-4880 (2019)

[8] Dong, Y., Chawla, N.V., Swami, A.: metapath2vec: Scalable representation learning for heterogeneous networks. In: Proceedings of the 23rd ACM SIGKDD International Conference on Knowledge Discovery and Data Mining (SIGKDD), pp. 135-144 (2017)

[9] Du, M., Yang, F., Zou, N., Hu, X.: Fairness in deep learning: A computational perspective. CoRR abs/1908.08843 (2019)

[10]　Fu, X., Zhang, J., Meng, Z., King, I.: MAGNN: Metapath aggregated graph neural network for heterogeneous graph embedding. In: Proceedings of the Web Conference 2020 (WWW), pp. 2331-2341 (2020)

[11]　Guo, Q., Zhuang, F., Qin, C., Zhu, H., Xie, X., Xiong, H., He, Q.: A survey on knowledge graph-based recommender systems. CoRR abs/2003.00911 (2020)

[12]　Hendrycks, D., Dietterich, T.: Benchmarking neural network robustness to common corruptions and perturbations. arXiv preprint:1903.12261 (2019)

[13]　Hu, B., Zhang, Z., Shi, C., Zhou, J., Li, X., Qi, Y.: Cash-out user detection based on attributed heterogeneous information network with a hierarchical attention mechanism. In: Proceedings of the AAAI Conference on Artificial Intelligence (AAAI), vol. 33(1), pp. 946-953 (2019)

[14]　Hu, Z., Dong, Y., Wang, K., Chang, K., Sun, Y.: GPT-GNN: generative pre-training of graph neural networks. In: Proceedings of the 26th ACM SIGKDD International Conference on Knowledge Discovery and Data Mining (KDD), pp. 1857-1867 (2020)

[15]　Huang, Z., Zheng, Y., Cheng, R., Sun, Y., Mamoulis, N., Li, X.: Meta structure: computing relevance in large heterogeneous information networks. In: Proceedings of the 22nd ACM SIGKDD International Conference on Knowledge Discovery and Data Mining (KDD), pp. 1595-1604 (2016)

[16]　Ji, S., Pan, S., Cambria, E., Marttinen, P., Yu, P.S.: A survey on knowledge graphs: representation, acquisition and applications. CoRR abs/2002.00388 (2020)

[17]　Kipf, T.N., Welling, M.: Variational graph auto-encoders. CoRR abs/1611.07308 (2016)

[18]　Kipf, T.N.,Welling, M.: Semi-supervised classification with graph convolutional networks. In: Proceedings of the Conference ICLR (2017)

[19]　Li, Q., Han, Z.,Wu, X.: Deeper insights into graph convolutional networks for semi-supervised learning. In: Thirty-Second AAAI Conference on Artificial Intelligence (AAAI), pp. 3538-3545 (2018)

[20]　Liao, R., Urtasun, R., Zemel, R.S.: Generalization and representational limits of graph neural networks. In: International Conference on Machine Learning (ICML), pp. 3419-3430 (2020)

[21]　Liao, R., Urtasun, R., Zemel, R.S.: A PAC-Bayesian approach to generalization bounds for graph neural networks. In: Proceedings of the Conference ICLR (2021)

[22]　Liu, Q., Nickel, M., Kiela, D.: Hyperbolic graph neural networks. In: 33rd Conference on Neural Information Processing Systems (NeurIPS 2019), pp. 8228-8239 (2019)

[23]　Liu, X., Zhang, F., Hou, Z., Wang, Z., Mian, L., Zhang, J., Tang, J.: Self-supervised learning: Generative or contrastive. CoRR abs/2006.08218 (2020)

[24]　Ma, J., Zhou, C., Cui, P., Yang, H., Zhu, W.: Learning disentangled representations for recommendation. In: Advances in Neural Information Processing Systems (NeurIPS), pp. 5712-5723 (2019)

[25]　Narayanaswamy, S., Paige, B., van de Meent, J., Desmaison, A., Goodman, N.D., Kohli, P., Wood, F.D., Torr, P.H.S.: Learning disentangled representations with semi-supervised deep generative models. In: Proceedings of the 31st International Conference on Neural Information Processing Systems (NeurIPS), pp. 5925-5935 (2017)

[26]　Peng, Z., Dong, Y., Luo, M.,Wu, X., Zheng, Q.: Self-supervised graph representation learning via global context prediction. CoRR abs/2003.01604 (2020)

[27] Pope, P.E., Kolouri, S., Rostami, M., Martin, C.E., Hoffmann, H.: Explainability methods for graph convolutional neural networks. In: Proceedings of the IEEE/CVF Conference on Computer Vision and Pattern Recognition, pp. 10772-10781 (2019)

[28] Qiu, J., Chen, Q., Dong, Y., Zhang, J., Yang, H., Ding, M., Wang, K., Tang, J.: GCC: graph contrastive coding for graph neural network pre-training. In: Proceedings of the 26th ACM SIGKDD International Conference on Knowledge Discovery and Data Mining (KDD), pp. 1150-1160 (2020)

[29] Rahman, T.A., Surma, B., Backes, M., Zhang, Y.: Fairwalk: towards fair graph embedding. In: Proceedings of the Twenty-Eighth International Joint Conference on Artificial Intelligence (IJCAI), pp. 3289-3295 (2019)

[30] Shi, C., Li, Y., Zhang, J., Sun, Y., Yu, P.S.: A survey of heterogeneous information network analysis. IEEE Trans. Knowl. Data Eng. **29**(1), 17-37 (2017)

[31] Sun, K., Lin, Z., Zhu, Z.:Multi-stage self-supervised learning for graph convolutional networks on graphs with few labeled nodes. In: Proceedings of the AAAI Conference on Artificial Intelligence (AAAI), pp. 5892-5899 (2020)

[32] Tsuyuzaki, K., Nikaido, I.: Biological systems as heterogeneous information networks: a minireview and perspectives. CoRR abs/1712.08865 (2017)

[33] Veličković, P., Cucurull, G., Casanova, A., Romero, A., Lio, P., Bengio, Y.: Graph attention networks. In: Proceedings of the Conference ICLR (2018)

[34] Velickovic, P., Fedus, W., Hamilton, W.L., Liò, P., Bengio, Y., Hjelm, R.D.: Deep graph infomax. In: Proceedings of the Conference ICLR (2019)

[35] Wang, H., Zhao, M., Xie, X., Li, W., Guo, M.: Knowledge graph convolutional networks for recommender systems. In: The World Wide Web Conference (WWW), pp. 3307-3313 (2019)

[36] Wang, X., Ji, H., Shi, C., Wang, B., Ye, Y., Cui, P., Yu, P.S.: Heterogeneous graph attention network. In: The World Wide Web Conference (WWW), pp. 2022-2032 (2019)

[37] Wang, X., Lu, Y., Shi, C., Wang, R., Cui, P., Mou, S.: Dynamic heterogeneous information network embedding with meta-path based proximity. IEEE Trans. Knowl. Data Eng. (2020)

[38] Wang, X., Zhang, Y., Shi, C.: Hyperbolic heterogeneous information network embedding. In: Proceedings of the AAAI Conference on Artificial Intelligence (AAAI), pp. 5337-5344 (2019)

[39] You, Y., Chen, T., Wang, Z., Shen, Y.: When does self-supervision help graph convolutional networks? CoRR abs/2006.09136 (2020)

[40] Zhang, C., Song, D., Huang, C., Swami, A., Chawla, N.V.: Heterogeneous graph neural network. In: Proceedings of the 25th ACM SIGKDD International Conference on Knowledge Discovery and Data Mining (KDD), pp. 793-803 (2019)

[41] Zhang, D., Yin, J., Zhu, X., Zhang, C.: Metagraph2vec: complex semantic path augmented heterogeneous network embedding. In: Pacific-Asia Conference on Knowledge Discovery and Data Mining (PAKDD), pp. 196-208. Springer, Berlin (2018)

[42] Zhao, H., Zhou, Y., Song, Y., Lee, D.L.: Motif enhanced recommendation over heterogeneous information network. In: Proceedings of the 28th ACM International Conference on Information and Knowledge Management (CIKM), pp. 2189-2192 (2019)

[43] Zhao, J., Wang, X., Shi, C., Liu, Z., Ye, Y.: Network schema preserving heterogeneous information network embedding. In: IJCAI (2020)

[44] Zhao, J., Zhou, Z., Guan, Z., Zhao, W., Ning, W., Qiu, G., He, X.: IntentGC: a scalable graph convolution framework fusing heterogeneous information for recommendation. In: Proceedings of the 25th ACM SIGKDD International Conference on Knowledge Discovery and Data Mining (KDD), pp. 2347–2357 (2019)

[45] Zhu, D., Cui, P.,Wang, D., Zhu,W.:Deep variational network embedding in Wasserstein space. In: Proceedings of the 24th ACM SIGKDD International Conference on Knowledge Discovery and Data Mining (KDD), pp. 2827–2836 (2018)

[46] Zhu, J., Yan, Y., Zhao, L., Heimann, M., Akoglu, L., Koutra, D.: Generalizing graph neural networks beyond homophily. In: Proceedings of the 34th Conference on Neural Information Processing Systems (NeurIPS) (2020)

推荐阅读

数据挖掘：概念与技术（原书第3版）

作者：（美）Jiawei Han 等　ISBN: 978-7-111-39140-1　定价: 79.00元

数据挖掘导论（原书第2版）

作者：（美）陈封能 等　ISBN: 978-7-111-63162-0　定价: 139.00元

数据挖掘：原理与实践（基础篇）

作者：（美）查鲁·C. 阿加沃尔　ISBN: 978-7-111-67029-2　定价: 139.00元

数据挖掘：原理与实践（进阶篇）

作者：（美）查鲁·C. 阿加沃尔　ISBN: 978-7-111-67030-8　定价: 79.00元